Nuevas observaciones sobre las abejas de François Huber

Los volúmenes I y II
Edición del Bicentenario (1814-2014)

Nuevas observaciones sobre las abejas de François Huber
Volúmenes I y II edición del bicentenario (1814-2014)

Escrito por Francisco Huber entre 1789 y 1814 y publicada en francés como *Nouvelles Observaciones Sur Les Abeilles*. El Volumen 1 fue lanzado en 1792 y un conjunto de dos Volúmenes (con la adición del Volumen 2) fue lanzado en 1814.

Traducido por Michelle Carrera-Hutchins

Editado y corregido por Patricia Díaz-Cordovés Román

Colaboradores: Francis Huber; Francis Burnens; Pierre Huber; María Aimée Lullin Huber; Jean Senebier; Charles Bonnet; Christine Jurine; John Hunter

X-Star Publishing Company
Nehawka, Nebraska, USA
www.xstarpublishing.com

ISBN 978-161476-157-0

611 páginas
149 Ilustraciones

Notas del transcriptor

Esta edición cuenta con nuevos escaneados de una edición del original francés de 1814 de los dos volúmenes de Nouvelles Observations Sur Les Abeilles en muy buena condición, por lo que estas son más claras que cualquier edición anterior excepto la edición original en francés de 1814. Se ha incluido un grabado adicional de la obra de Huber del libro de Cheshire, más un grabado de Francisco Huber de la edición Dadant. Además, también se han incluido 7 fotos más de una reproducción de calidad museo de la colmena de hoja de Huber. Todas las figuras se han dividido y ampliado y puesto en el texto donde se hace mención a ellas. Las fotos de las ilustraciones originales se incluyen en la parte posterior para fines históricos y artísticos.

Para poner este libro en contexto, he incluido un libro de memorias de Huber por el Profesor De Candolle, un amigo de Huber. Esto da un poco de contexto sobre la vida de Huber.

Se han añadido anotaciones para mostrar mediciones en pulgadas y en el Sistema Métrico. Los errores tipográficos que se produjeron en la versión de Dadant han sido coteja-dos con el original en francés y corregidos sin notas. Las notas al pie se han puesto donde se dan en el texto y se marcan como "Nota:" y están escritas en un tamaño de fuente más pequeño, en lugar de en la parte inferior de la página. Los títulos y subtítulos adicionales se han añadido para que los temas particulares sean más fáciles de encontrar en el texto y éstos se han incluido en la tabla de contenidos para que sea más fácil a la hora de escanear con la vista para encontrar un elemento determinado. También se incluye una tabla de ilustraciones.

Poniendo esta obra en su contexto histórico, gran parte de la conjetura inicial de Huber se basó en el pensamiento actual sobre las reinas y su fertilidad. La partenogénesis no se había propuesto, y mucho menos probado por Dzierzon, que no se publicó hasta 1845, por lo que algunos de los supuestos de Huber sobre la colocación de zánganos están anticuados. Pero a diferencia de su conjetura, que él define claramente como la conjetura, creo que usted encontrará todas sus observaciones verdaderas y correctas ya que él siempre está vigilante para distinguir la una de la otra. Asimismo, durante la redacción del primer volumen, Huber aún no había hecho su investigación sobre los orígenes de la cera que aparecen en el Volumen II.

La traducción al Español se ha llevado a cabo por Michelle Carrera-Hutchins (experta en traducciones del campo de la apicultura), de la mano de la correctora y editora Patricia Díaz-Cordovés Román, quien debe todos sus conocimientos sobre apicultura a su abuelo materno, apicultor castellano-manchego de fuerte afición.

-Michael Bush, transcriptor

TABLA DE CONTENIDOS

Tabla de Figuras

Volumen I

Prefacio del Autor

A la hora de publicar mis observaciones sobre las abejas, no voy a ocultar el hecho de que no fue con mis propios ojos que yo las vi. A través de una serie de accidentes desafortunados, me quedé ciego en mi primera juventud; pero me encantaban las ciencias. No perdí el gusto por ellas cuando perdí el órgano de la vista. Hice que me leyeran los mejores trabajos sobre física e historia natural: yo tenía como lector un siervo (Francis Burnens, nacido en el cantón de Vaud), que se interesó extraordinariamente por todo lo que él me leyó: juzgué fácilmente, por sus observaciones sobre nuestras lecturas, y a través de las consecuencias que él supo dibujar, que las estaba comprendiendo tan bien como yo, y que nació con el talento de un observador. Este no es el primer ejemplo de un hombre que, sin educación, sin riqueza, y en las circunstancias más desfavorables, fue llamado por la naturaleza por sí sola para convertirse en un naturalista. Decidí cultivar su talento y utilizarlo algún día para las observaciones que yo había previsto: con este fin, le hice reproducir algunos de los más simples experimentos de la física; ejecutó éstos con mucha habilidad e inteligencia; y entonces lo pasé a combinaciones más difíciles. Por aquel entonces, yo no poseía muchos instrumentos, pero él sabía cómo perfeccionarlos, para aplicarlos a nuevos usos, y cuando fue necesario, él mismo hizo las máquinas que necesitábamos. En estas diversas ocupaciones, el gusto que tenía por las ciencias pronto se convirtió en una verdadera pasión, y ya no dudé en darle toda mi confianza, sintiéndome seguro de ver bien a través de sus ojos.

La continuación de mis lecturas me dirigieron a las hermosas memorias del Sr. de Réaumur sobre las abejas. Encontré en este trabajo tan hermoso un plan de experimentos, observaciones realizadas con tanto arte, una lógica tan sabia, que decidí estudiar especialmente a este célebre autor, para formar a mi lector y a mí mismo en su escuela, en el difícil arte de la observación de la naturaleza. Comenzamos estudiando las abejas en las colmenas acristaladas, repetimos todas las experiencias del Sr. de Réaumur, y obtuvimos exactamente los mismos resultados, cuando utilizamos los mismos procesos. Este acuerdo de mis observaciones con las suyas me dio un placer extremo, porque me demostró que podía depender absolutamente de los ojos de mi estudiante. Envalentonado por su primer ensayo, intentamos hacer sobre las abejas algunos experimentos completamente nuevos; ideamos diversas construcciones de colmena en las que nadie había pensado nunca, y que presentaban grandes ventajas, y tuvimos la suerte de descubrir hechos notables que no habían sido vistos por Swammerdam, Réaumur y Bonnet. Estos hechos los publico en este trabajo: no hay ninguno de ellos que no hayamos visto una y otra vez varias veces, durante los ocho años en los que nos hemos ocupado con investigaciones sobre las abejas.

Uno no puede tener una idea correcta de la paciencia y la habilidad con la que Burnens ejecutó los experimentos que estoy a punto de describir: a menudo sucedía que él seguía, durante 24 horas, sin permitirse un momento de relajación, sin tomar descanso o comida, y con unas pocas abejas obreras de nuestras colmenas, las cuales se sospechaban que eran fértiles; con el fin de detectarlas en la puesta de huevos. En otras ocasiones, cuando era necesario examinar todas las abejas que habitaban en una colmena, no tenía el recurso de la operación de un baño, lo cual es muy simple y fácil, porque se había dado cuenta de que permanecer en el agua durante un tiempo desfiguraba a las abejas hasta cierto punto, y no permite a uno percibir las pequeñas diferencias de estructura que hemos querido determinar; pero él cogía a todas las abejas, una tras otra, con los dedos, y las examinaba con atención, sin temor a su ira. Es cierto que él había adquirido tal destreza, que por lo general evitaba los golpes de la picadura; pero no siempre tenía la misma suerte, y cuando le picaban, continuaba su inspección con la calma más perfecta. A menudo me reprobaba a mi mismo el no tener su coraje y paciencia para tan difícil prueba, pero él estaba tan interesado como yo en el éxito de nuestros experimentos, y por medio del extremo deseo que él tenía para estar informados de los resultados, nada le suponía un problema, ni la fatiga, ni los dolores temporales de las picaduras. Por lo tanto, si hay algún mérito en nuestros descubrimientos, debo dividir el honor con él; es una gran satisfacción para mí asegurar esta recompensa para él, reconociendo la justicia de ello públicamente.

Tal es el relato fiel de las circunstancias en que me encontraba; me doy cuenta de que tengo que hacer mucho para asegurar la confianza de los naturalistas; pero a fin de estar más seguro de obtenerla; me tomaré la libertad de un poco de engreimiento. Comuniqué sucesivamente mis principales observaciones sobre las abejas al Sr. Bonnet; el cual las halló correctas, él me aconsejó publicarlas y es con su aprobación que yo las publico bajo su patrocinio. Este testimonio de su aprobación es tan glorioso para mí, que yo no podía renunciar al placer de informar a mis lectores del mismo.

No pido que se me crea en mi trabajo: voy a relatar nuestros experimentos y a hablar sobre todas las precauciones tomadas: voy a detallar de manera exacta los procesos que hemos empleado, para que todos los observadores puedan repetir estos experimentos; y si entonces, como no lo dudo, obtienen los mismos resultados que yo, tendré el consuelo de saber que la pérdida de mi vista no me dejó inútil por completo en el progreso de la historia natural.

Pregny, 13 de agosto de 1789

Señor, cuando tuve el honor de hablarle, en Genthod, sobre mis principales experimentos sobre las abejas, usted expresó el deseo, de que yo escribiera todos los detalles y que se los enviara a usted, para que así usted pudiese juzgarlos con más atención. Por lo tanto, me apresuré a extraer las siguientes observaciones de mi diario. Nada podría ser más halagador para mí que el interés que usted es tan amable de tener en el éxito de mis investigaciones. Por lo tanto me permito recordarle la promesa que ha hecho de sugerir nuevos experimentos para llevar a cabo.

Colmenas de Observación

Después de mucho tiempo de observar las abejas en las colmenas de cristal, construidas en la forma indicada por el Sr. de Réaumur, usted percibió que su forma no era favorable para el observador, porque estas colmenas son demasiado anchas, las abejas construyen en ellas dos filas de panales paralelos, y por lo tanto todo lo que sucede entre los panales se pierde para el observador: a partir de esta observación correcta, recomendamos el uso para los naturalistas de colmenas mucho más estrechas, cuyos cristales deben estar tan juntos que haya espacio entre ellos para una sola hilera de panales. Seguí su consejo; hice las colmenas de una pulgada y media (38 mm) sólo en grosor y no tuve ningún problema en proceder a una separación de enjambres en ellas. Pero no podemos confiar en que las abejas construyan un solo panal; no hay que menospreciarlas, cuando no se ven limitadas por alguna disposición particular: por lo tanto, si las dejamos en nuestras colmenas delgadas, ya que no podrán construir dos panales paralelos en la longitud de la colmena, construirían varios pequeños perpendiculares a ella y todo lo que pasara entre ellos se perdería igualmente para el observador: por lo tanto, hay que organizar los panales de antemano. Los coloqué de manera que su plano fuera perpendicular a la horizontal y sus superficies laterales fueran de tres o cuatro líneas (3 líneas = ¼ pulg. = 6 mm. 4 líneas

= 1/3 pulg. = 8,5 mm) desde los cristales de la colmena, a cada lado. Esta distancia da a las abejas suficiente libertad, pero les impide unirse en grupos demasiado gruesos sobre la superficie de los panales. Con estas precauciones, las abejas se establecen fácilmente en dichas colmenas estrechas; hacen su trabajo con la misma asiduidad y orden, y ya que no hay celdas que no estén expuestas a la vista, estamos seguros de que no pueden ocultar ninguna de sus acciones.

Descripción de la Colmena Inventada por el Autor

Es cierto que al obligar a estas abejas a que se conformen con una habitación, en la que podían construir una sola fila de panal, cambié, hasta cierto punto, su condición natural, y esta circunstancia podría alterar su instinto más o menos. Por lo tanto, para evitar cualquier tipo de objeción, ideé una colmena que, sin perder la ventaja de las colmenas delgadas, se acercara a la forma de las colmenas comunes en las que las abejas construyen varias filas paralelas de panales. Voy a dar aquí la descripción en pocas palabras:

Volumen 1 Lámina I. Explicación.

La colmena-libro se compone de la puesta en conjunto de 12 cuadros colocados verticalmente y paralelos uno a otro.

La figura 1 representa uno de estos marcos: los verticales fg, fg, deben ser de 12 pulgadas (30 cm) de longitud, y las piezas transversales ff, gg, de 9 o 10 pulgadas (aproximadamente 23 a 25 cm) (Nota del transcriptor: en otro lugar Huber dice "un pie cuadrado", por lo que parece que él los construyó en ambos tamaños); el grosor de los verticales y de los transversales debe ser de 1 pulgada (2,5 cm) y su ancho de 1 pulgada y ¼ (32 mm). Es importante que esta última medida sea exacta.

aa, pieza de panal que sirve para dirigir a las abejas en su trabajo.

bb, bb, clavijas, sirven para sujetar el panal dentro del marco: hay cuatro en el otro lado que no se ven en este corte, pero la figura 4 muestra la forma en que se van a colocar.

d, pieza transversal móvil que sirve también para apoyar el panal.

ee, clavijas clavadas en los verticales bajo el transversal móvil para apoyarlo.

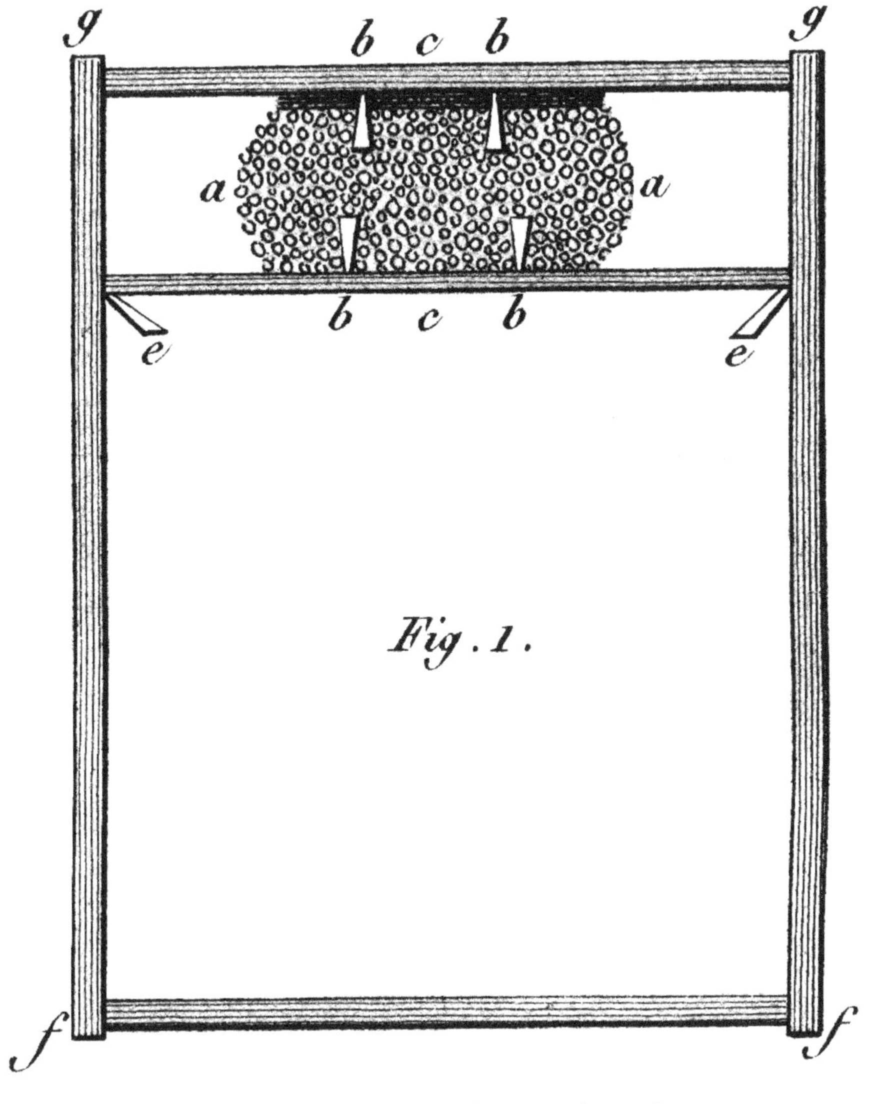

Volumen 1 Lámina I Fig. 1- Colmena de Hoja, un marco.

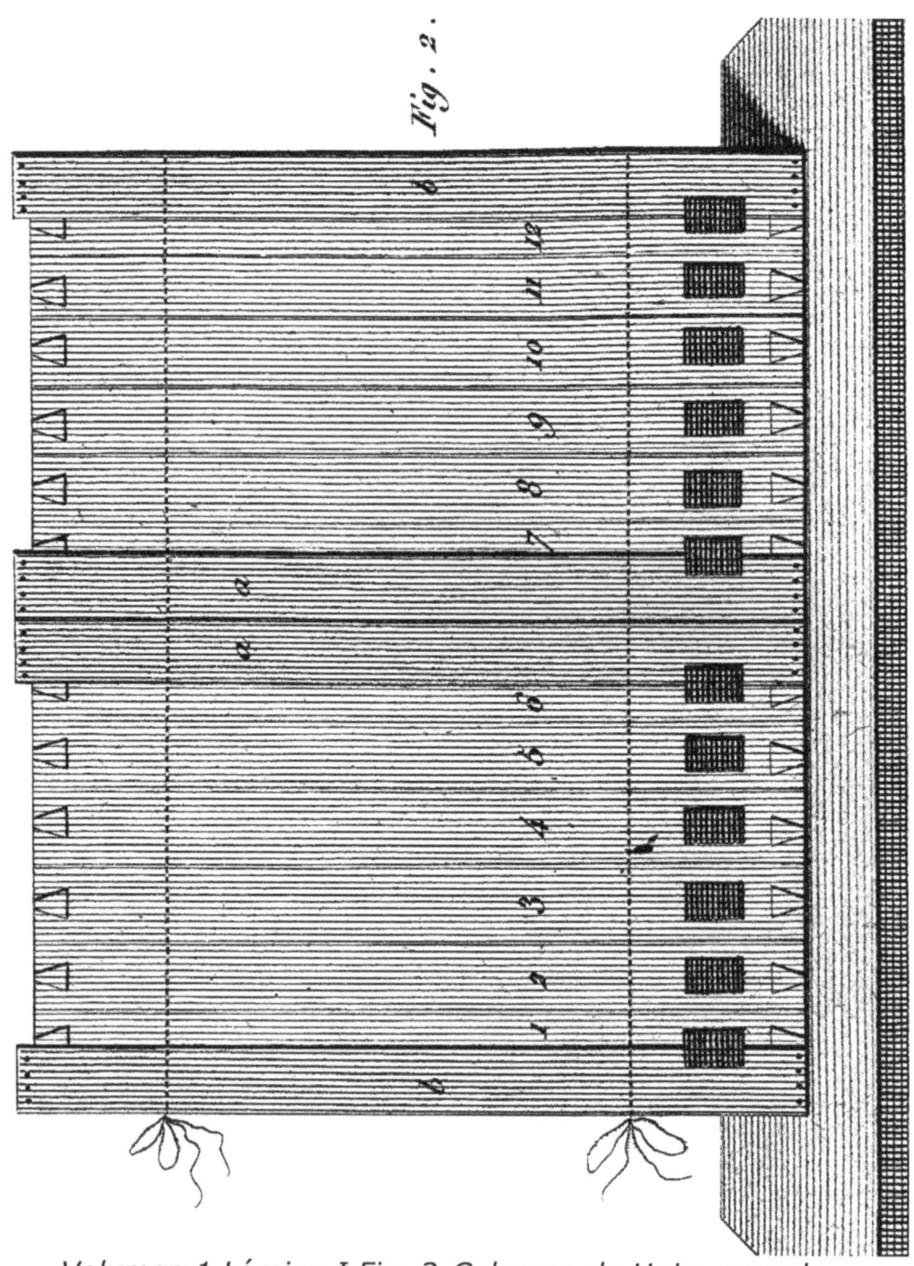

Volumen 1 Lámina I Fig. 2-Colmena de Hoja, cerrada.

La figura 2 representa una colmena-libro, compuesta por 12 marcos todos numerados. Entre el sexto y séptimo marco hay 2 tablas cada una con un postigo que dividirá la colmena en dos partes iguales, pero que se va a utilizar sólo cuando se quiera separar la colmena en dos para la realización de un enjambre artificial. Son designados por una a.

bb, tablas que cierran los extremos de la colmena con un postigo

Hay aberturas en el extremo inferior de cada marco; todas deben ser cerradas con la excepción de las número 1 y 12; pero deben estar dispuestas de manera que se abran a voluntad.

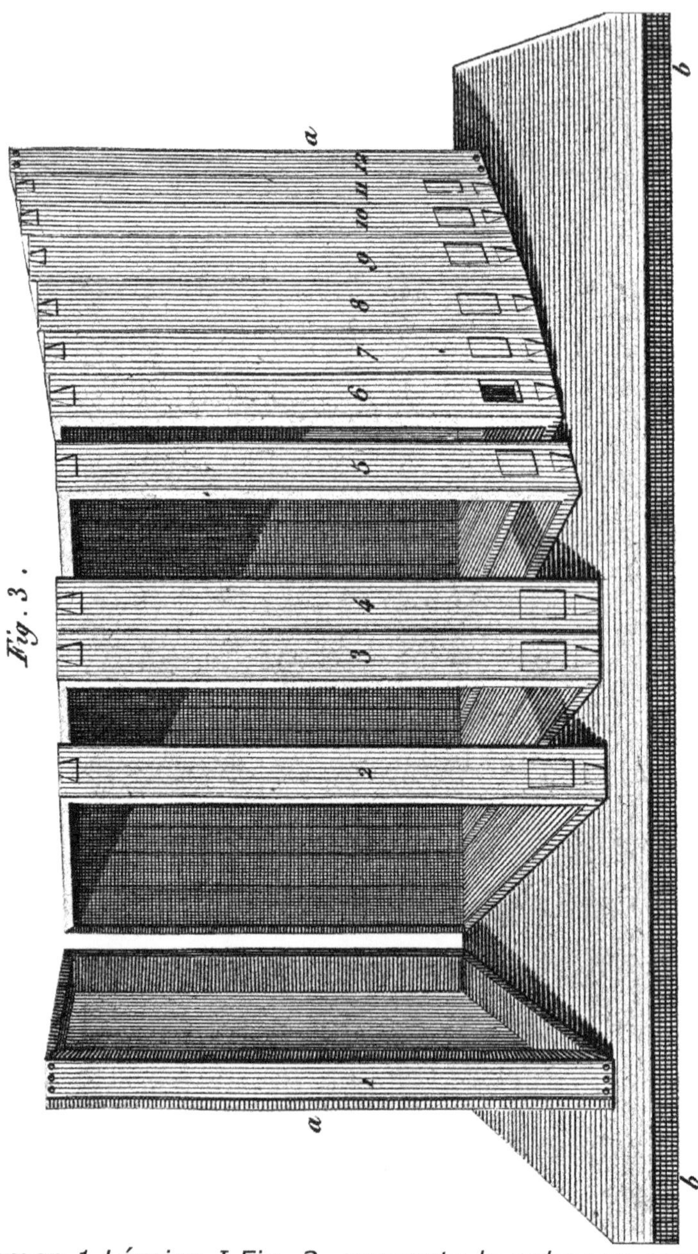

Volumen 1 Lámina I Fig. 3- presenta la colmena como un libro abierto por una parte para mostrar que los marcos de los que está compuesta pueden estar unidos entre sí, y se abren como las hojas de un libro. a a, son postigos que la cierran en cada extremo.

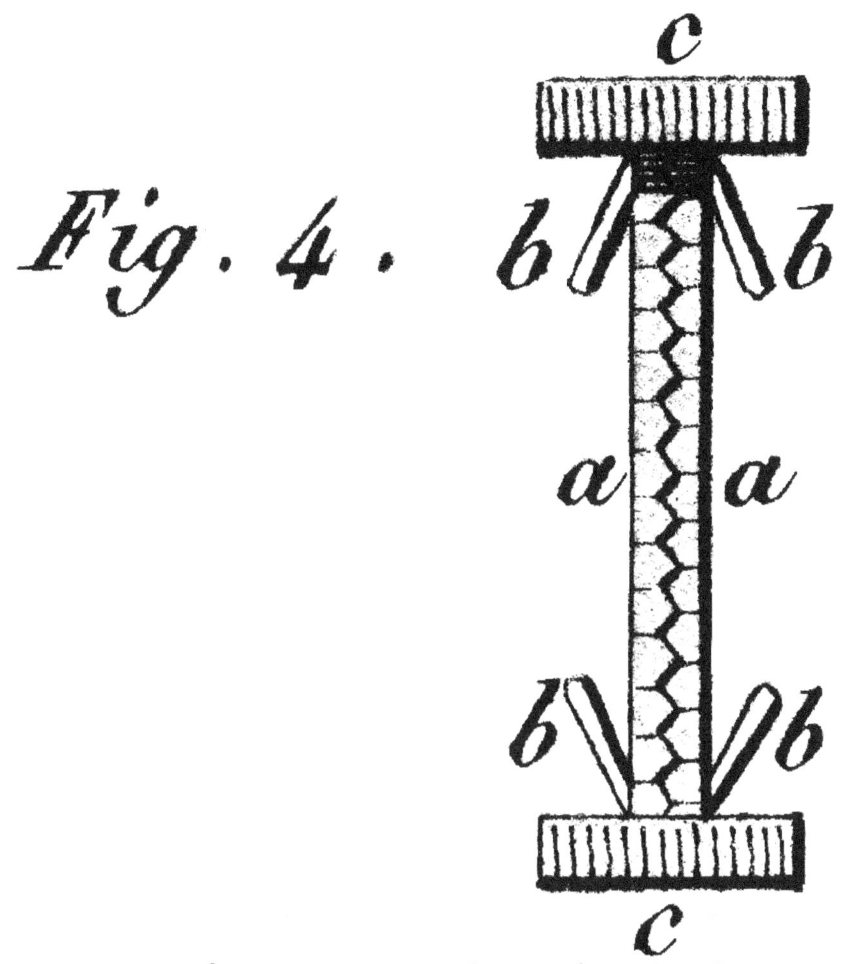

Volumen 1 Lámina 1 Fig. 4- Colmena de Hoja, vista recortada lateral de la estructura en la figura 1.

La Figura 4 es la misma que la figura 1 mostrada de una manera diferente.

aa, pieza de panales para dirigir el trabajo de las abejas.

bb, bb, clavijas dispuestas en forma de cuña para mantener el panal dentro del marco.

cc, final de dos listones que sirven para sujetar el panal, el superior estacionario, el inferior móvil.

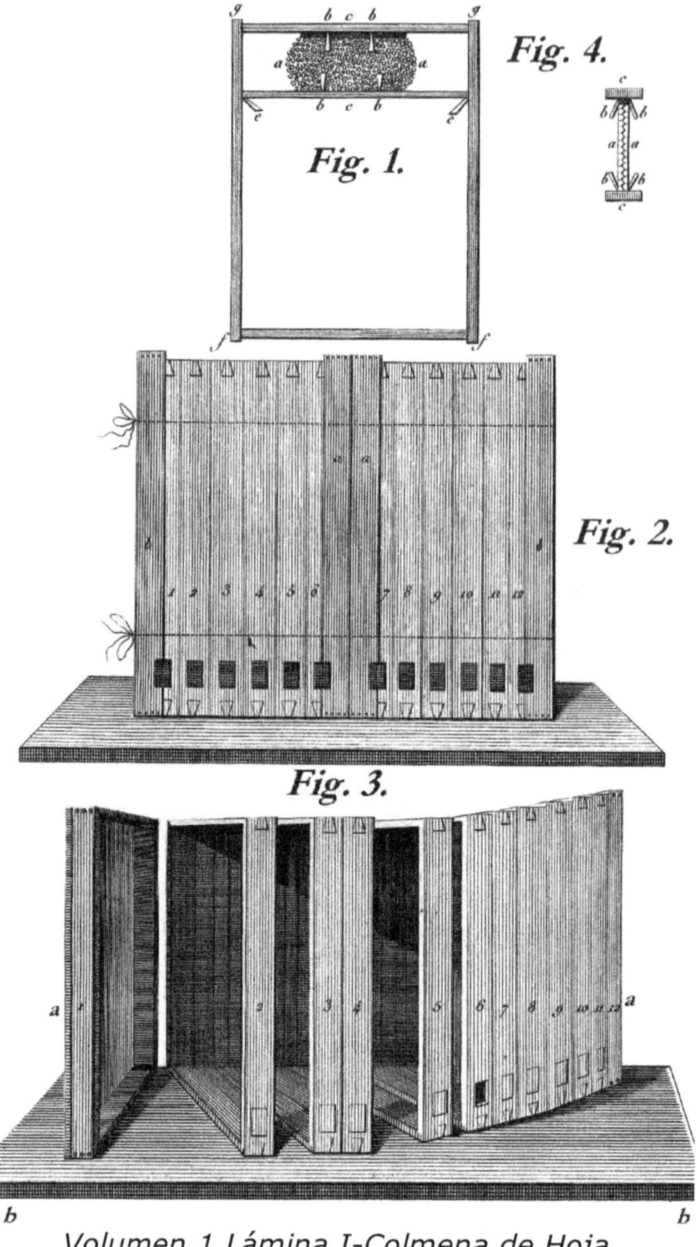

Volumen 1 Lámina I-Colmena de Hoja.

Conseguí varios cuadros pequeños de pino, de un pie cuadrado, y de una pulgada y cuarto de espesor; hice que fuesen todos unidos con bisagras, de modo que pudieran abrirse y cerrarse a voluntad. Al igual que las hojas de un libro, yo tenía los dos marcos exteriores cubiertos con paneles de vidrio, representando las tapas del libro. Cuando utilizamos colmenas de esta forma, tuvimos un panal de celdas fijadas a cada uno de los marcos; luego introdujimos el número de abejas necesarias para cada experimento en particular; después, al abrir sucesivamente los diferentes marcos, inspeccionamos varias veces al día, cada panal por sus dos lados: no había ninguna celda, por lo tanto, en la que no pudiéramos examinar lo que ocurría en ella en ningún momento; casi podría decirse que no había ni una sola abeja que no conociéramos personalmente. De hecho, esta construcción no es más que la unión de varias colmenas estrechas, que pueden separarse a voluntad: reconozco que las abejas no deben examinarse, en una colmena como ésta, antes de que hayan fijado sus panales con seguridad en los marcos; de lo contrario podrían caerse de los cuadros, sobre las abejas, aplastar o mutilar a algunas de ellas e irritarlas hasta tal punto, que el observador no podría evitar las picaduras, que son siempre desagradables y a veces peligrosas: pero rápidamente las abejas se acostumbraron a la situación; de alguna manera son dominadas, y tras tres días se puede abrir la colmena, llevarse partes de panales, sustituir por otros, sin que las abejas exhibieran características demasiado desagradables. Por favor recuerde, señor, que cuando visitó mi retiro, le mostré una colmena con esta forma que había estado mucho tiempo en el experimento, y que se quedó maravillado del pacifismo con el que las abejas nos permitieron abrirla.

He repetido todas mis observaciones en colmenas de esta forma y los resultados fueron exactamente los mismos que en las colmenas más estrechas. Por lo tanto creo que he obviado todas las objeciones que se pueden hacer sobre los supuestos inconvenientes de mis colmenas planas. Además, no tengo ningún remordimiento por haber repetido todo mi trabajo; repasando las mismas observaciones en varias ocasiones, me siento mucho más seguro por haber evitado el error, y me he encontrado en estas colmenas (que llamaré *colmenas de hoja o libro*) varias ventajas que las hacen muy útiles en el tratamiento económico de las abejas. Detallaré esto después, si me permite.

Vengo ahora señor, al objeto particular de esta carta, la fecundación de la abeja reina.

Nota: Yo no me atrevo a insistir en que mis lectores, con el fin de comprender mejor lo que tengo que decir, deban leer las memorias del Sr. de Réaumur sobre las abejas y los de la Sociedad Lusitana, pero yo les insto a estudiar el extracto que el Sr. Bonnet ha dado de ellos en su trabajo, tomo X de la octava edición, y el tomo V de la cuarta edición. Encontrarán en ella un resumen breve y claro de todo lo que los naturalistas han descubierto hasta ahora sobre esas abejas.

Opiniones sobre la Fecundación de las Abejas

Examinaré en primer lugar en pocas palabras, las diferentes opiniones de los naturalistas sobre el problema peculiar que esta fecundación presenta; le voy a mencionar las observaciones más notables que provocaron que yo hiciera conjeturas, y voy a describir a continuación los nuevos experimentos a través de los que creo que he resuelto el problema.

Opinión de Swammerdam

Swammerdam, que había observado abejas con asiduidad constante, y nunca había sido capaz de ver un apareamiento real de un zángano con una reina, se mostró satisfecho con que el apareamiento no fuera necesario para la fecundación de los huevos; pero cuando se dio cuenta de que los zánganos emitían en ciertos momentos, un olor muy fuerte, se imaginó que este olor era una emanación del *aura seminalis*, o el aura seminalis en sí mismo, el cual penetrando en el cuerpo de la hembra, causaba la fecundación. Llegó a una confirmación de su conjetura, cuando diseccionó los órganos reproductores de los machos; quedó tan impresionado con la desproporción que presentaban en comparación con los órganos de la hembra, que no creyó que la cópula fuera posible; su opinión sobre la influencia del olor de los zánganos tenía la ventaja de que explicaba muy plausiblemente su prodigiosa multiplicación. A menudo hay entre 1,500 y 2,000 zánganos en una colmena, y de acuerdo con Swammerdam, es necesario que estén allí en gran número, que el proceso de emanación de ellos sea lo suficientemente intenso o energético como para efectuar la fecundación.

El Sr. de Réaumur ya ha refutado esta hipótesis mediante un razonamiento concluyente; pero no ha hecho el mínimo experimento que pudiera verificarlo o desaprobarlo de manera decisiva. Era necesario confinar a todos los zánganos de la colmena en una caja perforada con agujeros muy pequeños, lo que permitiría el paso del olor, sin permitir el paso de los órganos reproductores; colocar esta caja en una colmena bien poblada, pero totalmente privada de machos, ya sean de gran tamaño o pequeños, y observar el resultado. Es evidente que si, después de tenerlo todo así dispuesto, la reina había puesto huevos fecundados, la hipótesis de Swammerdam habría adquirido mucha probabilidad, o, por el contrario, sería totalmente refutada, si la reina no hubiera puesto huevos o sólo huevos estériles. Hicimos el experimento como acabo de indicar, y la reina permaneció estéril. Por lo tanto, es cierto que el olor de los zánganos es insuficiente para impregnar a la reina.

Opinión del Sr. de Réaumur

El Sr. de Réaumur tenía una opinión diferente: él creía que la fecundidad de la abeja reina era el resultado de apareamiento real; encerró unos zánganos con una reina virgen, en una caja de arena de vidrio; la vio avanzar varias veces hacia los machos, pero como no pudo ver ninguna relación suficientemente íntima para llamarla apareamiento, no tomó ninguna decisión, dejando abierta la pregunta. Hemos repetido el experimento después de él, encerramos, en diferentes momentos, reinas vírgenes, con zánganos de todas las edades, hicimos el experimento en todas las estaciones; vimos avanzar a la reina: incluso a veces llegamos a pensar que detectamos entre ellos una especie de unión, pero tan breve e imperfecta que no era probable que se hubiera operado la fecundación. Sin embargo, ya que no quisimos rechazar nada, confinamos en su colmena a la reina que había sido abordada por el macho y la observamos durante varios días. Fue encarcelada durante más de un mes, no puso ni un solo huevo durante ese tiempo, por lo tanto, había permanecido estéril. Esas uniones momentáneas no operan fecundación.

Opinión del Sr. de Braw

En *Contemplation de la Nature,* parte XI, capítulo XXVII, usted ha informado de las observaciones de un naturalista Inglés, el Sr. de Braw. Parecían hechos con precisión y parecían, por fin, aclarar el misterio de la fecundación de la abeja reina. Vea el volumen LXVII de *Transactions Philosophiques*. Este observador un día percibió en la parte inferior de algunas celdas que contenían huevos, un líquido blanquecino, aparentemente espermático, distinto al menos de la gelatina que las obreras generalmente reúnen alrededor de las crías recién nacidas. Curioso por conocer su origen, y conjeturando que eran gotas del prolífico líquido masculino, empezó a observar en una de estas colmenas las acciones de los zánganos, así como para detectarlos en el momento en que rociaran los huevos. Él afirma que vio a varios de ellos insinuando la parte posterior de su cuerpo en las celdas, depositando el líquido allí. Después de repetir esta observación varias veces, llevó a cabo una larga serie de experimentos: confinó a varias obreras con una reina y unos zánganos en una campana de vidrio; les suministró trozos de panal de miel, pero no cría, y vio a esta reina poner huevos que los zánganos después rociaron y de los que nacieron crías. Por otro lado, en su fracaso de encerrar zánganos dentro de la prisión con la reina, ésta no puso huevos o solo puso huevos estériles. Él no dudó en dar como un hecho demostrado, que los machos de las abejas fecundan los huevos de la reina de la misma manera de los peces y las ranas, es decir, externamente después de que se hayan puesto.

Esta explicación parece engañosa; los experimentos en los que se basó parecieron bien hechos, y en especial representaron el prodigioso número de machos que se encontraban en las colmenas. Sin embargo sigue habiendo una fuerte objeción que el autor pasó por alto. Las larvas nacen cuando ya no hay ningún zángano. Desde septiembre hasta abril, las colmenas están, por lo general, privadas de zánganos y a pesar de su ausencia, los huevos que la reina pone en ese intervalo no son estériles: no tienen necesidad de ser fértiles, de la influencia de los espermatozoides del zángano. ¿Debemos suponer que se necesita en un determinado momento del año y que en otras estaciones del año se vuelve inútil?

Para descubrir la verdad por medio de estos hechos contradictorios aparentes, resolví repetir los experimentos del Sr. de Braw y tomar más precauciones de las que él había tomado. Primero, busqué, dentro de las celdas que contenían los huevos, para ver el líquido del que hablaba, y el cual confundió con gotas de esperma; encontramos, Burnens y yo, varias celdas que contenían una apariencia de líquido, y debo reconocer que, durante los primeros días, después de hacer esta observación, no teníamos duda de la realidad de este descubrimiento: pero nos dimos cuenta de la ilusión después, causada por el reflejo de los rayos de luz; podíamos ver las huellas de este líquido sólo cuando el sol enviaba sus rayos a la parte inferior de las celdas. Esa parte inferior se alinea generalmente con los desechos de los diferentes capullos de las crías que han eclosionado sucesivamente en el mismo. Esos capullos son lo suficientemente brillantes y cuando se iluminan fuertemente resultan en una iluminación, que es bastante engañosa. Nos convencimos de ello cuando examinamos el asunto más de cerca. Separamos las celdas que presentaban esta particularidad; las cortamos en diferentes formas y vimos muy claramente que no había el menor rastro de líquido en ellas.

Aunque esta observación nos inspiró una especie de desconfianza hacia el descubrimiento del Sr. de Braw, repetimos sus otros experimentos con el mayor cuidado. El 6 de agosto de 1787, sumergimos una colmena y examinamos a todas las abejas mientras estaban en el baño. Nos aseguramos de que no hubiera ni un solo zángano en la misma, ya fuera de los grandes o de tamaño pequeño. Examinamos todos los panales y nos aseguramos de que no hubiera ni ninfas ni larvas de machos en ellos. Cuando las abejas estuvieron secas las colocamos todas de vuelta con la reina en la colmena; y transportamos esta colmena a mi cabaña.

Como deseábamos que disfrutaran de plena libertad, no las encerramos; fueron a los campos e hicieron su cosecha habitual; pero como era necesario que, durante todo el tiempo del experimento, no hubiera zánganos entre ellas, adaptamos un tubo de vidrio a la entrada, cuyas dimensiones eran tales que sólo dos abejas podían pasar a la vez, y observamos este tubo con atención durante los cuatro o cinco días que duró el experimento. Si hubiese aparecido un zángano, lo habríamos reconocido al instante y lo habríamos retirado para no alterar el resultado del experimento. Podemos afirmar que ninguno fue visto. Sin embargo, la reina puso, desde el primer día (6 de agosto), 14 huevos en celdas de obreras y todas las crías nacieron el día 10 del mismo mes.

Este experimento es decisivo. Dado que los huevos que la reina puso en la colmena sin zánganos eran fértiles, y que ningún zángano pudo entrar, es muy cierto que los huevos no necesitan ser rociados con el esperma de los zánganos para salir del cascarón.

Me parece que no hay objeción razonable que pueda ser interpuesta contra esta inferencia. Sin embargo, como he acostumbrado, en todos mis experimentos, a buscar los problemas más insignificantes que pudieran plantearse en contra de sus resultados, pensé que los partidarios del Sr. de Braw dirían que las abejas, privadas de sus zánganos podrían buscar a aquellos que viven en otra colmena, coger su líquido fertilizante, y llevarlo a su propia casa para depositarlo sobre los huevos.

Era fácil apreciar el valor de esta sospecha. Sólo fue necesario repetir el experimento anterior, confinando a las abejas en su colmena tan cerca que ninguna de ellas pudiese escapar. Usted sabe, Señor, que las abejas pueden vivir durante tres o cuatro meses de confinamiento en su colmena, estando bien aprovisionadas con miel y cera, y en las que se hayan dejado pequeñas aberturas para el paso del aire. Hice este experimento el 10 de agosto; me había asegurado, por medio de la inmersión, de que no había un solo zángano entre ellas; se les mantuvo presas, de la manera más cerrada, durante cuatro días, y al final de ese tiempo se encontraron cuarenta crías recién nacidas en su lecho de gelatina. Usé el método de la inmersión para asegurarme de que ningún macho hubiera escapado; examinamos todas las abejas por separado y podemos asegurar que no había una sola que no nos mostrara su aguijón. Este resultado, coincidiendo con el primer experimento, demostró que los huevos de la abeja reina no son fecundados externamente.

Con el fin de concluir la refutación de la opinión del Sr. de Braw, solo tenía que indicar lo que le llevó al error. En sus diferentes observaciones usó una reina con la cual no estaba familiarizado desde su nacimiento. Cuando vio la eclosión de los huevos que habían sido puestos por una reina confinada con machos, determinó que habían sido rociados con el líquido prolífico; pero para tener una conclusión justa, debería haber comprobado que esta hembra nunca se hubiera emparejado y esto lo descuidó. El hecho es que, sin saberlo, había empleado en este experimento una reina que había tenido comercio con un macho. Si hubiese utilizado una reina virgen y la hubiera encerrado con los zánganos dentro de sus estructuras de cristal, en el momento en que emerge de la celda real, hubiese tenido un resultado completamente diferente. Porque aun en medio de este serrallo de machos, nunca hubiese puesto huevos como voy a demostrar en la secuela de esta carta.

Opinión del Sr. Hattorf

Los observadores Lusitanos, y el Sr. Hattorf en particular, creyeron que la reina era fértil, por sí misma, sin el concurso de los varones. Nota: Consulte en la historia de abejas de Schirach un libro de memorias del señor Hattorf, titulado: Física investigada sobre esta pregunta: ¿La abeja reina requiere la fecundación por zánganos? Voy a recordar aquí el experimento sobre el que se fundó esta opinión.

El Sr. Hattorf cogió una reina cuya virginidad no supusiera ninguna duda; la confinó en una colmena de la que excluyó a todos los machos de tamaño grande o pequeño y unos días después se encontraron en ella huevos y crías. Afirma que, en el transcurso de este experimento no se introdujeron zánganos dentro de esta colmena, y, ya que a pesar de su ausencia la reina puso huevos de los que nacieron crías, concluyó que es fértil por sí misma.

Reflexionando sobre este experimento, no me pareció suficientemente exacto. Yo sabía que los zánganos pasan fácilmente de una colmena a otra y que el Sr. Hattorf no había tomado precauciones para evitar que cualquiera de ellos entrara dentro de la colmena; de hecho, dice que ningún macho llegó, pero no dice de qué manera se aseguró de este hecho: incluso aunque pudiera asegurar que ningún zángano de gran tamaño hubieran entrado, podría haber sido posible que uno de los pequeños hubiera entrado, escapando a su diligencia, y haber fecundado a la reina. Para aclarar esta duda, decidí repetir el experimento de este observador, como él lo describió, sin mayor cuidado o precauciones.

Coloqué una reina virgen dentro de una colmena de la que saqué a todos los zánganos, y dejé en libertad absoluta a las abejas: pocos días después, visité esta colmena y encontré crías recién nacidas en ella. He aquí, pues era el mismo resultado que había obtenido el Sr. Hattorf; pero para sacar consecuencias similares, era necesario asegurarse de que ningún zángano había entrado. Era necesario sumergir a las abejas y examinarlas por separado. Se realizó esta operación y después de una cuidadosa búsqueda encontramos cuatro pequeños varones. Resulta que para hacer un experimento decisivo en esta cuestión, no sólo es necesario eliminar a todos los zánganos, si no que uno debe también, por algún método seguro, evitar que entren, algo que el observador alemán no hizo.

Me preparé para reparar esta omisión. Coloqué una reina virgen en una colmena de la que saqué a todos los zánganos, y para estar físicamente seguro de que ninguno entrara, adapté en la entrada de la colmena un tubo de vidrio de dimensiones tales que las abejas obreras pudieran pasar fácilmente a través de él, pero que fuera demasiado pequeño incluso para un zángano de tamaño pequeño. Las cosas quedaron así durante treinta días; las obreras, yendo y viniendo, hicieron su trabajo habitual, pero la reina se mantuvo estéril; al final de los treinta días, su vientre estaba tan delgado como en el momento de su nacimiento. Repetí el experimento varias veces y el resultado fue el mismo.

Por lo tanto, ya que una reina permanece estéril al ser separara rigurosamente de todo contacto con los machos, es evidente que no es fértil por sí misma. Así que la opinión del Sr. Hattorf está mal fundada.

Hasta ahora, al tratar de verificar o refutar las conjeturas de todos los observadores anteriores a través de nuevos experimentos, adquirí el conocimiento de nuevos hechos; pero estos hechos fueron aparentemente tan contradictorios que llevaron a una solución del problema aún más difícil. Mientras trabajaba en la hipótesis de Sr. de Braw, si confinaba a una reina en una colmena de la que había excluido a todos los zánganos; ella no fallaba en la fertilidad. Por el contrario, si, al examinar la opinión del Sr. Hattorf, colocaba en las mismas condiciones una reina de cuya virginidad yo estaba totalmente seguro, ella permanecía estéril.

Dificultad para Descubrir el Modo de Impregnación

Avergonzado por tantas dificultades, yo estaba a punto de abandonar este tema de las investigaciones, cuando por fin, al reflexionar con mayor atención sobre él, pensé que estas aparentes contradicciones se debían a que reuní los experimentos realizados en las reinas vírgenes y otros ejecutados en las hembras que no había observado desde su nacimiento, y que tal vez habían sido fecundadas sin mi conocimiento. Impresionado por esta idea, me comprometí a seguir un nuevo plan de observación, no en reinas tomadas al azar de mis colmenas, sino en hembras positivamente vírgenes, cuya historia conocía desde el momento de su salida de la celda.

Experimentos sobre la Fecundación de las Abejas

Tenía un gran número de colmenas: eliminé todas las hembras reinantes y sustituí por cada una de ellas una reina cogida en el momento de su nacimiento; quité todos los varones de tamaños grandes y pequeños, y adapté a las entradas un tubo de vidrio tan estrecho que ningún zángano podría entrar, pero lo suficientemente grande para la entrada y salida libre de las obreras. En las colmenas de la segunda clase, dejé a todos los zánganos que estaban allí e incluso introduje otros nuevos, y para evitar que se escaparan, les puse un tubo de vidrio demasiado estrecho para el paso de los zánganos.

He seguido con gran cuidado, durante más de un mes, este experimento realizado a gran escala, y quedé muy sorprendido al final de ese tiempo, al ver a mis reinas igualmente estériles.

Por tanto, es absolutamente cierto que las reinas siguen siendo estériles, incluso en medio de un serrallo de zánganos, cuando uno los confina en la colmena. Este resultado me llevó a la sospecha de que las hembras no pueden ser fecundadas en el interior de sus colmenas, y que deben salir con el fin de recibir aproximaciones de los machos. Era fácil de comprobar esto mediante un experimento directo. Como esto es importante, debo contar con detalle lo que hicimos, mi secretario y yo, el 29 de junio 1788.

Sabíamos que durante los meses de verano los zánganos generalmente salen de sus colmenas en la hora más calurosa del día. Por consiguiente, era natural concluir que, si las reinas también se veían obligadas a salir con el fin de ser fecundadas, serían inducidas a seleccionar la hora de vuelo de los zánganos.

Entonces, nosotros mismos nos posicionamos delante de una colmena cuya reina estéril tenía cinco días de vida. Eran las 11 en punto de la mañana: el sol había estado brillando desde su salida, el aire estaba muy caliente; los zánganos comenzaron a volar desde varias colmenas, entonces agrandamos la entrada de la seleccionada para su observación; después fijamos nuestra atención en esa entrada y en las abejas que salían de la misma. Vimos por primera vez aparecer a unos zánganos, que tomaron vuelo tan pronto como fueron liberados. Poco después, la joven reina apareció en la entrada de la colmena; pero no voló de inmediato. La vimos paseando en el pedestal de la colmena durante unos instantes, rozando su vientre con sus patas posteriores: ni las abejas, ni los zánganos que surgieron de la colmena parecían prestarle atención: por fin la joven reina alzó el vuelo. Al estar a un par de metros de la colmena, ella volvió y se acercó para examinar el punto desde el que ella había salido; (parecía que ella consideraba esta precaución necesaria para reconocer su punto de regreso) luego se fue volando, describiendo círculos horizontales a doce o quince pies sobre el suelo. Entonces cerramos la entrada de la colmena, para que ella no pudiese volver a entrar sin ser vista, y nos pusimos en el centro de los círculos que describía en su vuelo, para estar en mejores condiciones de seguirla y ser testigo de todas sus acciones. Pero no se quedó mucho tiempo en una situación tan favorable como para continuar la observación; pronto tomó vuelo y la perdimos de vista: volvimos inmediatamente a nuestro lugar al frente de la colmena, y en siete minutos vimos a la joven reina de vuelta y al frente de la entrada de la colmena de la que había surgido. La llevamos en nuestras manos para examinarla y al no haber encontrado signos de fecundación sobre ella se le permitió volver a entrar en la colmena.

Ella permaneció en el interior durante casi un cuarto de hora, cuando apareció de nuevo; después de haberse cepillado a sí misma como antes, alzó el vuelo, se volvió para examinar la colmena, y se levantó tan alto que la perdimos de vista. Esta segunda ausencia fue mucho más larga que la primera; sólo después de veintisiete minutos vimos su regreso y descendió a la tabla. La encontramos entonces en un estado muy diferente de aquel en el que ella estaba después de su primera excursión: la parte posterior de su cuerpo estaba llena de una sustancia blanquecina, gruesa y dura, los bordes interiores de la vulva se cubrieron con ella; la propia vulva estaba parcialmente abierta y pudimos ver fácilmente que su interior estaba lleno de la misma sustancia. Esta sustancia se parecía mucho al líquido contenido en las vesículas seminales de los machos, completamente similares a él en color y consistencia;

Nota: Se muestra en la siguiente carta que lo que dábamos por gotas de esperma coaguladas eran realmente los órganos masculinos, que el apareamiento fija al cuerpo de la hembra. Le debemos este descubrimiento a una circunstancia que aquí voy a relatar. Para acortar este trabajo, quizás debería haber omitido todas las cuentas que doy de mis primeras observaciones sobre la fecundación de la reina, y pasar directamente a los experimentos que demuestran que ella trae a casa consigo misma los órganos genitales del macho; pero en observaciones de este tipo, que son a la vez nuevas y delicadas, es tan fácil ser engañado, que creo que sirvo mejor a mis lectores al exponer con franqueza los errores que he cometido. Es una prueba adicional, añadida a tantas otras, de la necesidad de un observador, el repetir sus experimentos miles de veces, para obtener la certeza de ver los hechos en su verdadera luz.

Pero necesitábamos una prueba más fuerte que esta semejanza, para asegurarnos de que el líquido blanco, con el que se impregnó, era realmente el líquido fecundante de los zánganos; fue necesario que debiera haber intervenido la fecundación. Entonces permitimos a esta reina entrar en la colmena y la confinamos allí. Dos días más tarde abrimos la colmena y vimos la prueba de que ella era fértil. Su vientre se amplió sensiblemente y ya había puesto casi un centenar de huevos en celdas de obreras.

Para confirmar este descubrimiento, hicimos otros varios experimentos, con el mismo éxito. Voy a transcribir éste de mi diario: El dos de julio, el clima era muy bueno, los zánganos salieron en cantidad. Pusimos en libertad a una reina que nunca había vivido con zánganos (ya que su colmena había siempre estado enteramente privada de ellos). Tenía once días de edad y era positivamente no fértil; rápidamente la vimos salir de la colmena, girarse a examinarla, e irse fuera de nuestro alcance de visión: regresó al cabo de unos minutos, sin ningún signo exterior de fecundación; voló de nuevo, por segunda vez, después de un cuarto de hora, pero con tan rápido vuelo que solo pudimos seguirla un instante; esta nueva ausencia duró treinta minutos. El último anillo de su abdomen estaba abierto y la vulva estaba llena con la materia blanquecina ya mencionada. La volvimos a colocar en su casa, de la que seguimos excluyendo a todos los varones. La examinamos dos días más tarde y la encontramos fértil.

Estas observaciones al final nos enseñaron por qué el Sr. Hattorf había obtenido resultados tan diferentes de los nuestros. Había tenido reinas fértiles, en colmenas que fueron privadas de zánganos, y había llegado a la conclusión de que su coito no era necesario para la fecundación, pero no había privado a sus reinas de la libertad de vuelo y se habían aprovechado de esto para unirse a los zánganos. Nosotros, por el contrario, rodeamos a nuestras reinas con un gran número de machos y habían permanecido estériles, debido a las precauciones que habíamos tomado de limitar a los machos de las colmenas también había impedido que las reinas salieran y buscaran en el *exterior,* la fecundación que no podían obtener en su interior.

Repetimos estos experimentos sobre reinas de veinte, veinticinco, treinta, y treinta y cinco días. Todas se volvieron fértiles después de una sola impregnación. Sin embargo, hemos observado algunas peculiaridades esenciales en la fecundidad de aquellas reinas que fueron fecundadas después de los veinte días de su vida; pero diferimos de hablar de ellas hasta que podamos ofrecer a los naturalistas algunas observaciones suficientemente positivas y suficientemente numerosas como para meritar su atención.

Sin embargo, permítame que añada un comentario aquí. Aunque no asistimos a un verdadero apareamiento entre la reina y un zángano, creemos que, después de los datos que acabamos de dar, no quedará ninguna duda del apareamiento real y de la necesidad del mismo para la fecundación. La secuela de nuestros experimentos, realizados con todas las precauciones posibles, parece demostrativa. La esterilidad uniforme de las reinas en las colmenas donde no hay machos y en aquellas en las que los machos fueron confinados; la salida de estas reinas de sus colmenas y los muy evidentes signos de impregnación que exhibían a su regreso, son pruebas sobre las que no se puede oponer ninguna objeción. Nosotros estamos seguros de que podemos, en la próxima primavera, asegurar el último complemento de esta prueba, al apoderarnos de la hembra en el mismo instante de la cópula.

Los naturalistas siempre han estado avergonzados por no poder explicar la gran cantidad de zánganos que se encuentran en la mayoría de las colmenas y que parecen ser sólo una carga para la comunidad de abejas, ya que no cumplen ninguna función allí. Pero ahora podemos empezar a discernir las intenciones de la Naturaleza en multiplicarlos hasta tal punto: ya que la fecundación no puede tener lugar dentro de las colmenas, y la reina se ve obligada a volar en la expansión del aire para encontrar un macho que pueda fecundarla, es necesario que haya un cantidad grande de zánganos para que la reina pueda tener la oportunidad de conocer a uno; si sólo hubiese uno o dos zánganos en cada colmena, la probabilidad de su emisión al mismo tiempo que la reina, sería muy escasa y la mayoría de las hembras permanecerían estériles.

Pero, ¿por qué la Naturaleza ha prohibido la fecundación dentro de las colmenas? Es un secreto que no ha sido dado a conocer. Alguna circunstancia favorable puede permitirnos introducirlo en el curso de nuestras observaciones. Uno podría hacer diversas conjeturas pero hoy requerimos hechos y rechazamos suposiciones gratuitas. Recordaremos solamente que las abejas no son la única república de insectos que presentan esta singularidad; las hormigas hembras también se ven obligadas a abandonar los hormigueros para ser fertilizadas por los machos de su especie.

No me atrevo a rogarle que, Señor, se comunique conmigo para hablar sobre las reflexiones que su genio le sugerirá sobre los hechos que acabo de compartir con usted. No tengo aún ningún derecho a este favor. Pero si, como no tengo ninguna duda, algunos experimentos nuevos por ser intentados surgen en su mente, sobre la fecundación de la reina o en otros puntos de la historia de las abejas, sea tan amable como para sugerírmelos: tendré en su ejecución todo el cuidado del que soy capaz y consideraré esta marca de su amistad e interés como el aliento más halagador que yo pueda recibir en la continuación de mi trabajo.

Suyo, Señor, con el mayor respeto,

Atentamente, etc.

Me ha sorprendido, señor, muy amablemente, con su comunicación sobre la fecundación de la reina. Tuvo una idea muy afortunada, cuando supuso que ella saldría de la colmena para ser fecundada, y el método al que recurrió para determinar fue muy apropiado para el final.

Le recordaré que los machos y las hembras de las hormigas se aparean en el aire, y que después de la fecundación las hembras regresan al nido para depositar sus huevos. *Contemplation de la Nature, parte XI, Capítulo XXII, nota I*. Todavía habría que observar el instante en que el zángano se une con la abeja reina, pero ¡cómo podemos determinar la manera en que la cópula tiene lugar, en el aire, lejos de los ojos del observador! Puesto que usted tiene buenas pruebas de que el líquido que humedece los últimos anillos de la reina a su regreso es el mismo que el suministrado por los machos, es más que una presunción a favor de apareamiento. Tal vez sea necesario, para su funcionamiento, que el macho se pueda agarrar a la hembra bajo el vientre, algo que no puede tener lugar fácilmente excepto en el aire. La abertura grande que usted ha observado en una determinada circunstancia en el extremo del vientre de la reina parece corresponder con el volumen singular de los órganos sexuales del macho.

Usted desea, Señor, que yo debiera indicar algunos nuevos experimentos para probar sobre nuestros industriosos republicanos; lo haré con el mayor interés y placer, ya que sé hasta qué punto usted posee el preciado arte de combinar las ideas y el dibujo de estos resultados combinados y adaptados al descubrimiento de nuevas verdades. Unos pocos en este momento me vienen a la mente.

Sugerencia del Sr. Bonnet para experimentos sobre la fecundación de las abejas

Fecundación artificial

Sería adecuado tratar de fecundar a la reina virgen artificialmente, mediante la introducción, dentro de la vagina, en el extremo de un lápiz de pelo, un poco del líquido prolífico del macho, tomando todas las precauciones para evitar el error. Usted sabe cuántas fecundaciones artificiales nos han valido la pena ya en más de una forma.

Asegurarse de que la reina que regresa es la que se fue

Con el fin de asegurarse de que la reina que dejó la colmena para la fecundación es la misma que vuelve a depositar huevos, sería necesario pintar su coraza con un barniz a prueba de humedad. Sería bueno también pintar la coraza de un buen número de obreras para descubrir la duración de la vida. Uno podría tener mejor éxito mutilándolas ligeramente.

Posición requerida para que el huevo salga del cascarón

Con el fin de salir del cascarón, el pequeño huevo debe fijarse casi verticalmente por un extremo, cerca de la parte inferior de la celda; esto me trae una pregunta: ¿es cierto que no puede salir del cascarón si no se fija en esa posición? Yo no me atrevería a afirmarlo, y le dejo la decisión de experimentar.

¿Son huevos verdaderos?

Le dije una vez que yo siempre dudé de la verdadera naturaleza de esos pequeños cuerpos alargados que la reina deposita en la parte inferior de las celdas: estaba inclinado a considerarlos crías diminutas que aún no habían comenzado su desarrollo. Su forma tan alargada favoreció mi conjetura; sería aconsejable verlos con la mayor asiduidad desde el momento en que son puestos hasta que nacen. Si uno puede ver la explosión del cascarón abierto y el gusanito emerger de la abertura, ya no va a haber ninguna duda de que estos pequeños cuerpos son huevos reales.

Sugerencias para observar el verdadero apareamiento

Vuelvo a la manera en que el apareamiento tiene lugar. La altura a la que la reina y los machos se elevan en el aire nos impide ver claramente lo que pasa entre ellos: entonces sería necesario probarlo encerrando la colmena en una habitación con un techo muy alto. También sería aconsejable repetir el experimento del Sr. de Réaumur, quien confinó a una reina con varios machos en una caja de arena de vidrio; y si, en lugar de una caja de arena de vidrio, uno utiliza un tubo de vidrio de varias pulgadas de diámetro y varios pies de largo, tal vez se pueda observar algo decisivo.

¿Obreras ponedoras o pequeñas reinas?

Usted tuvo la suerte de observar algunas de las pequeñas reinas mencionadas por Abbé Needham, pero las cuales él no pudo ver. Sería importante diseccionar con cuidado algunas de estas reinas para el propósito de descubrir sus ovarios. Cuando el Sr. Riems me informó de que él se había limitado a unas 300 obreras en una caja, con un panal que no contenía ningún huevo y que algún tiempo después encontró cientos de huevos en ese panal, lo cual atribuyó a la colocación de las obreras, le recomendé encarecidamente que diseccionara a las obreras: lo hizo, y me informó de que había encontrado huevos en tres de ellas. Aparentemente eran pequeñas reinas que había diseccionado sin saberlo. Dado que se producen pequeños zánganos no es sorprendente que las pequeñas reinas se produzcan también, sin duda, por las mismas causas externas.

Estas reinas de tamaño pequeño merecen ser conocidas, para que puedan tener una gran influencia en diversas circunstancias y avergonzar al observador. Debemos comprobar que crecen en celdas piramidales más pequeñas que las comunes o en celdas hexagonales.

¿Funciona el método Schirach con huevos?

El famoso experimento de Schirach en la conversión fingida de una cría común en una real no puede ser repetido a menudo, aunque los observadores Lusitanos lo han hecho varias veces. Pero el descubridor sostuvo que el experimento tiene éxito sólo con crías de tres o cuatro días de edad, y nunca con huevos simples. Me gustaría mucho que esta última afirmación fuera probada.

Los observadores Lusitanos y el del Palatinado afirman que las abejas comunes u obreras ponen huevos sólo con zánganos, cuando se confinan en los panales que no contienen huevos en absoluto: así que puede haber pequeñas reinas que pongan huevos sólo de zánganos; porque es evidente que esos huevos, que ellos creían que habían sido colocados por las obreras, deben haber sido producidos por las reinas pequeñas. Pero, ¿cómo podemos concebir que los ovarios de esas reinas pequeñas contengan únicamente huevos de zánganos?

El Sr. de Réaumur nos informó de que podíamos prolongar la vida de las crisálidas manteniéndolas en un lugar frío, como una casa de hielo: sería recomendable intentar el mismo experimento sobre huevos de abeja reina y sobre ninfas de zánganos y obreras.

¿Produce algún efecto el tamaño de celda sobre el tamaño de la abeja?

Otro experimento interesante sería eliminar todos los panales compuestos por celdas comunes, dejando sólo aquellos hechos de celdas para zánganos. Uno podría determinar si los huevos que la reina iba a poner en esas celdas grandes producirían obreras más grandes. Pero es muy probable que la privación de celdas comunes desalentase a las abejas; ya que necesitan este tipo de celdas para su miel y cera. Tal vez, sin embargo, si quitamos sólo una parte de estas celdas comunes, la madre podría ser obligada a poner huevos comunes en las celdas de zánganos.

¿Larvas de la reina en la celda común?

También deseo que se haga un intento por eliminar de una celda real la cría que se aloja en ella y ponerla en la parte inferior de una común, en donde la jalea real también ha sido depositada.

¿Tamaño y forma ideal de colmena?

Como la forma de las colmenas tiene una gran influencia en la respectiva disposición de los panales, sería deseable un experimento para variar su forma y dimensión internas.

Nada estaría mejor adaptado para informarnos sobre la manera en que las abejas modifican su trabajo y aplicarlo a las circunstancias.

Esto podría permitirnos descubrir hechos particulares que no nos imaginamos.

¿Pueden distinguirse los huevos de zángano, obreras y reinas?

Todavía no se han comparado con atención el huevo real y el huevo de zángano con los huevos de las obreras. Sería bueno hacer esta comparación para determinar si estos diferentes huevos contienen caracteres distintivos.

Alimentar a las obreras con la jalea real

La papilla suministrada por las obreras a la cría real no es la misma que la dada a las crías comunes. ¿No podríamos intentar quitar un poco de la papilla real con una horquilla de pelo y alimentar a una cría común colocada en una celda común de mayor tamaño? He visto celdas comunes colgando casi verticales en donde la reina ha puesto huevos comunes. Preferiría estas celdas para el experimento que propongo.

Hechos del libro de Bonnet que requieren verificación

He reunido, en mi *memoires sur les Abeilles*, diversos hechos que necesitarían verificación; lo mismo se necesitaría para mis propias observaciones; usted sabrá, señor, cómo seleccionar, entre estos hechos, los que son más dignos de su atención; ya ha enriquecido la historia de las abejas tan gratamente que todo se puede esperar de su sagacidad y perseverancia. Conoce los sentimientos con los que usted ha inspirado el Contemplador de la Naturaleza.

Genthod, 18 de agosto del 1789

2ª Carta- Fecundación Continua de la Abeja Reina

Pregny, 17 de agosto del 1791

La reina es fecundada por copulación, la cual nunca se lleva a cabo dentro de la colmena

Señor, fue en 1787 y 1788 cuando hice los experimentos que le relato en mi carta anterior. Parecen establecer dos hechos sobre los que sólo se había prestado vaga atención.

1º. Las reinas no son fértiles por sí mismas; se vuelven así a través del apareamiento con un zángano.

2º. El apareamiento se lleva a cabo fuera de la colmena, y en el aire.

Este último hecho fue tan extraordinario, que a pesar de todas las pruebas que habíamos hecho deseábamos ver a la reina en el acto. Pero como ella se eleva a una gran altura, nuestros ojos no podían alcanzarla. Fue entonces cuando usted nos aconsejó, señor, cortar una parte de las alas de las reinas vírgenes para evitar que volaran tan rápidamente y una distancia tan vasta. Hemos tratado de todas las maneras de sacar provecho de este consejo, pero a nuestro gran pesar, cuando mutilamos sus alas demasiado, ya no podían volar, y cuando le cortamos solo una pequeña parte, no disminuía la velocidad de su vuelo. Probablemente existe un punto intermedio entre estos dos extremos; pero no hemos podido lograrlo. Tratamos también, mediante su recomendación, de hacer su vista menos aguda, cubriendo una parte de sus ojos con un barniz opaco; este intento también fue inútil.

Los experimentos sobre la fecundación artificial no han tenido éxito

Por fin, tratamos de fecundar artificialmente a algunas reinas mediante la introducción del líquido de los zánganos en sus partes posteriores.

Tomamos todas las precauciones imaginables en esta operación para asegurar su éxito, pero el resultado no fue satisfactorio. Varias reinas fueron víctimas de nuestra curiosidad; y las otras que sobrevivieron siguieron estériles.

Aunque estos diversos intentos fueron infructuosos, se comprobó que las hembras salen de sus colmenas para buscar a los machos, y que llegan a casa con signos más que evidentes de fecundación. Satisfechos con este descubrimiento, esperábamos que el tiempo o un accidente nos dieran la prueba decisiva y viéramos un apareamiento verdadero con nuestros propios ojos. Estábamos lejos de sospechar un descubrimiento más singular, que el que hicimos este año en el mes de julio y que da una demostración completa del supuesto apareamiento.

Observaciones anatómicas en los órganos sexuales de las abejas

Nota: Swammerdam, quien nos dio la descripción del ovario de la reina, la ha dejado incompleta. Él dice que no pudo ver dónde emergía el canal del huevo desde el vientre, ni qué partes podían ser percibidas, fuera de las que él describió.

> "Por mucho dolor que sufrí.", Dice él (Bible of Nature). "para descubrir claramente la apertura de la vulva, fui incapaz de hacerlo, en parte porque estaba entonces en el campo y no tenía todos mis instrumentos conmigo, y en parte porque no quería forzar la vulva fuera del abdomen de la hembra, por temor a dañar algunas otras partes que necesitaba examinar al mismo tiempo. Sin embargo, he visto con suficiente claridad que el conducto excretor de los huevos forma un agrandamiento muscular, en el lugar

que está cerca del último anillo del abdomen; después se contrae y se amplia de nuevo cuando llega al tejido membranoso. No podía seguir más lejos, porque deseaba preservar la vesícula del veneno, con los pocos músculos que sirven para el juego del aguijón. Pero en otra hembra, me pareció, que la vulva, cuando la abeja está acostada en su vientre, se abre en el último anillo bajo el aguijón, y que es muy difícil penetrar en esta apertura, a menos que se estiren estas partes y se extiendan en el momento en que la abeja pone".

Tratamos señor, de ver lo que Swammerdam infatigablemente había dejado de ver; nos puso en nuestro camino al indicarnos que el momento de poner huevos es el más ventajoso para esta investigación: luego vimos que el conducto excretor de los huevos no se abría directamente al exterior del cuerpo; y que los huevos, cuando emergían del vientre, caían en una cavidad, en la que permanecían durante un tiempo, antes de ser emitidos fuera del vientre, por los labios del último anillo.

El 6 de agosto del 1787 sacamos de su colmena a una reina muy prolífica: sosteniéndola cuidadosamente, dada la vuelta, por las alas, la totalidad de su vientre al descubierto; se cogió el extremo del mismo con el segundo par de patas, y lo llevó en su camino hacia la cabeza, inclinándose tanto como pudo, dándole la forma de un arco. Esta postura nos pareció lo contrario de puesta libre; usando una hebra de una paja la obligamos a tomar una actitud más natural y enderezar su vientre. Presionada para poner, no pudo retener sus huevos durante más tiempo: la vimos hacer un esfuerzo y extender su vientre; la parte interior del último anillo se extendió lejos de la parte superior lo suficiente como para hacer una abertura que dejó al descubierto una parte del interior del abdomen. Vimos el aguijón dentro de su cubierta en la parte superior de esta cavidad. La reina hizo entonces más esfuerzos, y vimos un huevo emerger del extremo del conducto de ovario y caer en la cavidad que hemos mencionado; los labios se cerraron de nuevo y después de unos instantes se abrieron, pero mucho menos que la primera vez, todavía lo suficiente para permitir que el huevo que habíamos visto, cayese fuera de esta cavidad.

Explicación de la Lámina II

La figura 1 representa los órganos de la abeja macho, tal como están después de haber sido sacados de su cuerpo y estirados, para que ninguna parte de ellos oculte el resto.

a, la parte posterior del cuerpo, la parte superior del último anillo.

s, s, las vesículas seminales.

d, d, los vasos deferentes (conductos deferentes)

q, q, paso estrecho que conecta los conductos deferentes con las vesículas seminales.

x, x, vasos tortuosos, que son más largos de lo que parecen aquí y se conectan con los testículos.

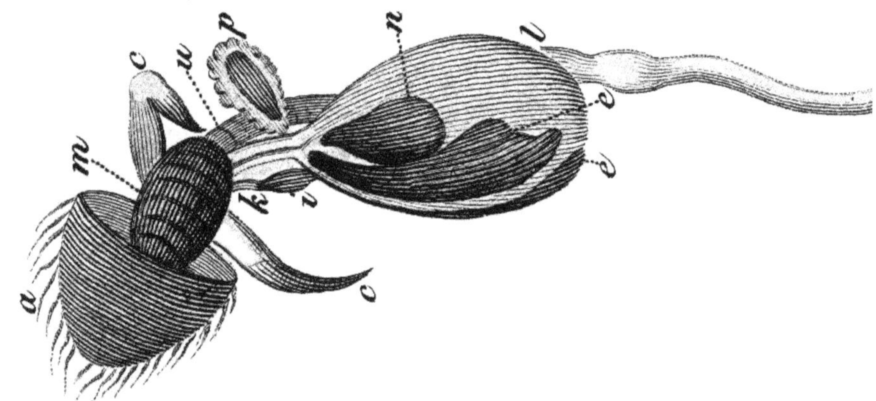

Volumen 1 Lámina II Fig. 1- Órganos de Zángano.

t, t, testículos.

r, conducto en el cual las vesículas seminales pueden vaciar sus productos lácteos, y que Swammerdam llama la "raíz del pene".

l, punto del conducto con el cuerpo que llamamos la lenteja de conexiones.

li, la lenteja.

ie, ie dos placas de color marrón, con escamas o quitina, que fortalecen la lenteja en sus bordes.

N, otra cubierta de quitina.

En la superficie de la lenteja que no se puede mostrar en este corte, también hay dos cubiertas similares a aquellas marcadas ie, y N; están situadas de manera similar.

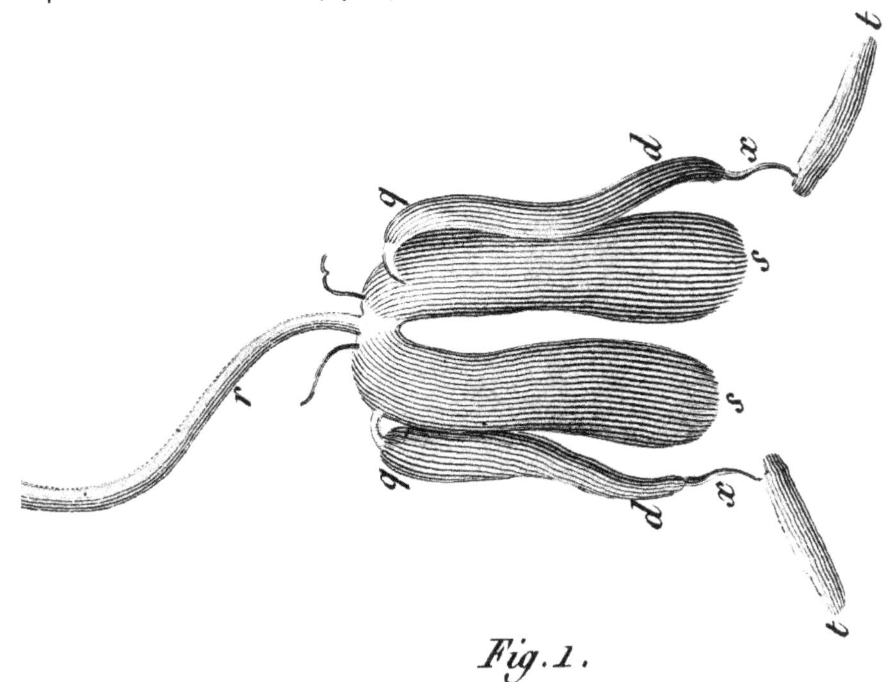

Volumen 1 Lámina II Fig. 1- Órganos de Zángano (continuación).

k, el conducto compuesto de membranas plegadas, emergiendo de la parte posterior de la lenteja.

p, palete trenzado.

u, el arco; se ve a través de las membranas que lo cubren.

m, membranas que forman una bolsa carnosa, que cuando están fuera del cuerpo, forman una especie de máscara lanosa.

c, c, los dos cuernos, uno de los cuales está extendido, el otro doblado; ambos están normalmente más plegados incluso que éste.

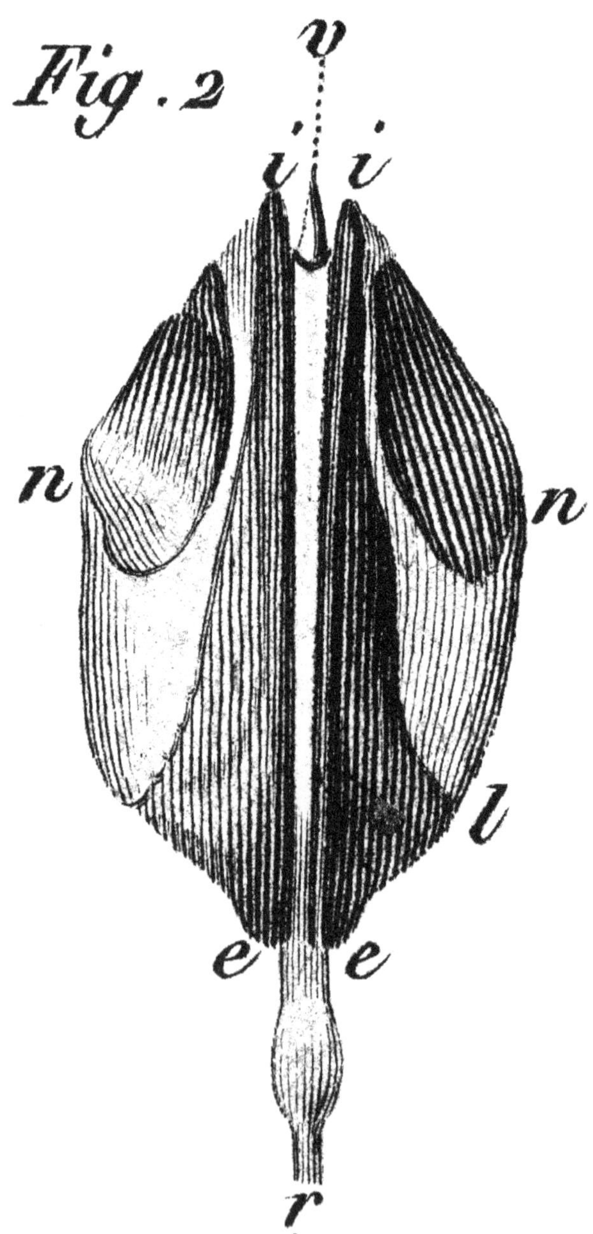

Volumen 1 Lámina II Fig. 2 - Órganos del zángano, parte que se queda en la reina.

La Figura 2 representa la parte del órgano del zángano que permanece dentro de la parte posterior de las hembras después de aparearse, y que el Sr. de Réaumur ha llamado "la lenteja".

li, cuerpo lenticular, mostrado desde el borde, con una lupa.

r, fragmentos del conducto que Swammerdam llama la "raíz del pene" y que se rompe en ese punto, cuando el macho se separa de la hembra después del apareamiento.

ie, ie, dos cubiertas escamosas que actúan como pinzas.

n, n, dos placas quitinosas, más cortas que las anteriores y contiguas a ellas.

v, parte que llamé la verga o el pene.

El macho pierde los órganos sexuales en la cópula

Sabíamos por nuestras propias observaciones que el esperma del zángano se coagula tan pronto como se expone al aire; varios experimentos, mediante la confirmación de este hecho, dejaron tan pocas dudas en ese sentido, que cada vez que vimos a las hembras regresar con los signos exteriores de la cópula, pensamos que reconocimos las gotas del esperma masculino en la sustancia blanca con la que su vulva se había rellenado. Ni siquiera pensamos en la disección de una de esas hembras para estar más seguros del hecho.

Pero este año, con el fin de no abandonar nada y también para tomar nota de la evolución que suponíamos se producía en los órganos de las reinas por la inyección de los espermatozoides coagulados dejados por los zánganos, realizamos varias disecciones; para nuestra sorpresa nos encontramos con que lo que habíamos tomado por el líquido prolífico, eran realmente los órganos genitales del macho, separados de su cuerpo en el momento de la cópula, y quedando plantados dentro de la vulva de las hembras: aquí están los detalles de este descubrimiento.

Después de haber resuelto diseccionar varias reinas cuando volvían a la colmena con los signos exteriores de fecundación, procuramos algunas con el método de Schirach, y permitimos sucesivamente que volaran a la caza de zánganos; la primera que aprovechó fue capturada en el instante en que estaba a punto de volver a entrar en la colmena, y sin disección nos mostró lo que estábamos tan deseosos de aprender. La cogimos por sus cuatro alas, y examinamos la parte inferior de su vientre. Su vulva parcialmente abierta mostró el final casi ovalado de un cuerpo blanco que, por su volumen y posición, evitó que los labios se cerraran por completo; el vientre de la reina estaba en continuo movimiento; se extendía, se contraía, se alargaba, se acortaba, se inclinaba y enderezaba sucesivamente. Estábamos listos para cortar y abrir sus anillos, y buscar, con la disección, la causa de todos esos movimientos cuando la vimos doblar su vientre lo suficiente como para llegar a su extremo con sus patas posteriores, y agarrar la parte del cuerpo blanco que estaba dentro de los labios de la vulva y que los mantenía separados; evidentemente estaba haciendo esfuerzos para sacarlo; pronto tuvo éxito y lo dejó caer en nuestras manos. Esperábamos ver la masa de algún líquido coagulado; pero nuestra sorpresa fue grande cuando nos enteramos que era parte del cuerpo del zángano que la había hecho madre. Al principio no creíamos nuestros ojos; pero después de haber examinado esa sustancia por todos lados, tanto a simple vista como con una buena lupa, reconocimos claramente que era la parte de un zángano que el Sr. de Réaumur llama la "parte lenticular" o "lenteja", de la que aquí damos la descripción copiada de su propia obra (Ninth Memoir upon Bees, cuarta edición, pág. 489)

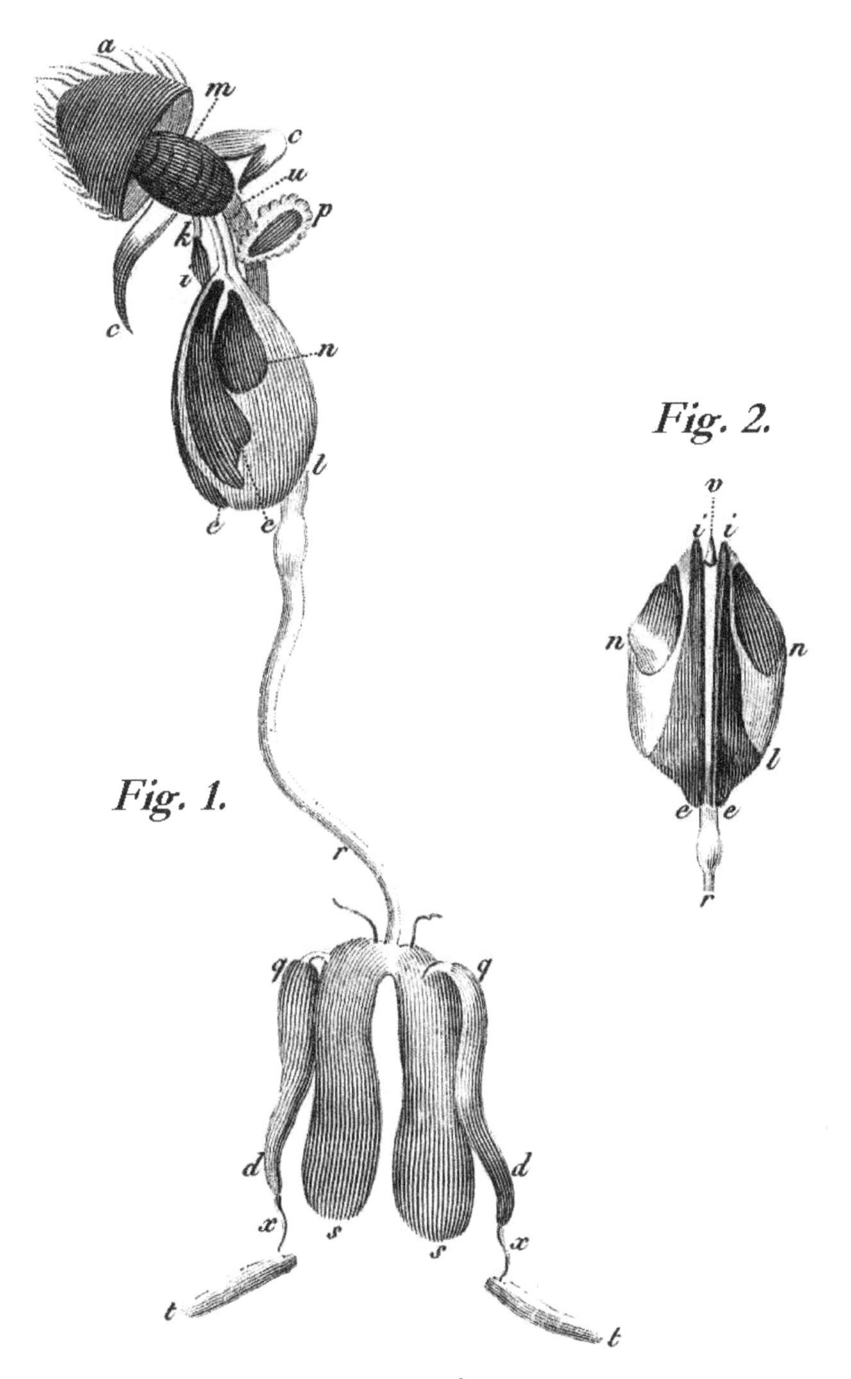

Volumen 1 Lámina II - Órganos de Zángano.

"Cuando abrimos el cuerpo de un zángano desde arriba o desde abajo, observamos una sustancia formada a partir del ensamblaje de varias partes, a menudo de un color blanco superando el de la leche: Si separamos esta sustancia, la encontramos compuesta principalmente de cuatro cuerpos alargados; los dos más grandes de estos cuerpos se sujetan a una especie de cordón que Swammerdam llamó "la raíz del pene (Lámina II fig. 1), y él le dio el nombre de *vesículas seminales* ss, a los dos cuerpos blancos, largos, que acabamos de mencionar. Otros dos cuerpos, oblongos como estos, pero con un diámetro de sólo la mitad que los anteriores, y más corto, son llamados por el mismo autor *vasos deferentes* d d. Cada uno de éstos se comunica con una de las vesículas seminales, cerca del punto q q, el cual se une al conducto r; en el otro extremo de cada uno de estos vasos deferentes, se encuentra un conducto delgado x x, que, después de unas pocas curvas, termina en un cuerpo ampliado t, un poco más grande, pero es difícil de separar de la tráquea que lo rodea. Swammerdam considera estos dos órganos como los testículos. Así que tenemos dos cuerpos de volumen considerable que se unen con dos todavía más largos y más grandes. Estos cuatro cuerpos tienen un tejido celular lleno de un líquido blanquecino, que puede ser forzado a salir por la presión. El conducto largo y tortuoso r, al que los dos cuerpos más grandes se sujetan, llamados vesículas seminales, es sin duda, el conducto a través del cual puede salir el líquido lechoso. Después de varias vueltas se ensancha o más bien termina en una especie de vejiga l, i, una bolsa carnosa. Esta parte está más o menos estirada y más o menos plana en diferentes zánganos; dándole el nombre de *cuerpo lenticu-*

lar o *lentejas*, describimos su aparición en todos los zánganos cuyos órganos se han endurecido en alcohol. *(Nota: esto se refiere al producto alimenticio "lentejas", una pequeña semilla leguminosa que es a lo que se parece su forma.-Transcriptor)* Esta bolsa l, i, es entonces una lenteja redonda, la mitad de cuya circunferencia está sujeta por dos cubiertas ei, ei escamosas, de color castaño que siguen las curvas de su contorno. Un hilo pequeño de color blanquecino, en el borde de la lenteja, es visible y los separa uno del otro. Como esta lenteja es oblonga llamaremos a sus dos extremos posterior y anterior. El extremo l anterior, más cercano a la cabeza, es al que el conducto r se inserta proviniendo de las vesículas seminales. El extremo posterior i, más cercano al ano da lugar a las dos cubiertas escamosas ei, ei, cada una de las cuales se ensancha de manera que cubre una parte de la lenteja. Bajo el punto donde cada una de estas cubiertas escamosas es más ancha, hay una muesca que hace dos puntos redondeados de longitudes desiguales, el más largo está sobre la circunferencia de la lenteja. Además de estas dos cubiertas, hay otras dos n n, Fig. 2, del mismo color, pero más estrechas y más cortas por la mitad, cada una de las cuales está cerca de las otras, con su extremo en el mismo extremo que las otras, en la parte posterior de la lenteja, fig. 2. El resto de la lenteja es blanca y membranosa; en su extremo posterior hay un tubo k, también blanco y membranoso, el diámetro del cual es difícil de determinar, las membranas que lo componen están visiblemente plegadas. A un lado de este tubo un cuerpo carnoso, p, está fijado y se asemeja a un palet *(Palet = un disco o una pequeña placa o escala-transcriptor)*, un lado cóncavo con bordes niquelados; el otro lado convexo; en algunos casos las cubiertas llegan a subir y sus bordes se extienden más allá de la circunferencia; forman rayos que dan al palet el aspecto de un buen trabajo. Este palet se encuentra sobre la lenteja, y descansa sobre ella en su lado cóncavo, pero no se adhiere a ella.

"Las partes que acabamos de mencionar y que son las más visibles en el cuerpo de los zánganos, no son las que salen primero del cuerpo, ni las que son más notables, fuera del cuerpo. Si tenemos en cuenta el tubo k, o el saco que empieza en el extremo posterior de la lenteja que separa las dos cubiertas escamosas, podemos ver fácilmente la pieza u, la cual hemos llamado el arco; uno puede ver cinco bandas lanudas puestas en cruz, que son de color rojizo, mientras que el resto es de color blanco. Este arco incluso parece estar fuera del tubo membranoso, porque sólo está cubierto por una membrana muy transparente; por un extremo casi toca el cuerpo lenticular, mientras que el otro termina donde el canal membranoso se une a las membranas m, que están arrugadas y amarillentas, haciendo una especie de saco que descansa sobre los bordes de la abertura por la cual se emiten los órganos reproductores. Las membranas de color rojizo mencionadas anteriormente, son las que proporcionan las fuerzas de presión. En primer lugar, forman la masa alargada cuyo extremo se asemeja a una máscara lanosa. Por último, este saco, compuesto por membranas rojizas tiene dos apéndices c c, de color amarillo rojizo, incluso rojo en la punta; y estos son los apéndices que se proyectan hacia el exterior en forma de cuernos.

"Cuando apretamos el vientre de un zángano gradualmente, con cuidado, hacemos que otras partes también sean expulsadas; estas partes se ven en el lado opuesto de su posición en el cuerpo. La superficie de estas partes, que era el interior, se convierte en el exterior; como a un calcetín al que se le da la vuelta de dentro hacia fuera. Si la apertura del calcetín que tratamos de dar la vuelta se fijara completamente en un aro, y si empezamos a revertirlo comenzando por la parte más próxima a la apertura, de modo que el talón y la punta estuvieran al final, tendríamos en esta eversión del calcetín una ilustración exacta de la forma en que se activan los órganos de la abeja macho para proyectarlos al exterior.

"Cuando conocemos la posición de estas piezas en el interior del cuerpo, es fácil entender el orden en que deben aparecer en su expulsión. El saco rojizo, que está más cerca de la abertura, y aparece primero y como una porción de su parte interior es de lana, proporciona la máscara lanosa. La base de los cuernos luego se muestra por sí misma; el arco es el siguiente. Cuando el arco se extrude por completo, es necesario aumentar la presión para sacar las otras partes; porque es a través del final de este arco que el cuerpo lenticular pasa ya que asume un aspecto muy alargado. A pesar de esto, se reconoce fácilmente, y es evidente que se ha invertido desde adentro hacia fuera, ya que vemos, sobre uno de sus lados, las cubiertas escamosas ya descritas, y que desde el lado en el que se ven es cóncava, mientras que en el cuerpo del zángano es convexa".

El cuerpo lenticular l, se cubre con las placas escamosas i e, i e, es la única de las partes descritas por el Sr. de Réaumur que hemos encontrado dentro de la vulva de las reinas.

El r canal, que Swammerdam ha llamado la *raíz del pene*, se rompe después de la fecundación; vimos fragmentos de ella en el lugar donde se une el final l de la lenteja, cerca de su extremidad delantera, pero nunca hemos encontrado ningún rastro del tubo k, hecho de membranas plegadas, ni del palet trenzado p, que se adhiere a este tubo, y que Swammerdam había llamado el pene, debido a su parecido con el de otros animales, aunque no creía que esta parte, que no estaba perforada, pudiera cumplir con estas funciones. Debe ser que el tubo k, y todo lo que pertenece al mismo se rompe en i, cerca del extremo posterior de la lenteja, y que estas partes permanecen dentro del cuerpo del macho.

Al diseccionar un zángano, vemos en el extremo superior del canal r, dos nervios muy aparentes que se insertan en las vesículas seminales, y están divididos entre ellos, así como en el pene, en una serie de ramificaciones.

Según Swammerdam estos nervios y sus ramificaciones pueden servir, al mismo tiempo, para la acción de las partes, la emisión de la esperma y el placer de sentir en el instante de esta emisión.

Percibimos también, cerca de estos dos nervios, dos ligamentos destinados a retener en su lugar los órganos generativos, de modo que no se pueden extraer sin esfuerzo, a excepción, sin embargo de la raíz del pene y la lenteja que pueden extrudir de forma natural y que son de hecho expulsadas del cuerpo del zángano durante el apareamiento.

El canal r no está tan extendido en el cuerpo de los machos como lo están en el grabado que se muestra aquí; pero este largo conducto se pliega sobre sí mismo varias veces entre las vesículas s s de las que surge el cuerpo lenticular al que lleva el líquido seminal. Así, puede desplegar, extender y alargar a la medida y más lejos de lo necesario para que la lenteja se mueva dentro del cuerpo del zángano, salga de él y pase al cuerpo de la hembra.

Cuando abrimos el cuerpo de un zángano, vemos que esto es posible, ya que si nos aferramos al cuerpo lenticular y tratamos de desplazarlo, los pliegues de este canal desaparecen, se extiende considerablemente, y si lo agarramos más lejos se rompe en i, cerca de la lenteja, y precisamente en el mismo lugar donde se rompe en el apareamiento.

Una presión más o menos intensa puede forzar la salida del cuerpo del zángano como un guante, y mostrar su lado interno. Swammerdam y Réaumur admiraban esta estructura y la describían con mayor precisión. Hemos apretado también, como ellos, un gran número de zánganos; a menudo hemos visto esta maravillosa eversión y entendemos cómo podría funcionar bajo la presión del aire. Pero somos incapaces de creer que las partes generativas se vuelvan del revés durante el apareamiento, como sucede con una presión inusual; ya que ninguno de los zánganos que hemos visto ha sobrevivido a tanta presión después de la operación: es singular que una circunstancia tan extraordinaria no haya sido observada por estos naturalistas.

De hecho, hemos visto zánganos que no habíamos tocado, que invirtieron sus partes generativas, pero evidentemente murieron al instante, sin ser capaces de contraer de nuevo en su cuerpo alguna de las partes que tal vez una presión accidental hubiera causado la expulsión.

Otra observación da prueba también a que la eversión no tiene lugar en circunstancias naturales. Cuando examinamos la lenteja de la que la reina se había deshecho, vimos claramente que no se había vuelto hacia afuera, ya que el lado que vimos fue el mismo que el que vimos dentro del cuerpo del macho; reconocimos esto por la posición de las cuatro placas escamosas, que exhibieron su convexidad y que cubrieron la lenteja en su extremo posterior; si hubieran sido revertidas, habrían dado lugar al caso contrario.

Nosotros conjeturamos entonces que estas placas, destinadas, según el Sr. de Réaumur, a fortalecer el cuerpo lenticular, podrían tener un uso más importante y servir como pinzas o ganchos. La posición respectiva de estas placas, su apariencia, su consistencia escamosa, el espacio que ocupaban en la lenteja, y especialmente los esfuerzos que la reina se vio obligada a hacer para librarse de ellas, parecían reforzar esta conjetura: pero solo se verificó cuando ya habíamos observado la posición de estas partes en el cuerpo de las hembras que matamos para satisfacer nuestra curiosidad. Para ello, evitamos que varias de estas reinas se desplazaran y sacaran de su cuerpo los órganos depositados por los zánganos que las habían fecundado, y la disección nos mostró que las placas eran pinzas o ganchos verdaderos, como conjeturamos.

La lenteja estaba insertada debajo de la picadura de la reina y estaba presionada contra la parte superior de su cuerpo; por lo tanto llenó la cavidad de la vulva y descansó en su extremo posterior contra el extremo de la vagina o canal excretor de los huevos. Fue allí donde vimos la acción y el uso de las placas escamosas; que estaban un poco más separadas de lo que están en el cuerpo del macho. Estaban insertadas debajo del orificio de la vagina y presionaban algunas piezas cuyo tamaño infinitamente pequeño no nos permitía distinguir; pero el esfuerzo requerido para separarlas y retirar el cuerpo lenticular no dejó ninguna duda de la utilización de esos ganchos escamosos.

Las lentejas tomadas fuera del cuerpo de los machos siempre parecen más pequeñas que las encontradas en la vulva de hembras; también notamos, al igual que el Sr. Réaumur, que las partes, en diferentes zánganos, no siempre son del mismo tamaño; pero descubrimos otra parte, que se escapó de su observación o de la de Swammerdam, que probablemente juega el papel principal en la fecundación. Lo mencionaremos cuando contemos la experiencia que nos causó el verla.

Experimentos que prueban la cópula de la Reina

1er Experimento: mostrar que más de un vuelo de apareamiento es a veces necesario.

El 10 de julio, lanzamos, una tras otra, tres reinas vírgenes, de cuatro o cinco días de edad. Dos de esas reinas se dieron a la fuga en varias ocasiones; sus ausencias eran cortas y sin éxito; la que lanzamos en último lugar tuvo mejor éxito, voló tres veces: sus primeros viajes no duraron mucho, pero el último viaje duró treinta y cinco minutos. Regresó en condición muy diferente; que no dejó lugar a duda del uso que había hecho del tiempo; ya que su vulva parcialmente abierta exhibía los órganos que el macho que la fecundó había dejado en su cuerpo.

La cogimos con una mano agarrándola por sus cuatro alas, y con la otra obtuvimos el cuerpo lenticular que sacó de su vulva con las garras de sus patas posteriores; el extremo posterior de éste estaba armado con dos pinzas escamosas y elásticas; uno podría separarlas, pero cuando las soltábamos regresaron a la misma posición.

Hacia el extremo anterior de la lenteja, se podía ver un fragmento de la raíz del pene; este tubo se había roto, una línea media (3/64 pulg. = 1 mm) del cuerpo lenticular: ¿es frágil ese lugar para facilitar la separación de la hembra del macho? Uno lo pensaría así. Hemos permitido que esta reina vuelva a entrar en su colmena y adaptamos la entrada para que no pudiera salir a escondidas de nosotros.

En el 17 abrimos su colmena, pero no se encontraron huevos de allí; la reina estaba tan delgada como el día de su vuelo. El zángano que se había apareado con ella, evidentemente, no la había fecundado. Le dimos libertad de nuevo; ella aprovechó y después de dos ausencias, trajo de nuevo las evidencias de apareamiento a la colmena; la confinamos de nuevo, y los huevos que ella puso después nos dieron evidencia de que el segundo apareamiento, había sido un éxito, y que algunos zánganos pueden ser más aptos para el apareamiento que otros.

Sin embargo, es muy raro que un primer apareamiento sea insuficiente; en el curso de nuestros numerosos experimentos, hemos visto solo dos reinas que necesiten más de uno para ser fértiles; todas las demás fueron fértiles después de la primera copulación.

2º experimento: nos hizo creer que el órgano del zángano estaba roto.

El día 18, liberamos a una joven reina de veintisiete días de edad; voló dos veces, su segundo vuelo duró veintiocho minutos y al regresar trajo la evidencia de su apareamiento. No permitimos que entrara la colmena, si no que la colocamos en un vaso para ver de qué manera iba a librarse de los órganos masculinos que impedían el cierre de su vulva; ella no tendría éxito, sin nada salvo la mesa y vidrio liso para descansar. Encerramos bajo el cristal un pequeño pedazo de panal, con el fin de darle las mismas comodidades que habría tenido en su colmena, y para ver si, con esta ayuda, podía hacerlo sin la ayuda de las abejas. Subió rápidamente sobre el panal, se aguantó sobre los bordes de las celdas con sus cuatro patas delanteras; luego se extendió en sus dos patas traseras a lo largo de su vientre, ella pareció presionarlo con las piernas hacia arriba y hacia abajo a cada lado, por fin pasó los ganchos de sus pies a la apertura del último anillo de su abdomen, ella apretó el cuerpo lenticular y dejó que cayera sobre la mesa; y entonces lo cogimos: su extremo posterior estaba armado con las dos placas escamosas, bajo el cual en la misma dirección vimos un cuerpo cilíndrico, de color grisáceo-blanco. El extremo de este cuerpo, más alejado de la lenteja parecía perceptiblemente más largo que el extremo próximo a él; más allá de esta ampliación terminaba en un punto; este punto era el doble y estaba abierto como el pico de un pájaro, lo que nos hizo creer que este cuerpo se había roto y desgarrado; el siguiente experimento mantuvo esta conjetura.

3er Experimento: parecía indicar que el cuerpo lenticular era sólo un apéndice del órgano masculino.

El día 19 lanzamos una reina virgen de cuatro días de edad. Voló dos veces, la segunda ausencia, más larga que la primera, duró treinta y seis minutos; volvió con signos de fecundación. Queríamos asegurar la integridad de todas las partes que el zángano había dejado en su vulva; para este propósito era necesario evitar que rómpanlas rompiera al sacarlas con sus garras: después de haberla matado tan pronto como pudimos, cortamos y abrimos sus últimos anillos para descubrir la vulva; pero al privarla de vida no la habíamos privado de movimiento; estas partes se movían tanto que el cuerpo lenticular salió espontáneamente, y la parte que nos interesaba estaba rota como lo había estado la vez anterior; esto nos obligó a repetir la prueba: aré sólo los resultados de esta.

En varios casos, cuando separamos el cuerpo lenticular desde el orificio de la vagina, contra lo que estaba oprimido, nos encontramos con un cuerpo blanco que se adhería a él por uno de sus extremos; estando el otro engranado en el conducto excretor de los huevos.

Este cuerpo parecía cilíndrico en su extremo cerca de la lenteja; se ampliaba a lo largo, luego se encogía de nuevo y se ampliaba más que al principio; formando así una especie de bellota, después de lo cual terminaba en una punta afilada.

Estos detalles no eran perceptibles a simple vista; fue necesaria una lupa para percibirlos.

La forma de este cuerpo y su posición parecía indicar que era el órgano especial masculino del cual cuerpo lenticular era sólo un apéndice; pero la última reina que tuvimos bajo control destruyó esta conjetura.

4º Experimento: Refutar la conjetura previa del tercero experimento.

El día 20, liberamos a dos reinas vírgenes: la primera de ellas ya se había dado a la fuga los días anteriores, pero no había sido fecundada; la atrapamos a su regreso; su vulva estaba abierta y la lenteja del zángano apareció entre sus labios: queríamos evitar que se deshiciese de la lenteja, pero ella se lo quitó con las piernas tan rápido que no pudimos evitarlo, y le permitimos volver a entrar la colmena.

La segunda reina liberada voló dos veces; su primera ausencia fue tan corta como de costumbre: la segunda duró cerca de media hora; regresó fecundada, y la atrapamos en su llegada. Nosotros la abrimos inmediatamente después de haberla matado. Encontramos el cuerpo lenticular colocado como en todas las reinas observadas antes: sus pinzas penetraban la base de la vulva; los puntos opacos parecían estar implantados bajo el canal excretor de los huevos; presionando entre ellos algunas piezas que su tamaño infinitamente pequeño no nos permitía distinguir: la resistencia que ofrecían, al tratar de soltarlas, nos convencieron de que estos ganchos servían para traer el fin de la lenteja contra el orificio de la vagina y para mantenerlo allí. A través de esta precaución, de la cual vemos ejemplos en otros insectos, como el zángano y la reina no se pueden separar hasta que el requisito de la Naturaleza se logra, el éxito de su unión está asegurado.

Antes de alterar estas partes, las colocamos bajo el microscopio: entonces vimos una peculiaridad que había escapado a nuestra observación: cuando sacamos el cuerpo lenticular, surgió de la vagina un pequeño cuerpo (Figura 2 v), adherida al final posterior de la lenteja y situada debajo de las placas escamosas. Salió por sí misma de dentro de la lenteja, como los cuernos de un caracol. Esta parte es muy corta, blanca y aparentemente cilíndrica: había, debajo de las placas, un poco del líquido seminal medio coagulado en la parte inferior de la vulva. Mirando más lejos en la vagina, no encontramos otras sustancias duras: presionamos hacia fuera mucho esperma: era casi líquido, pero pronto se coaguló y se convirtió en una masa blanquecina amorfa. Esta observación cuidadosa puso fin a nuestras dudas y nos convenció de que lo que habíamos tomado por el órgano característico del zángano era el propio semen que había se coagulado en el interior de la vagina y había asumido la forma de ésta última.

Así, la única parte dura que el macho había introducido dentro de la vagina de la hembra era este punto cilíndrico corto que habíamos retirado de la lenteja cuando la habíamos sacado fuera. Su acción y la situación demuestran que es allí donde debemos buscar el escape del líquido seminal, si es posible encontrarlo abierto en cualquier otro momento que no sea durante el apareamiento.

Hemos buscado esta nueva parte en los zánganos y lo encontramos en el primero diseccionado; al presionar las vesículas seminales s s, Figura 1, desde arriba, forzamos el líquido blanco con el que se llenaron para fluir y salir por la raíz del pene r, y en el l cuerpo lenticular l, i, el cual entonces estaba considerablemente ampliado. Hemos evitado que este líquido fluyera hacia atrás y lo hemos forzado con una renovada presión. Sin embargo, el líquido no fluye cuando presionamos la lenteja, pero vimos en su extremo posterior y en las placas escamosas, un pequeño cuerpo blanco, corto, cilíndrico y con el mismo aspecto que el que habíamos encontrado en la vagina de la reina. Cuando dejamos de pulsar la lenteja, esta parte volvió a entrar en ella, pero reaparecía cada vez que la presionábamos.

Le pido Señor, cuando usted lea esta carta, que eche un vistazo a la figura que el Sr. de Réaumur ha publicado de los órganos sexuales de los zánganos, y la que finalmente he copiado (Volumen 1 Ilustración II); las descripciones que la acompañan parecen bastante correctas, y dan una idea apropiada de la posición de estas partes. Tras el examen de estas figuras se concibe fácilmente la apariencia que presentan dentro de la vulva de la hembra, cuando se implantan en ella después del apareamiento.

Los detalles que he expuesto, ayudan a fijar la idea del lector e indican suficientemente la forma y la posición del órgano que descubrí y que debe ser considerado como el pene de la abeja macho, del cual la lenteja debe ser sólo un apéndice.

No tengo ninguna duda de que los zánganos mueren cuando pierden sus órganos sexuales después del apareamiento. Mientras reflexionábamos un día sobre el descubrimiento que es el objeto de esta carta y en la imposibilidad de presenciar un apareamiento que tiene lugar en el aire, nos parecía que se podría añadir una prueba más a las que teníamos, si se pudiese encontrar el varón que había fecundado una de nuestras reinas; pero podríamos esperar esto sólo en caso de que no muriera repentinamente después del apareamiento, y si tuviera tiempo para volver a la colmena.

Burnens pensó que sería fácil distinguir tal macho de los que mueren sin haber copulado y sin haber sufrido ninguna mutilación. Así que se condenó a sí mismo a examinar, uno tras otro, todos los zánganos que iba encontrando muertos cerca de las colmenas durante la temporada de enjambre.

Después de investigaciones largas e inútiles, se encontró con algunos que habían muerto al frente de las colmenas y estaban evidentemente mutilados, porque habían perdido las partes genitales que permanecen dentro del cuerpo de las reinas. La raíz del pene había sobresalido de su cuerpo después del apareamiento, un pedazo de este canal de diez o doce líneas de largo (7 / 8vos pulg. a una pulg. o 21 a 25 mm) colgaba en el extremo de su vientre y se había secado allí. Ninguna de las partes que la presión puede forzar a salir, se vieron en ese caso.

Estas observaciones, hechas con el mayor cuidado, confirmaron la conjetura que yo ya había hecho, que es: ninguna otra parte que no sea el pene y sus apéndices extrude desde el cuerpo del macho durante el apareamiento. También probaron que los machos mueren después de haber perdido sus partes sexuales, y que su muerte no es tan rápida como se podría haber esperado.

Al volver a morir al frente de la colmena, traen de vuelta, al igual que la reina, la evidencia de su unión y de un largo hecho desconocido.

Pero ¿por qué razón ha requerido la naturaleza un sacrificio tan grande del zángano? Es un misterio que no voy a tratar de resolver. No sé de ningún hecho similar en la historia de los animales; pero como hay dos tipos de insectos cuyos apareamientos sólo puede tener lugar en el aire, las efemérides y las hormigas, que sería muy interesante saber si sus machos también pierden sus órganos sexuales en esas circunstancias y si, al copular volando, como los zánganos, el disfrute es también para ellos un presagio de la muerte

Acepte el testimonio de mi respeto, etc.

Nota del 29 de mayo de 1813

Note Bien: **No he observado los apareamientos de efemérides, pero el Sr. Degers que los ha presenciado, no habla de los machos siendo mutilados. Una notable**

circunstancia como ésta no podría haber sido ignorada por él.

En cuanto a las hormigas, sus zánganos pierden una parte tan pequeña de sus órganos sexuales que son capaces de fecundar a varias hembras seguidamente, y me he asegurado de esto a través de repetidas observaciones.

3ª Carta - Reinas cuyas fecundaciones se retrasan

Pregny, 21 de agosto de 1791

La impregnación retrasada afecta los ovarios de la reina para que ella ponga sólo los huevos de los machos

Señor, le escribí en mi primera carta que cuando no se les permitía a las reinas jóvenes aparearse hasta veinticinco o treinta días después de su nacimiento, el resultado de esta fecundación presentaba algunas peculiaridades muy interesantes. Yo no le doy a continuación, el detalle de éstos, porque en el momento en que tuve el honor de escribirle mis experimentos sobre este tema no se habían multiplicado lo suficiente. Los he repetido muchas veces desde entonces, y sus resultados han sido tan uniformes, que no tengo miedo de anunciarle a usted, como un descubrimiento positivo, el efecto singular que la fecundación retrasada produce en los ovarios de la reina. Cuando una reina es copulada dentro de los primeros quince días de su vida, se vuelve capaz de poner huevos de obreras o de zánganos; pero si su fecundación se retrasa hasta el vigésimo segundo día, los ovarios se vuelven defectuosos de manera que no es capaz de poner huevos de obreras; pondrá sólo los huevos masculinos.

Estaba ocupado con las investigaciones relativas a la formación de enjambres, cuando tuve, por primera vez, ocasión de observar una reina que puso solo huevos de zánganos. Era junio de 1787. Había descubierto que cuando una colonia está lista para enjambrarse, el momento en cuestión está siempre precedido por una agitación muy viva, que afecta primero a la reina, luego es comunicado a las obreras, y provoca entre ellos tan gran tumulto que abandonan sus trabajos y causa un trastorno a través de todas las entradas de la colmena. Por aquel entonces conocía bien la causa de la agitación de la reina (la describiré en la historia de los enjambres); pero todavía ignoraba cómo este delirio se comunicaba a las obreras y en esta dificultad interrumpí mi trabajo. Para resolverlo, pensé en buscar, mediante experimentos directos, si cuando la reina estaba muy agitada, incluso en otras ocasiones que la del enjambre, su agitación se comunicaba de manera similar a las obreras. Encerré una reina en una colmena, en el momento de su nacimiento, evitando su agitación, contrayendo las entradas de tal manera que fueran demasiado estrechas para ella. No tenía duda de que iba a hacer grandes esfuerzos para escapar, cada vez que sintiera el imperioso deseo de unirse a los machos, y que esta imposibilidad podría conducirla a una especie de delirio. Burnens tuvo la paciencia de observar esta reina cautiva durante treinta y cinco días. Cada mañana, a las 11, cuando el sol invitaba a los machos a salir de las colmenas, la vio recorrer cada rincón de su habitación buscando una salida: pero no halló ninguna, sus inútiles esfuerzos le causaban cada vez una extraordinaria agitación, cuyos síntomas describiré en otro lugar, y por los cuales todas las abejas comunes estaban afectadas.

Durante el transcurso de este largo encarcelamiento, la reina no salió ni una sola vez; por lo tanto no pudo ser fecundada. El trigésimo sexto día, por fin, fue puesta en libertad; rápidamente tomó ventaja de ello y pronto regresó con marcas más que evidentes de la fecundación. Satisfecho con el éxito de este experimento para el objeto concreto que yo había propuesto, estaba lejos de la esperanza de que ella me suministrara también el conocimiento de un hecho notable. ¡Cuán grande fue mi sorpresa, cuando me di cuenta de que esta hembra, que empezó a tumbarse, como de costumbre, cuarenta y seis horas después del apareamiento, no puso huevos de obreras, sino sólo huevos de zánganos, y que continuó, después, poniendo sólo esto tipo de huevos!

Al principio me agoté a mí mismo con conjeturas sobre este hecho singular; pero cuanto más reflexionaba sobre ello, más inexplicable me parecía. Finalmente, meditando de manera tentativa sobre las circunstancias de este experimento, me pareció que había dos puntos que se debía tratar de sopesar por separado. Por un lado, esta reina había sufrido de largo encarcelamiento; por otro lado, su fecundación había sido extremadamente retrasada. Usted sabe, señor, que las abejas reinas suelen copular con un macho en el quinto o sexto día después de su nacimiento, y ésta no se había apareado hasta el trigésimo sexto día. No pongo un gran peso en la suposición de que este encarcelamiento haya sido la causa de este resultado. En condiciones naturales las abejas reinas vuelan sólo para buscar a los varones, unos pocos días después del nacimiento: durante el resto de su vida, a excepción de la salida de los enjambres, permanecen prisioneras voluntarias: era, por tanto, poco probable que el cautiverio debería haber producido el resultado que yo estaba tratando de dilucidar. Sin embargo, como uno no debe descuidar nada en un tema tan nuevo, quise saber si fue la duración de su encierro o el retraso de la fecundación lo que provocó la singularidad que había observado en la colocación de esta reina.

Pero esto no fue una tarea fácil. Para descubrir si el cautiverio, y no la fecundación retrasada, había dañado los ovarios de la reina Habría sido necesario permitir a una reina aparearse, a la vez que la manteníamos prisionera; esto no se podía hacer ya que las reinas nunca se aparean en el interior de la colmena. Por la misma razón que era imposible retrasar su apareamiento sin mantenerla prisionera. Me avergoncé mucho por esta dificultad: al fin ideé un aparato que no era exactamente lo que quería, pero que cumplía bastante con el propósito.

Elegí una reina al final de su metamorfosis; la puse dentro de una colmena bien abastecida con un número suficiente de obreras y zánganos. Contraje la entrada, de forma que fuera demasiado estrecha para la reina, pero lo suficientemente amplia como para dejar a las obreras el paso libre. Al mismo tiempo, he hecho otra abertura para el paso de la reina y le adapté un tubo de vidrio que comunica con una gran caja de cristal que mide dos metros y medio por cada lado. La reina podía en todo momento llegar a este cuadro, volar por ella y hacer deporte, respirando un aire más puro que el de dentro de la colmena, en la que, sin embargo, no podía ser fecundada; pues, aunque los varones también podían volar dentro de este recinto, el espacio era demasiado limitado para cualquier apareamiento entre ellos. Usted sabe, señor que las experiencias que le he relatado muestran que el apareamiento se lleva a cabo sólo en el aire. Por lo tanto, encontré en este aparato la ventaja de retrasar la fecundación, a la vez que la reina tenía suficiente libertad y que su condición de vida no fuera demasiado diferente de la del estado natural. Seguí este experimento durante quince días. La hembra en cautiverio surgía de su colmena cada mañana, cuando el clima era agradable; se mostraba en su prisión de cristal, y volaba con facilidad y mucho movimiento. No puso huevos durante este tiempo, ya que no tenía ninguna relación con machos. Por fin el día dieciséis, la puse en libertad: voló de la colmena, se elevó en el aire y regresó con todos los signos de la fecundación. Dos días después ella comenzó a poner: sus primeros huevos fueron huevos de las obreras y desde ese momento, puso tanto como las reinas más fértiles.

A continuación sigue:

Primero. Que el cautiverio no altera los órganos de las abejas reinas.

Segundo. Que cuando la fecundación tiene lugar dentro de los primeros dieciséis días después de su nacimiento, ponen huevos de ambos tipos.

Este primer experimento fue importante; volvió mi tarea más simple, señalándome claramente el método que debía buscarse; excluyó absolutamente la supuesta influencia de cautiverio y no dejó nada que buscar, excepto los efectos de una fecundación largamente retrasada.

Con este fin, repetí el experimento anterior; pero en vez de darle libertad a la virgen el día dieciséis, la retuve hasta el día veintiuno; voló, se levantó en el aire, fue fecundada y regresó a su casa. Cuarenta y seis horas después, comenzó a poner, pero eran huevos de zánganos, y aunque muy prolífica, nunca puso de ninguna otra clase. Durante el resto del año de 1787, y dos años después, yo mismo estuve ocupado con experimentos de fecundación retrasada y constantemente obtuve los mismos resultados. Por tanto, es cierto que, cuando el apareamiento de las reinas de abejas se retrasa más allá de los veinte días, no hay más que una semi-fecundación, si hubiese que llamarlo de alguna manera: porque en vez de poner huevos tanto de obreras como de zánganos, esas reinas pusieron solo huevos de zánganos.

No aspiro al honor de explicar este extraño hecho. Cuando la continuación de mis observaciones sobre las abejas me dio a conocer el hecho de que a veces hay reinas que ponen huevos sólo con zánganos, busqué la causa inmediata de esta singularidad, y comprobé que era debido a la fecundación retrasada. La prueba que he adquirido es demostrativa, ya que siempre se puede evitar que las reinas pongan huevos de obreras retrasando su fecundación l veintidós o veintitrés días. Pero, ¿cuál es la causa remota de este hecho, o en otras palabras, por qué la fecundación retrasada evita que las reinas pongan huevos de las obreras? Es un problema en el que la analogía no arroja luz; en toda la historia fisiológica de los animales no sé de ninguna observación que lleve la menor semejanza con ella.

Este problema parece aún más difícil, cuando sabemos que las cosas suceden en circunstancias naturales, es decir, cuando la fecundación no se ha retrasado. La reina pone los huevos de obreras 46 horas después del apareamiento y básicamente en un período de 11 meses sólo pone éstos. Por lo general, sólo al final de estos 11 meses comienza un tendido considerable e ininterrumpido de huevos de zánganos. Nota: Parece que este período no es estricto, y que la época de la gran puesta de zánganos puede acelerarse o retrasarse según las circunstancias atmosféricas más o menos favorables para las abejas y para sus cultivos. Cuando, por el contrario, la fecundación se retrasa más allá del día 20, la reina comienza a poner huevos de zánganos a partir de la hora 46, en cantidades considerables, y nunca pone más durante toda su vida. Puesto que solo pone huevos de obreras, durante los primeros 11 meses en condiciones naturales, es evidente que los huevos de las obreras y los huevos con zánganos no se mezclan indiscriminadamente en sus oviductos: sin duda, ocupan una posición correspondiente a las leyes que regulan su colocación:

los de las obreras van primero, los de los zánganos están detrás de ellos; parece que la reina no puede poner huevos de zánganos hasta que ha descargado todos los huevos de las obreras que ocupan el primer lugar en sus oviductos. ¿Por qué entonces se invierte este orden por fecundación retrasada? ¿Cómo es posible que todos los huevos de las obreras que la reina debería haber puesto, si hubiera sido fecundada a tiempo, se marchitan y desaparecen, sin obstruir el paso de los huevos de zánganos que ocupan sólo el segundo lugar en los ovarios?

Una cópula impregna todos los huevos que la reina pondrá en dos años

Esto no es todo: me cercioré de que un solo apareamiento es suficiente para fertilizar todos los huevos que una reina pondrá en el transcurso de dos años como mínimo: incluso tengo aún razones para creer que este único acto de la fecundación es suficiente para la fertilización de todos los huevos que pondrá durante su vida, pero tengo prueba solo para dos años. Este hecho, que ya es muy notable en sí mismo, hace que la influencia de la fecundación retrasada sea todavía más difícil de concebir. Ya que un solo apareamiento es suficiente, está claro que el líquido masculino actúa desde el primer momento sobre los huevos que la reina pone durante los dos años siguientes. De acuerdo con sus principios, Señor, les da ese grado de animación que determina posteriormente su desarrollo sucesivo; después de haber recibido este primer impulso de la vida, crecen, maduran, por decirlo así, progresivamente, hasta el día en que serán puestos: y como las leyes de la colocación son invariables, como los huevos puestos durante los primeros 11 meses son siempre los huevos de las obreras, es evidente que esos huevos, que aparecen primero, son también los primeros en madurar; por tanto, en estado natural, es necesario el espacio de 11 meses para que los huevos masculinos adquieran el crecimiento que deben tener en el momento de ser puestos. Esta consecuencia, que me parece directa, hace el problema insoluble. ¿Cómo pueden los huevos masculinos que deben crecer lentamente durante 11 meses, adquirir de una vez su pleno desarrollo en el espacio de 48 horas, cuando la fecundación se ha retrasado más allá de 21 días, y por el efecto de este retraso solamente? Observe, la suposición del crecimiento sucesivo de los huevos no es gratuita: está en los principios de la física más profunda: además, para convencerse de que está bien fundada, sólo es necesario echar un vistazo a la cifra dada por Swammerdam de los ovarios de la reina: vemos allí que los huevos en la parte del oviducto contiguo a la vulva de la reina, son mucho más avanzados, más grandes que los que figuran en la parte más remota del mismo oviducto. Por lo tanto, la dificultad que menciono se mantiene vigente. Es un abismo en el que estoy perdido.

El único hecho conocido que parece tener una apariencia de relación con lo que acabamos de mencionar es el estado en que se encuentran algunas semillas de hortalizas, que aunque aparentemente estén en buen estado de conservación, pierden la facultad de germinación, a través de la edad; puede ser que ocurra, del mismo modo, que los huevos de las obreras mantengan solo durante un corto tiempo la propiedad de ser fecundados por el líquido seminal, y que, después de este período, que podría ser de quince o dieciocho días, estén tan desorganizados como para ya no se les pueda dar vida con este líquido. Me doy cuenta, señor que esta comparación es muy imperfecta; y de hacer nuevos experimentos; añadiré solo una reflexión.

Hasta este momento, nunca se habían observado los efectos de la fecundación retrasada en las hembras de los animales, excepto el mantenerlas absolutamente estériles. Las reinas abejas nos ofrecen el primer ejemplo de una hembra sobre la que este retraso aún deja la facultad de engendrar varones. Como ningún hecho es único en la naturaleza, es muy probable que encontremos la misma peculiaridad en otros animales. Así que sería un objeto muy curioso de investigación el observar insectos bajo este nuevo punto de vista. Digo insectos, porque yo no concibo que algo similar se encuentre en otras especies de animales. Incluso sería necesario comenzar estos experimentos sobre los insectos más análogos a las abejas, como las avispas, abejorros, abejas lanudas obreras, todo tipo de moscas, etc. Algunos experimentos podrían después ser efectuados en las mariposas; encontrar quizás algún animal sobre el que la fecundación retrasada produjese el mismo efecto que en las abejas. Si este animal fuera de un tamaño superior a las abejas, la disección sería más fácil, y se podía discernir lo que ocurre con los huevos, cuya fecundación retrasada impide su desarrollo. Al menos podríamos esperar que alguna circunstancia afortunada nos llevara a la solución del problema. Nota: Los experimentos que sugiero en este párrafo me recuerdan a una singular reflexión del señor de Réaumur. Hablando de moscas vivíparas, dice que tal vez no sea imposible que una gallina dé vida a un pollito que viva, si después de la fecundación; los huevos que ella pusiera fuesen retenidos durante 20 días en sus oviductos. (Ver Réaumur *sur les Insects, Tomo IV, Memoria 10.*)

Ahora vuelvo a la narración de mis experimentos.

Las reinas ponedoras de zángano continúan poniendo zánganos al menos 9 meses

En mayo de 1789, cogí dos reinas que se encontraban en el momento de su última metamorfosis; coloqué una de ellas en una colmena de hoja, bien surtida con miel y cera, y suficientemente poblada con obreras y zánganos. La otra fue colocada en una colmena similar de la que se le habían eliminado todos los zánganos. Arreglé las entradas de estas colmenas para otorgar libertad a las abejas obreras, pero demasiado estrecha para el paso de las reinas y los zánganos. Mantuve esas reinas presas durante 30 días. Después de ese tiempo, las liberé. Partieron con entusiasmo y volvieron fecundadas. A principios de julio, examiné las dos colmenas y encontré mucha cría: pero esto consistía enteramente en crías y ninfas de zánganos; no había ni una sola ninfa, ni una sola cría, de obrera. Ambas reinas pusieron sin interrupción hasta el otoño; y uniformemente huevos de zánganos. La puesta de huevos terminó durante la primera quincena de noviembre, al igual que la de las reinas de mis otras colonias. Yo estaba muy deseoso de averiguar qué sería de ellas en la primavera siguiente; si iban a reanudar la puesta, si sería necesario una nueva fecundación, y, en caso de que se debieran ser nuevamente fecundadas, de qué tipo serían sus huevos; pero como sus colmenas estaban ya muy debilitadas temía que pudieran perecer durante el invierno. Afortunadamente, tuvimos éxito en su preservación, y ya en abril, volvieron a poner: debido a las precauciones que habíamos tomado estábamos seguros de que no habían recibido más aproximaciones de machos; sus huevos eran todavía huevos de zánganos.

Hubiese sido muy interesante seguir la historia de estas reinas, pero para mi gran pesar, sus obreras las abandonaron el 4 de mayo, y ese mismo día nos dimos cuenta que las reinas habían muerto. Sin embargo, no había crías de polilla en los panales para causar problemas a las abejas y la miel era todavía bastante abundante, pero, como en el curso del año anterior no había nacido ninguna obrera, y como el invierno había destruido muchas, había muy pocas para dedicarse a sus labores ordinarias, y en su desaliento abandonaron sus colmenas para unirse a las colmenas vecinas.

Encontré, en mi diario, el detalle de una multitud de experimentos sobre fecundación retrasada en abejas reinas: sería una tarea interminable transcribirlas todas aquí: repito que no había la menor variación en el resultado principal y cada vez que los apareamientos de las reinas se demoraban más allá del día 21, no ponían nada salvo huevos masculinos. Por lo tanto, señor, voy a limitarme a exponer las experiencias que me han enseñado algunos hechos notables aún no mencionados.

El clima frío puede retrasar el inicio de la puesta

El 4 de octubre de 1789, una reina nació en una de mis colmenas: la colocamos en una colmena de hoja. Aunque la temporada estaba muy avanzada aún había muchos machos en las colmenas. Era importante saber si, en este momento del año, podría llevarse a cabo la fecundación, y en caso de éxito si la puesta, iniciada a mediados del otoño, se vería interrumpida o continuaría durante el invierno. Así que permitimos a esta reina salir de la colmena. Ella lo hizo, pero hizo 24 viajes infructuosos antes de regresar con signos de fecundación. Por fin, el 31 de octubre, tuvo más suerte; regresó con la mayoría de marcas evidentes de éxito de copulaciones; ella tenía entonces de 27 días de edad, por lo que su fecundación se había retrasado mucho. Debería haber comenzado a poner 46 horas después, pero el tiempo era frío y ella no puso; permítanme decir que, de paso, demuestra que la refrigeración de la temperatura es la principal causa de la suspensión de la reinas a la hora de poner huevos en otoño. Yo estaba muy impaciente por saber si, al regreso de la primavera, ella sería fértil, sin la necesidad de una nueva unión. La forma de comprobar esto fue fácil; para ello sólo se requirió la contracción de la entrada de su colmena, para que no pudiera escapar. Le confiné desde finales de octubre hasta mayo. A mediados del mes de marzo examinamos sus panales, y encontramos muchos huevos, pero como fueron puestos en celdas de tamaño pequeño, tuvimos que esperar unos días para emitir un juicio. El 4 de abril fuimos de nuevo y examinamos la colmena y encontramos una cantidad prodigiosa de ninfas y crías. Todos ellos eran de zánganos; la reina no había puesto un solo huevo de obrera.

Aquí, como en anteriores experimentos, la fecundación retrasada había dejado a la abeja reina incapaz de poner huevos de obreras. Este resultado es el más notable en el hecho de que la reina comenzara a poner cuatro meses y medio después de la fecundación. El plazo de 46 horas, que por lo general transcurre entre el apareamiento y la puesta, no es un término riguroso; el intervalo puede ser mucho más largo si el clima se enfría. Por último, se desprende de este experimento que; incluso cuando el frío retrasa la puesta de una reina fecundada en otoño, ella comenzará a poner en la primavera sin necesidad de un nuevo apareamiento.

Puedo añadir que la reina cuya historia acabo de dar era de asombrosa fecundidad. El primero de mayo, encontramos en su colmena, más de 600 zánganos en pleno desarrollo, 2,438 celdas, que contenían huevos de larvas o ninfas de zánganos. Por lo tanto había puesto, durante

marzo y abril, más de 3,000 huevos masculinos, o alrededor de 50 por día. Desafortunadamente, pereció poco después y no pudimos continuar nuestras observaciones: enía la intención de calcular el número de huevos con zánganos que debería poder poner durante ese año, y compararlo con los huevos de la misma especie que las reinas cuya fecundación no ha sido retrasada ponen. Usted sabe, señor, que este última puso unos 2,000 huevos machos en primavera; y una segunda, puso considerablemente menos en agosto; en los intervalos pusieron huevos casi exclusivamente de obreras. Ocurre lo contrario con las hembras cuyos apareamientos se ha retrasado, ya que no producen huevos de obreras; durante 4, 5 ó 6 meses sucesivos ponen huevos masculinos ininterrumpidamente, y en tan gran número que, en este corto tiempo, supongo que dan a luz a más zánganos que los que una reina cuya fecundación no ha sido retrasada produciría en el transcurso de dos años: lamenté no haber podido verificar esta conjetura.

Las reinas ponedoras de zángano tienen una forma diferente

Debería también, Señor, describirle la notable manera en que las reinas que ponen huevos sólo de zánganos los depositan a veces en las celdas. No siempre se colocan sobre los rombos que forman la parte inferior de las celdas, si no que a menudo los depositan en la parte inferior, a dos líneas (11/64 pulg. ó 4 mm) de la boca. La razón de esto es que su vientre es más corto que los de las reinas cuya fecundación no ha sido retrasada, su extremidad posterior sigue siendo delgada, mientras que los dos primeros anillos próximos a la faja están extraordinariamente agrandados: el resultado de esto es que cuando se disponen a poner, su ano no pueden extenderse hacia abajo a las pastillas en la parte inferior de las celdas: la ampliación de los anillos no lo permite; y por consiguiente los huevos deberán permanecer unidos a la parte alcanzada por el ano. Las larvas procedentes de éstas pasan su estado vermicular en el mismo lugar, lo que demuestra que las abejas no se encargan del cuidado de transportar los huevos de la reina, como se había asumido. Si no que en este caso siguen otro plan; alargan las celdas en las que los huevos se colocan 2 líneas más allá de su apertura. Nota: Esta observación nos enseña también que los huevos de las abejas no necesitan ser fijados por un extremo en la parte inferior de las celdas con el fin de ser fértil.

Las abejas no se encargan del transporte de los huevos

Permítame, señor, desviarme un momento de mi tema, para narrarle un experimento, el resultado del cual parece interesante. Le dije que a las abejas no se les ha confiado el cuidado de los huevos que transportan, desplazados por su reina, en celdas convenientes; e incluso a juzgar por el único hecho que menciono aquí, pensará que estoy bien autorizado a negar esta característica de su industria. Sin embargo, ya que varios escritores han afirmado lo contrario e incluso han afirmado nuestra admiración de las obreras en el transporte de los huevos, tengo que demostrarle a usted que claramente estaban equivocados.

Tuve una colmena de vidrio fabricada en dos pisos: Llené el piso superior con panales de celdas grandes y el inferior con panales de celdas pequeñas. Se separaron los pisos el uno del otro con una especie de división o diafragma que dejó a cada lado espacio suficiente para el paso de las obreras de un piso al otro, pero demasiado estrecho para la reina. Abastecí esta colmena con un buen número de abejas, y confiné en el piso superior una reina muy prolífica que acababa de terminar su gran puesta de huevos de zánganos. Por lo tanto, esta reina solo podía poner huevos de las obreras; ella se vio obligada a depositarlos en las celdas grandes, ya que no había ninguna del otro tipo para ella. Usted puede adivinar, señor el objetivo que me propuse con estos asuntos de disposición. Mi razonamiento era muy simple. Si la reina pone los huevos de las obreras en las celdas grandes y si las obreras se encargan de su transporte cuando están puestos en un lugar equivocado no dejarían de llevar ventaja de la libertad que les permite pasar de un piso al otro; buscarían los huevos depositados en celdas grandes y los llevarían un piso más bajo, que contiene las celdas adecuadas para ellos.

Si, por el contrario, dejaron los huevos de las obreras en las celdas grandes, debería obtener cierta prueba de que no se les ha confiado el transporte de los mismos.

El resultado de este experimento entusiasmó mi curiosidad profundamente. Observamos a la reina de esta colmena y sus abejas, durante varios días seguidos, con atención. Durante las primeras 24 horas, la reina se negó obstinadamente a poner un solo huevo en las grandes celdas que la rodeaban; ella las examinó una tras otra, pero pasó sin insinuar su vientre dentro de cualquiera de ellas: parecía inquieta, angustiada; atravesó los panales en todas las direcciones; el peso de los huevos parecía pesado, pero persistió en retenerlos en lugar de depositarlos en las celdas de diámetro inadecuado. Sus abejas, sin embargo, no dejaron de rendirle homenaje y tratarla como a una madre. Incluso vi, con placer, que cuando ella se acercó a los bordes de la partición que separaba los dos pisos, roía el borde para tratar de agrandar el paso; las obreras también trabajaron con sus dientes, e hicieron esfuerzos para ampliar la entrada de su prisión, inútilmente. En el segundo día, la reina ya no pudo retener sus huevos, escaparon a su pesar; los lanzó al azar. Sin embargo, encontramos 8 ó 10 de ellos en las celdas, pero desaparecieron al día siguiente. Entonces, concebimos la idea de que las abejas habían transportado los huevos a las celdas inferiores, los buscamos con mucho cuidado; pero les puedo asegurar que no había uno solo allí. El día 3 la reina puso de nuevo unos pocos huevos, que desaparecieron como los primeros. Volvimos a buscarlos en las celdas pequeñas, pero no estaban allí.

A veces se comen los huevos

El hecho es que las obreras se los comen, y eso es lo que engañó a los observadores previos que afirmaron que los transportan. Se dieron cuenta de la desaparición de los huevos fuera de lugar de las celdas, y sin más investigación afirmaron que las abejas los colocaban en otra parte; de hecho los cogen, pero no para trasladarlos; se los comen.

Así, la naturaleza no ha confiado a las abejas el cuidado de colocar los huevos en las celdas apropiadas; sino que les ha dado a las hembras el instinto suficiente para conocer la naturaleza del huevo que están a punto de poner y colocarlo en una célula adecuada. El Sr. de Réaumur ya había observado esto, y en esto mis observaciones están de acuerdo con las suyas. Por lo tanto, es cierto que, en el estado natural, cuando la fecundación ha sido oportuna y la reina no ha sufrido ningún percance, no se equivoca en la elección de las diferentes celdas en las que se va a depositar sus huevos: ella no falla al poner los de las obreras en las celdas pequeñas y los de los zánganos en la celdas grandes. Estoy hablando aquí, Señor, de lo que sucede en condiciones naturales. Esta distinción es importante, porque nosotros no encontramos el mismo instinto infalible, en el comportamiento de las hembras cuyo apareamiento se ha retrasado demasiado tiempo; no hacen la selección de las celdas en las que tienen que poner. Este hecho es tan cierto, que a menudo cometí errores en los tipos de huevos que estaban poniendo; cuando vi que los ponían indistintamente en celdas pequeñas y grandes, pensé que los huevos puestos en las pequeñas celdas eran huevos de obreras: Yo, por lo tanto, quedaba muy sorprendido en el momento de su transformación en ninfas, verlos de cerca las celdas con opérculos convexos, exactamente similares a los que se colocan en las celdas de los zánganos: eran, de hecho, machos; aquellos que han nacido en celdas grandes se convirtieron en grandes zánganos. -Advierto aquellos que deseen repetir mis experimentos sobre reinas que sólo ponen huevos de zánganos, que deben esperar ver esas reinas depositando huevos de zánganos en celdas de obreras.

Los huevos que producen zánganos a veces se ponen en celdas reales

Además, aquí hay una curiosa observación: Estas mismas reinas, cuya fecundación se ha retrasado, a veces ponen los huevos de zánganos en celdas reales. Cuando cuente la historia de los enjambres, demostraré, que, en un estado natural, cuando las reinas comienzan su gran puesta de huevos masculinos, las obreras construyen numerosas celdas reales: es probable que haya una relación secreta entre la producción de los huevos y la formación de las celdas reales: es una ley de la naturaleza de la que las abejas nunca se apartan. No es de extrañar, por lo tanto, que las celdas de este tipo o construidas en las colmenas estén regidas por reinas que ponen huevos sólo de zánganos. Tampoco es singular que esas reinas deban depositar en las celdas reales los huevos de la única clase que son capaces de poner, ya que, en general, su instinto parece alterarse. Pero lo que no puedo comprender es que las abejas tengan el mismo cuidado con los huevos machos depositados en celdas reales, como con los huevos que se convertirían en reinas; les dan comida más abundante, acumulan las celdas como si tuviesen una ninfa real; trabajan sobre ellas, de hecho, con tal regularidad que nosotros mismos hemos sido engañados con frecuencia. Más de una vez hemos abierto una de estas celdas, después de que ellas las habían sellado, con la persuasión de encontrar ninfas reales, pero siempre fue una ninfa de zángano quien estaba posada allí. Aquí los instintos de las obreras parecen defectuosos. En estado natural, distinguen las crías de los zánganos de las de las abejas comunes, ya que nunca dejan de dar una cobertura especial a las celdas de zánganos. ¿Por qué entonces ya no distinguen las crías de zánganos cuando se colocan en celdas reales? Este hecho merece mucha atención. Estoy convencido de que, con el fin de comprender las leyes del instinto de los animales hay que observar cuidadosamente los casos en que este instinto parece errar. (Ver primera nota de la 12ª carta.)

Quizás al principio de esta carta, Señor, le debería haber dado un resumen de las observaciones que otros naturalistas han hecho anteriormente, sobre reinas poniendo huevos sólo de varones; pero aquí voy a arreglar eso. En una obra titulada, *Histoire de la reine des abeilles*, traducida del alemán por Blassière, se imprime una carta que el Sr. Schirach le escribió el 15 de abril de 1771, en la que habla de varias de sus colmenas, cuya cría se transformó en zánganos. Se acordará señor que él atribuía este accidente a algún vicio desconocido en los ovarios de la reina en estas colmenas; pero estaba lejos de sospechar que la fecundación retrasada causaba este error de los ovarios. Él justamente se felicitó a sí mismo por haber descubierto un método para evitar la disminución de colmenas en este caso; esto era muy simple, consistía en la eliminación de la reina que sólo ponía huevos masculinos, y sustituirla por otra cuyos ovarios no estuviesen viciados. Pero para hacer esta sustitución, fue necesario adquirir abejas reina a voluntad, y el descubrimiento de este secreto fue del señor Schirach. Voy a hablar de ello en la siguiente carta. Usted ve por este detalle que todos los experimentos del naturalista alemán tendían a la preservación de las colmenas cuyas reinas ponían solamente huevos masculinos y no trató de descubrir la causa del daño en sus ovarios.

Machos tolerados en colmenas con reinas ponedoras de zánganos

El Sr. de Réaumur también dice algo, en alguna parte, en relación con una colmena en la que había encontrado muchos más zánganos que obreras, pero no da conjeturas sobre este hecho; añade solamente, como una circunstancia extraordinaria, que los machos fueron tolerados hasta la primavera del año siguiente. Es cierto que las abejas gobernadas por una reina que solo pone huevos de zángano, o por una virgen, preservan sus zánganos varios meses después de que sean masacrados en las otras colmenas. No puedo atribuir una razón para esto, pero es un hecho del que he sido testigo muchas veces durante el largo curso de las observaciones que he realizado en reinas con impregnación retrasada. En general, parecía que siempre y cuando la reina ponga huevos masculinos, sus abejas no destruirán los zánganos que viven en la colmena en forma de insectos.

Acepte, señor, el reconocimiento de mi respeto, etc.

4ª Carta-Sobre el Descubrimiento de Schirach

Pregny, 24 de agosto de 1791

Larvas de Obreras convertidas en Reinas conversión a Queens

Señor, Cuando se le solicitó, en la edición de sus obras, proporcionar su opinión sobre los hermosos experimentos de Schirach sobre la conversión de las larvas de abeja común en abejas reales, invitó a los naturalistas a repetirlos. De hecho, yo, por lo tanto apresuro a informarle que todas mis investigaciones establecieron su verdad. Durante los 10 años que he estado estudiando a las abejas, repetí varias veces el experimento de Schirach, con tal éxito uniforme, que no puedo levantar la más mínima duda. Por lo tanto, considero como un hecho positivo, que cuando las abejas pierden su reina, y todavía tienen en su colmena crías de algunas obreras, amplían varias de las celdas en las que se ubican, les dan de comer, no sólo con un tipo diferente de comida, sino en mayor cantidad, y las crías criadas de esta manera, en lugar de transformarse en abejas comunes, se convierten en reinas reales. Le ruego a mis lectores que piensen sobre la explicación que le han dado a este nuevo hecho, y las consecuencias filosóficas, que deducen de esto. *Contemplation de la Nature,* par. XI, cap. XVII.

Me limitaré, en esta carta, a darle algunos detalles de la forma de las celdas reales que las abejas construyen en torno a las crías destinadas al estado real. Voy a terminar discutiendo algunos puntos sobre los que mis observaciones son distintas a las del Sr. Schirach.

Operaciones de las abejas después de la pérdida de la reina

Cuando las abejas pierden su reina, ellas lo perciben muy rápidamente y en pocas horas realizan el trabajo necesario para reparar su pérdida.

Primero se selecciona las crías jovenes obreras, que van a recibir la atención adecuada para convertirse en reinas, y de inmediato comienzan a agrandar las celdas en las que están puestas. Su modo de proceder es curioso. Con el fin de hacerlo más inteligible, voy a describir su trabajo en una sola celda, que se aplicará a todas las que contienen cría destinada a reina. Tras haber seleccionado una cría obrera, sacrifican tres de las celdas contiguas; quitan la cría y la papilla y construyen alrededor de ésta un recinto cilíndrico; por lo que su celda se convierte en un tubo perfecto, con la base romboidal, para que no toque los trozos de esta base; si los dañaran descubrirían las tres celdas correspondientes al lado opuesto del panal, y por lo tanto sacrificarían la cría que habita en ellas, lo cual no es necesario y la Naturaleza no ha permitido. Por lo tanto, dejan la base romboidal y se contentan con la crianza de un tubo cilíndrico alrededor de la cría, que se coloca entonces horizontalmente, como las otras celdas del panal. Pero esta habitación se adapta a la cría real únicamente durante los tres primeros días de su existencia; requiere una situación diferente para los días, que constituye una parte muy pequeña de la duración de su existencia, debe vivir en una celda de forma casi piramidal, la base estando en la parte superior y el punto en la parte inferior. Parece que las obreras son conscientes de ello, porque después de que la cría ha completado su tercer día, preparan el lugar para ser ocupado por su nuevo huesped, royendo algunas de las celdas que se ubican por debajo del tubo cilíndrico, sacrifican sin piedad a las crías que se encuentran en ellas, y usan la cera que acaban de roer para construir un nuevo tubo piramidal que sirve de soldadura en ángulos rectos con el primero, trabajando hacia abajo. El diámetro de esta pirámide disminuye insensiblemente desde su base, que es amplia, hasta el punto. Durante los dos días en que la cría lo habita, hay constantemente una abeja con la cabeza más o menos insertada en la celda: cuando una obrera se va, otra toma su lugar. Alargan la celda tan rápido como la cría crece; llevan comida, que colocan ante su boca y alrededor de su cuerpo en una especie de banda alrededor de ella. La cría, que sólo puede moverse en una dirección en espiral, gira incesantemente para llevar el alimento a su cabeza; que insensiblemente desciende y al fin llega cerca de la desembocadura de la celda: es en este momento que debe transformarse en una ninfa. El cuidado de las abejas ya no es necesario: cierran su cuna con una sustancia apropiada, y en el momento adecuado lleva a cabo sus dos metamorfosis.

El Método de Schirach es igual de exitoso con cría de unas pocas horas que con cría de tres días

Schirach sostiene que las abejas nunca seleccionan otra cosa salvo *crías de 3 días de edad*, para darles la "educación real": he averiguado por el contrario, que esta operación es exitosa también en cría sólo de *2 días de edad*. Permítame contarle algo largo sobre la evidencia que he adquirido sobre esto: esto demostrará, al mismo tiempo, tanto la realidad de la conversión de la cría de obreras a reinas, como la poca influencia que su edad tiene sobre el éxito de la operación.

En una colmena privada de su reina, hice que se colocaran algunos trozos de panales que contenían huevos de obreras y cría ya nacida del mismo tipo. El mismo día, las abejas ampliaron varias de las celdas de cría, y las cambiaron a celdas reales, dando a la cría una espesa capa de gelatina. Luego retiramos 5 de las crías colocadas en esas celdas, y Burnens las sustituyó por 5 crías de obreras que habíamos visto salir del huevo 48 horas antes. Nuestras abejas no parecían conscientes de este cambio: alimentaban la nueva cría, así como la seleccionada por ellas mismas; continuaron ampliando las celdas en las que se colocaron, y las cerraron al tiempo habitual; se incubaron entonces estas 5 celdas durante 7 días al final de los cuales las llevamos lejos para preservar vivas las reinas producidas. Dos de estas reinas surgieron casi al mismo momento; eran de gran tamaño y estaban bien formadas en todos los aspectos. Las otras tres celdas pasaron el tiempo sin reina emergente, las abrimos para determinar su condición; nos encontramos con una reina muerta en el estado de ninfa, las otras dos estaban vacías, la cría había hilado sus capullos de seda en ellas, pero murieron antes de llegar al estado de ninfa, y mostraron solo una piel seca. No puedo concebir nada más concluyente que este experimento: se demuestra que las abejas tienen el poder de convertir a la cría de obreras en reinas, ya que tuvieron éxito en la obtención de ellos actuando sobre las crías de las obreras que habíamos seleccionado: igualmente se demuestra que, para el éxito del proceso, no es necesario que la cría tenga tres días de edad, ya que aquellas que confiamos a las abejas tenían solo dos días de edad.

Esto no es todo: las abejas se pueden convertir en reinas, crías aún jóvenes. El siguiente experimento me enseñó que, cuando han perdido su reina, destinan a crías de sólo unas pocas horas de vida para que las sustituyan. Una de mis colmenas, privada de reina, no había tenido huevos ni cría durante mucho tiempo: les di una reina de mucha fecundidad; pronto comenzó a poner en las celdas de obreras; la mantuve en la colmena algo menos de 3 días, y le quité los huevos antes de que fuesen incubados: al día siguiente, es decir, el cuarto día, Burnens contó 50 obreras pequeñas, la más vieja de las cuales tenía apenas 24 horas de vida. Sin embargo, varias de ellas ya estaban destinadas a ser reinas, lo cual quedó demostrado por las abejas al depositar alrededor de ellas una provisión de jalea mayor que la que se suministra a la cría común. Al día siguiente, la cría ya tenía casi 40 horas de vida, las abejas habían ampliado sus cunas; habían convertido sus celdas hexagonales en celdas cilíndricas de mayor capacidad; aún siguieron trabajando en ellas los días siguientes y las cerraron el quinto día desde la eclosión de la cría. Siete días después del sellado de la primera de estas celdas reales, vimos una reina de tamaño más grande emerger de ella. Esta reina se acercó apresuradamente hacia las otras celdas reales y trató de destruir las ninfas o crías que estaban en ellas. Narraré los efectos de su furia, en otra carta.

Verá señor, a partir de estos datos, que el Sr. Schirach aún no había variado suficientemente sus experimentos, cuando afirmó que, para llegar a ser convertidas en las reinas, las crías de las obreras deben tener 3 días de edad. Es indudable que el funcionamiento es igualmente exitoso, no sólo con cría de 2 días de edad, sino también con las que tienen sólo unas pocas horas de vida.

El método de doble filo para crear reinas

Después de haber realizado las investigaciones que acabo de describir, para verificar el descubrimiento del Sr. Schirach, deseaba saber si, como este observador afirmaba, el único método que tienen las abejas para adquirir una reina es dar a la cría común un cierto tipo de alimentos y criarla en celdas más grandes. No ha olvidado que el Sr. de Réaumur tenía ideas muy diferentes sobre esto:

> "La madre debe poner y de hecho ponen huevos a partir del cual las abejas en condiciones de ser madres deben a su vez proceder. Ella lo hace y vamos a demostrar que las obreras saben lo ella tiene que hacer. Las abejas, a las que las madres son tan preciadas, parecen tener un gran interés en las madres que les van a proporcionar los huevos, y las consideran muy importantes: construyen celdas particulares en las que los depositan, etc. Cuando una celda real está recién comenzada, tiene la forma de una taza, o más precisamente de una taza de bellota, de la que había caído la bellota. Etc., etc."

El Sr. de Réaumur no sospechaba la posibilidad de la conversión de una cría común en una reina, pero él concibió que la abeja madre ponía una especie particular de huevos en las celdas reales, de los cuales emerge la cría que debe ser reina. Por el contrario, según el Sr. Schirach, las abejas tienen siempre la posibilidad de adquirir una reina criando crías de obreras de 3 días de edad de una manera particular, sería innecesario para las hembras tener la facultad de poner huevos reales; tal prodigalidad de medios no le pareció a él en consonancia con las leyes de la naturaleza: por lo tanto, afirma, en términos adecuados que la abeja madre no pone huevos reales en celdas preparadas para ello: considera las celdas reales únicamente como comunes, agrandadas por las abejas en el momento en el que la cría incluida es destinada a convertirse en reina; y añade que, en cualquier caso, la celda real sería demasiado profunda para el vientre de la madre para llegar a su parte inferior y depositar un huevo.

Admito que el Sr. de Réaumur no dice en ninguna parte que haya visto a la reina poner en la celda real; sin embargo él no tenía ninguna duda sobre esto, y después de todas mis observaciones veo que él estaba en lo correcto. Es muy cierto que, en determinados momentos del año, las abejas preparan celdas reales, que las reinas ponen en ellos, y que a partir de estos huevos eclosionan crías que se convierten en reinas.

La objeción del Sr. Schirach relativa a la longitud de las celdas reales no prueba nada: la reina no espera hasta que hayan terminado, para poner en ellos; ella deposita sus huevos en ellos cuando son están esbozados y tienen la forma de una taza de bellota. Este naturalista, deslumbrado por el brillo de su descubrimiento, no vio toda la verdad; él fue el primero en percibir el recurso que la naturaleza concedía a las abejas, para reparar la pérdida de su reina, y muy pronto se convenció de que ella no había facilitado ningún otro método para el nacimiento de las hembras. Su error surgió al no observar a las abejas en colmenas suficientemente estrechas. Si hubiese usado colmenas como la mía, Schirach habría encontrado una confirmación de la opinión del Sr. de Réaumur, en cada una de las que abrió en primavera. En esa temporada, que es la temporada de los enjambres, las colmenas en buenas condiciones están gobernadas por una reina prolífica. Uno encuentra en esas colmenas celdas reales de una forma diferente a las que las abejas construyen alrededor de los huevos de las obreras, que se destinan para convertirse en reinas. Son celdas grandes, que se adjuntan al panal por un pedículo, y se cuelgan verticalmente como estalactitas; tales, en una palabra, como describió el Sr. de Réaumur. Las hembras no esperan hasta que tengan el tamaño completo para poner en ellas; hemos sorprendido a varias depositando el huevo cuando la celda era sólo como una taza de bellota; las obreras nunca se alargan hasta que el huevo ha sido puesto en ellas; las amplían tan rápido como la cría crece, y cerca de ellos cuando se está a punto de transformarse en una ninfa real. Es entonces cierto que, en primavera, la reina deposita en las celdas reales preparadas previamente, los huevos de los cuales los insectos de su propia especie eclosionan. La naturaleza ha proporcionado un método de doble filo para la multiplicación y conservación de las especies de abejas.

Con todo el honor, etc.

5ª CARTA-ABEJAS OBRERAS QUE PONEN HUEVOS FÉRTILES

Experimentos que prueban que hay veces en las colmenas que las obreras que ponen huevos fértiles.

Pregny, 25 de agosto del 1791

Señor, el singular descubrimiento del señor Riem, sobre la existencia de obreras fértiles le pareció muy dudoso a usted. Nota: Consulte Contemplations de la Nature New edition, en-4. Parte XI, página 265.

Usted ha sospechado que los huevos, atribuidos a las obreras por este naturalista, fueron en realidad puestos por reinas pequeñas, que habían sido confundidos con las obreras a causa de su pequeño tamaño. Sin embargo, usted no afirmó con decisión que el Sr. Riem se equivocaba; y en la carta que usted me hizo el honor de dirigirme, me invitó a buscar, a través de nuevos experimentos, si existen realmente en las colmenas abejas obreras capaces de poner huevos fértiles. He hecho estos experimentos, señor, con sumo cuidado; usted ha de juzgar el grado de confianza que merecen.

El 5 de agosto de 1788, encontramos huevos y crías de zánganos en dos de mis colmenas, que habían sido ambas privadas de reinas durante algún tiempo. Vimos también los primeros rudimentos de varias celdas reales, adjuntos como estalactitas en los bordes de los panales. En esas celdas había algunos huevos masculinos. Como yo estaba completamente seguro de que no había ninguna reina de gran tamaño entre las abejas de estas dos colmenas, era evidente que los huevos que había allí, cuyo número aumentaba cada día, habían sido puestos, o bien por reinas de pequeño tamaño, o por obreras fértiles. Yo tenía razones para creer que se trataba en realidad de abejas comunes que lo ponían; ya que a menudo observamos abejas del último tipo introduciendo la parte posterior de su cuerpo en las celdas, asumiendo la misma actitud que la reina cuando está a punto de poner. Pero a pesar de todos nuestros esfuerzos, nunca habíamos sido capaces de capturar una en esta posición para examinarla más de cerca; y no queríamos afirmar nada hasta que hubiéramos sido capaces de tener en nuestras manos una de las abejas que había estado poniendo. Por lo tanto, continuamos nuestras observaciones con la misma asiduidad, con la esperanza de que, en algún momento afortunado o de destreza, pudiéramos asegurar una de esas abejas. Durante más de un mes, todos nuestros esfuerzos fracasaron.

Burnens entonces me propuso hacer sobre esas dos colmenas una operación que requiere mucho valor y paciencia que no me había atrevido mencionarle a él, aunque ya se me había ocurrido el mismo plan. Propuso examinar, por separado, a todas las abejas de estas colmenas, para descubrir si alguna pequeña reina no se había insinuado misma entre ellas, y se hubiera escapado a nuestras primeras investigaciones. Este experimento fue muy importante, ya que si no encontramos ninguna reina pequeñas, adquiriríamos la evidencia demostrativa de que los huevos cuyo origen buscábamos, habían sido colocados por simples obreras.

Para llevar a cabo con toda la exactitud posible una operación de esta naturaleza, sumergir a las abejas no fue suficiente. Usted sabe, Señor, que el contacto del agua endurece sus partes exteriores, que altera hasta cierto punto la forma de sus órganos; y como las pequeñas reinas se parecen mucho a las obreras, la más mínima alteración de su forma no nos hubiera permitido distinguir con suficiente precisión, a qué especies pertenecían aquellas que estaban sumergidas. Por lo tanto, fue necesario, poner a cada abeja, una cada vez, en las colmenas, vivas, a pesar de su enojo, y observar su carácter específico con el mayor cuidado. Esto es lo que Burnens emprendió y ejecutó con una destreza inconcebible. Pasó 11 días en esta operación, y durante todo el tiempo apenas se permitió cualquier descanso que el requerido para el alivio de sus ojos. Tomó en sus manos cada una de las abejas que componían estas dos colmenas, examinó cuidadosamente su probóscide, sus patas posteriores, su aguijón; y no encontró nada que no poseyeran las abejas comunes; es decir, la pequeña cesta en las patas posteriores, la lengua larga y el aguijón recto. Tenía vitrinas previamente preparadas que contenían panales, colocó cada abeja en una de ellos, tras haberlas examinado: no hace falta decir que las mantuvo confinadas; esta precaución era indispensable, pues aún no había terminado el experimento; no fue suficiente para asegurarse de que eran abejas obreras, también fue necesario ver si alguna de ellas ponían huevos. Así, se inspeccionaron, durante varios días, los panales que les habíamos dado, y poco después observamos huevos recién puestos a partir de los cuales la cría de zánganos eclosionó a su debido tiempo.

Burnens habían tenido entre sus dedos las abejas que las produjeron, y como él estaba seguro de que había manejado solamente las abejas comunes, se demostró que hay, a veces, en las colmenas obreras fértiles.

Después de haber verificado el descubrimiento del Sr. Riem con un experimento tan decisivo , reemplazamos todas las abejas que habíamos examinado, en colmenas de vidrio muy fino; estas colmenas que tenían sólo una pulgada y media de espesor podrían contener una sola fila de panales; lo que era, por lo tanto, muy favorable para las observaciones. Ya no dudamos de que, al persistir en observar a nuestras abejas, debíamos sorprender a una de las más fértiles en el acto de la puesta de huevos, y cogerla. Quisimos diseccionarla, comparar el estado de sus ovarios con los de las reinas, y tomar nota de la diferencia. Por fin, el 8 de septiembre tuvimos la suerte de tener éxito.

Observamos una abeja en una celda en posición de poner; no le dio tiempo de salir de la celda; abrimos rápidamente la colmena y la cogimos; tenía todas las características externas de las abejas comunes; la única diferencia que pudimos reconocer, y muy pequeña, fue que su vientre era más pequeño y más delgado que el de las demás obreras. La diseccionamos y encontramos sus ovarios más pequeños, más frágiles, compuestos por un menor número de oviductos que los ovarios de las reinas; los filamentos que contenían los huevos eran excesivamente finos y exhibieron inflamaciones leves a distancias iguales. Contamos con 11 huevos de un tamaño razonable, algunos de los cuales parecían listos para ser puestos. Este ovario era doble, como el de una reina.

El 9 de septiembre capturamos otra obrera fértil, en el instante de poner, y la diseccionamos. Su ovario estaba mucho menos desarrollado que el de la anterior, contamos sólo 4 huevos que habían alcanzado la madurez. Burnens extrajo uno de estos huevos desde el oviducto que lo sostenía, y tuvo éxito al fijarlo por un extremo de una franja de vidrio: podemos decir de paso que esto indica que es en los propios oviductos, donde los huevos son cubiertos con el líquido viscoso con el que salen a la luz y no en su paso bajo el saco esférico, como Swammerdam creía.

Durante el resto de este mes, encontramos todavía en las mismas colmenas 10 obreras fértiles, las cuales también diseccionamos. Distinguimos fácilmente los ovarios en la mayor parte de esas abejas; en algunas, sin embargo, no encontramos rastro de ellos; los oviductos de estas últimas al parecer, se habían desarrollado de manera imperfecta, y para descubrirlos necesitamos una mayor habilidad que la que ya habíamos adquirido. Las obreras fértiles nunca ponen huevos de abejas comunes; ponen huevos sólo de zánganos. El Sr. Riem ya había observado este hecho singular, y en este sentido, todas mis observaciones confirman cuéntalas suyas. Me limitaré a añadir a lo que él dice que las obreras fértiles no son absolutamente indiferentes en la elección de las celdas para depositar sus huevos. Ellas siempre prefieren poner en las grandes, y ponen en celdas pequeñas sólo cuando no encuentran ninguna de las de mayor diámetro;

pero tienen algo en común con las reinas cuya fecundación ha sido retrasada, también ponen huevos en celdas reales.

Al hablar, en mi tercera carta, de esas hembras que ponen huevos sólo de zánganos , grabé mi sorpresa que las abejas otorgan esa atención a las depositadas en celdas reales, la asiduidad con la que alimentan a la cría que sale de ellas, y el sellado bajo el que las encierran al acercarse el término de su crecimiento; pero no sé, Señor, ¿por qué se me olvidó decirle que, después de haber sellado esas celdas, las obreras las trenzaron (impresión o filigrana) y las incubaron hasta después de la última transformación de los machos que contenían. Su tratamiento de las celdas reales en las que las obreras han puesto los huevos fértiles de zánganos, es muy diferente; comienzan, de hecho, proporcionándoles todas las precauciones a los huevos y a la cría que habitan en ellos; cierran las celdas en el momento adecuado; pero siempre las destruyen 3 días después de haberlas sellado.

Después de haber finalizado con éxito estos experimentos, todavía tenía que descubrir la causa del desarrollo de los órganos sexuales de las obreras fértiles. El Sr. Riem no participó en este interesante problema, y al principio me temía que no pudiera tener otra guía para su solución que mis conjeturas. Sin embargo, después de una larga reflexión, observé, en la conexión de los hechos que esta carta detalla, una luz para indicar el progreso a seguir en esta nueva investigación.

Todas las abejas comunes son originalmente hembras

Desde los hermosos descubrimientos del Sr. Schirach, está más allá de toda duda que las abejas comunes son originalmente del sexo femenino; la naturaleza les ha dado los gérmenes de los ovarios; pero les ha permitido su expansión sólo en el caso particular en que esas abejas reciben, en su forma de cría, un alimento especial. Así que debemos examinar, especialmente, si nuestros trabajadores fértiles han recibido este alimento especial, en el estado de cría.

Todos mis experimentos me convencieron de que las abejas capaces de poner nacen sólo en las colmenas que han perdido su reina. En tal caso, preparan una gran cantidad de jalea real, para alimentar a la cría destinada a reemplazarla. Por lo tanto, si las obreras fértiles nacen sólo en estas circunstancias, es evidente que sólo aparecen en las colmenas cuyas abejas preparan la jalea real. Fue sobre esta circunstancia, señor, que incliné toda mi atención. Me indujo a sospechar que cuando las abejas dan tratamiento real a ciertas crías, éstas, por accidente o por instinto especial dejan caer algunas pequeñas partículas de jalea real en las celdas junto a las que contienen a la cría destinada a ser reina. La cría de obreras que han recibido accidentalmente pequeñas dosis de tan activo alimento, deben ser más o menos influenciados por él: sus ovarios deben adquirir cierto tipo de desarrollo; pero este desarrollo será imperfecto. ¿Por qué? Porque la comida real se ha administrado sólo en pequeñas dosis, y además, la cría en cuestión, como ha vivido en celdas de diámetro más pequeño, sus partes no han podido ampliarse más allá de proporciones normales. Las abejas que nacen de esa cría por lo tanto tienen el tamaño y todas las características exteriores de las obreras simples; pero tendrán además la facultad de poner unos cuantos huevos, únicamente por el efecto de la pequeña porción de jalea mezclada con su otra comida.

Con el fin de juzgar la exactitud de esta explicación, fue necesario seguir a las obreras fértiles desde su nacimiento, para investigar si las celdas en las que se criaban estaban en la vecindad de las celdas reales, y si la papilla que las alimentaba se mezcló con partículas de la jalea real. Desgraciadamente, esta parte del experimento es muy difícil de realizar. Cuando es pura la jalea real se reconoce por su sabor picante, pero cuando se mezcla con alguna otra sustancia, su sabor es muy difícil de distinguir. Por lo tanto, yo mismo me confiné a examinar la localización de las celdas en las que nacen las obreras fértiles. Como esto es importante, permítame describir uno de mis experimentos en detalle.

En junio de 1790, observé que las abejas de una de mis colmenas más delgadas habían perdido su reina durante varios días, y que no tenían ningún medio para sustituirla, ya que no tenían cría de obreras. Les di un pequeño pedazo de panal, donde cada celda contenía una cría de este tipo. Ya en el día siguiente, las abejas habían agrandado varias de esas celdas, hasta la forma de las celdas reales, alrededor de la cría cuyo propósito era ser reina. También mostraron ciertos cuidados sobre la cría en las celdas adyacentes. Cuatro días después, todas las celdas reales fueron selladas, y con mucha satisfacción contamos 19 celdas pequeñas que también se habían perfeccionado y habían sido selladas con una capa plana. En estas estaban las crías que no habían recibido tratamiento real; pero como habían crecido en la vecindad de la cría destinada a reemplazar a la reina, fue muy interesante para mí para observar lo que sería de ellas. Era necesario observar el momento de su última transformación. Con el fin de no perdérnoslo, quité las 19 celdas y las puse en una caja rallada que se introdujo entre las abejas; también quité las celdas reales; ya que era muy importante que las reinas que estaban por venir no debieran molestar o complicar los resultados de mi experimento. Otra precaución se requirió aquí: era de temer que las abejas, habiendo sido privadas del fruto de su trabajo, y el objeto de su esperanza, se desanimaran; por lo tanto, les di otro pedazo de panal con cría obrera, esperando eliminar esta nueva camada sin piedad, cuando llegara el momento. Este plan tuvo un éxito maravilloso; las abejas, mientras que proporcionaron sus cuidados a esta última cría, se olvidaron de la que les había quitado.

Cuando llegó el momento de la última transformación de mis 19celdas, hice examinar el cuadro rallado en que fueron encerrados cada día, varias veces, y al final encontré seis abejas exactamente similares a las abejas comunes. Las crías de las 13 celdas restantes perecieron sin metamorfosis.

Quité de mi colmena la última pieza de cría que había sido colocada allí para evitar el desaliento de las obreras; dejé a un lado las reinas nacidas de las celdas reales, y después de haber pintado de rojo el tórax de mis seis abejas, tras haber amputado su antena derecha, puse las 6 en la colmena, donde fueron bien recibidas.

Usted concibe fácilmente mi fin, Señor, en este curso de las operaciones. Yo sé que no había reina de gran o pequeño tamaño entre mis abejas: si, entonces en la continuación de la observación debiera encontrar huevos recién puestos en los panales, cómo muy probablemente hayan sido puestos por una u otra de mis 6 abejas. Pero para alcanzar la certeza absoluta, era necesario pillarlas en el acto de la colocación, y se requería alguna marca imborrable para distinguirlas.

Este arreglo fue un éxito total. De hecho pronto percibimos tener huevos en la colmena; su número aumentó a diario; la cría que nació de ellas era de zánganos; pero un largo intervalo de tiempo transcurrió antes de que pudiéramos capturar a las abejas que ponían los huevos. Por fin, a fuerza de asiduidad y perseverancia, observamos que una se estaba introduciendo su parte posterior en una celda; abrimos la colmena y cogimos esta abeja; vimos el huevo que había depositado; y en el examen reconocimos fácilmente, mediante el remanente de rojo sobre su tórax y la privación de la antena derecha, que era uno de las 5 criadas bajo estado vermicular en las cercanías de las celdas reales.

Ya no dudaba de la veracidad de mi conjetura; no sé, sin embargo, Señor, si esta demostración le parecerá tan rigurosa a usted como me lo parece a mí; pero aquí está mi razonamiento: Si es cierto que las obreras fértiles nacen siempre en las cercanías de las celdas reales, no es menos cierto que esta vecindad es, en sí misma, una circunstancia indiferente; ya que el tamaño y la forma de esas celdas puede no tener ningún efecto sobre la cría en las celdas circundantes; debe haber algo más que esto: sabemos que las abejas traen a las celdas reales un alimento en particular; también sabemos que la influencia de esta papilla es muy potente en los ovarios; que sólo ella puede desarrollar este germen; debemos suponer necesariamente que las crías colocadas en las celdas adyacentes han obtenido una porción de este alimento. Esto es lo que ganan por proximidad a las celdas reales; las numerosas abejas que van a las celdas reales pasan sobre ellas, se detienen y dejan caer una parte de la jalea destinada a las crías reales. Creo que este razonamiento es coherente con los principios de la lógica común.

Recibiendo la jalea real mientras las larvas expanden sus ovarios

Tantas veces repetí el experimento que acabamos de describir, y he sopesado todas las circunstancias con tanto cuidado, que tengo éxito en la producción de las obreras fértiles en mis colmenas, cada vez que quiero. El método es simple. Quito la reina de una colmena; las abejas se comprometen a sustituirla, mediante la ampliación de varias celdas, que contienen la cría de las obreras, y dando jalea real a la cría en ellas; también dejan caer pequeñas dosis de esta papilla a la cría localizada en las celdas adyacentes, y este alimento provoca un cierto desarrollo en sus ovarios. Las obreras fértiles se producen siempre en las colmenas, donde las abejas trabajan para sustituir a su abeja reina; pero es muy raro encontrarlas, ya que son atacadas y destruidas por las reinas jóvenes criadas en las celdas reales. Para salvarlas, debemos eliminar a sus enemigos; debemos quitar las celdas reales antes de que la cría en ellas haya experimentado su última transformación. Entonces las obreras fértiles, al no encontrar rivales en la colmena en el momento de su nacimiento, serán bien recibidas allí, y si nos tomamos la molestia de marcarlas con algún signo distintivo, las veremos, unos días después, poniendo huevos de zánganos. Por lo tanto, todo el secreto del procedimiento consiste en la eliminación de las celdas reales en el momento adecuado; es decir, tan pronto como son selladas y antes de que las jóvenes reinas las hayan abandonado. Nota: A menudo he visto reinas, en el momento de su nacimiento, comenzar a atacar las celdas reales y después las celdas comunes adyacentes. La primera vez que observé este hecho, todavía no había observado a las obreras fértiles, y yo no podía entender el motivo de la furia de las reinas contra estas celdas comunes; pero ahora concibo que distinguen la especie de abejas encerradas en ellas, y que deben tener en su contra el mismo instinto de los celos, o el mismo sentimiento de aversión, como contra las ninfas de las propias reinas.

Añadiré unas últimas palabras a esta larga carta. No hay nada sorprendente en el nacimiento de obreras fértiles, cuando uno ha mediado en las consecuencias del hermoso descubrimiento de Schirach. Pero ¿por qué estas abejas ponen huevos sólo de zánganos? Concibo que ponen una pequeña cantidad porque sus ovarios han tenido un desarrollo incompleto; pero no puedo entender por qué todos sus huevos son de la especie masculina. No entiendo nada más de su uso en las colmenas; y yo no he hecho hasta ahora ningún experimento sobre el modo de su fecundación.

Le ruego acepte, Señor, la confianza de mi respeto, etc.

6ª Carta-Sobre los combates de reinas, masacre de machos, etc.

...y sobre lo que sucede en una colmena cuando una reina extraña es sustituida por la reina natural.

Pregny, 28 de agosto del 1791

Señor, el señor de Réaumur no había sido testigo de todo lo relativo a estos laboriosos insectos, cuando compuso su historia de las abejas. Varios observadores, y en particular los de Lusacia descubrieron una serie de hechos importantes que se le habían escapado; y yo, a mi vez, hice diversas observaciones que él no previó; sin embargo, y es una cosa muy notable, no sólo todo lo que declara expresamente que vio ha sido verificado por sucesivos naturalistas, sino que también todas sus conjeturas se han encontrado justas; los observadores alemanes, los señores Schirach, Hattorf, Riem, a veces lo contradicen en sus memorias; pero les puedo asegurar que, cuando combaten los experimentos del Sr. de Réaumur, están casi siempre equivocados; de lo cual puedo citar varios ejemplos. El que voy a mencionar hoy me dará la ocasión de detallar algunos datos interesantes.

El Sr. de Réaumur observó que cuando una reina supernumeraria nace en o bien es suministrada a una colmena, una de las dos perece pronto: en realidad no había sido testigo del combate que ella perdía, sino que él conjeturó que hay un ataque mutuo y que el imperio permanece al lado de la más fuerte o la más afortunada. Por otro lado,

Schirach, y después de él Riem, sostuvieron que las abejas obreras asaltan las reinas extrañas y las matan con sus aguijones. No comprendo cómo fueron capaces de hacer esta observación; ya que a lo sumo sólo podía percibir el comienzo de las hostilidades: las abejas se mueven rápido cuando se pelean; corren en todas direcciones, se deslizan entre los panales ocultando así sus movimientos al observador. Por mi parte, Señor, aunque uso las colmenas más favorables, nunca he visto ningún combate entre las reinas y las obreras; pero sí a menudo entre las propias reinas.

La enemistad mutua de las reinas

Tuve una colmena en particular que contenía a la vez 5 ó 6 celdas reales, cada una encerrando una ninfa; la más antigua de ellas ya había completado su transformación. Apenas diez minutos desde el momento de su salida de la cuna, visitó las otras celdas reales cerradas; se arrojó con furia sobre la primera: a fuerza de mano de obra logró abrir la punta, la vimos desgarrar la seda del capullo con sus dientes; pero probablemente sus esfuerzos no tuvieron el éxito que ella esperaba, por lo que abandonó este extremo de la celda real y comenzó en el otro extremo, en el que consiguió hacer una abertura más grande; cuando fue lo suficientemente grande volvió a introducir su vientre en ella; ella hizo varios movimientos hasta que logró golpear a su rival con una picadura mortal. Entonces salió de la celda, y las abejas que habían sido espectadoras de su trabajo, abrieron más la brecha que había hecho y sacaron el cuerpo de una reina muerta apenas fuera de su envoltura de ninfa.

Mientras tanto, la victoriosa atacó otra celda real e hizo en ella también una gran abertura, y consiguió introducir su extremidad en ella; pero esta segunda celda no contenía una reina ya desarrollada, lista para salir de su caparazón; contenía una ninfa real: por lo tanto, es evidente que, bajo esta forma, las ninfas de las reinas inspiran a sus rivales menos furor; pero ellas no escapan de la muerte tampoco, cuando una celda real ha sido abierta antes de tiempo, las abejas extraen su contenido, bajo cualquier forma, cría, ninfa o reina; así que después de que la reina victoriosa dejara esta segunda celda, las obreras ampliaron la abertura que había efectuado y extrajeron a la ninfa encerrada; por último, la joven reina atacó a una tercera celda, pero no consiguió abrirla: trabajó lánguidamente y aparentemente fatigada por sus primeros esfuerzos. En ese momento necesitábamos reinas para algún experimento en particular, por lo que decidimos llevarla lejos las demás celdas reales que aún no habían sido atacadas, para protegerlas de su ira.

Seguidamente quisimos ver lo que pasaría si dos reinas salían de sus celdas al mismo tiempo y de qué manera una de ellas perecería. Hicimos sobre este tema una observación que data en mi diario con fecha del 15 de mayo de 1790.

Los instintos de reina previenen la muerte simultánea

Dos reinas salieron de sus celdas, ese día, casi en el mismo momento, en una de nuestras colmenas delgadas. Tan pronto como se percibieron se abalanzaron la una sobre la otra, con gran enojo, y se colocaron en tal posición que las antenas de ambas fueron atrapadas por los dientes de su rival; sus cabezas, cuerpos y vientres estaban opuestos entre sí, pero tenían que doblar la extremidad posterior de sus cuerpos para perforarse la una a la otra con sus aguijones y ambas murieron en el combate. Pero parece que la naturaleza no ha ordenado que ambas combatientes perecieran en el duelo, sino que cuando se encuentran en la posición que acabamos de describir (es decir vientre contra vientre), se alejan a la vez con la mayor precipitación. Por lo tanto, cuando las dos rivales sintieron que sus partes posteriores estaban a punto de coincidir, se desacoplaron de sí mismas y huyeron. Usted podrá observar, Señor, que he repetido esta observación muy a menudo; lo que no deja ninguna duda, y parece que en tal caso, se puede entender la intención de la Naturaleza.

No tiene que haber más de una reina en una colmena; por lo tanto, es necesario, si por casualidad una segunda nace o aparece, que una de las dos deba morir. Esto se le no podría permitir a las obreras, ya que, en una república compuesta por tantos individuos, no se puede suponer que exista un consentimiento simultáneo, ocurriría que un grupo de abejas podría abalanzarse sobre una de las hembras, mientras que un segundo grupo masacraría a la otra, y la colmena se vería sin reina. Por lo tanto, es necesario que las propias reinas se encarguen de la destrucción de sus rivales. Pero como, en estos combates la Naturaleza demanda sólo una víctima, ha proporcionado sabiamente que, en el momento en que, desde su posición, ambas combatientes puedan perder sus vidas, ambas deben ser alarmadas en tan gran medida, que solo piensen en volar, sin usar sus aguijones.

Sé que corremos el riesgo de errar, cuando se busca minuciosamente las causas finales de los hechos más insignificantes, pero en este, el objetivo y los medios parecían tan claros que me he aventurado a avanzar en esta conjetura. Usted juzgará mejor que yo, Señor, si está bien fundada; permítame volver a mi digresión.

Unos minutos después de separarse nuestras dos reinas, su miedo cesó, y de nuevo se buscaron entre sí; pronto se vieron la una a la otra y vimos que se apresuraron a enfrentarse: de nuevo se agarraron la una a la otra como antes y se colocaron en la misma posición: el resultado fue el mismo; tan pronto como sus vientres chocaron, se desacoplaron y huyeron. Durante todo este tiempo las obreras estaban muy agitadas y el tumulto parecía aumentar cuando las adversarias se separaban; en dos momentos diferentes, vimos que detuvieron a las reinas en su huida, se apoderaron de sus piernas y las mantuvieron presas durante más de un minuto. Por último, en un tercer ataque, la más rabiosa o más fuerte de las reinas se lanzó sobre su rival cuando ésta no la veía; ella la agarró con los dientes en la base del ala; luego la levantó por encima de ella y acercó la extremidad de su vientre a los últimos anillos de su enemiga, perforándolo fácilmente con su aguijón; soltando el ala del que la había cogido, retiró su aguijón; la reina vencida cayó, arrastrándose lánguidamente, rápidamente perdió su fuerza y pronto expiró. Esta observación demuestra que las reinas vírgenes participan en combates individuales. A continuación deseábamos descubrir si reinas o madres fértiles tienen la misma animosidad.

Las abejas comunes parecen promover sus combates

El 22 de julio seleccionamos para esta observación, una colmena delgada cuya reina era muy fértil, y como teníamos curiosidad por saber si iba a destruir las celdas reales, como las reinas vírgenes hacen, pusimos 3 de estas celdas cerradas en el centro de su panal. Tan pronto como ella las percibió, se precipitó sobre el grupo que formaban, traspasó la base, y no salió hasta que dejó expuestas a las ninfas en ellas. Las obreras que hasta ahora, habían sido espectadores de esta destrucción, ahora vinieron a quitar las ninfas, ávidamente recogieron la papilla que restaba en la parte inferior de las celdas, y aspiraron también el fluido del abdomen de las ninfas, y finalmente destruyeron las celdas de las que habían sido elaboradas.

A continuación presentamos en esta colmena una reina muy prolífica, cuya coraza había pintado para distinguirla de la actual reina: un círculo de abejas se formó rápidamente alrededor de ésta extraña, pero su intención no era darle la bienvenida o acariciarla, en un minuto perdió su libertad y se encontró prisionera. Es una circunstancia notable aquí, que al mismo tiempo, otras obreras se volvieron alrededor de la reina reinante y sujetaron todos sus movimientos: vimos el instante en que ella estuvo a punto de ser encerrada como la desconocida. Parecería que las abejas preveían el combate en el que las dos reinas estaban a punto de participar, y estaban impacientes por contemplar el mismo; ya que ellas las retenían prisioneras sólo cuando parecían retirarse la una de la otra, y si una de las dos, estaba deseosa de acercarse a su rival, todas las abejas que forman esos grupos cedían el paso para permitirles la libertad plena de ataque; pero regresaban y les cerraban de nuevo el paso si las reinas parecían dispuestas a correr.

Muy a menudo hemos sido testigos de este hecho: pero presenta de manera nueva y extraordinaria un rasgo en la política de las abejas, que debe ser visto de nuevo una y mil veces para atreverse a afirmarlo positivamente. Yo recomendaría, señor, que los naturalistas observaran con atención los combates de reinas y en particular el papel desempeñado por las obreras. ¿Buscan acelerar el combate? ¿Excita la furia de los combatientes por parte de algunos medios secretos? ¿Cómo es que, aunque acostumbradas a otorgar la atención sobre su propia reina, hay circunstancias en las que la detienen cuando se prepara para evitar un peligro inminente?

Sería necesaria una larga serie de observaciones para resolver estos problemas. Se trata de un vasto campo para experimentar, cuyo resultado sería infinitamente curioso. Perdonen mis frecuentes digresiones; este tema es profundamente filosófico pero se requeriría su genio, Señor, para manejarlo y presentarlo: voy a proceder con la descripción de la lucha de nuestras reinas.

Habiendo permitido el enjambre de abejas que rodeaba a la reina reinante moverse un poco, ésta parecía avanzar hacia esa parte del panal donde estaba su rival; todas las abejas entonces retrocedieron ante ella; gradualmente la multitud de obreras que separaban a las dos adversarias se dispersaron; hasta que sólo quedaron dos, que también se fueron y dejaron que las dos reinas se vieran entre sí: en ese instante la reina reinante se precipitó sobre la desconocida, la agarró con los dientes en la base de las alas, y tuvo éxito en fijarla contra el panal sin cualquier posibilidad de resistencia o de movimiento; después curvó su vientre y atravesó con un golpe mortal a esta víctima infeliz de nuestra curiosidad.

Por último, para agotar todas las combinaciones, todavía teníamos que descubrir si habría un combate entre dos reinas una de las cuales sería fértil y la otra virgen, y cuáles serían las circunstancias y el problema.

Teníamos una colmena de vidrio, cuya reina era una virgen de 24 días de edad; introdujimos en ella a una reina muy prolífica, poniéndola en el lado opuesto del panal, para que tuviéramos tiempo de ver cómo la recibirían las obreras: pronto fue rodeada por las abejas que la confinaban. Sin embargo, ella fue capturada durante sólo un momento; ya que se sentía presionada por la necesidad de poner sus huevos, ella los dejó caer y no pudimos ver lo que fue de ellos; las abejas sin duda no los colocaron en las celdas, ya que en la inspección no encontramos ninguno. El grupo que rodeaba a esta reina se había dispersado un poco, avanzó hacia el borde del panal y pronto se encontró muy cerca de la reina virgen. A primera vista, se lanzaron la una sobre la otra; la reina virgen subió a la parte trasera de su rival, y le dio varias picaduras en el vientre, que afectaron sólo a la parte escamosa y no le hicieron ningún daño; y las combatientes se separaron: unos pocos minutos después volvieron a la pelea; esta vez la reina fecundada se montó en la parte posterior de su rival, pero en vano trató de perforarla, la picadura no entró en la carne; la reina virgen se desprendió y huyó; además logró escapar de otro ataque, en el que la reina fértil tenía la ventaja de la posición. Estas dos rivales parecían tener la misma fuerza, y era difícil prever a qué lado se inclinaría la victoria, hasta que al final, la virgen hirió de muerte a la desconocida, y ella expiró en ese momento.

El golpe había penetrado tan profundamente que no podía retirar su aguijón y fue arrastrada en la caída de su enemigo. La vimos hacer muchos esfuerzos para desenganchar su lanza: sólo tuvo éxito mediante la activación de la extremidad de su vientre como si fuera un pivote. Es probable que las púas aguijón se doblaran por este movimiento, y acostadas en espiral alrededor del tallo, salieron de la herida que se habían hecho.

Creo, Señor, que estas observaciones ya no le van a dejar dudas sobre la conjetura de nuestro célebre Réaumur. Es cierto que si varias reinas se introducen en una colmena, una sola va a preservar el imperio, las demás perecerán en sus ataques, pero las obreras en ningún momento intentarán utilizar sus aguijones contra la reina extranjera. Concibo lo que ha inducido a error a los señores Schirach y Riem; pero para explicarlo, debo relatar en considerable detalle un nuevo rasgo en la política de las abejas.

En el estado natural de las colmenas, podemos encontrarnos varias reinas, nacidas en celdas reales construidas por las abejas; que permanecerán allí hasta que un enjambre se haya formado, o hasta que un combate entre esas reinas decida a cuál debe pertenecer el trono; pero con excepción de este caso, no puede haber nunca reinas supernumerarias, y si un observador desea introducir una, sólo podrá lograrlo por la fuerza, es decir, mediante la apertura de la colmena. En una palabra, en el estado natural, una reina extranjera nunca puede insinuarse a sí misma allí, por las siguientes razones.

Un guardia está constantemente en la entrada de la colmena

Las abejas colocan y preservan un guardia, de noche y de día, en la entrada de su morada: los centinelas vigilantes examinan todo lo que se les presenta, y como si desconfiaran de sus ojos, tocan, con sus antenas flexibles, cada individuo que trata de penetrar en la colmena, y las diversas sustancias puestas a su alcance, las cuales, dicho sea de paso, dejan poco lugar a dudas ya que las antenas son el órgano de la sensación. Si aparece una reina desconocida, los guardias la capturan al instante; para impedir que entren, se apoderan de sus piernas o sus alas con sus dientes, y se apiñan a su alrededor para que no pueda moverse; gradualmente otras abejas salen del interior de la colmena y se unen a este grupo, por lo que se hace aún más compacto; todas las cabezas se giran hacia el centro, donde está encerrada la reina, y se aferran con tanto afán, que la bola formada por ellas se puede coger y trasladarlo aproximadamente unos momentos sin que lo perciban; es totalmente imposible que una reina extranjera, tan estrechamente envuelta y encerrada, sea capaz de penetrar en la colmena. Si las abejas la mantienen demasiado tiempo en prisión, ella muere, una muerte probablemente causada por el hambre, o la privación de aire: es muy cierto, al menos, que no la picaron: sólo en un caso único vimos picaduras de abejas, una reina encarcelada y fue nuestra culpa; movida por su situación, nos intentamos sacarla del centro de la bola que la rodeaba; las abejas se enfurecieron a la vez, lanzaron sus picaduras y unos cuantos golpes la mataron. También es seguro que esas picaduras estaban destinadas a ella y aunque varias obreras fueron asesinadas por ellas mismas; ciertamente no era su intención matarse unas a otras. Si no hubiéramos intervenido, se habrían contentado con confinar la reina y no la habrían masacrado.

Volviendo al Sr. Riem, fue en una circunstancia similar cuando vio a las obreras seguir con entusiasmo a una reina; él pensó que ellas lo hacían para perforarla con sus aguijones, y llegó a la conclusión de que las abejas comunes eran las encargadas de la destrucción de las reinas supernumerarias.

Después de haberse asegurado de que en ningún caso las obreras matan reinas supernumerarias con sus aguijones, teníamos curiosidad por saber cómo sería recibida una reina extraña en una colmena privada de reina; para dilucidar este punto, hicimos una multitud de experimentos cuyos detalles serían demasiado largos para esta carta; me limitaré a relatar los resultados principales.

Lo que se produce cuando las abejas pierden la reina

Cuando eliminamos la reina de una colmena, las abejas no se dan cuenta al principio; no hay interrupción de sus labores, cuidan a sus crías; hacen todas las operaciones ordinarias, con la misma tranquilidad; pero después de unas horas, se agitan; todo parece un tumulto en su colmena; se escucha un zumbido singular; dejan a sus crías, corren por la superficie de los panales con impetuosidad y parecen delirar; evidentemente descubren que la reina ya no está entre ellos. Pero, ¿cómo lo perciben? ¿Cómo saben las abejas en la superficie de un panal que la reina no está en el próximo panal?

Al hablar de otro rasgo en la historia de nuestras abejas, usted, Señor, propuso estas mismas preguntas; no estoy ciertamente aún en condiciones de responderlas, pero he recogido algunos hechos que pueden facilitar el descubrimiento de este misterio del naturalista.

No dudo de que esta agitación surja del conocimiento que tienen por la pérdida de su reina; pues tan pronto como ella les es desvuelta, la calma se restablece al instante entre ellas, y lo que es muy singular es que la reconocen; esta expresión, Señor, debe ser aceptada de manera estricta. La sustitución por otra reina no produce el mismo efecto, si se introduce en la colmena dentro de las primeras 12 horas después de haber retirado a la reina reinante. En tal caso, la agitación continúa, y las abejas tratan al extranjero tal y como lo hacen cuando la presencia de su propia reina no deja nada de lo que ellas desean; la capturan, se ciernen a su alrededor, y la mantienen cautiva mucho tiempo dentro de un grupo impenetrable; generalmente muere, ya sea de hambre o privación de aire.

Los efectos de introducir una reina extraña

Cuando transcurren 18 horas antes de que se sustituya a la reina extraña por la reina reinante, primero es tratada de la misma manera, pero las abejas que la rodean se cansan; la pelota que forman a su alrededor se vuelve menos compacta; poco a poco se dispersan y la reina es por fin liberada; la vemos caminar con pasos débiles y que languidecen: a veces muere en pocos minutos. Hemos visto reinas que escapan con buena salud de un encarcelamiento de 17 horas, y terminan reinando en las colmenas donde habían sido tan mal recibidas al principio.

Pero si esperamos 24 ó 30 horas, para sustituir a una reina extraña por la reina que hemos eliminado, será bien recibida y reinará desde el momento de su introducción en la colmena.

Nota: Hablo aquí de la buena acogida que ha tenido después de un interregno de 24 horas, por las abejas a una reina extraña sustituida por su reina natural; pero como esta palabra "recepción" no es bastante clara, es adecuado entrar en algunos detalles para determinar el sentido que le doy.-El 15 de agosto de este año, las abejas habían sido privadas de la reina durante 24 horas, y con el fin de reparar su pérdida, ya había comenzado la construcción de 12 celdas reales de la clase descrita en una de las cartas.-En el momento en el que puse a esta reina extraña en el panal, las abejas cerca de ella la tocaron con sus antenas, pasaron su troncos por todas las partes de su cuerpo, y le dieron miel; entonces hicieron su sitio a otras que la trataron de la misma manera. Todas esas abejas batieron sus alas al mismo tiempo, y oscilaron en un círculo alrededor de su soberana. De ahí resultó una especie de agitación que comunicó gradualmente a las obreras situadas en el mismo lado de la cresta, y las indujo a ir y ver, a su vez, lo que estaba sucediendo. Pronto llegaron, rompieron el círculo formado por la primera, tocaron a la reina con sus antenas, le dieron un poco de miel, y después de esta pequeña ceremonia se retiraron sin desorden, sin alboroto, como si experimentaran algún sensación muy agradable.-la reina no había aún abandonado el lugar donde yo la había puesto, pero después de un cuarto de hora comenzó a caminar. Las abejas, lejos de oponerse a su movimiento, abrieron el círculo en la dirección que tomó, la siguieron, y se pusieron en una línea sobre ella. Ella fue oprimida con la necesidad de poner y dejar caer sus huevos. Por último, después de una morada de 4 horas, empezó a depositar los huevos masculinos en las grandes celdas que encontró.

Mientras estos acontecimientos pasaban en la superficie del panal donde había colocado a la reina, todo estaba perfectamente tranquilo en el lado contrario: parecía como si las obreras no supieran de la llegada de una reina a su colmena; trabajaron con gran actividad en las celdas reales como si ignoraran que ya no las necesitaban; se preocupaban por la cría real, les llevaban jalea, etc., Pero al fin, la nueva reina pasó por su lado; fue recibida por ellas con la misma avidez que había experimentado de sus compañeras en el primer lado del panal; se pusieron en fila, le dieron miel, la tocaron con sus antenas; y lo que mejor prueba que la trataban como a una madre fue su desistimiento inmediato de trabajo en las celdas reales; quitaron la cría real y se comieron la papilla que se habían acumulado alrededor de ellas. A partir de este momento la reina fue reconocida por toda su gente, y se comportó en su nueva morada como lo hubiera hecho en su colmena natal.

Estos detalles parecen dar una idea bastante correcta de la manera en que las abejas dan la bienvenida a una reina extraña, cuando han tenido tiempo de olvidar cuenta la suya. Ellas la tratan exactamente como si fuese su reina natural, excepto que, en el primer instante que puede haber más amabilidad, o si me atrevo a expresarlo, más manifestaciones. Soy consciente de la inconveniencia de estas expresiones, pero el señor de Réaumur de alguna manera las consagró: él no dudó en afirmar que las abejas dan su atención a la reina, respeto y homenaje, y de su ejemplo, estas mismas expresiones han escapado a la mayoría de los autores que han hablado acerca de las abejas.

Una ausencia de 24 ó 30 horas es, pues, suficiente para hacer que las abejas olviden a su primera reina. Me abstengo de conjeturas.

La masacre de los machos

Esta carta está llena sólo con descripciones de combates y escenas lúgubres: debo contarle, para concluir, un hecho más agradable e interesante en relación con su industria. Sin embargo, para evitar volver a duelos y masacres, haré aquí mi observación sobre la matanza de los machos.

Recuerda, Señor, que todos los observadores de las abejas están de acuerdo en decir que, en un determinado período del año, las obreras expulsan y matan a los zánganos. El Sr. de Réaumur habla de estas ejecuciones como una masacre horrible, de hecho, él no afirma expresamente que haya sido testigo de ello; pero lo que hemos visto es tan consistente con su declaración, que no hay duda de que él haya visto los detalles de esta masacre.

Por lo general en los meses de julio y agosto las abejas se deshacen de los zánganos. Entonces vemos que las siguen y persiguen hasta las partes interiores de las colmenas, donde recogen en números; y como al mismo tiempo nos encontramos con un gran número de cuerpos de zánganos en el suelo delante de las colmenas, no parece dudoso que las obreras, después de haberlos expulsado, los maten con sus picaduras. Sin embargo, no vemos el aguijón utilizado sobre ellos, en la superficie de los panales; se contentan con perseguirles y conducirles fuera. Usted dice esto, Señor, en las nuevas notas que haya añadido a *Contemplation de la Nature* (Nota 5, Capítulo XXVI, parte XI), y parecía dispuesto a pensar que los zánganos, reducidos a retirarse en un rincón de la colmena, no perecerían de hambre. Esta conjetura es muy probable. Aún así, podría ser posible que la carnicería tuviera lugar en la parte inferior de la colmena y no se había observado, porque esa parte es oscura y escapó al ojo del observador.

Para apreciar la justicia de esta sospecha, concebimos la idea de tener el soporte que soporta la colmena de cristal, y poniéndonos bajo él, para ver lo que pasaba en la escena. Hemos construido una mesa de cristal, sobre la cual colocamos 6 colmenas, surtidas con enjambres del año anterior, y tumbados debajo de ella, tratamos de descubrir cómo los zánganos perdían la vida. Este invento tuvo un éxito admirable. El 4 de julio de 1787, vimos a las obreras masacrar a los zánganos en 6 enjambres a la misma hora y con las mismas peculiaridades. La mesa acristalada estaba cubierta con abejas que parecían llenas de animación, corriendo apresuradamente sobre los zánganos que llegaban a la parte inferior de la colmena; les capturaron por las antenas, por las piernas, o las alas; y después de haberlas arrastrado, o por así decirlo, hacerlas cuartos, les traspasaron con sus picaduras, dirigidas entre los anillos del vientre; el momento en que este arma formidable los alcanzó fue siempre el de su muerte; estiraron sus alas y expiraron. Sin embargo, como si las obreras no las hubieran considerado tan muertas como a nosotros nos parecían, las golpearon nuevo, tan profundamente que tuvieron muchos problemas para retirar sus aguijones, y tuvieron que darse la vuelta sobre sí mismas, para ser capaces de retirarlas.

Al día siguiente, reanudamos la misma posición, para observar estas mismas colmenas, y fuimos testigos de nuevas escenas de carnicería. Durante 3 horas, vimos a nuestras abejas furiosas destruyendo a los machos. Habían masacrado a todos los suyos la noche anterior; pero ese día atacaron a los zánganos expulsados de las colmenas vecinas que se habían refugiado en su casa. Los vimos también arrancar de las celdas unas pocas larvas machos restantes; con avidez aspiraron todo el fluido desde el abdomen, y luego las llevaron fuera. Los siguientes días no apareció ningún zángano en esas colmenas.

Estas dos observaciones parecen ser decisivos, Señor; es indiscutible que la naturaleza ha cargado a las obreras con el asesinato de los machos en ciertas épocas del año. Pero ¿por qué medios ella excita su furia contra ellos? Esta es también una de esas preguntas que no voy a tratar de responder.

Nunca ocurre en colmenas privadas de reinas

Sin embargo, he hecho una observación que puede llevar algún día a la solución del problema. Las abejas nunca matan a los machos en las colmenas privadas de reinas; por el contrario, encuentran allí un asilo seguro, mientras que una horrible masacre prevalece en otros lugares; se toleran y se alimentan, y una gran parte se ven, incluso en enero. También se conservan en las colmenas que, sin una reina propia, tienen entre ellas algunos individuos de ese tipo de abejas que ponen huevos de zánganos, y en panales con reinas *medio fértiles*, si se me permite expresarlo así, que engendren sólo zánganos. Por lo tanto, la matanza se lleva a cabo sólo en las colmenas cuyas reinas son completamente fértiles, y nunca comienza hasta que la temporada de enjambres ha pasado.

Tengo el honor de ser, etc.

7ª Carta-Recepción de Reinas Extrañas

Continuación de los experimentos sobre la recepción de una Reina Extraña: Observaciones del Sr. de Réaumur sobre este tema.

Pregny, 30 de agosto del 1791

Señor, le he dicho a menudo lo mucho que admiraba las memorias de Sr. de Réaumur sobre las abejas. Estoy orgulloso de repetir que, si he hecho algún progreso en el arte de observar, estoy en deuda por ello con el estudio profundo de las obras de este excelente naturalista. En general su autoridad es tan poderosa que casi no puedo confiar en mis propios experimentos, cuando los resultados son diferentes de los obtenidos por él. Así que, cuando me encuentro en oposición al historiador de las abejas, repito mis experiencias, varío los procesos, examino con máxima cautela todas las circunstancias que me pudieran inducir al error, y nunca interrumpo mi trabajo hasta que he adquirido la certeza moral de no estar equivocado. Con la ayuda de estas precauciones, he reconocido la veracidad de los ojos del señor de Réaumur, y yo he visto una y mil veces, que si ciertos experimentos parecían luchar entre ellos, era debido a una ejecución incorrecta. Sin embargo, he de exceptuar algunos casos, en los que mis resultados han sido constantemente diferentes de los suyos. Aquellos expuestos en mi carta anterior, sobre la forma en que las abejas reciben a una reina extraña en lugar de a la que están acostumbradas de recibir, son de ese número.

Después de haber retirado a la reina de una colmena, si la sustituía por una extraña, la usurpadora no era bien recibida; la rodeaban, la apretaban, y muchas veces terminaban por asfixiarla. Yo podría tener éxito sólo, en hacer que adoptaran una nueva reina, esperando de 20 a 24 horas, para presentarla. Al final de ese tiempo, parecían haber olvidado a su propia reina, y recibían con cautela a otra hembra en su lugar. El Sr. de Réaumur dice, por el contrario, que si eliminamos la reina de las abejas y les damos otra a la vez, ella será bien recibida. Para demostrar esto, él da los detalles de un experimento, que uno debería leer en su propia obra (Cuarta edición, tomo V, página 258); daré sólo un extracto de ella: él indujo cuatrocientas o quinientas abejas a abandonar su colmena e introducirse en una caja de cristal, en la que había fijado un pequeño pedazo de panal en la parte superior; al principio estaban muy agitadas; para calmarlas intentó ofrecerles una nueva reina. A partir de ese momento el tumulto cesó, y la reina extranjera fue recibida con el debido respeto.

Yo no cuestiono el resultado de este experimento, pero en mi opinión, no garantiza la conclusión extraída por el Sr. de Réaumur: el aparato empleado llevó a las abejas demasiado lejos de su situación natural, para permitirle juzgar su instinto y disposiciones. En otras circunstancias, él mismo ha visto que las abejas reducidas a números pequeños pierden su industria, su actividad, e imperfectamente continúan sus labores ordinarias. Así, su instinto es modificado por cada operación que las redujo a un número demasiado pequeño. Para hacer tal experimento verdaderamente concluyente, debe hacerse, por tanto, en una colmena poblada, eliminando de esa colmena su reina nativa, y sustituyéndola de inmediato por una extraña; estoy persuadido de que en tal caso, el Sr. de Réaumur habría visto a las abejas encarcelar a la reina, encerrándola en una bola durante 15 ó 18 horas por lo menos, y terminando a menudo por sofocarla. Él no habría sido testigo de una recepción favorable de una reina extraña, hasta que hubiera esperado 24 horas antes de colocarla en la colmena, después de haber eliminado a la reina nativa. No ocurrió ninguna variación en el resultado de mis experimentos en este sentido: su número y la atención que prestaron, me hicieron afirmar que merecen su confianza.

Una pluralidad de reinas nunca se tolera

En otro pasaje del Memoir ya citada (página 267) el Sr. de Réaumur afirma que las abejas que tienen una reina con la que están contentas, sin embargo, están dispuestas a darle la mejor recepción posible a una hembra extraña que busque refugio entre ellas. He comprobado que las obreras nunca utilizan sus aguijones contra cualquier reina, pero esto está lejos de ser una bienvenida para una reina desconocida; ellos la retienen en sus filas, la presionan en sus filas y parecen darle la libertad sólo cuando se prepara para luchar contra la reina reinante. Pero esta observación se puede hacer sólo en nuestras colmenas más delgadas. Aquellas del Sr. de Réaumur tenían al menos 2 panales paralelos; y a través de esta disposición no podía ver algunas de las circunstancias tan importantes que influyen en la conducta de las obreras cuando se les da varias hembras. Él confundió con caricias los círculos que se forman en un principio en torno a una reina extraña; y si la reina avanzaba un poco entre los panales, era imposible para él ver que esos anillos, que siempre estaban contraídos, terminaban en la contención de la hembra encerrada en ellos. Si hubiese utilizado colmenas delgadas, habría visto que lo que él supone que son signos de una bienvenida no eran más que el preludio de una prisión real.

Me resisto a decir que el Sr. de Réaumur se había equivocado; pero no puedo admitir con él que en ciertas ocasiones las abejas en sus colmenas toleran una pluralidad de hembras. El experimento sobre el que basa esto no puede considerarse decisivo. En el mes de diciembre él introdujo una reina extraña en una colmena de vidrio colocada en su gabinete, y la confinó allí. Las abejas no pudieron sacar nada fuera, la desconocida fue bien recibida; su presencia despertó a las obreras de su somnolencia, en la que ellas recaen.

Ella no motivó la carnicería, el número de abejas muertas en el tablero inferior no aumentó sensiblemente, y no se encontraron reinas muertas. Con el fin de extraer de esta observación alguna consecuencia favorable a la pluralidad de las reinas, fue necesario determinar si la colmena aún tenía a su reina nativa, cuando se introdujo la nueva reina; el autor descuidó esta precaución; es muy probable que la colmena que menciona hubiese perdido a su reina, ya que las abejas estaban lánguidas, y la presencia de una extraña restauró su actividad.

Espero, Señor, que me perdone esta pequeña crítica. Lejos de buscar fallos en las obras de nuestro célebre Réaumur, obtuve un placer muy grande cuando mis observaciones estuvieron de acuerdo con la suyas, y más especialmente cuando mis experimentos justificaron sus conjeturas. Pero era necesario señalar los casos en los que la imperfección de sus colmenas lo llevó a errar y a explicar por qué razones no vi ciertos hechos de la misma manera que él. Deseo especialmente merecer su confianza y soy consciente de que necesito emplear los mayores esfuerzos para combatir con el historiador de las abejas.

Confío en su juicio, Señor, y le pido que acepte el testimonio de mi respeto, etc.

8ª Carta- ¿Es la abeja reina ovípara? Hilado de capullos, tamaños de celdas y abejas

Pregny, 04 de septiembre del 1791

Señor, juntaré en esta carta varias observaciones aisladas, en relación con diversos puntos de la historia de las abejas en la que usted deseaba que yo participara. Quiso que buscara si la reina es realmente ovípara. El Sr. de Réaumur no ha resuelto esta cuestión, incluso se dice que nunca vio una escotilla de cría; sólo afirma que la cría se encuentra en las celdas donde los huevos se han depositado tres días antes. Usted entiende, señor, que con el fin de aprovechar el momento cuando la cría emerge del huevo, no debemos limitarnos a las observaciones dentro de la colmena; ya que el continuo movimiento de las abejas no nos permite ver con precisión lo que pasa en la parte inferior de las celdas. Los huevos deben ser retirados, colocados sobre una tira de vidrio bajo el microscopio, y observar atentamente cada cambio que experimenten.

Todavía hay otra precaución que tomar: como es necesario un cierto grado de calor para que eclosionen, si los huevos fueron demasiado pronto privados de él, morirían y perecerían. El único método para tener éxito en ver a la cría salir, por lo tanto, consiste en observar a la reina, mientras que ella pone, marcando los huevos que acaba de depositar ha depositado con el fin de reconocerlos y quitarlos de la colmena para colocarlos sobre una tira de vidrio, sólo una o dos horas antes de los tres días transcurran. Así, las crías salen sin duda del cascarón, porque ellos han disfrutado del calor necesario durante el mayor tiempo posible. Éste es el camino que he seguido. Aquí está el resultado.

En el mes de agosto quitamos unas pocas celdas, que contenían huevos puestos tres días antes; cortamos las paredes de todas las celdas y colocamos sobre un portaobjetos de vidrio la parte inferior piramidal en la que se fijaron los huevos. Ligeros movimientos de curado y de enderezado fueron pronto perceptibles en uno de los huevos; al principio, la lente no nos mostró ninguna organización externa en la superficie del huevo; la cría estaba totalmente oculta por su película: la colocamos a continuación en el foco de una lente muy potente; pero mientras preparábamos este aparato, el cría reventó la membrana, y echó fuera una parte de su envoltorio; lo vimos roto y arrugado en algunas partes de su cuerpo y, más particularmente, en sus últimos anillos; el cría, por la acción viva, se curvó y se enderezó en sí alternativamente y tardó 20 minutos en finalizar la eliminación de la cáscara de su piel; sus esfuerzos animados cesaron entonces, se acostó, dobló su cuerpo en una curva y pareció tomar un necesario descanso. Esta cría procedía de un huevo puesto en una celda de las obreras y se habría convertido en una obrera.

La abeja reina es ovípara

Seguidamente, dirigimos nuestra atención al momento en que una cría macho salía del cascarón. La expusimos al sol en el portaobjetos de vidrio, y con la ayuda de una buena lente descubrimos 9 anillos de la cría bajo la película transparente del huevo; esta membrana estaba todavía entera; la cría estaba completamente inmóvil: distinguimos las dos líneas longitudinales de la tráquea, y muchas de sus ramificaciones. No perdimos de vista el huevo ni por un solo instante y esta vez vimos los primeros movimientos de la cría. El extremo grande se curvó y enderezó alternativamente y casi tocó la base sobre la que se había fijado. Estos esfuerzos reventaron la membrana primero en la parte superior hacia la cabeza, a continuación, en la parte posterior, y después en el resto de partes sucesivamente. La arrugada película permaneció en bultos en diferentes partes del cuerpo, y luego cayó. Por lo tanto, es positivo que la reina sea ovípara.

Algunos observadores afirman que las obreras cuidan de los huevos puestos por la reina antes de que nazcan las crías, y es cierto que, en cualquier momento que examinamos la colmena, siempre vemos a las obreras con la cabeza y el tórax insertados en las celdas que contienen los huevos y permaneciendo inmóviles en esa posición durante varios minutos. Es imposible ver lo que hacen porque su cuerpo oculta el interior de la celda. Pero es fácil comprobar que, cuando asumen esta actitud, no están cuidando los huevos. Si encerramos los huevos en una caja rallado en el momento en que la reina los ha puesto, y los depositamos en una colmena fuerte para que puedan tener el grado de calor necesario, eclosionarán a la hora habitual, al igual que si se hubieran quedado en las celdas. Así que no tienen necesidad de una atención especial por parte de las abejas para salir del cascarón.

Parece que de vez en cuando las abejas descansan

Tengo razones para creer que, cuando las obreras entran en las celdas y permanecen allí 15 ó 20 minutos, es sólo para descansar de su vuelo y sus labores. Mis observaciones sobre este tema son muy definidas. Usted sabe, señor, que las abejas construyen a veces las celdas de forma irregular contra los cristales de la colmena; estas celdas vidriosas por un lado son muy convenientes para el observador, ya que todo lo que pasa dentro de ellas está expuesto. A menudo he visto abejas que entran en tales celdas cuando nada podría atraerlas allí; eran celdas terminadas y, sin embargo no tienen ni huevos ni miel. Por lo tanto, las obreras llegaron allí sólo para disfrutar de unos instantes de reposo. De hecho, permanecen durante 15 ó 20 minutos tan inmóviles, que se podría haber pensado que han muerto, si la dilatación de sus anillos no hubiera mostrado que estaban respirando. Esta necesidad de reposo no es especial de las obreras, las reinas también a veces, entran en las celdas masculinas grandes y permanecen mucho tiempo sin moverse. Esta actitud impide que las abejas les hagan un homenaje completo; sin embargo, incluso en estas circunstancias, las obreras no dejan de circular alrededor de ellas para cepillar la parte de su vientre que queda al descubierto.

Los zánganos no entran en las celdas cuando quieren descansar, pero se agrupan unos contra los otros en los panales, y a veces permanecen en esta posición durante 18 ó 20 horas, sin el más mínimo movimiento.

Como es importante, en varios experimentos, saber exactamente la cantidad de tiempo durante el cual existen los tres tipos de crías, antes de asumir su forma final, haré aquí mis observaciones particulares sobre este tema.

Intervalo entre la producción del huevo y el estado perfecto de las abejas

Cría de obreras.

Tres días en el estado de huevo, cinco días en el estado de cría, al final de dicho tiempo las abejas cierran su celda con una cubierta de cera; la cría entonces comienza a tejer su capullo de seda, cuya operación consume 36 horas. Tres días más tarde, se transforman en ninfa y pasan siete días y medio de esta forma. Nota: todas las otras traducciones dicen seis días, pero Dadant parece correcto ya que los ejemplares franceses que he podido encontrar dicen "sept jours & demi sous cette forme".-transcriptor; por lo que llega a su último estado, el de una abeja, en el vigésimo día de su vida, a contar desde el momento en que el óvulo se colocó. Nota: 20 días es 1 día menos que el tiempo de desarrollo que en la actualidad se cree, pero pueden ser explicado por las celdas naturales que Huber tenía contra las celdas agrandadas; o diferencias en genéticas.-Transcriptor.

La cría real.

La cría real también pasa 3 días en el huevo, y 5 como cría: después de estos 8 días, las abejas cierran sus celdas y comienza a tejer a la vez su capullo cuya operación ocupa 24 horas. Permanece en completo reposo durante el día 10 y 11 e incluso durante las 16 primeras horas del 12º día. Entonces se transforma en una ninfa y pasa 4 días y un tercio en esta etapa. Así, es en el día 16 de su vida cuando alcanza el estado de reina perfecta.

La cría masculina.

Tres días en el huevo, seis y medio como cría: se transforma en un insecto con alas sólo el día 24 después de la colocación del huevo.

Aunque la cría de las abejas está en una vaina, no están condenadas a inmovilidad absoluta en sus celdas: avanzan en espiral. Este movimiento, tan lento durante los primeros 3 días que difícilmente puede ser percibido, se vuelve más evidente después: las he visto realizar dos vueltas completas en una hora y tres cuartos. Cuando el final de su metamorfosis se acerca, están tan sólo a dos líneas (11/64 pulg. o 4 mm) del orificio de la celda. La posición que asumen es siempre la misma; están dobladas en un arco. De ello se desprende que, en las celdas horizontales, como las de las obreras o de los zánganos, las larvas están perpendiculares a la horizontal; por el contrario, en las celdas reales, las crías se colocan horizontalmente. Se podría pensar que la diferencia de posición tiene una gran influencia en el incremento de las diversas larvas, sin embargo, no tiene ninguna. Al invertir panales que contienen celdas comunes de cría, traje a la cría a una posición horizontal, pero no sufrieron en su desarrollo. También giré las celdas reales para que su cría fuese colocada verticalmente y su crecimiento no fue ni menos rápido ni menos perfecto.

Modo de tejido del capullo

He prestado mucha atención a la manera en que la cría teje la seda de sus capullos, y soy testigo de esta nueva materia de interesantes peculiaridades. La cría de las obreras y de los machos teje capullos completos en sus celdas, es decir, cerrada por ambos extremos y rodeando todo el cuerpo; la cría real, por otro lado, teje capullos sólo incompletos, es decir, están abiertos en la parte posterior y cubren sólo la cabeza, el tórax y el primer anillo del abdomen. El descubrimiento de esta diferencia en la forma del capullo, puede parecer a primera vista demasiado minuta, me dio un placer extremo, ya que muestra evidentemente el arte admirable con el que la naturaleza conecta los diversos rasgos de la industria de las abejas.

El de la reina está abierto por un extremo

Se acuerda, Señor, que las pruebas que os he dado de la aversión mutua de las reinas, de sus combates, y de la animosidad con la que tratan de destruirse mutuamente. Cuando hay varias ninfas reales en una colmena, la primera transformada en reina ataca a las demás y les perfora con su aguijón. Pero ella no podía tener éxito en esto, si ellos estaban envueltos en un capullo completo. ¿Por qué? Debido a que la seda que teje la cría es tan fuerte que el capullo es de un tejido grueso, y el aguijón no podía penetrar a través de él o si lo hacía, la reina no podría retirarla, porque las púas serían retenidas por las mallas del capullo, y ella así perecería, víctima de su propia furia. Por lo tanto, para que ella pueda destruir a sus rivales, es necesario que sus partes posteriores estén descubiertas; por lo tanto, las ninfas reales deben tejer los capullos incompletos; observe, por favor, que son los últimos anillos los que deben permanecer descubiertos, ya que son la única parte en la que el aguijón puede penetrar; la cabeza y el tórax están cubiertos con placas escamosas que no pueden penetrar.

Hasta ahora, Señor, los observadores han pedido nuestra admiración por la naturaleza, en su cuidado para la multiplicación y la preservación de la especie, pero en los hechos que relato, tenemos que admirar también sus precauciones en exponer a ciertos individuos a un peligro mortal.

Los detalles que acabo de relatar indican la causa final de la abertura que la cría real deja en sus capullos, pero no nos muestran si está en obediencia a un instinto particular o si la ampliación evita que las celdas se estiren en bandas de rodadura en la parte superior. Esta pregunta me interesó mucho. La única manera de decidirlo fue observar a la cría mientras tejía, lo que no se podía hacer a través de sus celdas opacas: se me ocurrió sacarlas e introducirlas en tubos de vidrio, que hice que fuera soplado para conseguir una imitación exacta de los diferentes tipos de celdas. La parte más difícil fue sacarlos de las viviendas y situarlos en estos nuevos domicilios. Burnens realizó esta operación con mucha dirección; abrió en mis colmenas varias celdas reales selladas; seleccionó el momento en que sabíamos que estaban a punto de comenzar sus capullos, los sacó con cautela, e introdujo uno en cada una de mis celdas de vidrio, sin hacerles ningún daño.

Vimos pronto la preparación de su trabajo: comenzaron estirando la parte anterior de su cuerpo en una línea recta, dejando su parte posterior curvada, formando así un arco de cuyos lados longitudinales de la celda eran tangentes, y permitían dos puntos de apoyo. Al estar suficientemente apoyados en esta posición, su cabeza estaba junto a las diferentes partes de la celda que se podría alcanzar, y alfombró la superficie con seda gruesa. Nos dimos cuenta de que no extendieron sus hilos de una pared a la otra, lo que no pudieron hacer, porque estaban obligadas a mantenerse a sí mismas con sus anillos posteriores curvados; la parte libre y móvil de su cuerpo no era lo suficientemente larga como para admitir su boca fijando hilos sobre los lados opuestos diametralmente. No ha olvidado, señor, que las celdas reales tienen forma de pirámide, cuya base es amplia, con un punto largo y delgado. Esas celdas se colocan verticalmente en las colmenas, con su base en la parte superior y el punto debajo. En esta posición, concebirá, la cría real puede sostenerse a sí misma sólo cuando la curva de su parte posterior obtenga dos puntos de apoyo, y no puede obtener este apoyo, a menos que se apoye en la parte inferior o cerca del punto. Por lo tanto si quería ascender hacia el extremo ancho, para tejer un hilo, no podía llegar a los dos muros, porque estaban demasiado separados. No podía tocar a un lado con su punta, el otro con la espalda, con lo cual caería abajo. Me aseguré positivamente de esto mediante la colocación de cría real en celdas de vidrio que eran demasiado grandes, y cuyo diámetro era mayor hacia el punto que el de las celdas normales: allí no fueron capaces de mantenerse a sí mismas.

Estos primeros experimentos impidieron la suposición de un instinto especial en las crías reales. Demostraron que, si hilan capullos incompletos, es porque se ven obligadas a hacerlo por la forma de sus celdas. Sin embargo, yo deseaba tener una prueba aún más directa. Coloqué cría del mismo tipo en las celdas de cristal cilíndricas, o partes de tubos de vidrio que se asemejaban a las celdas comunes, y tuve el placer de ver a estas crías tejer capullos completos, como hace la cría de las obreras.

Por último coloqué cría común en celdas muy anchas y dejaron su capullo abierto. De este modo, demostré que la cría real y la cría obrera tienen exactamente el mismo instinto, la misma industria, o en otras palabras, cuando se colocan en circunstancias análogas, se comportan de la misma manera. Voy a añadir aquí que la cría real, presentada artificialmente en las celdas de tal forma es capaz de tejer el capullo completo, y llevar a cabo todas sus metamorfosis igualmente bien. La obligación que la naturaleza les ha impuesto, a salir de su capullo abierto, no es necesaria para su desarrollo, no tiene otro objeto que el de exponerlas al peligro de muerte bajo los golpes de su enemigo natural: una observación muy nueva y verdaderamente singular.

Experimentos sobre los efectos del tamaño de celda

Con el fin de completar la historia de la cría de abejas, debo relatar los experimentos que he realizado sobre la influencia que el tamaño de las celdas tiene sobre ellas. Es a usted, Señor, que estoy en deuda, por la sugerencia de los experimentos necesarios sobre este interesante tema.

Como a menudo encontramos en las colmenas machos que son más pequeños de lo habitual, y también a veces las reinas de un tamaño más pequeño de lo que debería ser, era deseable determinar, en general, en qué medida el tamaño de las celdas en las que las abejas han pasado el primer período de su existencia tiene influencia sobre su tamaño. Con este punto de vista, usted me aconsejó eliminar de una colmena todos los panales compuestos por celdas comunes, dejando sólo aquellos compuestos por celdas grandes. Era evidente que si los huevos de las abejas comunes, los cuales la reina colocó en esas celdas, produjeran obreras de mayor tamaño, deberíamos concluir que el tamaño de las celdas tenía una decidida influencia sobre el de las abejas.

La primera vez que hice este experimento no tuve éxito debido a que las polillas invadieron la colmena desalentado mis abejas: pero lo repetí y el resultado fue notable.

Quité todos los panales compuestos por celdas comunes de una de mis mejores colmenas acristaladas, dejando sólo los compuestos por celdas de zánganos, y con el fin de no tener espacio libre en ella, añadí más panales de la misma clase. Fue en junio, la estación más favorable para las abejas. Yo esperaba que esas abejas repararan rápidamente los daños producidos en su colmena por esta operación, que iban a trabajar los cambios realizados y fijarían el nuevo panal al antiguo; pero me sorprendió mucho ver que no comenzaron el trabajo. Los observé durante varios días, con la esperanza de que reanudaran la actividad. Pero esta esperanza quedaría decepcionada. De hecho ellas no fracasaron en lo que respecta a su reina, sino que salvo en esto su comportamiento fue muy diferente de lo que es normalmente: permanecieron agrupadas en los panales sin ninguna reacción al calor; el termómetro colocado entre ellos marcó una aumento de sólo 22° Réaumur (= 81° F = 27,5° C) aunque había 20° Réaumur (= 77° F = 25° C) al aire libre. En pocas palabras, parecían estar desalentadas.

La propia reina, aunque muy fértil, y aunque debe haber estado oprimida con la necesidad de la puesta, dudó durante mucho tiempo, antes de depositar los huevos en las celdas grandes; los dejó caer en lugar de ponerlos en las celdas de tamaño no adecuados. Sin embargo, en el segundo día nos dimos cuenta de que seis habían sido depositados de manera adecuada. Tres días después, las crías habían eclosionado y seguimos su historia. Las abejas comenzaron a darles de comer aunque no parecían muy dispuestas a este trabajo, sin embargo, yo tenía esperanza de que continuaran cuidando de ellas. Me equivoqué, porque al día siguiente todas las crías desaparecieron y las celdas estaban vacías. Un silencio lúgubre reinó en la colmena, sólo unas pocas abejas llevaron ala, las que regresaron no tenía pastillas en sus piernas: todo era frío e inanimado. Para promover un poco de movimiento, suministré a la colmena un panal de celdas pequeñas, llenas de crías machos de todas las edades. Las abejas, que se habían negado obstinadamente a trabajar en cera durante 12 días, no unieron este panal al suyo; sin embargo, su industria se despertó de una manera que yo no había previsto; quitaron toda la prole de este panal, limpiaron las celdas y las dejaron listas para recibir huevos nuevos.

Reina poniendo múltiples huevos

No sé si esperaban que su reina pusiera en ellos, pero si lo hacían, no los decepcionó: a partir de este momento la hembra ya no dejó caer sus huevos; ella fue a este nuevo panal y puso tal número de huevos que encontramos 5 ó 6 juntos en varias de las celdas. Luego quité todos los panales de celdas grandes y puse celdas pequeñas en su lugar y con esta operación restauré su actividad completa.

Las circunstancias de este experimento parecen dignas de atención; demuestran en primer lugar que la naturaleza no ha dejado a la reina la elección de los huevos que ella va a poner; es ordenado que en ciertas épocas del año, la hembra debería poner huevos masculinos; no se le permite invertir este orden. Usted ha visto, Señor, en la tercera carta, otro hecho que me llevó a la misma consecuencia, y como esto era muy importante, estaba encantado de verlo confirmado por una nueva observación. Repito, pues, que los huevos no se mezclan indiscriminadamente en los ovarios de la reina, pero están dispuestos de modo que, en una determinada estación, se puede poner sólo un cierto tipo. Así que sería en vano que en el momento del año en que la reina debe poner los huevos de las obreras, intentara obligarla a poner huevos de zánganos llenando su colmena con celdas grandes; con el experimento descrito vemos que ella prefiere dejar sus huevos de obreras en vez de colocarlos en celdas inadecuadas, y que no va a poner huevos masculinos. No estoy contento con el placer de concederle a esta reina criterio o premonición, ya que percibo una especie de incoherencia en su conducta. Si se negaba a poner los huevos de las obreras en las celdas grandes, porque la naturaleza le enseñó que su tamaño no es proporcionado al tamaño o necesidad de las crías comunes; ¿por qué no aprender también que no debería poner varios huevos en la misma celda? Parecía mucho más fácil criar una única cría de obrera en una celda grande que varias de la misma clase en una celda pequeña. El supuesto criterio de la reina no está muy iluminado. La característica más prominente de la industria aquí aparece en las abejas comunes de esta colmena. Cuando les di un panal de pequeñas celdas llenas de crías de zángano, su actividad se despertó; pero en lugar de cuidar a esta cría, como lo habrían hecho en otras circunstancias, destruyeron estas crías y ninfas, y limpiaron las celdas, por lo que la reina, oprimida por la necesidad de depositar sus huevos pudo ponerlos en alguna parte. Podemos darle razón o sentimiento, esto sería una interesante prueba de su afecto por ella.

El experimento aquí detallado en longitud, no habiendo cumplido mi objeto en la determinación de la influencia del tamaño de las celdas en la de la cría, ideé otro que tuvo más éxito.

Escogí un panal de celdas grandes que contenía huevos y crías de varones. Hice que toda esta cría fuera eliminada de su papilla, y Burnens las sustituyó por cría de veinticuatro horas, cogidas de celdas de obreras, y luego dimos este panal para que fuera cuidado por las abejas que tenían una reina. Las abejas no abandonaron esta cría sustituida; sellaron las celdas con una tapa casi plana muy diferente a la que le dan a las celdas de los zánganos, lo que demuestra que, a pesar de que esta cría estaba en celdas grandes, eran muy conscientes de que no eran crías de zánganos. Este panal se mantuvo en la colmena durante ocho días a partir del momento en que las celdas fueron selladas. Luego lo tuve que quitar para examinar las ninfas que contenía. Eran las ninfas de las obreras, en un estado más o menos avanzado; pero en cuanto a tamaño y forma eran exactamente similares a las que crecen en las celdas más pequeñas. Llegué a la conclusión de que las crías de las obreras no adquieren mayor tamaño en grandes celdas. Aunque hice este experimento sólo una vez, parece decisivo. La Naturaleza ha destinado a las obreras a crecer en celdas de una cierta dimensión, y ha ordenado de manera indudable que deberían recibir el pleno desarrollo de sus órganos: un espacio mayor sería inútil para ellas; y no alcanzarían un mayor tamaño en celdas más amplias que en las que están destinadas para ellas. Si hubiera celdas, en los panales, de un tamaño más pequeño que las celdas comunes, y si la reina debiera poner huevos de las obreras en ellos, es probable que las abejas criadas en ellas alcanzaran un tamaño menor que las obreras normales, porque estarían agobiadas en esas celdas, pero de esto no resulta que las celdas más grandes debieran darles un tamaño extraordinario.

El efecto producido en el tamaño de zánganos por el diámetro de las celdas que las crías habitan puede servir como norma para juzgar lo que le debe suceder a la cría de las obreras en circunstancias similares. Las grandes celdas masculinas tienen todo el espacio necesario para la extensión completa de sus órganos. Por lo tanto, incluso si criáramos zánganos en celdas todavía más grandes, no crecerían mayores que los zánganos ordinarios. Tenemos la prueba de ello en aquellos que se producen por las reinas cuya fecundación ha sido retrasada. Usted recordará, Señor, que estas reinas a veces ponen huevos con zánganos en las celdas reales: los zánganos criados en tales celdas, mucho más amplias que las previstas para ellos, por naturaleza, no son más grandes que los machos normales. Por lo tanto, es correcto decir que cualquiera que sea el tamaño de las celdas en las que se crían las abejas, no adquirirán un tamaño mayor que el propio de su especie, pero si crecen en celdas más pequeñas que las destinadas para ellos, puesto que su crecimiento se verá limitado, no van a alcanzar el tamaño habitual. Nota: Huber no tenía acceso a estampada, por no hablar de los diferentes tamaños de estampada, por lo que sólo tenía celdas de tamaño de zánganos para utilizar en sus experimentos. Baudoux hizo investigaciones sobre este mismo concepto mediante el uso de estampada que fue estirada para aumentar el tamaño de la celda y demostró que el tamaño de celda no determina el tamaño de la obrera resultante. El resultado de la investigación de Baudoux es el tamaño de la celda 5.4mm en nuestra estampada de hoy en día. Transcriptor.

Tuve prueba de ello en el siguiente experimento: tenía un panal compuesto por celdas de zánganos y otro por celdas de las obreras, ambos ocupados con cría de zángano. Burnens cogió cría de las celdas pequeñas y los colocó en las celdas grandes en la cama de la jalea que se había preparado para ellas: a cambio introdujo en las celdas crías que habían nacido en las más grandes, y les dio a ambas los cuidados de una colmena cuyas reinas ponían sólo huevos masculinos. Las abejas no se inquietaron por este desplazamiento, tuvieron el mismo cuidado de la cría y cuando llegaron a la hora de la metamorfosis, le dieron a los dos tipos de celdas la cubierta convexa que por lo general imponen a las celdas de los machos. Ocho días después, eliminamos estos panales y encontramos, como yo esperaba, ninfas grandes de zánganos en las celdas grandes y pequeños zánganos en los pequeños.

Usted me señaló, Señor, otro experimento, el cual hice con mucho cuidado, pero que se encontró con un obstáculo inesperado. Para apreciar el grado de influencia de la comida real en el desarrollo de crías, usted quiso que retirara un poco de esta papilla con el extremo de un lápiz y dársela como alimento a una larva de las obreras en una célula común. Dos veces intenté esta operación sin éxito, y estoy seguro de que nunca se puede tener éxito, por la siguiente razón:

Cuando las abejas tienen una reina y ponen su cría en las celdas en las que hemos colocado la jalea real, retiran de inmediato esa cría y con avidez se comen la papilla sobre la que se colocaron. Cuando por el contrario, se les priva de reina, cambian las celdas comunes que contienen esta cría por celdas reales de mayor dimensión; entonces, la cría que había de ser sólo de abeja común se convierte en reina infaliblemente.

Pero hay otra situación en la que podemos juzgar la influencia de la jalea real, se administra a la cría en celdas comunes. Describí estos detalles al final de mi carta sobre la existencia de obreras fértiles. No ha olvidado, Señor, que estas obreras deben el desarrollo de sus órganos sexuales a las partículas de jalea real con las que se alimentan mientras están en la fase de cría. A falta de nuevas observaciones de forma más directa sobre este asunto, le remito a los experimentos descritos en mi quinta carta.

Acepte el testimonio de mi respeto, etc.

9ª Carta-Sobre la formación de enjambres

Pregny, 6 de septiembre del 1791

Señor, puedo añadir algunos datos a la información que el Sr. de Réaumur nos ha dado sobre la formación de enjambres.

En su historia de las abejas, este célebre naturalista dice que siempre o casi siempre una joven reina encabeza un enjambre; pero no afirmó el hecho positivamente; tenía algunas dudas y éstas son sus propias palabras:

> "¿Es muy cierto como hemos supuesto hasta ahora, en coincidencia con todos los que han tratado a las abejas, que la colonia está encabezada uniformemente por una madre joven? ¿No puede una anciana madre estar enfadada con su morada? ¿O puede que no esté impulsada por las circunstancias peculiares a abandonar todas sus posesiones a la hembra joven? Estaría en mi mano resolver esta cuestión salvo por las probabilidades, si no hubiese tenido contratiempos que destruyeron las abejas de las colmenas cuyas reinas había marcado con un punto rojo en el cuerpo".

Estas expresiones parecen indicar que el Sr. de Réaumur sospechaba que las reinas viejas a veces dirigen los enjambres. A partir de los siguientes datos, usted verá, Señor, que sus conjeturas estaban plenamente justificadas.

La misma colmena puede emitir varios enjambres, en el curso de la primavera y en verano. La reina vieja está siempre a la cabeza de la primera colonia que sale; las otras son conducidas por reinas jóvenes. Éste es el hecho que voy a probar en esta carta; se acompaña con circunstancias extraordinarias, que no deberé descuidar.

Pero antes de comenzar este relato, debo repetir lo que he dicho muchas veces, que uno debe usar colmenas de hoja o planas para ver lo que pertenece a la industria y el instinto de las abejas. Cuando les permitimos construir varios panales paralelos, ya no podemos observar constantemente lo que pasa entre ellos; o si queremos ver lo que han construido debemos desalojarlos con agua o humo, un proceso violento que no se parece nada a las condiciones naturales, perturba el instinto de las abejas, y expone al observador a confundir simples accidentes por leyes permanentes.

La reina vieja conduce siempre el primer enjambre

Procedo ahora a los experimentos que demuestran que una reina vieja siempre dirige el primer enjambre.

Tuve una colmena de vidrio compuesta de 3 panales paralelos, colocados en marcos cerrados como las hojas de un libro: la colmena estaba bastante bien poblada, y abundantemente suministrada con miel y panal con cría de todas las edades. Quité su reina el 5 de mayo de 1788: el día 6 trasladé a todas las abejas de otra colmena, con una reina fértil, de al menos un año de edad. Entraron rápidamente, y sin lucha y fueron en general bien recibidas. Los antiguos habitantes de la colmena, que desde el retiro de su reina habían comenzado 12 celdas reales, también dieron a la reina fértil una buena acogida; le ofrecieron, e hicieron círculos regulares alrededor de ella; sin embargo, hubo un poco de agitación en la noche, pero confinada en la superficie del panal sobre la que habíamos puesto a la reina y que ella no había abandonado. Todas permanecieron perfectamente tranquilas en el otro lado.

En la mañana del día 7, las abejas habían destruido sus 12 celdas reales. El orden continuó reinando en la colmena; la reina puso alternativamente huevos masculinos en las celdas grandes y huevos de obreras en las pequeñas.

Hacia el 12 encontramos a nuestras abejas ocupando 22 celdas reales del tipo descrito por el Sr. de Réaumur, es decir, las bases no estaban en el plano del panal, sino suspendidas por pedículos de diferente longitud, como estalactitas, en el borde de los pasajes realizados por las abejas a través de los panales. Se parecían a la copa de una bellota, y la más larga no debía exceder dos líneas y media (13/64 pulgadas o aproximadamente 1/5 pulgada o 5 mm) desde la parte inferior del orificio.

El día 13, el vientre de la reina nos pareció que era más delgado que cuando fue presentada en la colmena: pero aún así ella puso algunos huevos, tanto en celdas de obreras como en celdas masculinas. Nosotros también la sorprendimos ese día, en el momento en que ella estaba acostada en una de las celdas reales: primero desalojó a la obrera empleada allí, empujándola fuera con la cabeza; a continuación, después de haber examinado el fondo, ella introdujo su vientre en ella, mediante el apoyo de sus patas anteriores en una de las celdas contiguas.

El día 15, la reina parecía aún más delgada; las abejas continuaron atendiendo las celdas reales, que estaban desigualmente avanzadas: algunas a 3 ó 4 líneas (1.4 a 1.3 pulgadas o de 6 a 8 mm), mientras que otras ya tenían una pulgada de longitud (25 mm); lo que demuestra que la reina no había puesto en todas las celdas en la misma fecha.

El día 19, cuando menos lo esperábamos, la colmena abrió la cría; nos advirtieron de esto por el ruido que hizo en el aire: nos apresuramos a recogerla y la colocamos en una colmena preparada; a pesar de que habíamos pasado por alto las circunstancias de su salida, el objeto particular de este experimento se cumplió, y debido al examen de todas las abejas del enjambre, nos convencimos de que había sido liderado por la reina vieja, la que habíamos introducido en el día 6 del mes, la cual pudimos reconocer fácilmente por la privación de una de sus antenas. Observe que no había otra reina en esta colonia. En la colmena que había dejado encontramos 7 celdas reales, cerradas al final, pero abiertas por un lado y completamente vacías. Una vez más fueron selladas y algunas otras nuevamente comenzaron; pero no había reina en la colmena.

El nuevo enjambre siguiente se convirtió en el objeto de nuestra atención: lo observamos durante el resto del año, durante el invierno y en la primavera siguiente, y en abril, tuvimos la satisfacción de ver otro enjambre, con esta misma reina que había dirigido uno en el anterior mes de mayo, de los cuales acabo de hablar.

Verá, Señor, que este experimento es positivo. Se utilizó una reina vieja, la colocamos en la colmena en el momento de su puesta de huevos de zánganos: vimos que las abejas la aceptaron, y en ese momento comenzó la construcción de celdas reales. La reina puso en una de esas celdas, y, por último, dejó esta colmena con un enjambre.

Pero nunca antes de depositar los huevos en las celdas reales

Repetimos esta observación varias veces con el mismo resultado. Así pues, parece indiscutible que sea siempre la reina vieja quien lleva el primer enjambre de la colmena; pero lo deja sólo después de tener los huevos depositados en las celdas reales de los que las reinas jóvenes eclosionarán después de su partida. Las abejas preparan estas celdas solo cuando ven a la reina poniendo huevos masculinos, y esto es atendido por un hecho notable, es decir, que después de la terminación de la puesta de huevos su vientre está notablemente disminuido; puede volar más fácilmente, mientras que, antes de la puesta de huevos masculinos, su vientre es tan pesado que apenas puede arrastrarse. Por lo tanto, es necesario que ella debiera ponerlos, para poder emprender un viaje que a veces puede ser muy largo.

Pero esta sola condición no es suficiente; también es necesario que las abejas sean muy numerosas en la colmena; deben ser superabundantes, y se puede decir que son conscientes de ello, porque si la colmena está poblada escasamente, no van a construir celdas reales en el momento de la puesta de huevos de sexo masculino, que es el único período en que la reina vieja es capaz de dirigir una colonia. Adquirimos la prueba de esto en un experimento realizado en una escala muy grande.

El 3 de mayo de 1788, dividimos en dos cada una de 18 colmenas cuyas reinas tenían alrededor de un año de edad; por lo que cada parte de esas colmenas no tenían más que la mitad de las abejas que estaban allí antes de la división: 18 de esas medio colmenas quedaron así, sin reinas; pero en el espacio de 10 ó 15 días, las abejas superaron esta pérdida y aseguraron nuevas hembras: las otras 18 tenían reinas muy fértiles. Pronto comenzaron a poner huevos masculinos, pero las abejas, viéndose en número pequeño, no construyeron ninguna celda real y ninguna de las colmenas crío. Por lo tanto, si la colmena que contiene la vieja reina no está muy poblada, permanece en ella hasta la siguiente primavera; y si la población es suficiente entonces, las abejas construyen celdas reales, tan pronto como la reina comienza su puesta de huevos masculinos; ella depositará los huevos en las celdas y se pondrá a la cabeza de una colonia, antes del nacimiento de las reinas jóvenes.

Esto es, Señor, un resumen abreviado de mi información sobre enjambres, encabezado por reinas viejas; excuse los extensos detalles en los que estoy a punto de entrar, sobre la historia de celdas reales que permanecen en la colmena después de la salida de la reina. Todo lo relativo a esta parte de la historia de las abejas hasta ahora estaba muy oscuro; un largo curso de observaciones, prolongado durante varios años, fue necesario para eliminar parcialmente el velo que ocultaba estos misterios; es cierto que yo estaba indemnizado por el placer de ver mis experiencias recíprocamente confirmadas; pero debido a la asiduidad que requerían, estas investigaciones fueron muy laboriosas.

Una vez establecido, en 1788 y 1789, que las reinas de un año de edad dirigieron los primeros enjambres y que dejaron en la colmena crías o ninfas que debían transformarse en reinas en su momento, llevé a cabo, en 1790, para aprovecharme de la bondad de la primavera, para observar todo lo que se refiere a estas jóvenes reinas; ahora voy a extraer los principales experimentos de mis diarios.

El 14 de mayo introdujimos abejas de 2 colmenas de paja en una gran colmena de vidrio muy delgada, dándoles solamente una reina nacida el año anterior, y que ya había comenzado a poner huevos de zángano en su colmena natal.

Nosotros la presentamos el día 15; ella era muy prolífica; fue bien recibida y rápidamente comenzó a poner en celdas pequeñas y grandes de forma alterna.

El día 20, encontramos los cimientos de 16 celdas reales: todas estaban en los bordes de los pasajes que las abejas establecen en el espesor de los panales con el fin de pasar de un lado a otro; tenían forma de estalactitas.

El día 27, 10 de estas celdas eran mucho más amplias, aunque desiguales, y ninguna tenía la longitud que las abejas les dan cuando la cría es incubada.

El día 28, antes de que la reina hubiera dejado de poner, su vientre se había reducido mucho, pero comenzó a exhibir agitación. Sus movimientos pronto fueron más animados; sin embargo, todavía examinaba las celdas como cuando quiere poner en ellas: a veces introduciendo en una la mitad de su vientre, y luego retirándolo bruscamente. Otras veces introduciéndolo no tan profundo, ella pone un huevo, colocado de manera irregular; no sujeto por ninguno de sus puntos a la parte inferior de la célula, pero puesto sobre el centro de uno de los paneles del hexágono. La reina no produce ningún sonido distinto en su curso, y no escuchamos nada diferente del ordinario zumbido de las abejas; ella pasaba sobre el cuerpo de aquellos que estaban en su camino; a veces si se paraba, las abejas que la conocían se detenían también, como para considerarla; avanzaban bruscamente hacia ella, la golpeaban con la cabeza y se subían en la espalda; ella comenzaba entonces, llevando varias así sobre ella; ninguna le dio miel, pero ella misma cogió un poco de fuera de las celdas abiertas en su camino; y las abejas ya no se subieron encima de ella o la rodean con círculos regulares. Las primeras abejas que fueron despertadas por sus movimientos siguieron su marcha, y emocionadas, de paso, las que todavía estaban tranquilas en los panales. El camino seguido por la reina fue notable, después de su paso, por la agitación creada, ya no estaba sofocada. Pronto hubo visitado todas las partes de la colmena y causado excitación general; si había algún lugar que aún permaneciera tranquilo, las que estaban agitadas llegaban y comunicaban la emoción. La reina ya no ponía en las celdas, dejaba caer sus huevos: las abejas ya no cuidaban de las jóvenes; corrían por la colmena en todas direcciones; incluso aquellas que regresaban del campo, antes de que la agitación llegara a su altura, apenas entradas en la colmena participaban en estos movimientos tumultuosos, y dejaban a un lado el deshacerse de los gránulos de polen que llevaban sobre sus piernas, corriendo a ciegas. Por fin, en otro momento, todas las abejas se apresuraron a la entrada de la colmena y la reina con ellas.

Como era muy importante para mí ver la formación de nuevos enjambres en esta colmena y que por esta razón quise que siguiera estando muy poblada, hice que la reina fuera eliminada en el momento en que salió, para que las abejas no volaran demasiado lejos, y volvieran. De hecho, después de perder a su reina, regresaron a la colmena. Para aumentar la población aún más, añadí otro enjambre que había salido de una colmena de paja en la misma mañana y cuya reina también fue eliminada.

Aunque todos los hechos aquí relatados fueron muy positivos y, aparentemente no susceptibles de ningún error, quise duplicarlos; estaba especialmente ansioso por descubrir si las reinas viejas siguen siempre un curso similar. Así que decidí poner en esta colmena una reina de un año de edad, hasta ahora observada por mí, y que acabara de comenzar a poner los huevos de los machos. Fue introducida el día 29. El mismo día, descubrimos que una de las celdas reales, la cual la reina anterior había dejado atrás, era más grande que las otras; y, a partir de su longitud supusimos que la cría que incluía tenía 2 días de edad. Así que el huevo del que provenía debía haber sido puesto el día 24 y la cría había salido el día 27. El día 30, la nueva reina puso muchos huevos, alternativamente en celdas grandes y pequeñas. Ese día y los dos siguientes, las abejas ampliaron varias celdas en celdas reales, pero de manera desigual, lo que demostró que contenían larvas de diferentes edades.

El 1 de junio una de ellas fue sellada, el día 2, otra. Las abejas también empezaron varias celdas nuevas. Todo estaba perfectamente tranquilo en la colmena a las 11 de la mañana; pero al mediodía, la reina cambió de la máxima tranquilidad a una agitación muy marcada, que insensiblemente fue comunicada a las obreras en cada parte de su vivienda. A los pocos minutos, se apiñaron en las entradas y salieron de la colmena junto con la reina; se establecieron en la rama de un árbol vecino; hice que buscaran a la reina y la eliminaran, de manera que las abejas, privadas de ella, deberían regresar a la colmena, lo que hicieron. Su primer cuidado parecía ser la búsqueda de su reina; estaban todavía muy emocionadas, pero a las 3 horas todo estaba tranquilo y en orden.

El día 3 reanudaron sus labores ordinarias; se preocuparon por los jóvenes, trabajaron dentro de las celdas reales abiertas y también dieron un poco de atención a las que estaban cerradas: hicieron trabajos de cera ondulada en ellos (líneas entrecruzadas o filigrana), no mediante la aplicación de bandas de cera sobre ellas, sino eliminando algunas de ellas de la superficie; este trenzado es casi imperceptible cerca del punto de la celda; se vuelve más profundo arriba, y las obreras excavan todavía más al gran final de la pirámide. La celda una vez cerrada queda así más delgada, tanto es así que en las últimas horas que preceden a la metamorfosis de la reina en una ninfa, uno puede ver sus movimientos a través de la fina capa de cera sobre la cual se funda la malla, siempre que las celdas se mantengan entre el ojo y la luz solar. Es muy notable que, al hacer que las celdas sean más delgadas desde el momento en que se cierran, las abejas regulan este trabajo, por lo que termina sólo cuando la ninfa está lista para someterse a su última metamorfosis: en el 7º día, el capullo está casi completamente sin cera, si se me permite usar esta expresión; es en esta parte donde se encuentran la cabeza y el tórax de la reina. Esto solo le deja a ella la molestia de cortar la seda de la que está tejida. Muy probablemente, este trabajo tiene por objeto promover la evaporación de los fluidos superabundantes de la ninfa real, y las abejas lo clasifican proporcionalmente con la edad y el estado de la ninfa. Emprendí algunos experimentos directos sobre este asunto, pero que aún no se han completado. El mismo 3 de junio, nuestras abejas cerraron una tercera celda real, 24 horas después de cerrar la segunda. Los siguientes días se realizó la misma operación en varias celdas más.

Cada momento del día 7, esperamos que la reina saliera de la celda real que había sido sellada el 30 de mayo. La tarde anterior, cumplió su periodo de 7 días. El aleteo dentro de la celda eran tan profundo que podíamos percibir en parte lo que pasa dentro; podíamos discernir que la seda del capullo estaba cortada circularmente, una línea y media (1/8 pulgadas ó 3 mm) desde el punto, pero como las abejas no estaban dispuestas a que ella debiera abandonar la celda, habían sellado la tapa con algunas partículas de cera.

El efecto singular de un sonido emitido por reinas perfectas

Lo que parecía más singular era que esta reina en su prisión emitía un sonido muy claro o repiqueteante: era todavía más claro por la tarde y estaba compuesto por varias notas en el mismo tono, en rápida sucesión.

El día 8, escuchamos el mismo sonido de la segunda celda. Varias abejas montaban guardia alrededor de cada celda real.

El día 9, la primera celda se abrió. La joven reina que surgió estaba animada, delgada, de color café; entonces comprendimos por qué las abejas conservan a las hembras cautivas en sus celdas, después del término; es porque son capaces de volar desde el primer instante en que se liberan. La nueva reina ocupó toda nuestra atención: cada vez que se acercaba a las celdas reales, las abejas de guardia la empujaban, la mordían y la mandaban lejos; parecían muy irritadas con ella y ella disfrutaba de tranquilidad sólo cuando estaba a una distancia considerable de cualquier celda real. Esta actuación se repitió con frecuencia durante el día; canalizaba en dos ocasiones: la vimos hacerlo, de pie con su tórax contra un panal, sus alas cruzadas en la espalda, en movimiento, pero sin ser desplegadas o abiertas. Lo que sea que pudo haber causado que asumiera esta actitud, las abejas parecían afectadas por ello y permanecieron inmóviles.

La colmena presentaba la misma apariencia al día siguiente. Veintitrés celdas reales aún permanecían asiduamente custodiadas por un gran número de abejas. Siempre que la reina se acercaba, los guardias empezaban a inquietarse, la rodeaban, la mordían, la acosaban y por lo general la mandaban lejos; a veces, en esas circunstancias, se canalizaba, asumiendo la actitud ya descrita, y desde ese momento las abejas se quedaban inmóviles.

La reina confinada en la celda nº 2, la cual ella aún no había abandonado, fue escuchada haciendo sonidos en diferentes momentos. También vimos accidentalmente cómo las abejas la alimentaban. Por examen atento, observamos una pequeña abertura en el extremo de la tapa que ella había cortado, y por donde ella podría haber salido, el cual las obreras no habían cubierto con cera para retenerla durante más tiempo. Ella alternativamente empujó y sacó la lengua a través de esta hendidura: las abejas en un primer momento no se dieron cuenta, pero al fin una de ellas la vio y aplicó sus propias probóscides en las de la reina cautiva, y a continuación, dio paso a otras también a acercarse a ella con miel. Cuando ella estuvo saciada, retiró su tórax y las abejas cerraron de nuevo la abertura con cera.

Este mismo día, entre el mediodía y la una, la reina se puso extremadamente agitada. Las celdas reales se habían multiplicado en gran medida; ella no podía ir a ninguna parte sin encontrar alguna, y tan pronto como ella se acercaba fue sometida a malos tratos; ella huyó a otro lugar, pero no obtuvo una mejor recepción. Sus viajes agitaban a las abejas; permaneciendo durante mucho tiempo en gran confusión; entonces precipitadamente corrían a la entrada de la colmena, salían y se colocaban en un árbol en el jardín. Ocurrió singularmente que la reina no pudo seguirlas y dirigió el enjambre ella misma. Había tratado de pasar entre dos celdas reales antes de que las abejas las hubieran abandonado y estaba demasiado confinada y mordida como para ser capaz de moverse. Nosotros la quitamos y la pusimos en una colmena independiente, preparada para un experimento en particular: las abejas que habían enjambrado y que se habían reunido en una rama pronto percibieron que su reina no estaba con ellas y volvieron a la colmena por su propia voluntad. Tal es el relato de la segunda colonia (enjambre) de esta colmena.

Teníamos muchas ganas de averiguar qué sería de las otras celdas reales: 4 de las selladas contenían reinas completamente desarrolladas, que podrían haber surgido si las abejas no se lo hubiesen impedido. No fueron abiertas durante los momentos previos a la agitación del enjambre, ni en el momento de la salida.

El día 11, ninguna de estas reinas estaba todavía liberada: la del nº 2 debía haber terminado su transformación el día 8; por lo que ella había estado prisionera durante 3 días; y su confinamiento duró más tiempo que el de la nº 1, la cual había causado la formación del enjambre. No adivinamos la causa de esta diferencia en su cautiverio.

Varias reinas en un enjambre

El día 12, esta reina fue finalmente liberada, la encontramos en la colmena; fue tratada exactamente como su predecesora; las abejas la dejaban tranquila cuando se alejaba de las celdas reales, y la atormentaban cruelmente cuando ella se acercaba a las celdas. Observamos a esta reina durante mucho tiempo, pero sin prever que iba a llevar a cabo una colonia en el mismo día, salimos de la colmena durante unas horas. Volviendo al mediodía, nos quedamos muy sorprendidos al encontrarla casi que desierta; durante nuestra ausencia se había lanzado un enjambre prodigioso, todavía agrupado, en un espeso grupo, en la rama de un peral vecino. También vimos, con asombro la tercera celda abierta, su tapa aún colgando como por una bisagra. Con toda probabilidad, la reina cautiva aprovechó el desorden que precedió a la salida del enjambre, para escapar. No teníamos ninguna duda entonces de que ambas reinas estaban en el enjambre; las encontramos y las quitamos, para que las abejas pudieran regresar a la colmena, lo que hicieron inmediatamente.

Mientras estábamos ocupados con esta operación, la reina cautiva nº 4 abandonó su prisión, y las abejas la encontraron a su regreso. Al principio estaban muy agitadas, pero se calmaron hacia la tarde y reanudaron sus labores ordinarias; montaron guardia estricta alrededor de las celdas reales, y fueron cuidadosas al rechazar a la reina cuando ella trataba de acercarse a las celdas; todavía había 18 celdas cerradas que proteger.

A las 10 de la noche, la reina nº 4 fue liberada, así que había dos reinas viviendo ahora en la colmena; primero intentaron luchar, pero lograron desengancharse una de la otra; durante la noche lucharon varias veces sin resultado: al día siguiente, el día 13 fuimos testigos de la muerte de una de ellas que cayó por las heridas de su enemigo. Los detalles de este duelo eran completamente similares a los que di en otro lugar en los "combates de reinas".

La reina victoriosa ahora nos dio un espectáculo muy singular. Se acercó a una celda real y aprovechó este momento para hacer ruido y colocarse a sí misma en la postura que afecta a las abejas inmóviles. Pensamos, por unos minutos que aprovechando el temor que causó a las obreras de guardia, tendría éxito en la apertura y mataría a la joven reina en ella; así que se dispuso a montar en la celda; pero al hacerlo se detuvo su ruido y abandonó la actitud que paraliza a las abejas; inmediatamente los guardias de la celda recuperaron el coraje; y molestando y mordiendo a la reina, la espantaron.

El día 14, la reina salió de la celda nº 6; y a las 11 en punto la colmena lanzó un enjambre con todo el desorden descrito anteriormente: la agitación era aún tan considerable que un número insuficiente de abejas se mantuvo para proteger las celdas reales, y varias de las reinas encarceladas hicieron su escapada. Había 3 de ellas en el grupo del enjambre, y otras tres se quedaron en la colmena. Eliminamos aquellas que habían liderado la colonia, a fin de obligar a las abejas a volver.

Regresaron a la colmena, reanudaron su guardia alrededor de las celdas reales y maltrataron a las reinas que trataron de acercarse a ellas.

En la noche del 14 al 15, se produjo un duelo en el que una reina cayó; la encontramos muerta la mañana siguiente, frente a la colmena; pero todavía quedaban 3, ya que una había salido durante la noche. En la mañana del día 15, fuimos testigos de un duelo entre 2 de estas reinas; y sólo dos fueron liberadas a la vez: las dos estaban sumamente emocionadas, ya fuera por el deseo de luchar, o por el tratamiento de las abejas cuando se acercaban las celdas reales: su agitación se comunicó rápidamente a las abejas de la colmena, y al mediodía impetuosamente partieron con las dos hembras. Este fue el cuarto enjambre que había salido de la colmena desde el 30 de mayo hasta el 15 de junio. Se produjo otro el día 16, del cual no voy a dar cuenta, ya que no mostró nada nuevo.

Desafortunadamente perdimos este último enjambre, que era muy fuerte; las abejas volaron fuera de la vista y no las pudimos encontrar. La colmena permaneció entonces muy escasamente habitada; sólo unas pocas abejas que no habían participado en la agitación en el momento de la salida en enjambre permanecían allí, junto con las que volvieron del campo después de la partida del enjambre. Las celdas reales a partir de entonces fueron custodiadas de manera delicada; las reinas escaparon de ellas, varias peleas sucedieron, hasta que la más exitosa se quedó con el trono.

A pesar de sus victorias, desde el día 16 al 19 fue tratada con indiferencia por las abejas durante esos 3 días que conservó su virginidad. Al fin, salió directa a buscar machos, regresó con todos los signos externos de fecundación y fue tratada desde entonces con toda señal de respeto: ella puso sus primeros huevos 46 horas después de la fecundación.

He aquí, Señor, una cuenta simple y fiel de mis observaciones sobre la formación de enjambres. Para hacer este informe más claro, no lo he interrumpido con el detalle de varios experimentos particulares que hice al mismo tiempo, con la intención de dilucidar varios puntos oscuros. Si usted lo permite, este será objeto de las futuras cartas. Aunque mis declaraciones son largas, todavía espero que le puedan interesar.

Ruego, Señor, que acepte el testimonio de mi respeto.

P.D. Al releer esta carta, Señor, me parece que he fallado en anticipar una objeción que podría avergonzar a mis lectores, y a la que debo responder. Puesto que devolví a las abejas a la colmena de la que cada uno de los 5 enjambres habían salido, no es de extrañar que esta colmena fuese alimentada continuamente lo suficiente como para que cada colonia fuera numerosa; pero en el estado natural, las cosas no suceden de esta manera; las abejas que componen un enjambre no regresan a la colmena que han dejado, y nos preguntamos qué recurso de población permite a una colmena ordinaria lanzar 3 ó 5 enjambres sin quedar demasiado debilitada.

No me gustaría disminuir la dificultad; he dicho que la agitación que precede enjambre suele ser tan considerable, que la mayoría de las abejas abandonan la colmena; y entonces es difícil comprender cómo, en 3 ó 4 días después, esta colmena puede ser capaz de enviar otra colonia bastante fuerte.

Pero tenga en cuenta que, cuando ella sale de la colmena, la reina vieja deja allí una cantidad prodigiosa de cría de obreras. Éstas pronto se transforman en abejas y, a veces la población es casi tan grande después del primer enjambre que ha sido lanzado como antes de que saliera. Así, la colmena es perfectamente capaz de suministrar otra colonia sin quedar demasiado deteriorada. Los terceros y cuartos enjambres la debilitan de manera más sensible; pero el número de habitantes restantes es casi siempre lo suficientemente grande como para continuar las labores sin interrupción, y estas pérdidas son pronto sustituidas por la gran fecundidad de las reinas. Usted recordará que ponen por encima de un centenar de huevos por día.

Si, en algunos casos, la agitación es tan grande que todas las abejas participan en ella y salen de la colmena, la deserción dura solo un instante: los enjambres salen durante los mejores momentos del día, en el momento cuando las abejas reúnen miel por el país; aquellas que están ocupadas en las diversas cosechas no toman parte en la agitación del resto; cuando vuelven a la colmena tranquilamente reanudan el trabajo, y su número no es pequeño, ya que, cuando el tiempo es bueno, al menos un tercio de las abejas están en el campo al mismo tiempo.

Incluso en el caso vergonzoso de una agitación tan grande que todas las abejas abandonaran la colmena, no se sigue que todas las que tratan de salir se conviertan en miembros de la nueva colonia. Cuando esta agitación delirante se apodera de ellas, se precipitan y se acumulan todas al mismo tiempo hacia las entradas y se calientan de tal manera que transpiran copiosamente; las abejas más cercanas a la parte inferior soportan el peso de todas las demás, parecen empapadas; sus alas se vuelven húmedas; son incapaces de volar; e incluso cuando son capaces de escapar, no van más allá de la placa inferior, y pronto vuelven a entrar.

Las abejas recién nacidas no se van con el enjambre, todavía débiles, no podían sostenerse en ese vuelo. Aquí, entonces quedan muchos reclutas para poblar esta habitación que nos pareció desierta.

10ª Carta-Sobre la formación continuada de enjambres

Pregny, 8 de septiembre del 1791.

Con el fin de tener más regularidad en la continuación de la *historia de los enjambres,* creo, señor, que es adecuado recapitular, en pocas palabras, los hechos principales de la carta anterior, y dar a cada uno de ellos los desarrollos resultantes de varios experimentos nuevos que aún no he mencionado.

1º: Tanto la cría de zánganos como la de reinas se producen en abril y mayo

Si, en el retorno de la primavera, examinamos una colmena bien poblada, gobernada por una reina fértil, la veremos poner, en abril y mayo, un número prodigioso de huevos de machos; y las obreras elegirán este tiempo para construir varias celdas reales del tipo descrito por el Sr. de Réaumur.

Tal es el resultado de varias largas y continuas observaciones, entre las que nunca ha habido la más mínima variación, y no dudo en dar cuenta de ello a usted como un hecho demostrado; pero debo añadir una explicación necesaria.

Antes de que una reina comience su gran puesta de huevos machos debe tener 11 meses de edad, siendo más joven solo ponía huevos de obreras. Una reina eclosionada en primavera tal vez puede poner 50 ó 60 huevos masculinos, en total, durante el transcurso del verano, pero antes de que comience su gran puesta de huevos de zánganos, que debería ser de mil o dos mil, debe haber completado su 11º mes. En el curso de nuestros experimentos, que más o menos perturbaron la secuencia natural de las cosas, a menudo sucedía que la reina no alcanzaba esta edad hasta octubre; y desde ese momento empezaba a poner huevos masculinos; las obreras también seleccionaban ese momento para construir las celdas reales, como si fueran inducidas a ello por alguna emanación de ellos. Nota: La puesta de huevos de zánganos por una joven reina en octubre es un incidente muy inusual y nos preguntamos si Huber notó algo así más de una vez. Nos parece que hemos encontrado una excepción probablemente por el defecto de esta reina.-Traductor. No resultó en ningún enjambre, ya que en otoño las circunstancias requeridas son absolutamente diminutas; pero no es menos evidente que haya una relación secreta entre la colocación de los huevos de los machos y la construcción de celdas reales.

Esta puesta de huevos generalmente continúa durante 30 días. En el día 20 ó 21, desde su inicio, las abejas ponen los cimientos de varias celdas reales; a veces construyen 16 ó 20, hemos visto como tantos como 27. Tan pronto como tienen 2 ó 3 líneas de profundidad (1/6 pulg. = 4 mm 3 líneas = ¼ pulg. = 6 mm) la reina pone en ellos los huevos de su propia especie, pero no los pone todos el mismo día: a fin de que la colmena pueda lanzar varios enjambres, es importante que las jóvenes no nazcan todas al mismo tiempo; parece como si la reina lo supiera de antemano, por lo que ella se encarga de dejar al menos un día entre la colocación de cada huevo depositado en estas celdas. Aquí está la evidencia: las abejas saben que las celdas deben estar cerradas en el momento en que la cría está a punto de transformarse en ninfa; cierran estas celdas en diferentes fechas; por lo que es evidente que la cría no es precisamente de la misma edad.

El vientre de la reina está extremadamente distendido, antes de que ella comience a poner huevos de zánganos, pero disminuye sensiblemente cuando avanza, en esta puesta, y cuando se termina, su vientre es muy delgado: ella entonces se encuentra en un estado de emprender un viaje cuyas circunstancias se pueden prolongar: por lo tanto, esta condición era necesaria; y como todo armonizaba con las leyes de la naturaleza, el momento del nacimiento de los machos se corresponde con el de las reinas que han de fecundar.

2 º: El 1er enjambre proyectado por una colmena en la primavera siempre se lleva a cabo por la reina vieja

Cuando las larvas eclosionadas de los huevos, puestos por la reina en las celdas reales están listas para transformarse en ninfas, esta reina sale de la colmena y se lleva un enjambre con ella: es una regla constante que el primer enjambre lanzado por una colmena en primavera siempre se lleve a cabo por la reina vieja.

Creo que puedo adivinar la razón de ello: con el fin de que en ningún momento haya una pluralidad de reinas en la colmena, la naturaleza ha inspirado a las reinas con un odio mutuo: no pueden encontrarse sin tratar de luchar ni destruirse unas a otras. Cuando son casi de la misma edad, la probabilidad de combate es igual entre ellas y el azar decide a quien pertenecerá el trono; pero si una de las combatientes es mayor que la otra, es más fuerte, y la ventaja estará con ella; destruirá a sus rivales, sucesivamente, según nazcan. Así, si la reina vieja no salió de la colmena antes de que las jóvenes salieran de las celdas reales, las destruiría a todas en el momento de su última transformación: la colmena no podía enjambre y la especie perecería. Con el fin de preservar la raza, era necesario que la reina vieja llevara a cabo el primer enjambre. ¿Pero cuáles son los medios secretos empleados por la naturaleza para inducirla a salir? No lo sé.

En nuestro país es muy raro, aunque no sin ejemplo, que el enjambre dirigido por una reina vieja llegue a estar lo suficientemente poblado, en el espacio de tres semanas como para dar una nueva colonia, el cual lleva a cabo la misma reina; y puede ocurrir como sigue:

La naturaleza no ha querido que ella deje la primera colmena antes de completar su puesta de huevos masculinos; es necesario que ella se libere de ellos para poder ser más ligera; además, si su primera ocupación, al entrar en un nuevo domicilio, fue la colocación de más machos, podría perecer por la edad o accidente antes de poner los de las obreras; y las abejas entonces no tendrían medios para sustituirla y la colonia perecería.

Todas estas cuestiones se han anticipado con infinita sabiduría. La primera acción de un enjambre es la construcción de celdas de obreras: trabajan en ellas con mucho ardor y como los ovarios de la reina se han dispuesto con admirable previsión, los primeros huevos que ella pone en su nueva morada son los huevos de las obreras. Esta puesta de huevos continúa normalmente durante 10 u 11 días; y durante ese tiempo las abejas construyen algunos panales con celdas grandes. Parece como si supieran que fuese a poner huevos de zánganos también: de hecho, de nuevo deposita algunos, aunque en un número mucho menor que la primera vez; sin embargo es suficiente para animar a las abejas a construir celdas reales. Ahora bien, si en estas circunstancias, el clima se mantiene favorable, no es imposible que se pueda formar una segunda colonia, la cual será dirigida por la reina vieja, 3 semanas después de haber dirigido el primer enjambre. Pero repito, este hecho es poco común en nuestro clima: ahora vuelvo a la historia de la colmena en la que la reina ha dirigido la primera colonia.

3 º: El instinto de abejas se ve afectado durante el período de enjambre

Tan pronto como la reina vieja ha dirigido el primer enjambre, las abejas que quedan en la colmena se ocupan especialmente de las celdas reales, las custodian severamente, y permiten que las reinas jóvenes criadas en ellas surjan sólo sucesivamente, con un intervalo de varios días de una a otra.

En mi carta anterior, Señor, le di los detalles y pruebas de este hecho: voy a añadir algunas reflexiones. Durante el período de enjambrazón, el instinto de las abejas parece recibir una modificación particular. En cualquier otro momento, cuando han perdido su reina, diseñan crías de varias obreras para reemplazarla, prolongar y ampliar las celdas de esta cría, les dan comida más abundante y de un sabor más picante; y con estos cuidados hacen que las crías crezcan reinas que, de manera natural, habrían sido sólo las abejas comunes. Las hemos visto construir de una vez 27 celdas reales de este tipo, pero cuando se sellan las abejas ya no tratan de preservar a las jóvenes hembras en ellas de los ataques de sus enemigos. Una de ellas tal vez dejará su cuna la primera, y asaltará todas las otras celdas reales, sucesivamente, las cuales va a rasgar hasta abrirlas, y si varias reinas salen al mismo tiempo, se buscarán la una a la otra, lucharán, habrá varias víctimas, y el trono pertenecerá a la hembra victoriosa. Lejos de oponerse a este tipo de duelos, las abejas parecen excitar a las combatientes.

Es muy diferente en el momento de enjambre. Las celdas reales entonces construidas tienen una forma diferente a las anteriores; se construyen como estalactitas; cuando están apenas esbozadas se asemejan bastante a la taza de una bellota. Tan pronto como las reinas jóvenes criadas en ellas están listas para su última transformación las abejas comienzan a protegerlas. La hembra del primer huevo puesto por la reina vieja se abre finalmente; las obreras la tratan primero con indiferencia; rápidamente ella se rinde al instinto que la impulsa a destruir a sus rivales; busca las celdas donde están encerradas; pero tan pronto como ella se acerca, las abejas le pellizcan, tiran de ella, la persiguen y la obligan a retirarse; y las celdas reales siendo numerosas, apenas le permiten encontrar en la colmena un lugar para descansar. Incesantemente atormentada con el deseo de atacar a las otras reinas, e incesantemente rechazada, ella se agita, se apresura y atraviesa los diferentes grupos de obreras a las que comunica su agitación. En este instante vemos grupos de abejas que se apresuran hacia la entrada de la colmena; vuelan con su joven reina y buscan otra casa en otro lugar. Después de su partida, las obreras restantes liberan otra reina, la tratan con la misma indiferencia que a la primera, echándola lejos de las celdas reales, y la cual perpetuamente hostigada en su camino, se agita, y se marcha, llevando otro enjambre junto con ella. Esta escena se repite tres o cuatro veces durante la primavera, en una colmena bien poblada. Al final, el número de abejas se reduce tan notoriamente que ya no pueden mantener una estricta vigilancia sobre las celdas reales; varias hembras jóvenes emergen al mismo tiempo de su prisión, se buscan la una a la otra, luchan, y la reina victoriosa de todos estos duelos a partir de entonces reina pacíficamente la república.

Los intervalos más largos que hemos observado entre las salidas de cada enjambre natural, fueron de entre 7 y 9 días. Este es el tiempo que suele transcurrir entre la primera colonia dirigida al exterior por la reina vieja, y el enjambre dirigido por las jóvenes hembras liberadas; el intervalo es más corto entre la segunda y la tercera; y el cuarto a veces se marcha el día después de la tercera. En las colmenas abandonadas a su suerte, de 15 a 18 días son suficientes para el lanzamiento creación de 4 enjambres, si el tiempo es favorable, como estoy a punto de explicar.

Nunca vemos una forma de enjambre excepto en un buen día, o para hablar más exactamente, en el momento del día cuando el sol brilla y el aire está en calma. Hemos observado en una colmena todos los precursores de enjambre, desorden, agitación; pero una nube pasó por delante del sol, y la calma se restableció en la colmena; las abejas ya no pensaron en irse. Una hora después, habiendo aparecido el sol de nuevo, el tumulto fue renovado, creció rápidamente y el enjambre se fue.

Las abejas en general parecen muy alarmadas ante la perspectiva de mal tiempo. Cuando van por los campos, el paso de una nube ante el sol les induce a regresar precipitadamente, y me inclino a creer que es la disminución repentina de la luz lo que les inquieta, porque si el cielo está turbio de modo uniforme, y no hay alteraciones de claridad y oscuridad, van al campo a realizar sus recolecciones ordinarias e incluso las primeras gotas de una lluvia ligera no las hacen regresar con gran precipitación.

No tengo ninguna duda de que la necesidad de un buen día para el lanzamiento de un enjambre es una de las razones que indujeron a la naturaleza a dar a las abejas los medios para prolongar el cautiverio de sus jóvenes reinas en las celdas reales. No voy a ocultar el hecho de que a veces parecen utilizar este privilegio de forma arbitraria; sin embargo, el confinamiento de las reinas es siempre más largo cuando el mal tiempo se prolonga durante varios días seguidos. No nos podemos equivocar en la meta final. Si las hembras jóvenes estuvieron en libertad para abandonar sus cunas, tan pronto como terminaron su último desarrollo, habría una pluralidad de reinas en las colmenas durante los días malos, y consecutivos combates y víctimas: el mal tiempo podría continuar hasta que todas las reinas hubieran llegado al término de su desarrollo y alcanzado su libertad. Después de las peleas, una sola, victoriosa sobre las otras, se quedarían en posesión del trono, y la colmena, que, naturalmente, debería producir varios enjambres, no podía dar ni uno solo: la multiplicación de las especies debería, por tanto, dejarse al azar de lluvia o el buen tiempo, en lugar de hacerse independiente del que haya por la sabia disposición de la naturaleza. Al permitir que solo salga una hembra cada vez, se garantiza la formación de enjambres. Esta explicación parece tan simple que me parece superfluo insistir en ella.

Pero debo mencionar otra circunstancia importante resultante de la cautividad de las reinas en las celdas reales; y es que son capaces de volar y salir tan pronto como las abejas las ponen en libertad, y por este medio son capaces de sacar provecho del primer momento de sol para conducir fuera a una colonia.

Usted sabe, Señor, que ninguna de las abejas, ni obreras ni zánganos son capaces de volar uno o dos días antes tras salir de la celda, todavía son débiles, blanquecinas, sus órganos están débiles; requieren al menos 24 ó 30 horas antes de la adquisición de la fuerza perfecta, y el desarrollo de sus facultades. Sería lo mismo con las hembras, donde su confinamiento prolongado no está más allá del período de transformación, pero las vemos emerger fuertes, marrones, de plena madurez y en mejores condiciones para el vuelo que lo que estarán en cualquier otro momento de su vida. He mencionado en otra parte la restricción empleada por las abejas para retener a las hembras en cautiverio; con una banda de cera soldada sobre los opérculos de las celdas a los lados. También he explicado cómo les dan de comer, así que no se repetirán estos detalles aquí.

Las reinas son liberadas de sus celdas según su edad

Otro hecho destacable es que las reinas son puestas en libertad de acuerdo a su edad. Marcamos todas las celdas reales con números en el momento en que fueron selladas por las obreras; y elegimos este período porque indica exactamente la edad de las reinas. Nos dimos cuenta de que la más antigua siempre era liberada primero, la inmediatamente más joven era la siguiente, y así sucesivamente; ninguna hembra era liberada de la cárcel antes que las mayores.

Las abejas probablemente lo notan por los sonidos emitidos

Me he preguntado, cientos de veces, ¿cómo distinguen las abejas con tanta exactitud la edad de sus cautivas? Debería hacer más para responder a esta pregunta, como tantos otros, que una sencilla confesión de mi ignorancia; sin embargo, Señor, permítame ofrecerle una conjetura. Sabe que no he abusado, como hacen algunos autores, del derecho de entregarme a hipótesis. ¿No puede el sonido emitido por las jóvenes reinas, en sus celdas, ser uno de los medios empleados por la Naturaleza para informar a las abejas sobre la edad de sus reinas? Es cierto que la hembra cuya celda se cerró en primer lugar, cantó primero también. La reina de la celda cerrada también cantó antes de las otras, y así sucesivamente hasta el final. Como su cautiverio puede durar 8 ó 10 días, aún es posible que las abejas puedan olvidar qué reina cantó en primer lugar, pero también es posible que las reinas diversifiquen su canción, aumentándola a medida que envejecen, y las abejas pueden distinguir estas variaciones. Hemos sido capaces, nosotros mismos de reconocer las diferencias en el canto, ya sea en la sucesión de notas, o en la intensidad del canto; habrá probablemente aún más variaciones imperceptibles, que escapen a nuestros órganos, pero que las obreras pueden reconocer.

Lo que da peso a esta conjetura es el hecho de que las reinas criadas por el método descubierto por Schirach son totalmente mudas; y las obreras no formaron ninguna guardia alrededor de sus celdas, (celdas de reemplazo-Traductor) de su transformación: cuando la han llevado a cabo, les permiten luchar hasta la muerte hasta que una ha alcanzado la victoria sobre todas los demás. ¿Por qué? Porque entonces el único objetivo es reemplazar a la reina perdida; así que, dado que entre las crías criadas como reinas, solo una tiene éxito, la suerte de las demás es poco interesante para las abejas; mientras que, en el momento de enjambres, es necesario criar una sucesión de reinas, para la realización de las diversas colonias; y para garantizar la seguridad de estas reinas, deben ser preservadas de las consecuencias del odio mutuo que las anima a luchar a unas contra las otras. Esto es causa evidente de todas las precauciones que las abejas, instruidas por la naturaleza, toman durante el período de enjambre; esa es la explicación de la cautividad de las hembras; y con el fin de que la duración de este cautiverio pueda medir la edad de las reinas, es necesario para ellas tener algún medio para distinguir el momento en que deberían ser liberadas. Este medio consiste en el canto que emiten, y las variaciones que son capaces de dar.

A pesar de todas mis investigaciones, he sido incapaz de descubrir la situación del órgano que sirve para producir este sonido. He llevado a cabo un nuevo curso de experimentos sobre este tema, pero todavía está sin terminar.

Hay todavía otro problema por resolver: ¿por qué las reinas criadas mediante el método del señor Schirach son mudas, mientras que las criadas en la época de enjambre tienen la facultad de emitir un cierto sonido? ¿Cuál es la causa física de esta diferencia?

Pensé al principio que debía atribuirse a la época de su vida en que la cría que va a convertirse en reina recibe la jalea real. En el momento de los enjambres, las crías reales reciben la comida real, desde el momento de salir del huevo: por el contrario, las destinadas a las reinas, mediante el método del señor Schirach, reciben jalea real sólo el segundo o tercer día de su existencia. Me pareció que esta circunstancia era muy influyente sobre las diferentes partes de los órganos, y en especial en los órganos vocales; pero los experimentos han destruido esta conjetura.

Construí tubos de vidrio de imitación exacta a las celdas reales, para observar la forma de la metamorfosis de las crías en ninfas, y de las ninfas en reinas. En mi octava carta, describí las observaciones que aquí recalco. Introdujimos en una de estas celdas artificiales la ninfa de una cría destinada a reina de acuerdo con el método del señor Schirach. Se realizó esta operación 24 horas antes del momento en que iba a sufrir su última transformación, y sustituimos la celda de vidrio en la colmena, para que la ninfa pudiera tener el grado necesario de calor. Al día siguiente, tuvimos el placer de verla desprenderse de su piel y asumir su forma definitiva; no podía escapar de su prisión, pero había ingeniado una pequeña abertura, por la que podía introducir su tronco, y así las abejas podían alimentarla. Yo esperaba que ella estuviese completamente muda; pero emitió sonidos similares a los descritos en otra parte; por lo tanto, mi conjetura fue errónea.

Luego supuse que la reina, estando restringida en sus movimientos y en su deseo de libertad, esta restricción la indeujo a emitir estos sonidos. Desde este nuevo punto de vista, las reinas, ya sean criadas por el método Schirach u otro, deberían ser igualmente capaces de cantar, pero para ser obligadas a ello, deben estar bajo restricción. Pero aquellas producidas a partir de crías obreras no están bajo restricción en ningún momento de su vida, en una condición natural; y si no cantan, no es porque estén privadas del órgano de la voz, es porque nada les impulsa a cantar: por el contrario, las que han nacido en la época de enjambre son inducidas a ello por el cautiverio en el que las abejas las mantienen. Le doy poca importancia a esta conjetura, Señor, y aunque lo consigno aquí, es menos reclamar el mérito que poner a otros observadores en el camino para descubrir una mejor conjetura.

Ni voy a reclamar el crédito de haber descubierto el canto de la reina. Algunos escritores antiguos lo mencionan; el Sr. de Réaumur cita un trabajo publicado en Latín en 1671 bajo el título de *Monarchia Feminina*, por Charles Butler (Ver Réaumur, vol. V. *inquarto,* páginas 232 y 615).

Da un breve resumen de las observaciones de este naturalista, quien fácilmente podemos ver, había embellecido o más bien disfrazado la verdad, mezclándola con las fantasías más absurdas; pero sin embargo es evidente que Butler había escuchado el canto real de las reinas, y no lo confundió con el murmullo confuso que se oye con frecuencia en las colmenas.

4º: Las reinas jóvenes que realizan enjambres son vírgenes

Cuando las reinas jóvenes abandonan la colmena, llevando un enjambre, todavía se encuentran en estado virgen.

El día siguiente al asentamiento en su nueva morada es generalmente aquel en el que se van en busca de los machos; ese momento es normalmente el quinto día de su vida como reinas; ya que pasan 2 ó 3 días de cautiverio, uno en libertad en la colmena nativa antes de salir, y el quinto en su nuevo domicilio; las reinas criadas de las crías obreras, por el método Lusitano, también pasan 5 días en la colmena antes de volar para la fecundación. Tanto unas como las otras, son tratadas con indiferencia por las abejas, siempre y cuando mantengan su virginidad; pero tan pronto como regresan con los signos externos de la fecundación, son recibidas con más respeto. Sin embargo transcurren 46 horas después de la fecundación antes de que empiecen a poner. Las viejas reinas, que conducen el primer enjambre en primavera, no necesitan más copulaciones con machos para preservar su fecundidad. Un solo apareamiento es por lo tanto suficiente para impregnar todos los huevos que van a poner durante al menos dos años.

Tengo el honor de ser, etc.

11ª Carta-Sobre la formación continuada de enjambres

Pregny, 10 de septiembre del 1791

Señor, he recogido, en las dos cartas anteriores, mis principales observaciones sobre los enjambres, las más frecuentemente repetidas, y cuyos resultados constantemente uniformes no han dejado lugar a error. He dibujado lo que parecían ser las consecuencias más inmediatas, y en toda parte teórica, he evitado cuidadosamente avanzar más allá de los hechos. Lo que queda por mencionar hoy es más una conjetura, pero encontrará allí la relación de varios experimentos que considero interesantes.

La conducta de las abejas hacia las reinas viejas es peculiar

He demostrado que el principal motivo de la salida de las hembras jóvenes en el momento del enjambre es su antipatía insuperable entre sí; he declarado en repetidas ocasiones que no pueden satisfacer su aversión porque las obreras, con el máximo cuidado, les impiden atacar las celdas reales. Esta contrariedad perpetua a sus acciones les da una inquietud visible, un grado de agitación que les induce a salir: todas las hembras jóvenes son tratadas sucesivamente de la misma manera en las colmenas a las que van a enjambrar. Pero las abejas se comportan de manera muy diferente con la reina vieja destinada a realizar el primer enjambre; siempre acostumbradas a respetar a las reinas fértiles, no olvidan lo que le deben; ellas le proporcionan la mayor libertad en todos sus movimientos; permiten que se acerque a las celdas reales, e incluso si trata de destruirlas, las abejas no se oponen. Ella realiza sus deseos sin obstáculos, y su vuelo no puede ser atribuido, al igual que el de las hembras jóvenes, a la oposición que conoce;

por lo tanto, en las cartas anteriores confieso que cándidamente ignoré el motivo de su partida.

Sin embargo, en una reflexión más madura, no me parece que este hecho produzca una objeción tan fuerte contra la regla general como había concebido en un principio. Es muy cierto, al menos, que las reinas viejas, así como las más jóvenes, albergan la mayor aversión hacia las abejas de su misma clase. Tuve la prueba de ello en el gran número de celdas reales que las vi destruir. Usted recordará, Señor, que en el detalle de mi primera observación sobre la salida de la reina vieja, mencioné 7 celdas reales abiertas a un lado y destruidas por esta reina. Cuando el clima es lluvioso durante varios días seguidos, las destruyen todas, en cuyo caso no hay enjambre, como sucede con demasiada frecuencia en nuestro país, donde la primavera es normalmente lluviosa. Las reinas nunca atacan esas celdas donde sólo hay un huevo o una jovencísima cría; pero comienzan a temerles cuando la cría está a punto de transformarse en ninfa o cuando ya han llevado a cabo esta transformación.

La presencia de celdas reales que contienen ninfas o crías cerca del cambio a ninfas, inspira en las reinas viejas máximo terror o aversión, pero permanece allí para ser explicado por qué, siendo libres para destruirlas, no siempre lo hacen. En esto estoy limitado a las conjeturas. Puede ser que el gran número de celdas reales en una colmena de una sola vez, y la mano de obra necesaria para abrir todas ellas, cree en las reinas viejas un insuperable terror; comienzan precisamente atacando a sus rivales, pero incapaces de tener éxito rápidamente, aumenta su inquietud y cambian a una terrible agitación. Si, en este momento, el tiempo es favorable, están naturalmente dispuestas a partir.

Puede fácilmente entenderse que las obreras, acostumbradas a su reina, cuya presencia es para ellos una necesidad real, la persigan en su partida, y la formación del primer enjambre no cree ninguna dificultad en este sentido.

¿Qué induce a las abejas a seguir a las reinas jóvenes?

Pero, sin duda, va a preguntar, Señor, qué motivo puede inducir a las abejas a seguir a las reinas jóvenes fuera de la colmena, cuando las tratan tan mal, y en sus momentos más amistosos testifican perfecta indiferencia hacia ellas. Es probablemente para escapar del calor al que se expone en ese momento la colmena. La agitación extrema de las hembras jóvenes, antes de que el elenco, las induzca a correr ida y vuelta en los panales; pasen a través de los grupos de abejas, choquen contra ellas, las desconcierten, y difundan su delirio entre ellas, y este desorden tumultuoso eleve la temperatura a un grado insoportable. Nosotros lo comprobamos varias veces por el termómetro. En una colmena poblada, en primavera por lo general la temperatura varía entre 27° y 29° Réaumur (90° a 97° F o 32° a 36° C), pero durante el tumulto que precede a un enjambre se eleva por encima de los 32° Réaumur (104° F o 40° C), y esto es intolerable para las abejas; cuando se exponen a la misma, se lanzan precipitadamente hacia las entradas y salen. En general, no pueden soportar un aumento repentino de calor; dejan su domicilio cuando lo sienten, ni tampoco las que regresan del campo entran cuando la temperatura es extraordinaria.

A través de experimentos directos me he cerciorado de que los cursos impetuosos de la reina en los panales realmente excitan a las abejas, y así es como me cercioré de ello. Yo deseaba evitar una complicación de causas; era especialmente importante saber si, fuera de la época de enjambrazón, la agitación de una reina se transmitiría a las abejas. Cogí dos hembras vírgenes, de más de cinco días de edad, y susceptibles de fecundación. Las puse en colmenas de vidrio separadas, suficientemente pobladas; después de haberlas introducido, cerré las aberturas para que el aire tuviera libre circulación, pero las abejas no pudieran escapar. Me dispuse a observar estas colmenas en cada momento del día cuando el clima invitaba a los varones y las reinas a emprender el vuelo para la fecundación: el día siguiente el clima fue variable, ninguno de los varones salieron de mi colmena y las abejas estaban tranquilas; pero al día siguiente, a las 11, el sol brillando, mis dos reinas en prisión comenzaron a corretear buscando una salida por todas partes de su domicilio, y no hallándola, viajaron a través de los panales con la mayoría de los síntomas evidentes de inquietud y agitación; pronto las abejas participaron en este trastorno; las vi agolparse en la parte inferior de las colmenas en la que se sitúan las entradas; incapaces de escapar, subieron con la misma rapidez, y corrieron a ciegas sobre las celdas hasta las 4 de la tarde. Se trata de la hora en que el sol, disminuye en el horizonte, llama de vuelta a los machos a sus colmenas: las reinas que requieren fecundación nunca permanecen más tarde en el exterior; por lo que las dos hembras que observé se quedaron más tranquilas y en poco tiempo, se restableció la tranquilidad. Este procedimiento se repitió varios días sucesivos, con síntomas perfectamente similares, y me convencí de que la agitación de las abejas, en el momento de la creación de enjambres, no tiene nada singular, salvo que las colmenas están siempre en gran tumulto cuando la propia reina se agita.

Las reinas del enjambre son todas de diferentes edades, pero las reinas emergentes son todas de la misma edad

Tengo tan solo un hecho más que mencionar, Señor; ya he dicho que cuando las abejas han perdido a su hembra, le dan a la cría de las obreras simples la jalea real, y que, de acuerdo con el descubrimiento del Sr. Schirach, suelen reparar la pérdida en 10 días. En este caso, no hay enjambre; todas las hembras jóvenes salen de sus celdas más o menos al mismo tiempo, y después de una guerra cruel, el imperio sigue siendo el más afortunado.

Comprendo perfectamente que el propósito principal de la Naturaleza es reemplazar a la reina perdida; pero ya que las abejas están en libertad, durante esta operación, para seleccionar los huevos o crías de las obreras durante los 3 primeros días de su vida, ¿por qué dan el tratamiento real sólo a crías de la misma edad, que tienen que llevar a cabo su última metamorfosis al mismo tiempo? Puesto que son capaces, en el momento del enjambre, de retener a las jóvenes hembras en cautiverio dentro de sus celdas durante más o menos tiempo, ¿por qué permiten a las reinas, que son criadas por el método Schirach, escapar a la vez? Al prolongar su cautiverio más o menos, podrían cumplir dos objetivos más importantes, reparar la pérdida de sus hembras, y asegurar una sucesión de reinas para llevar a cabo varios enjambres.

Primero creí que esta diferencia en la conducta procedía de las diferentes circunstancias en que se encuentran. Ellas son inducidas a hacer todas las disposiciones relativas a un enjambre sólo cuando están en gran número, y cuando tienen una reina ocupada con su gran puesta de huevos masculinos; mientras que, cuando han perdido a su hembra, ya no encuentran huevos con zánganos en los panales; se encuentran en un grado determinado, llenas de inquietud y desanimo.

Por lo tanto después de la eliminación de una reina, me las ingenié para hacer que todas las otras circunstancias fuesen tan similares como fuese posible a aquellas en las que las abejas se encuentran cuando se preparan para lanzar un enjambre. Aumenté excesivamente la población de la colmena, introduciendo en ella un gran número de obreras; les di varios panales con cría de zánganos de todas las edades. Su primera ocupación fue la construcción de celdas reales siguiendo los métodos de Schirach, y criar larvas de obreras con comida real: también comenzaron la construcción de varias celdas en forma de estalactitas; como si hubieran sido instadas a ello por la presencia de crías machos; pero no las completaron, porque no había ninguna reina entre ellas para depositar los huevos en ellos. Por último les di varias celdas reales selladas, cogidas al azar de colmenas que se preparan para enjambrar; pero todas estas precauciones fueron inútiles. Mis abejas solo se ocupaban del reemplazo de sus reinas perdidas, no prestaron una especial atención a las celdas reales que se les había confiado; las reinas en ellas surgieron en el momento habitual, sin haber sido confinadas un solo instante, lucharon varios combates, y no hubo enjambres.

Recurriendo a sutilezas, podríamos tal vez señalar la causa o el objetivo de esta aparente rareza; pero cuanto más se admiran las sabias disposiciones del autor de la naturaleza, en las leyes que él había prescrito a la industria de los animales, mayor es la reserva que necesitamos en la admisión de cualquier suposición adversa a este hermoso sistema, cuanto más hemos de desconfiar de la facilidad de imaginación con la que, por embellecer los hechos, buscamos explicarlos.

En general, los naturalistas que han observado durante mucho tiempo a los animales, y en especial a aquellos que han seleccionado los insectos como el objeto favorito de sus estudios, les han atribuido demasiada facilidad a nuestros sentimientos, nuestras pasiones y hasta nuestros puntos de vista. Cediendo a la admiración, indignado quizás con el desprecio general que se muestra al hablar de los insectos, se han concebido a sí mismos en la obligación de justificar el consumo de tiempo que se les confirió, y han embellecido las diferentes características de la industria de estos animales diminutos con todos los colores suministrados por una imaginación exaltada. Incluso nuestro célebre Réaumur no se exime totalmente de reproche en este respecto: en la representación de la historia de las abejas, a menudo se les atribuye intenciones combinadas, amor, previsión y otras facultades de orden demasiado elevado. Creo que percibo que, a pesar de que formó en sí mismo ideas muy correctas de sus operaciones, él habría estado contento si su lector admitiera que son sensibles de su propio interés. Él es un pintor que, por prejuicio feliz, halaga el original cuyas características representa. Por otro lado, el ilustre Buffon considera injustamente a las abejas como autómatas puros. Estaba reservado para usted, Señor, que restaurara la teoría de la industria animal hacia principios más filosóficos, y para mostrar que aquellas de sus acciones que tienen un aspecto moral dependen de la asociación de *las ideas puramente sensibles.* No es mi intención aquí penetrar en tales profundidades o insistir en los detalles.

Pero como el conjunto de los hechos relativos a la formación de enjambres presenta tal vez más sujetos de admiración que cualquier otra parte de la historia de las abejas, creo que es apropiado señalar en pocas palabras la simplicidad de medios con los que la sabia naturaleza dirige el instinto de estos insectos. No podría concederles la menor porción de la inteligencia; no les deja, por lo tanto, ninguna precaución que tomar, ninguna combinación que seguir, ninguna previsión de ejercicio, ningún conocimiento que adquirir. Pero después de moldear su *sensorio* en conformidad con las diversas operaciones con las que se les imputaban, fue a través del impulso de placer como dirigió su ejecución. Por lo tanto, pre-ordenó todas las circunstancias relativas a la sucesión de sus diferentes trabajos y para cada uno de ellos unió una agradable sensación. Nota: Desde entonces se ha comprobado que es más probable que la "sensación agradable" aquí mencionada, sea la que impulsa a la reina a poner huevos en su mayoría de obreras, que son fecundados a su paso por la espermateca. Es sólo cuando se está fatigada por la recurrencia continua de esta agradable sensación que ella se apoya en sí misma poniendo huevos fertilizados o zánganos que evidentemente pasan sin esfuerzo por su parte. Es de lamentar que Huber no supiera de la partenogénesis cuando escribió lo antes descrito.-Traductor. Así, cuando las abejas construyen sus celdas, cuando se preocupan por la cría, cuando recogen disposiciones, debemos buscar allí que no haya ninguno de estos métodos, ni afecto, ni previsión; debemos tener en cuenta, como la causa determinante, sólo el placer de una dulce sensación, que se adjunta a cada una de estas funciones. Me dirijo a un filósofo, y ya que son sus propias opiniones aplicadas a nuevos hechos, creo que mi idioma se entiende; pero ruego a mis lectores que lean y mediten sobre sus obras que tratan sobre la industria de los animales. Permítame añadir esto: que la atracción del placer no es el único impulso que las mueve; hay otro principio, la influencia prodigiosa de la cual al menos en lo que se refiere a las abejas, aún no se sabe; ese es el sentimiento de aversión que todas las hembras sienten la una hacia la otra, en todo momento, un sentimiento cuya existencia está muy bien demostrada por mis observaciones, y que explica una multitud de hechos importantes en la teoría de los enjambres.

12ª Carta-Reinas poniendo huevos de zánganos, reinas sin antenas

Pregny, 12 de septiembre del 1791

Señor, en relación a la tercera carta, mis primeras observaciones sobre las reinas que ponían sólo huevos de zánganos, he demostrado que depositan los huevos de manera indiferente, en celdas de todas las dimensiones, e incluso en celdas reales: dije también que las abejas comunes dan, a las crías de los huevos de zánganos puestos en celdas reales, el mismo cuidado que si fuesen en realidad a transformarse en reinas; y añadí que, en el ejemplo, el instinto de las obreras parecía ser el culpable.

Nota: He comprobado a través de nuevas observaciones, que las abejas reconocen las larvas de zánganos, así como cuando los huevos que los producen han sido puestos en celdas reales por reinas cuyas fecundaciones han sido retrasadas, como cuando han sido depositados en celdas comunes.

No se ha olvidado que las celdas reales tienen la forma de una pera, cuya parte final mayor está en la parte superior; o forma de pirámide invertida, cuyo eje es aproximadamente vertical, y la longitud de 15 ó 16 líneas (aproximadamente 1 pulg. y ¼ o 32 mm). Se sabe también que las reinas ponen en esas celdas cuando apenas se han empezado a construir, cuando se asemejan bastante la taza de una bellota.

Las abejas dan la misma forma y dimensiones, en un primer momento, a las celdas que sirven como soportes a los machos; pero cuando sus larvas están a punto de ser transformadas, es fácil percibir que no les han dado por crías reales; pues en vez de cerrar sus celdas en forma puntiaguda, lo que invariablemente hacen cuando contienen larvas de esta última especie, ensanchan al final, y después de añadir un tubo cilíndrico, cierran con una tapa convexa, no difiriendo en nada de las que están acostumbradas a poner en las celdas de los machos; pero como este tubo es de la misma capacidad que las celdas hexagonales del diámetro más pequeño, las larvas de las abejas que han descendido en esta parte de la célula, y que tienen que someterse allí a su última metamorfosis, se convierten en zánganos de menor tamaño. La longitud total de estas celdas extraordinarias es de 20 a 22 líneas (1 pulg. y 2/3 a 1 pulg. y 5/6 42 a 47 mm).

Sin embargo, las abejas no siempre añaden un cilindro a una celda piramidal; se contentan con ampliar su parte inferior, y las larvas que crecen en ellas pueden convertirse en zánganos grandes. Ignoro la causa de las diferencias a veces observadas en la forma de estas celdas; pero me parece certero que las abejas no son engañadas, dándonos en esta ocasión una gran prueba del instinto con el que están dotadas. La Naturaleza, quien ha confiado a las abejas la crianza de sus crías, y el cuidado de proporcionarles los cuidados adecuados a su edad, o incluso a su sexo, debe haberles enseñado cómo reconocerlos. Hay tan poca semejanza entre los machos y las obreras adultas, que también debe existir alguna diferencia entre las larvas de las dos especies; sin duda las obreras las distinguen, a pesar de que haya escapado a nuestra observación.

De hecho, es muy singular que las abejas conociendo a las crías de los machos tan bien, cuando los huevos de los que se producen son puestos en celdas pequeñas, y nunca dejando de proporcionarles una tapa convexa en el momento de su transformación en ninfas, ya no debieran reconocer a las crías de este tipo, cuando los huevos de los que nacen son depositados en celdas reales, y tratados como si fueran a convertirse en reinas. Esta irregularidad depende de algo que no puedo comprender.

Al revisar lo que tuve el honor de escribirle sobre este tema, me di cuenta de que todavía había un experimento interesante para completar la historia de las reinas que ponen sólo los huevos de zánganos; era investigar si esas reinas podían distinguir que los huevos que fueron puestos en celdas reales no son de la especie femenina: yo ya había observado que no tratan de destruir estas celdas cuando están selladas, y desde allí llegué a la conclusión de que, en general, la presencia de celdas reales en la colmena no inspira en ellas la misma aversión como hace con las hembras cuyas fecundaciones no se ha retrasado: pero para determinar el hecho de manera más positiva, era necesario examinar cómo la presencia de una celda que contiene una ninfa real afectaría a una reina que nunca había puesto ningún otro huevo que no fuera huevo de zángano.

Este experimento fue fácil; lo hice el 4 de septiembre de este año, en una de mis colmenas que habían sido privadas de su reina natural, desde hacía algún tiempo. Las abejas de esta colmena habían construido varias celdas reales para reemplazar a su reina. Elegí este momento para darles una reina cuya fecundación había sido retrasada hasta el día 28, y que solo pusiera huevos de zánganos; al mismo tiempo, quité todas las celdas reales, excepto una que había sido sellada hacía 5 días: una sola celda restante fue suficiente para mostrar la impresión que haría sobre la reina extraña que acababa de ser colocada entre las abejas. Si ella trataba de destruirla, sería, en mi opinión, una prueba de que ella predecía el nacimiento de un rival peligroso. Por favor, Señor, excuse este uso del término *predecir,* que reconozco como impropio, pero evita un largo circunloquio. Si, por el contrario, ella no lo ataca, de ahí concluiría que el retraso de la fecundación, que la privó de la facultad de poner huevos de obreras, también habría deteriorado su instinto: y eso es lo que sucedió: esta reina pasó por la celda real varias veces, ese día y el siguiente, sin parecer distinguirla de los demás; puso los huevos muy en silencio en las celdas circundantes; y a pesar de los cuidados constantemente otorgados por las abejas a esta celda; no pareció ni por un instante sospechar el peligro con el que estaba amenazada por la ninfa real. Además, las obreras trataron a su nueva reina tan bien como hubieran tratado a cualquier otra hembra: prodigaron miel y *cuidados* sobre ella, y formaron a su alrededor esos círculos regulares que uno estaría tentado a considerar como la expresión de homenaje.

La impregnación retardada afecta al instinto de las reinas

Por lo tanto, independientemente de la enfermedad que la demora de la fecundación provoca en los órganos sexuales de las reinas, ciertamente imparte su instinto; ya no muestran aversión o celos contra las de su mismo sexo en estado de ninfa; ya no buscan destruirlas en sus cunas.

Mi lector se sorprenderá de que estas reinas, cuya fecundación ha sido retrasada, y cuya fecundidad es tan inútil para las abejas, no obstante, deberían ser tan bienvenidas y deberían ser tan querida como las hembras que ponen huevos de dos especies; pero recuerdo observar un hecho más sorprendente todavía. Vi a las obreras otorgar toda la atención a su reina, aunque estéril, y después de su muerte trataron el cadáver como la habían tratado a ella en vida, y prefirieron este cuerpo inanimado a las reinas más fértiles que les ofrecí. Este sentimiento, que supone la aparición de una afección tan vivaz, es probable que sea el efecto de alguna sensación agradable comunicada por la reina a las abejas, independientemente de su fertilidad. Las reinas que ponen sólo huevos masculinos, sin duda provocan la misma sensación en las obreras.

Al recordar esta última observación, me acordé de una declaración de Swammerdam: este célebre autor declaró, en algún lugar, que cuando una reina es estéril, o mutilada, deja de poner y las obreras de la colmena ya no reúnen los cultivos ni hacen ningún trabajo, como si supieran que en tal momento ya es inútil el trabajo; pero al insinuar este hecho él no cita los experimentos que le hicieron descubrirlo; aquellos experimentos hechos por mí mismo me han dado unos resultados muy curiosos.

Varias veces amputé las cuatro alas de las reinas, y después de esta mutilación, no sólo siguen poniendo, sino que las obreras no le demostraron menos consideración que antes. Por lo tanto, Swammerdam no tiene ningún fundamento para decir que las reinas mutiladas dejan de poner; de hecho, en su ignorancia de la necesidad de la fecundación fuera de la colmena, es posible que cortara las alas de reinas vírgenes, y que ellas, volviéndose incapacitadas para volar, se mantuvieran estériles por su incapacidad para buscar varones en el aire. La amputación de sus alas no las hace estériles, si fueron fecundadas antes de perderlas.

Con frecuencia cortamos una de las antenas para reconocer a una reina más fácilmente, y esto no fue perjudicial, ya sea para su fecundidad o su instinto, ni para la atención que le prestan las abejas; bien es cierto que, como aún tenía una antena, la mutilación era imperfecta, y este experimento no decidió nada.

Pero la amputación de ambas antenas produjo resultados más singulares. El 5 de septiembre de este año, corté ambas antenas a esa misma reina que solo ponía huevos masculinos, y volví a colocarla en la colmena inmediatamente después de la operación: a partir de ese momento, hubo una gran alteración en su actitud. La vimos viajar a través de los panales con extraordinaria vivacidad; apenas les daba tiempo a las obreras a separarse y retroceder ante ella: ella dejó caer sus huevos al azar, sin pensar en depositarlos en ninguna celda. Como la colmena no estaba muy poblada, una parte de ella no tenía panales; fue allí donde se reparó; permaneció inmóvil durante mucho tiempo y parecía evitar a las abejas; sin embargo unas pocas obreras la siguieron en esta soledad, y la trataron con el más evidente respeto, rara vez preguntó por miel; pero cuando lo hizo dirigió su tronco sólo con un tanteo incierto, a veces en las piernas y, a veces sobre la cabeza de las obreras, y cuando alcanzaba la boca era por casualidad. En otras ocasiones, volvió a los panales, y luego los abandonó para correr a los lados de cristal de la colmena, y en todos sus diversos movimientos seguía dejando caer sus huevos. Otras veces parecía atormentada con el deseo de salir de su habitación corriendo hacia la entrada, entraba en el tubo de vidrio adaptado para ello, pero el orificio externo de este tubo era demasiado pequeño para su tamaño, después de esfuerzos inútiles regresaba; a pesar de estos síntomas de delirio las abejas no dejaron de darle la misma atención con la que siempre pagan a sus reinas, pero ella las recibió con indiferencia. Todos los síntomas que acabamos de describir me parecieron ser el efecto de la amputación de las antenas; sin embargo, su organización ya había sufrido la fecundación retardada y como había observado una especie de debilitamiento en su instinto, las dos causas, posiblemente, podrían coincidir en operar el mismo efecto. Para distinguir lo que particularmente pertenecía a la privación de las antenas fue necesario repetir el experimento a una reina bien organizada y capaz de poner los dos tipos de huevos.

La amputación de las antenas produce efectos singulares

Esto se realizó el 6 de septiembre; amputé las antenas de una hembra que había estado observando durante varios meses, y que, dotada de gran fecundidad, ya había puesto un gran número de huevos de obreras y de zánganos. La coloqué en la parte trasera de la misma colmena donde la reina del experimento anterior aún permanecía, y exhibió precisamente los mismos signos de agitación y delirio que creo inútil repetir: me limitaré a añadir que, con el fin de juzgar mejor el efecto producido por la privación de las antenas sobre la industria y el instinto de abejas reinas, observé con atención cómo estas dos reinas mutiladas se trataban entre sí: no ha olvidado, Señor, la fiereza en el combate de dos reinas, cuando poseen todos sus órganos: por lo que fue muy interesante saber si iban a experimentar la misma aversión recíproca, después de perder sus antenas. Vimos esto durante mucho tiempo; se encontraron varias veces en sus cursos, y no mostraron el menor signo de malevolencia. Este último hecho es, en mi opinión, la prueba más completa del cambio operado en su instinto.

Otra circunstancia muy notable, que el experimento sólo me dio ocasión de observar, fue la buena acogida que las abejas dieron a esta segunda reina extraña, mientras que todavía conservan la primera. Después de haber visto tantas veces los signos de descontento ocasionados por una pluralidad de reinas en sus colmenas, después de haber sido testigo de los grupos que se forman alrededor de las reinas supernumerarias para confinarlas, no podía esperar que ellas le dieran la misma atención a esta segunda reina mutilada como le habían dado a la primera. ¿No sería que, después de la pérdida de sus antenas, estas reinas ya no conservan ninguna característica que les sirva para distinguir a una de la otra?

Debería estar más inclinado a admitir esta conjetura, que cuando introduje en esta colmena una tercera reina fértil que había conservado sus antenas, fue extremadamente mal recibida. Las abejas la agarraron, la mordieron, la rodearon tan de cerca que casi no podía respirar ni moverse. Por lo tanto, si tratan igual de bien a dos hembras, privadas de sus antenas, en la misma colmena; es probable que experimenten la misma sensación de las dos, y no tengan los medios para distinguir a una de otra.

De todo esto concluyo que las antenas no son un adorno frívolo para los insectos; en apariencia son los órganos del tacto o el olfato; pero no puedo decidir cuál de estos dos sentidos reside en ellas; no es imposible que estén organizadas de una manera tal como para cumplir ambas funciones a la vez.

Al igual que en el curso de este Experimento, las dos hembras mutiladas deseaban constantemente escapar de sus colmenas. Me hubiese gustado ver lo que cualquiera de ellas haría, si hubiesen sido puestas en libertad y si las abejas podrían acompañarlas en su huida: por lo tanto, quité de la colmena a la primera reina, y también a la tercera dejando a la fértil mutilada, y amplié el tubo de vidrio de la entrada, de modo que ella pudiese escapar.

Durante el mismo día, esta reina salió de su habitación; al principio emprendió el vuelo, pero como su vientre estaba todavía lleno de huevos, parecía demasiado pesada, no pudo sostener su vuelo, se cayó y no lo intentó de nuevo. Ninguna obrera la acompañó. Pero ¿por qué la abandonan a su salida, después de haberle dado tanta atención, mientras ella vivía entre ellas? Usted sabe, Señor, que las reinas que gobiernan un enjambre débil a veces se desaniman, y dejan a su colmena, alejando a toda su pequeña población con ellas.

Del mismo modo también las reinas estériles, y aquellas cuyas casas son devastadas por las polillas, salen y son seguidas por todas sus abejas. ¿Por qué entonces, en el experimento que relato aquí, las obreras permiten a su reina mutilada salir sola?

Voy a responder a esta pregunta sólo con una conjetura. Parece que las abejas son inducidas a dejar su colmena por el aumento de calor ocasionado por la agitación de su reina y el desorden tumultuoso que les comunica. Pero las reinas mutiladas, a pesar de su delirio, no excitan a las obreras debido a que en sus viajes buscan especialmente las partes deshabitadas y los paneles de vidrio de la colmena; golpean algunos grupos de abejas de paso; pero el choque es similar al de cualquier otro organismo que produce sólo una emoción local e instantánea; la agitación que resulta de ella no se comunica de una a otra como la que se produce por la prisa de una reina que en su estado natural, desea abandonar su colmena y llevar a cabo un enjambre: no hay calor aumentado y por lo tanto no hay una causa para hacer la colmena insoportable para las abejas.

Esta conjetura, que explica bastante bien por qué las abejas persisten en permanecer en la colmena, después de la salida de su reina mutilada, no tiene en cuenta el motivo que induce a la propia reina a partir. Su instinto ha cambiado; esto es todo lo que yo percibo; no veo nada más. Es una fortuna para la colmena, sin embargo, que ella debiera salir de inmediato; ya que las abejas no dejan de cuidarla, y mientras permaneciera allí, ellas no pensarían en conseguir otra; y si ella retrasara su vuelo, sería imposible para ellas sustituirla; ya que las crías de obreras habrían pasado el tiempo en que pudieran convertirse en crías reales, y la colmena nunca serviría para sustituirla, ya que al no haber sido depositadas en las celdas, se marchitarían y no producirían nada.

Una observación más sobre las hembras que ponen sólo huevos masculinos. El Sr. Schirach cree que una rama de su doble ovario ha sufrido alguna alteración; parece creer que una de estas ramas contiene solamente huevos masculinos, mientras que la otra tiene huevos de obreras, y como él atribuye a una enfermedad la incapacidad de algunas reinas de poner huevos de obreras, su hipótesis era bastante plausible. De hecho, si los huevos de los machos y los de las obreras se mezclan indiscriminadamente en ambas ramas del ovario, parece a primera vista, que cualquier causa de acción en este órgano debería afectar por igual a los dos tipos de huevos. Si, por el contrario, una rama está ocupada exclusivamente con huevos de zánganos y la otra solo con huevos de obreras, podemos concebir que una de estas ramas puede estar enferma y la otra intacta. Esta conjetura, sin embargo presumible, es refutada por la observación. Recientemente diseccionamos varias reinas que ponían solamente huevos de zánganos y encontramos las dos ramas de sus ovarios igualmente desarrolladas. La única diferencia que notamos fue que en estos ovarios los óvulos no parecían tan juntos como están en los ovarios de las reinas que ponen huevos de ambos tipos.

Tengo el honor de ser, etc.

13ª Carta– Perspectivas económicas sobre las abejas

Pregny, 01 de octubre del 1791

Ventaja de la colmena de hoja

Señor, voy a hablarle en esta carta sobre las ventajas que presentan las colmenas de nueva construcción que he utilizado, y que yo he llamado *colmenas de libros* o *colmenas de hojas,* para la promoción de la *ciencia económica* de las abejas.

No voy a relatar los diferentes métodos empleados hasta ahora para obligar a las abejas a producir para nosotros una parte de su miel y su cera; todos fueron crueles y mal entendidos.

Parece evidente que cuando cultivamos abejas para compartir el producto de sus cosechas, debemos tratar de multiplicarlas tanto como la naturaleza del país lo permita, y en consecuencia perdonarles la vida en el momento que las saqueamos. Por lo tanto es un procedimiento absurdo sacrificar colonias enteras para conseguir la riqueza que contienen. Los habitantes de nuestros barrios, que no siguen otros métodos, cada año pierden enormes cantidades de colmenas, y como nuestras primaveras son en general desfavorables para los enjambres, la pérdida es irreparable. Sé muy bien que no van a adoptar mi método al principio: están demasiado apegados a sus prejuicios y sus viejas costumbres; pero los naturalistas y los cultivadores iluminados serán sensibles a la utilidad del proceso que indico, y si ellos lo usan, espero que su ejemplo contribuya a ampliar y perfeccionar la cultura de las abejas.

Volumen 1 Lámina I Fig. 3-Colmena de Hoja, abierta.

No es más difícil representar un enjambre natural en una colmena de hojas que en cualquier otro de una forma diferente. Sin embargo, hay una precaución esencial para tener éxito que no debo omitir. Aunque las abejas son indiferentes a la posición de sus panales y su mayor o menor tamaño, están obligadas a construirlos perpendiculares a la horizontal y paralelos. Por lo tanto si fueran dejados enteramente a ellas mismas, a la hora de establecerlas en una de mis nuevas colmenas, a menudo construirían varios panales pequeños, paralelos entre sí de hecho, pero perpendiculares al plano de los marcos o *hojas:* en otras ocasiones se sujetan en la articulación de dos de estos marcos, y por esta disposición anula las ventajas que reclamo a derivar de la forma de mis colmenas, ya que no se podrían abrir a voluntad, sin necesidad de cortar los panales. Por lo tanto, debemos trazar la dirección a la que deben construirlas; el propio cultivador debe colocar los cimientos de su edificio, y el método es muy simple; es suficiente con que una parte del panal se sujete firmemente a la parte superior de algunos de los marcos de los cuales la colmena se compone: puede estar seguro de que las abejas alargarán este panal y para conseguir su trabajo seguirán con precisión la dirección que se indica.

Colmena de Hoja con tapa.

Permite que las abejas sean manejables

Por tanto, no tendrá ningún obstáculo a superar en la apertura de la colmena; no habrá picaduras de pavor, porque esa es también una de las propiedades singulares y valiosas de dicha construcción, que hace que las abejas sean *manejables.* Apelo a usted, Señor, en el testimonio de este hecho; en su presencia he abierto todos los fotogramas de una de mis colmenas más pobladas y quedó muy sorprendido de la tranquilidad de las abejas. No deseo otra prueba de mi afirmación; pero debo repetir que, en último análisis, es en la facilidad de apertura de esas colmenas a placer de lo que todas las ventajas dependen para el perfeccionamiento de la ciencia económica de la apicultura.

No es necesario añadir que, cuando digo que puedo hacer que las abejas sean *manejables,* no me refiero a su *domesticación*, ya que esto causa la vaga idea de *charlatanería,* y yo no quiero exponerme a tales reproches: atribuyo su tranquilidad, cuando se abre su casa, a la manera en que se ven afectadas por la introducción repentina de la luz; parece, más bien, que muestran miedo en lugar de ira; vemos un gran número que se retira, entran en las celdas con la cabeza primero, como si quisieran esconderse; y mi conjetura es confirmada porque son menos manejables de noche o después de la puesta del sol que con la luz del día.

Por lo tanto, debemos seleccionar el momento en que el sol está todavía por encima del horizonte, para abrir las colmenas, y hacerlo con cuidado. Debemos evitar la apertura de la colmena demasiado bruscamente; debemos actuar lentamente al separar los paneles, teniendo cuidado de no herir a las abejas: cuando están demasiado agrupadas en los panales debemos cepillarlas suavemente con una pluma, (Una escoba hecha de fibra vegetal, cabezas de espárragos, hierba, etc., es mucho menos propenso a enfadarlas que una pluma-Traductor) y, sobre todo, no respirar sobre ellas; el aire que exhalamos parece enfadarlas: la naturaleza de este aire, evidentemente posee alguna cualidad irritante; porque si usamos fuelles para soplarlas, se inclinan más a escapar que a picar.

Conveniente para la formación de enjambres artificiales

Permítame volver a los detalles de las ventajas de las colmenas de *hoja*. Comenté primero que son muy convenientes para la formación de enjambres *artificiales*. En la historia de los enjambres *naturales*, he mostrado cómo muchas circunstancias favorables eran requisito para su éxito. Sabía por experiencia que muy a menudo fallan en nuestro clima; e incluso cuando una colmena está dispuesta a enjambrar, a menudo sucede que el enjambre se pierde, ya sea porque el instante de su salida no ha sido previsto, porque se levantó fuera de la vista, o porque se establecieron en lugares de difícil acceso. Por lo tanto, instruyendo a los agricultores, en la formación de enjambres artificiales, les está haciendo un verdadero servicio, y la forma de mis colmenas hace que esta operación sea muy fácil. Esto exige algunas explicaciones.

Dado que, según el descubrimiento de Schirach, las abejas que han perdido su reina pueden adquirir otra, siempre que la cría de obreras en sus panales no tenga más de 3 días de edad, resulta que podemos producir reinas a voluntad en una colmena, quitando a la reinante. Por lo tanto, si una colmena está suficientemente poblada se puede dividir en dos, una mitad se quedará con la reina, y la otra mitad no perderá mucho tiempo en la adquisición de otra; pero para el éxito de esta operación debemos elegir un momento propicio, y esta elección es fácil y segura sólo en las colmenas de *hoja*: son las únicas colmenas en las que podemos ver si la población es suficiente para admitir la división, si la cría está en edad apropiada, si los zánganos nacen o están listos para emerger para impregnar a la joven reina en su nacimiento, etc.

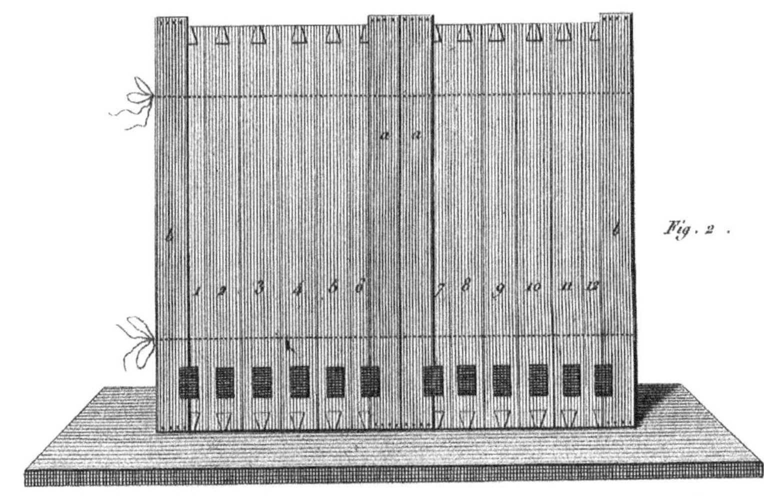

Volumen 1 Lámina I Fig. 2-Colmena de Hoja, con divisiones para hacer un enjambre artificial.

Suponiendo la concurrencia de todas estas condiciones, lo siguiente es el proceso a seguir. Separar la colmena de hoja por el centro sin ningún tarro. Entre las dos mitades inserte dos marcos vacíos que se ajusten exactamente contra los otros, cada uno de ellos cerrado con una partición de caja en el lado donde encajan uno contra el otro. A continuación, busque cuál de las dos mitades contiene a la reina reinante y márquela para evitar errores. Si por casualidad ella permanece en la división que tiene la mayoría de la cría, tendrá que ser transferida a la que tiene menos, con el fin de dar a las abejas las mayores posibilidades de adquisición de otra hembra. Las dos mitades ahora deben estar conectadas entre sí por un pequeño cordón ajustado dibujado a su alrededor, y se debe tener cuidado de que ocupen la misma posición en la colmena que antes de la operación. La abertura que servía de entrada, hasta este momento, ahora pasa a ser inútil, debe estar cerrada; pero como cada colmena debe tener una entrada y ya que deben estar lo más lejos posible, una nueva apertura debe realizarse en la parte inferior de cada uno de los marcos exteriores, es decir, el primero y el 12 (véase la Fig. I). Sin embargo, estas entradas no deben ser ambas abiertas el mismo día: las abejas que se encuentran privadas de reina deben limitarse en su mitad durante 24 horas, y la puerta se debe abrir sólo lo suficiente como para admitir el acceso de aire. Sin esta precaución, no tardarían en surgir a buscar a su reina en la colmena y no fracasarían al encontrarla en la otra división, entrarían en gran número, hasta que muy pocas se quedaran para realizar las labores necesarias: mientras que este accidente no lo hará sobrevenir, si se limitarán durante 24 horas, ya que el intervalo de tiempo es suficiente para hacer que se olviden de su reina.

Cuando todas las circunstancias son favorables, las abejas de la división que está privada de reina comenzarán el mismo día su trabajo para procurarse otra, y su pérdida se reparará 10 ó 15 días después de la operación. La hembra joven que han criado, poco después saldrá a buscar zánganos, volverá a casa fertilizada y tras dos días comenzará la puesta de huevos de las obreras. Nada más le falta a las abejas de esta media-colmena y el éxito del enjambre artificial está asegurado.

Es con el señor Schirach con quien estamos en deuda por este ingenioso método de formar enjambres. En la descripción que da, sostiene que mediante la producción de reinas jóvenes, en los primeros días de la primavera, se pueden adquirir enjambres preciosos, lo que sin duda sería ventajoso en varias circunstancias: pero por desgracia esto es imposible: este observador cree que las reinas eran fértiles por sí mismas; en consecuencia, imaginó que, después de que fueron producidas artificialmente, podrían poner y dar a luz a una numerosa posteridad. Pero esto es un error; las hembras requieren el concurso de los machos para convertirse en fértiles, y si no encuentran ninguno en pocos días después de su nacimiento, su puesta, como he demostrado, estará totalmente desarreglada. Por lo tanto si hacemos un enjambre artificial antes de la hora habitual cuando nacen los machos, la hembra joven que desalentaría a las abejas a través de su esterilidad o, deberían mantenerse fieles a ella, esperando el momento de su fecundación, ya que no pudo recibir los enfoques del varón antes de las 3 ó 4 semanas, pondría sólo huevos de zánganos, y la colmena quedaría igualmente muerta. Así, el orden natural no debe ser desarreglado; sino que al contrario, hay que esperar, para dividir las colmenas, hasta que contengan zánganos nacidos o cerca del nacimiento.

Además, si Schirach logró obtener enjambres artificiales, a pesar del gran inconveniente de las colmenas que usó, fue mucha habilidad y asiduidad continua. Él había formado algunos alumnos; éstos a su vez habían comunicado a los demás el método de formación de enjambres. Hay gente ahora en Sajonia que atraviesan el país practicando esta operación; pero aquellos versados en la materia solo pueden atreverse a emprenderla con colmenas comunes, mientras que cada cultivador puede emprenderla con las colmenas de las hojas.

Pueden obligarlas a trabajar en cera

Ellos encontrarán en esta construcción otra ventaja muy valiosa; entonces obligarán a sus abejas a trabajar en cera.

Esto me lleva a lo que creo que es una nueva observación: mientras dirijo nuestra admiración a la posición paralela de los panales que las abejas construyen, los naturalistas han pasado por alto otro rasgo en su industria, es decir, la misma distancia que preservan de manera uniforme entre ellos. Mida el intervalo entre ellas se encuentra por lo general de 4 líneas (un tercio de pulgada o 8mm). Se percibe fácilmente que, estando ellas también distantes entre sí, las abejas se dispersarían en gran medida, no pudiendo comunicar recíprocamente su calor y las crías no podrían recibir suficiente calor. Si, por el contrario, estuvieran demasiado cerca, las abejas no podrían viajar libremente entre ellos, y el trabajo de la colmena sufriría. Así que deben estar separados por una cierta distancia, siempre uniforme, adaptada igualmente al servicio de la colmena y el cuidado de las crías. La naturaleza, que enseñó a las abejas tantas cosas, las instruyó en la conservación periódica de esta distancia: a veces ocurre en la proximidad del invierno que nuestras abejas alargan las celdas que van a contener la miel, y así contraen el intervalo entre los panales; pero este trabajo en particular es la preparación de una temporada en la que es importante contar con grandes previsiones, y durante el cual, su actividad estando relajada, ya no es necesaria para sus comunicaciones que sean tan amplias y libres. En el regreso de la primavera, las abejas se apresuran a acortar las celdas alargadas, por lo que pueden llegar a ser apto para recibir los huevos que la reina debe poner en ellos, y así restablecer la distancia adecuada que la naturaleza ha ordenado.

Distancia uniforme entre los panales

Esto se basa, con el fin de obligar a las abejas a trabajar con cera, o lo que es lo mismo a construir nuevos panales, sólo es necesario poner aparte los que ya están construidos, para que puedan construir otros en el intervalo. Suponiendo que un enjambre artificial está alojado en una colmena de hoja, compuesto por seis cuadros, cada uno de los cuales contiene un panal; si la joven reina que gobierna este enjambre es tan prolífica como debería ser, sus abejas serán muy activas en sus labores y estarán dispuestas a hacer grandes recolecciones de cera. Para inducirlas a ello, un marco vacío debe ser colocado entre otros dos, cada uno con un panal: como todos estos marcos son de iguales dimensiones, y de la anchura necesaria para contener un panal, es evidente que las abejas, encontrando precisamente el espacio necesario para la construcción de uno nuevo en este marco vacío no dejarán de hacerlo, porque tienen la obligación de no dejar un espacio de más de 4 líneas entre ellos. Tome nota, Señor, que sin necesidad de guía sobre qué dirección seguir, sin duda van a construir este nuevo panal paralelo a los que ya existen, para preservar la ley que requiere un intervalo igual entre ellos, a lo largo de toda su superficie.

Si la colmena es fuerte y hay buen tiempo, podemos insertar 3 marcos vacíos entre los antiguos panales, uno entre la primera y la segunda, uno entre el tercero y el cuarto, y el último entre el quinto y el sexto. Las abejas necesitan 7 u 8 días para llenarlos y la colmena entonces contendrá 9 panales. En caso de que el clima continúe con una temperatura favorable, se pueden introducir 3 nuevos marcos más, en consecuencia, en 2 ó 3 semanas, las abejas se habrán visto obligadas a construir 6 nuevos panales. La operación podría ampliarse aún más en climas cálidos, donde el país presente floración perpetua; pero en nuestro país tengo razones para creer que el trabajo no debe ser forzado más durante el primer año.

A partir de estos datos que percibe, Señor, cómo de preferibles son las colmenas de las hojas o las colmenas de cualquier otra forma, e incluso a los ingeniosos ekes (o historias-Traductor) de los cuales el Sr. Palteau dio una descripción, por medio de este último, las abejas no pueden ser obligadas a trabajar más en cera de lo que lo harían si se les dejara hacerlo por sí mismas; mientras que ellas están obligadas a hacerlo por la alternancia de marcos vacíos. En segundo lugar, cuando se han construido panales en estas historias, no pueden eliminarse sin perturbar a las abejas, destruir una parte considerable de cría, y en una palabra, sin causar desorden real en la colmena.

Además las mías tienen esta ventaja; que uno puede diariamente observar lo que pasa, y ser juez de los momentos más convenientes para tomar de ellos una parte de su cosecha. Cuando tengamos todos los panales ante nosotros, podemos distinguir fácilmente los que contienen sólo la cría que debemos preservar. Vemos cuán abundantes son las disposiciones y qué porcentaje de ellos nos podemos llevar.

Alargaría demasiado esta carta, si yo fuese a contarle todas mis observaciones de la época adecuada para la inspección de las colmenas, las reglas a seguir en las diferentes estaciones del año, y la proporción que deben observarse para despojar a las abejas de su riqueza. Requeriría un trabajo independiente para desarrollar los diversos detalles: puede que algún día participe en él. Mientras tanto estaré siempre dispuesto a comunicar mi método a los cultivadores que deseen seguirlo, y la utilidad de las directrices que me ha mostrado la práctica continua.

Sólo añadiré que corremos el riesgo de ruina absoluta para las colmenas, cuando tomamos de ellas una proporción demasiado grande de miel y cera. En mi opinión, el arte de cultivar estos insectos consiste en usar moderadamente el derecho de compartir sus cultivos, pero para compensar esta moderación se deben emplear todos los medios para promover la multiplicación de las abejas. Así, por ejemplo, si deseamos adquirir, cada año, una cierta cantidad de miel y cera, será mejor buscar en un mayor número de colmenas, manejar con discreción mejor que saquear un poco de la gran proporción de sus tesoros.

Es cierto que perjudicamos enormemente la multiplicación de estos insectos laboriosos, cuando les robamos varios panales en una temporada desfavorable para la recolección de cera, (Evidentemente Huber aún no había averiguado el origen de la cera de abejas cuando escribió esto. Sus experimentos sobre la producción de cera se dan más adelante-Traductor) ya que el tiempo ocupado en su sustitución se toma de lo que debería estar consagrado al cuidado de los huevos y crías, y por eso la cría sufre. Además de que siempre les debemos dejar una provisión suficiente de miel para el invierno; pues aunque consumen menos durante esa temporada, consumen, porque no están aletargadas, como algunos autores han afirmado. Por lo tanto, si no tienen suficiente miel, se les debe suministrar un poco; esto requiere una medida muy exacta.

Calor Natural de Abejas

Nota: Están tan lejos de estar aletargadas durante el invierno, que cuando el termómetro al aire libre desciende varios grados bajo cero R (Réaumur, 0ºR = 0°C = 32°F), sigue siendo de 24° a 35° R (86° a 88°F o 30° a 44°C) en colmenas suficientemente pobladas. Las abejas se agrupan y se mueven para conservar su calor.

Swammerdam tenía la misma opinión, y yo lo cito: "El calor de la colmena es tan considerable, incluso en pleno invierno, que la miel no se cristaliza o asume una consistencia granulada, a menos que las abejas estén en números muy pequeños; máxime cuando sus reinas son muy fértiles, alimentan a sus crías con miel, incluso en pleno invierno, el cuidado de ellas, calentándolas y calentándose entre sí también. No sé si hay otros insectos que tienen esto en común con las abejas, ya que las avispas, avispas y abejorros, así como las moscas y mariposas, se aletargan durante todo el invierno, sin moverse o cambiar de lugar."

El Sr. de Réaumur encontró cría de todas las edades, en varias colmenas, en enero. Lo mismo me pasó a mí, cuando el termómetro en ellas se situó en torno al 27°R (34°C o 93°F).

Puesto que estoy hablando de observaciones termométricas, hechas a las colmenas voy a comentar de pasada que el Sr. Dubost de Bourg-en-Bresse, en un libro de memorias de otro modo digno, afirma que las crías no pueden eclosionar por debajo de 32°R (104°F o 40°C). He hecho varias veces el experimento con termómetros muy precisos y obtenido un resultado muy diferente. Este grado es tan poco adecuado que cuando el termómetro lo marca, en la colmena, el calor se vuelve insoportable para las abejas, y se van. Supongo que el Sr. Dubost fue engañado por la introducción de su termómetro demasiado repentinamente en un enjambre de abejas, y la agitación fue la causa entre ellos, por esta operación, llevó al termómetro mucho más alto de lo que debería ir de forma natural. Si lo hubiese mantenido allí unos momentos, lo habría visto caer de nuevo a 28° o 29° R (95° a 97° F o 35° o 36° C), porque esa es la temperatura normal de colmenas en verano. En agosto de este año, vimos el termómetro en el stand al aire libre en 27½° F (34° C o 94° F), mientras que en el mismo momento, en las colmenas más pobladas, no se levantó por encima de los 30° R (99º F o 37½°C). Las abejas tenían poco movimiento y un gran número de ellas se posaron en los soportes del apiario.

Distancia a la que vuelan

Admito que, al determinar en qué medida las colmenas se multiplican en un determinado distrito, debemos aprender primero cuántas puede apoyar este distrito y esto es un problema aún sin resolver: depende de otro problema cuya solución no es muy desconocida, la determinación de la distancia más grande que las abejas de sus colmenas deambulan para recoger su cosecha. Diferentes autores afirman que pueden vagar durante varias leguas de su casa; pero a partir de las pocas observaciones que he hecho, creo que esta distancia es mucho más exagerada. Me pareció que el radio del círculo que atraviesan no excede de media legua (1 milla y ½ o 2,4 km). Puesto que regresan a su colmena con mayor rapidez, cuando pasa una nube ante el sol, es probable que no vayan muy lejos. La naturaleza, la cual les ha inspirado con tal terror hacia una tormenta e incluso hacia la lluvia, evidentemente, no les permite alejarse en distancias que las exponen demasiado tiempo a las lesiones de las condiciones meteorológicas. Traté de averiguar esto de manera más positiva, transportándolas a varias distancias desde el apiario, y en todo tipo de direcciones, pinté a las abejas con la faja, para que pudiéramos reconocerlas en su declaración. Ninguna de las que fueron llevadas 25 ó 30 minutos lejos de su domicilio ha regresado nunca, mientras que los que fueron transportados a menos distancia encontraron fácilmente el camino de regreso. No reporto este experimento, Señor, como decisivo. Aunque en condiciones normales, las abejas no vuelan por encima de media legua, es muy posible que vayan mucho más lejos cuando las proximidades de sus hogares no les proporcionan flores. Para un experimento concluyente sobre este tema sería necesario hacerlo en vastas llanuras áridas o de arena, separadas por una distancia conocida en un país floreciente.

Por lo tanto esta pregunta no parece decidida; pero sin pronunciarme sobre el número de colmenas que un distrito puede mantener, debo remarcar que ciertos tipos de producciones vegetales son mucho más favorables que otras para las abejas. Por ejemplo, se pueden mantener más colmenas en un país donde se cultive el trigo sarraceno que en un distrito de viñedos o trigo.

Aquí, Señor, termino el relato de mis observaciones sobre las abejas. Aunque tuve la suerte de hacer algunos descubrimientos interesantes, estoy lejos de considerar mi trabajo terminado; todavía hay varios problemas por resolver sobre la historia de estos insectos. Los experimentos que proyecto pueden arrojar algo de luz sobre ellos. Tendré esperanzas de éxito mucho mayores, si usted, Señor, continua brindándome sus consejos y directrices. Acepte el homenaje de mi respeto y mi agradecimiento.

FRANCIS HUBER

Fin del primer volumen.

Volumen II

Prefacio

Veinte años han pasado desde la publicación del primer volumen de esta obra; sin embargo, no he permanecido inactivo. Pero antes de arrojar luz sobre nuevas observaciones, quería tiempo para comprobar las verdades que creo que he establecido. Tenía la esperanza de que naturalistas mejor capacitados desearan comprobar por sí mismos la exactitud de los resultados obtenidos por mí, y pensé que, mediante la repetición de mis experimentos, podrían determinar hechos que escaparon a mis observaciones. Pero ningún otro intento se ha hecho desde entonces para penetrar aún más en la historia de esos insectos, y sin embargo, está lejos de haberse agotado.

A pesar de que fui engañado en esta expectativa, me jacto de haber obtenido la confianza de mis lectores, mis observaciones parecen haber dado luz sobre varios fenómenos que aún no habían sido explicados; los autores de varias obras sobre la economía de las abejas han comentado sobre ellos; la mayoría de los cultivadores los han adoptado por completo, como la base de su práctica, los principios que descubrí; y los propios naturalistas han tenido interés en mis esfuerzos para perforar el doble velo que me envuelve, las ciencias naturales. (Huber aquí alude evidentemente al hecho de que era ciego-Traductor) Su aprobación debería haberme animado antes a editar los datos contenidos en este segundo volumen, de no haber sido por la pérdida de varias personas queridas para mí que ha perturbado la quietud que tales ocupaciones requieren.

El profundo, indulgente y amable filósofo, cuya benevolencia me animó a seguir adelante, a pesar de las desventajas de mi posición, el Sr. Charles Bonnet, murió, y el desaliento se apoderó de mí. Las ciencias perdieron, al perderlo a él, a uno de los genios enviados del cielo para hacer que la ciencia fuera adorable; que, por su vinculación con los sentimientos más naturales del hombre, y dando a cada uno el rango y el grado de interés debido, con destino al corazón, así como la mente, y encantando a nuestra imaginación sin inducirnos a error a través de engaños.

Encontré en la amistad y la iluminación del señor Senebier, un poco de alivio para las privaciones impuestas sobre mí. Una correspondencia continúa con este gran fisiólogo, mientras me alumbraba sobre el curso a seguir, reavivó mi existencia de alguna manera; pero su muerte me entregó a penas. Por último, estaba también privado de la utilización de esos ojos que habían tomado el lugar de los míos, de la habilidad y la devoción que yo había tenido a mi servicio durante 15 años. A Burnens, el observador fiel, cuyos servicios siempre voy a recordar con mucho gusto, lo llamaron de nuevo al seno de su propio pueblo y, siendo apreciado como se merecía ser, se convirtió en uno de los primeros magistrados de un distrito considerable.

Esta última separación, que no fue la menos dolorosa, ya que me privó de los medios de desviar mi mente de aquellos que ya había sufrido, sin embargo, fue suavizada por la satisfacción de encontrarme en la observación de la naturaleza a través de los órganos del ser que es el más querido para mí, y con los que podría entrar en consideraciones más elevadas. (La esposa de Huber-Traductor)

Pero lo que sobre todo me conectó de nuevo con la historia natural, fue el gusto que mi hijo manifestó hacia este estudio. Le comuniqué mis observaciones: él expresó tristeza por dejar, enterrado en un cuaderno, un trabajo que tenía todas las probabilidades de interesar a los naturalistas: se dio cuenta de la renuencia oculta que sentía en la clasificación de los materiales recogidos, y se ofreció a editarlos él mismo. Acepté su oferta; el lector no se sorprenderá por lo tanto, si se encuentra que este trabajo difiere en sus dos componentes. El primer volumen contiene mi correspondencia con el Sr. Bonnet; el segundo presenta un conjunto de memorias: por un lado, nos habíamos limitado a la simple exposición de los hechos; por el otro lado, describimos los asuntos difíciles, y con el fin de disminuir la opacidad, a veces hicimos libremente las observaciones que el tema sugería. Por otra parte, al dar mis notas a mi hijo, yo también le transmití mis ideas; hemos mezclado nuestros pensamientos y opiniones; sentí la necesidad de darle la posesión de un tema en el que yo había adquirido una cierta experiencia.

Este nuevo libro trata de la obra propiamente dicha de las abejas, o de su arquitectura, su respiración y sus sentidos. Las memorias que hice que se insertaran en las revistas periódicas, tales como aquellas sobre el origen de la cera y de los atropos esfinge, se han establecido en su lugar adecuado. Ambos han sufrido algunos cambios y este último ha sido enriquecido con nuevos experimentos. Por último estoy publicando sobre el sexo de abejas obreras (cuestión largamente debatida) una Memoria que, confío, ya no dejará ninguna duda sobre el descubrimiento de Schirach.

Podría haber agregado varias observaciones a aquellas que ahora le doy al público; pero no presentan un conjunto suficiente, y prefiero esperar hasta que puedan ir acompañadas con hechos que les afecten.

Prólogo del Editor

Las observaciones que publico en el nombre de mi padre siempre ejercieron su paciencia y la de Burnens. No fue suficiente para seguir con exactitud las maniobras de las abejas, también fue requisito el percibir su conexión, y entender el objetivo al que apuntaban.

Tal vez la mayor dificultad era ver claramente las formas complicadas y asegurar una idea distinta. Los modelos de arcilla, hechos con gran habilidad, suministraban lo que el habla no podía explicar.

De este modo, mi padre aseguró, por las cuentas dadas por Burnens, una teoría bastante completa de la arquitectura de las abejas.

No concibió ninguna duda de la exactitud de sus observaciones, pero con el fin de obtener nuevas ideas, o la confirmación de los hechos ya entendidos, él deseaba que yo debiera revisarlas antes de su publicación.

Por lo tanto me procuré colmenas similares a las que había utilizado, y con gran placer he sido testigo, a mi vez, de todos los puntos de esta asombrosa industria; con el mismo placer que se me permitió estar de acuerdo con la exactitud de conciencia del observador en quien mi padre había puesto su confianza, y puedo agregar sólo un pequeño número de detalles a los ya registrados.

-Pierre Huber, hijo de Francis Huber

Introducción

Ningún pueblo, tal vez ninguna nación ha tenido tantos historiadores como estas repúblicas de laboriosos insectos, cuya industria parece estar destinada a nosotros. Hay obras periódicas únicamente en relación con la cultura de las abejas; asociaciones se han fundado, cuyo objetivo es el de discutir las ventajas de tal o cual método; los siglos han acumulado observaciones; pero a pesar de los avances de la ciencia, todavía estamos en ignorancia respecto a los constituyentes de la cera de abejas; bien es cierto que la mayor parte de los autores a los que estamos en deuda por los numerosos escritos, nos dieron sus inciertas opiniones como preceptos, a veces sus sueños como las teorías basadas en la experiencia; y, amontonando las citas, citando entre sí, han contribuido a la perpetuación de errores en lugar de disiparlas. Pero hay, por suerte, un par de autores respetables en cuanto a talento y veracidad, que, sobrepasando los límites comunes, buscaban, como verdaderos naturalistas, determinar las leyes que gobiernan esas colonias.

Las abejas incluso han atraído la atención de los geómetras; los de la Antigüedad ya entendían el propósito de los prismas hexagonales de los cuales construyen sus panales; pero estaba reservado para las teorías modernas el apreciar la magnitud del problema geométrico que esos insectos resuelven en la construcción de la base de sus celdas. Estas bases, construidas en pirámides, ofrecen, para la especulación, uno de los grandes temas filosóficos, a aquellos que no creen que todo lo que puede explicarse por la suposición de una necesidad ciega. Algunos matemáticos expertos han encontrado que, entre todas las formas que las abejas podían haber seleccionando en una lista interminable de pirámides, escogieron la que ofrecía las mayores ventajas; ya que no es para ellos, dice Réaumur (el escritor que mejor conocía la naturaleza)

> "...no es para ellos que el honor sea debido, fue ordenado por una inteligencia que ve la inmensidad de las cosas infinitas, y todas sus combinaciones, con más claridad y más distintivamente de lo que puede ser percibido por nuestro moderno Arquímedes."

Pero sin atribuir al trabajador la gloria del invento, se debe conceder, por lo menos, que la ejecución de un plan tan complicado que no pudiera ser confiado a las criaturas estúpidas, a las máquinas de brutos animales. Si su rutina, que esta regularidad en el trabajo está sujeta a excepciones, y que son capaces de compensar sus errores por adiciones o reducciones parciales, por lo que no hay resultados inconvenientes para el conjunto: si se demuestra que no hay ninguna irregularidad en su trabajo sin un propósito, vamos a apreciar la grandeza de su tarea y la delicadeza de su organización.

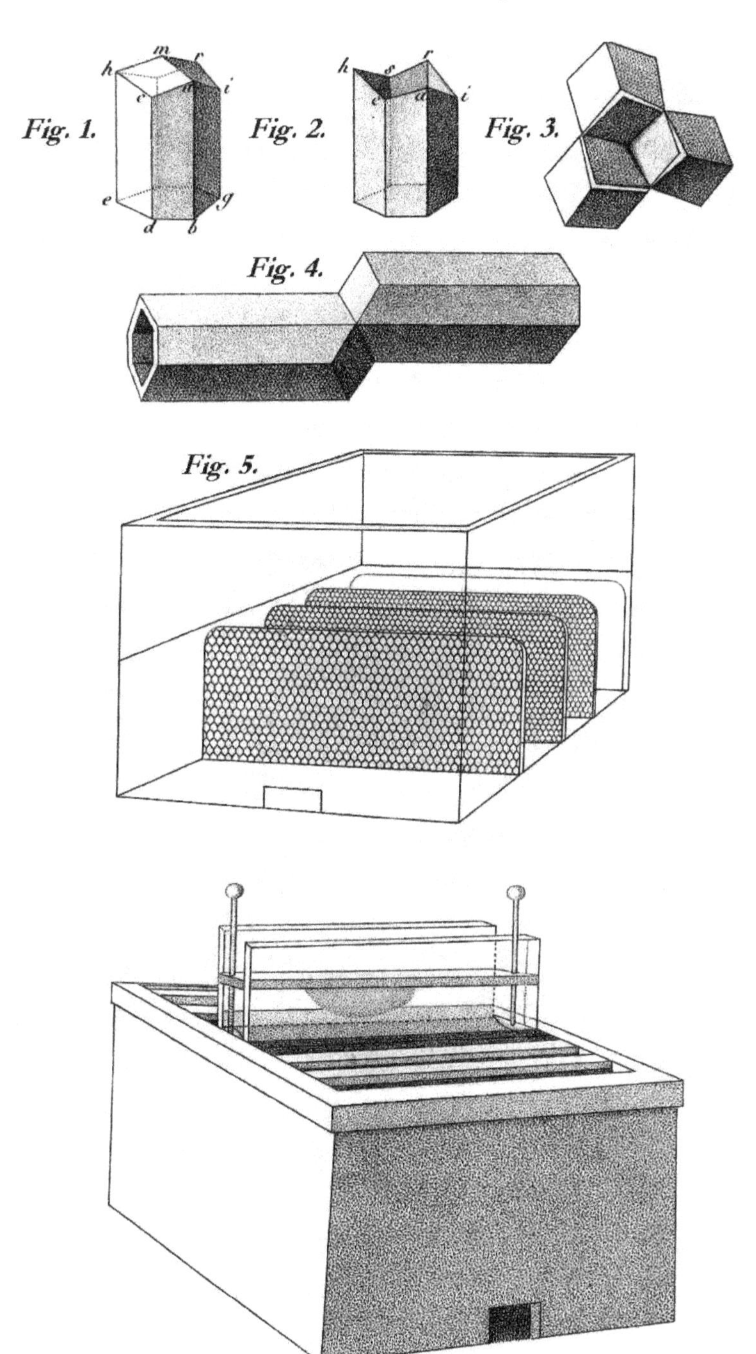

Volumen 2 Lámina I-Colmena para observar la construcción de un enjambre.

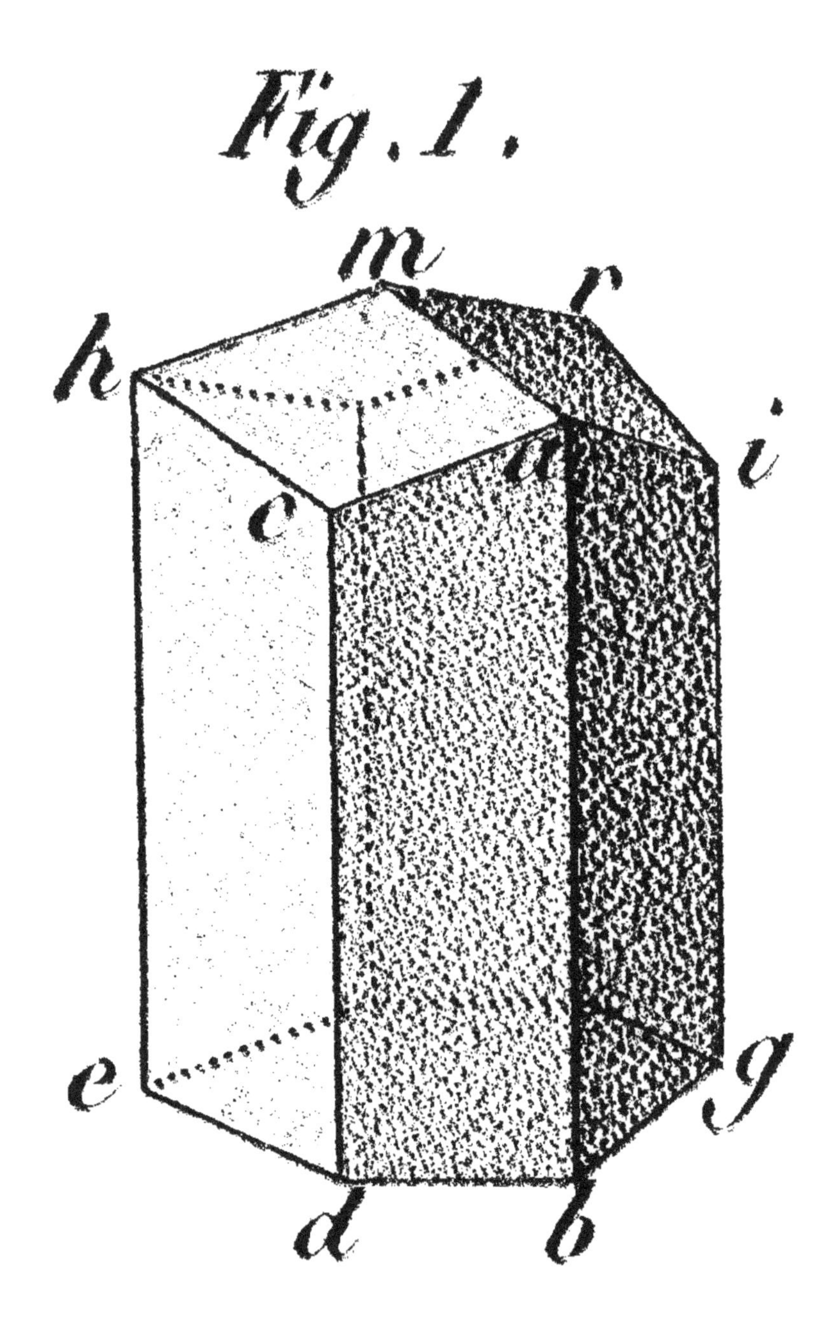

Volumen 2 Lámina I Fig. 1-Configuración de una celda vista de punta.

Con el fin de dar una idea adecuada de la labor de las abejas, supongamos que hay una celda aislada colocada con su abertura hacia abajo sobre un plano horizontal; por lo tanto representa una pequeña columna prismática de seis caras, coronado con un capitel en forma de pirámide, bajo y obtuso, Volumen 2 Lámina 1, fig. 1.

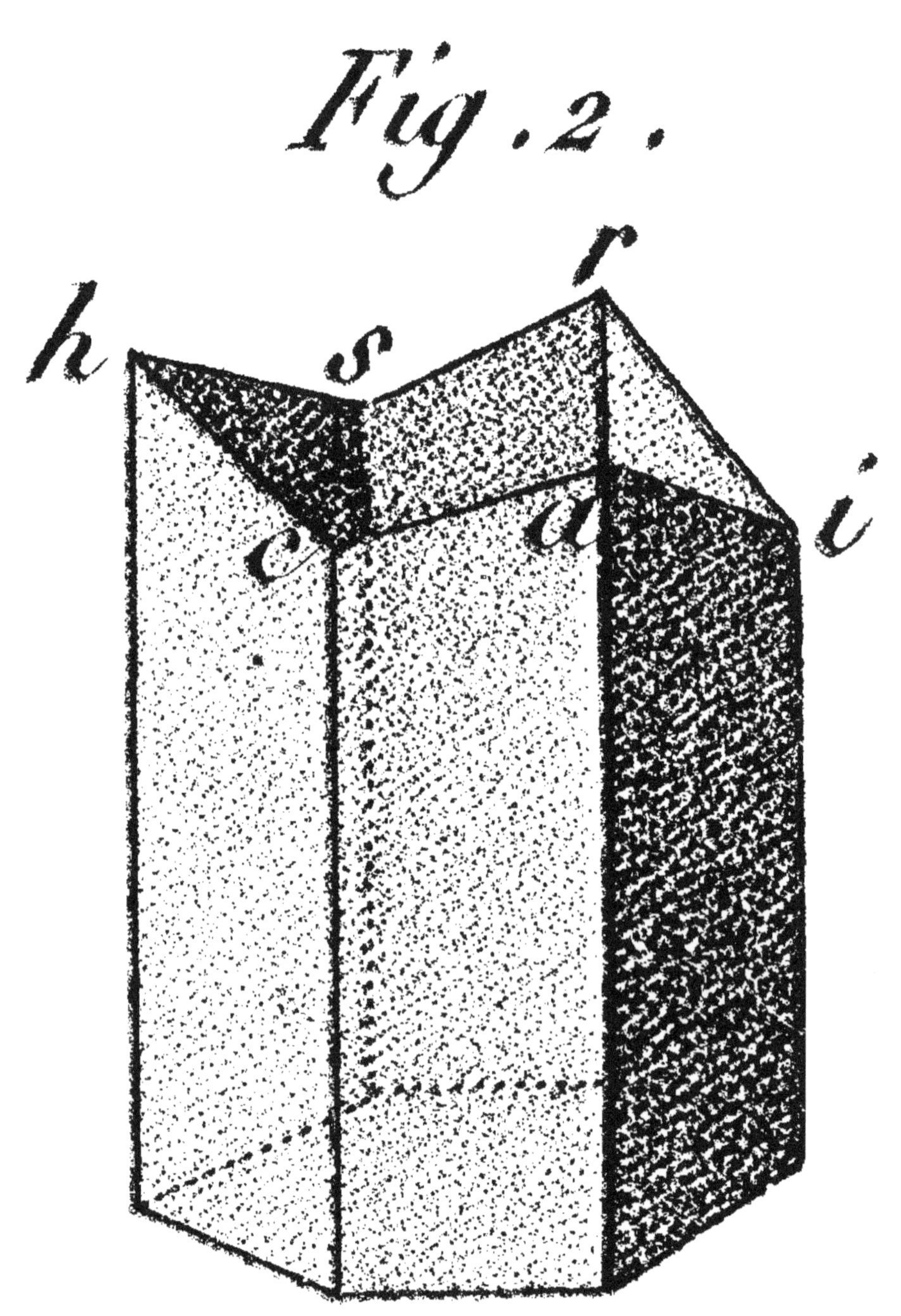

Volumen 2 Lámina I Fig. 2-Igual que la figura 1, pero con la "tapa" (parte inferior de la celda) retirada.

Las seis caras del hexágono, que aparecen a primera vista como tantas placas de cera, de forma rectangular, se cortan en ángulo recto en el orificio; pero en el extremo opuesto se cortan oblicuamente; de modo que sus bordes mayores no son de igual longitud. Cada plano se une a su vecino por un eje más pequeño, el eje largo de uno al borde largo del otro, y su eje corto al eje corto de un tercero; el resultado es que, si tuviéramos que quitar el capitel, notaríamos que el eje del tubo hexagonal forma salientes y entrantes alternativamente, es decir tres ángulos agudos (h, a, r) y tres ángulos obtusos (e, i, s) fig. 2.

Desde lo alto de los tres ángulos agudos, tres ejes dirigidos, los cuales se encuentran con el centro opuesto de la celda (am, hm, rm, fig. 1); éstos dividen la base en tres partes y los espacios entre ellos se llenan hasta el borde de los ángulos obtusos, asumen la forma de pastillas, o rombos (achm, fig. 1). Las pequeñas escamas de cera llenan estos espacios, de modo que cada celda se compone de seis paneles en forma de trapecio y tres rombos.

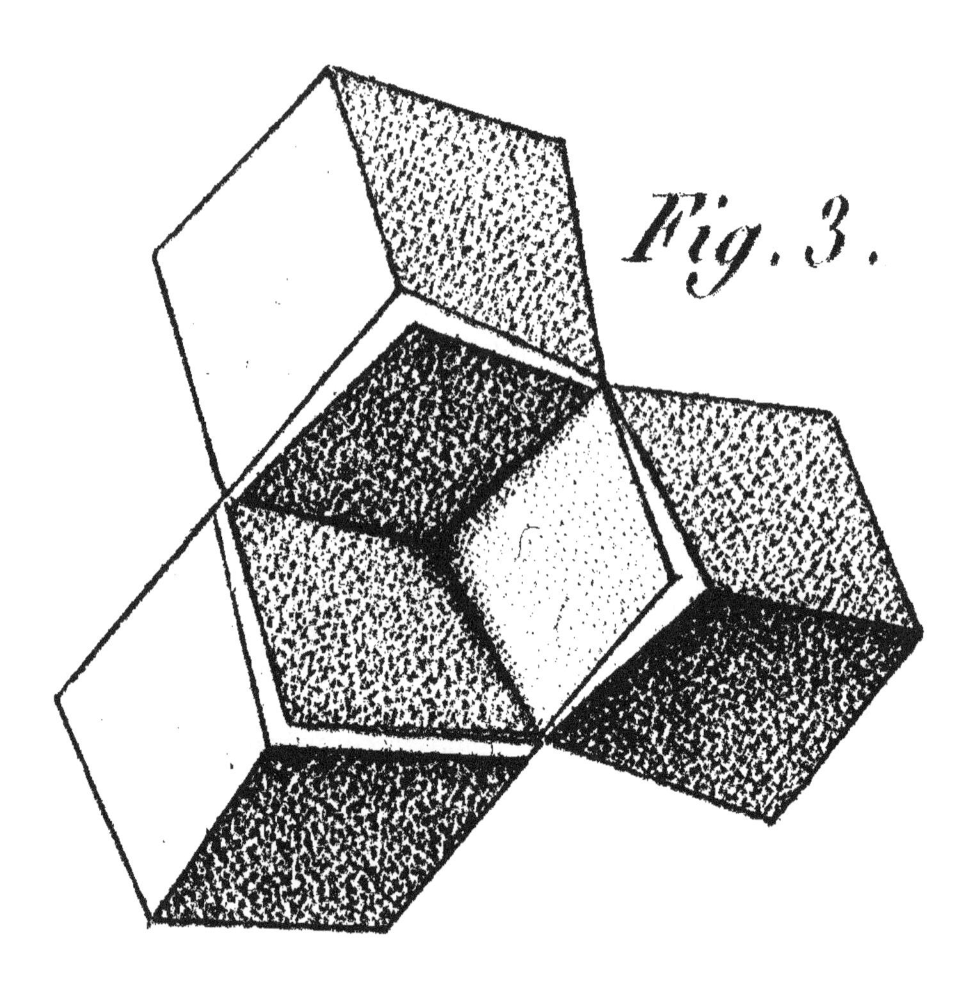

Volumen 2 Lámina I Fig. 3-Mostrando que la parte inferior de una celda es parte de las partes inferiores de tres celdas opuestas.

Los panales de las abejas, como sabemos, se componen de dos filas de celdas consecutivas, aunque no por separado, pero en parte: cada celda apoyada en tres celdas del lado opuesto (Figs. 3 y 4.).

Para cumplir con estas condiciones, las abejas sólo necesitan erigir, sobre los tres bordes que dividen la base de cada celda, con hojas similares a las de la propia celda, y los cuales se unen a las otras placas de forma parecida, produciendo prismas hexagonales. Esto es lo que casi siempre vemos en los panales de las abejas: uno puede probarlo al perforar con un pasador los tres rombos que forman la base de una celda. Al examinar el lado opuesto del panal nos encontramos con que hemos atravesado la parte inferior de cada una de las tres celdas.

Además de la economía de material que parece derivarse de esta posición de las celdas notamos una ventaja todavía más positiva, la de contribuir a la resistencia del conjunto.

Nos preguntamos cómo estos pequeños insectos han sido llevados a seguir un plan tan regular; cómo la multitud de ellos puede estar de acuerdo en un tipo, ¿qué medios utiliza la naturaleza para dirigirlas? Vamos a transcribir algunas citas que nos darán a conocer las opiniones de diversos naturalistas sobre este asunto.

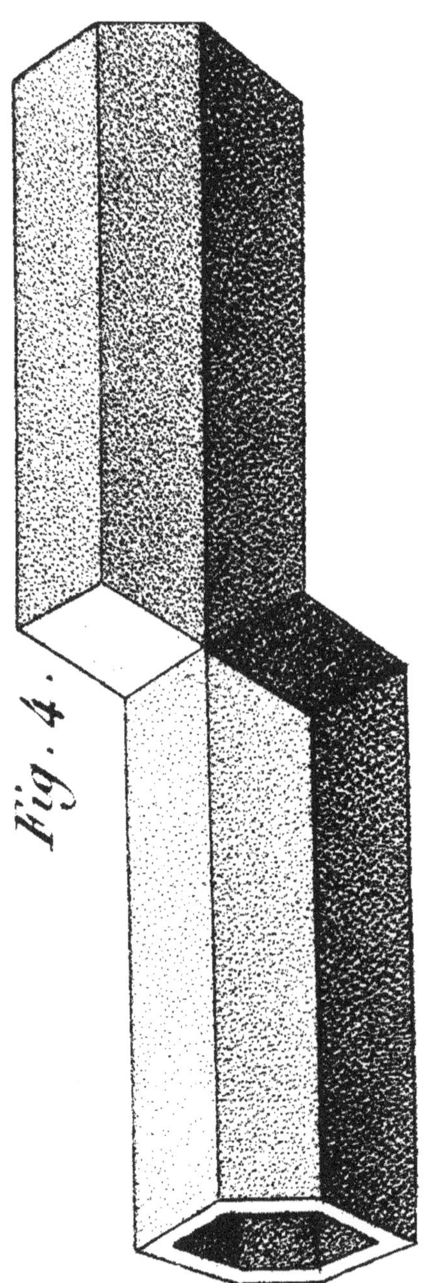

Volumen 2 Lámina I Fig. 4-Mostrando que la parte inferior de una celda es parte de las partes inferiores de tres celdas opuestas.

Un célebre autor, un pintor más que un fiel observador de la naturaleza, no se quedó perplejo con la explicación de estas maravillas. Él escribió:

> "Tenemos que reconocer, que cogiendo a las abejas por separado, tienen menos genio que el perro, el mono o el mayor número de animales: hay que reconocer que tienen menos docilidad, menos cariño, menos sentimiento, de hecho menos cualidades relativamente a las nuestras propias; entonces debemos reconocer que su aparente inteligencia se debe a la unión de su multitud; sin embargo esta unión en sí no presupone ninguna inteligencia, porque no se unen con vista moral, es sin su consentimiento que se encuentran juntas: esta asociación es sólo una unión física, ordenada por naturaleza, independiente de cualquier punto de vista, o cualquier razonamiento. La madre-abeja produce diez mil abejas de una vez; si estas diez mil abejas fueran todavía más estúpidas de lo que creo que son, todavía se verían obligadas a organizarse de alguna manera, con el fin de continuar su existencia; ya que trabajan con la misma capacidad, si comenzaran a dañarse las unas a las otras, finalmente se verían obligadas a hacerse el mínimo daño posible la una a la otra; es decir, a ayudarse unas a otras, por lo que parecen tener un entendimiento y tener objetivos similares; el observador pronto les atribuye el intelecto que les falta, tratará de explicar cada acción; a cada movimiento pronto se le dará un motivo, y desde esto seguirán innumerables razonamientos de maravillas o monstruos; para esas diez mil abejas que han sido producidas juntas, viven juntas y han llevado a cabo sus metamorfosis en tiempo similar, no pueden dejar de hacer exactamente lo mismo, y con el menor sentimiento adopta-

rán algún modo de vivir, de acuerdo con las otras, de ocupar su casa, regresando a ella después de haberla abandonado, etc., por lo tanto, la arquitectura, la geometría, la previsión, el amor a la patria o a la república, todo basado en la admiración del observador.

"La sociedad en los animales que parecen reunirse libremente y por conveniencia implica la experiencia de sentir, pero la asociación de animales que, como las abejas, están juntas y sin haberlo planeado, no implica nada; cualesquiera que sean los resultados, es evidente que no se han previsto, ni ordenado, ni concebido por las que los ejecutan, y que proceden sólo del mecanismo universal y las leyes del movimiento establecido por el Creador. Coloque juntos, en la misma habitación, diez mil autómatas animados con una fuerza viva, y todas inducidas, a través de la semejanza perfecta de su ser exterior e interior y por la conformidad de su vida, para hacer exactamente la misma cosa en el mismo lugar, y un trabajo regular saldrá como resultado necesariamente: las relaciones de armonía, similitud, posición, estarán allí, ya que dependerán de la conformidad de la vida: las relaciones de contigüidad, de alcance y la forma estarán presentes también ya que el espacio es limitado y circunscrito; y si se admite el más mínimo grado de sensibilidad en estos autómatas, incluso la que sea necesaria para que sean conscientes de su propia existencia, buscan su propia conservación, evitar las cosas nocivas, preparar cosas útiles, etc., su trabajo no sólo será regular, bien proporcionado, de forma similar, igual, sino que también tendrá la simetría, la fuerza, y la conveniencia hacia el punto más alto de la perfección, ya que, al hacerlo, cada uno de esos diez mil individuos ha tratado de ponerse en la forma más cómoda, y ya que se ha visto obligado también a actuar y ponerse en la posición menos incómoda para los demás.

"Por otra parte, aquellas celdas de abejas, aquellos hexágonos tan cacareados y admirados me proporcionan un brazo más contra el entusiasmo y la admiración; esa figura, aunque geométrica y regular tal como aparece, y es, en hipótesis, no es sino un resultado mecánico y bastante imperfecto que se encuentra a menudo en la naturaleza, perceptible incluso en sus más primitivas producciones; cristales y otras piedras, varias sales, etc., a menudo asumen esta forma en su formación. Vemos los mismos hexágonos en el segundo estómago de los rumiantes; los encontramos en las semillas, en semillas-cápsulas, en ciertas flores, etc. Llene un recipiente con guisantes o con alguna otra semilla cilíndrica, y ciérrela herméticamente, después de haber llenado con agua todos los espacios entre esas semillas; luego hierva el agua y todas las semillas asumirán la forma de seis lados. La razón de esto es puramente mecánica; cada semilla cilíndrica, al hincharse ocupa un mayor espacio en el espacio permitido; se transforman necesariamente a una forma hexagonal por la compresión recíproca; cada abeja busca ocupar también un espacio suficiente, por lo tanto, es necesario también, ya que su cuerpo es redondo que sus celdas sean hexagonales a través de la misma causa de obstáculos recíprocos.

"Admitimos en las abejas más inteligencia, porque su trabajo es más regular: decimos que son más ingeniosas que las avispas, avispones, etc., que son arquitectos también, pero cuyas estructuras son más gruesas y más irregulares que las de las abejas; estamos ciegos a la realidad, o tal vez no sabemos, que la mayor o menor regularidad depende únicamente de la cantidad y la forma, y no en lo más mínimo de la inteligencia de esas pequeñas bestias; cuanto más numerosas son, más fuerzas actúan de la misma manera o en oposición la una a la otra, y por lo tanto cuanto más mecánica sea la restricción, más forzada será la regularidad y habrá perfección aparente en su producción"

Uno puede reconocer fácilmente al autor de este discurso a través de los argumentos y el estilo que les embellece; vamos a dejar a algún escritor más elocuente la tarea de refutar, al Sr. Buffon. Los dos pasajes que ahora vamos a citar han sido cogidos de *Contemplation de la Nature.* (Parte XI, notas 9 y 11 del XXVII° capítulo, última edición), al tiempo que responde de manera directa a las hipótesis de este autor, vamos a dar una idea correcta del progreso de la historia de las abejas a través Maraldi y Réaumur, relativa a la construcción de panales; que servirá al mismo tiempo para indicar su opinión sobre el origen de la cera de abejas.

Nota: El Sr. Bonnet no habiendo escrito nada en el texto sobre la forma en que las abejas recolectan la miel y la cera, ni sobre su arte en la construcción de sus bellas obras, esta omisión se complementa con una nota transcrita aquí.

"Las mandíbulas, el tronco y las seis patas son los principales instrumentos que se han dado a las abejas para ejecutar sus diferentes labores. Los dientes son dos pequeñas escamas punzantes, que trabajan horizontalmente, y no de arriba a abajo como los nuestros: el tronco, que la abeja despliega y extiende a voluntad no actúa en la forma de una bomba; quiero decir que la abeja no lo utiliza para succionar; es una especie de lengua larga cubierta de pelos, y es al lamer las flores cuando carga con el líquido que se pasa a la boca para descender a través del esófago hasta el estómago primero, que es su receptáculo. Se percibe que este líquido es la miel; las abejas están familiarizadas con las pequeñas glándulas nectaríferas, situadas en la base del cáliz de las flores y que contienen esta miel; después de llenar su saco de miel, van y vomitan en las celdas; las llenan y así la almacenan, cerrando las celdas con una cubierta de cera. Pero hay otras celdas de miel que no se sellan, ya que son celdas de almacenamiento para las necesidades diarias de la comunidad.

"También es sobre las flores que las abejas recolectan el material de cera que producen o cera cruda; el polvo de los estambres compone este material. La abeja laboriosa se sumerge en el interior de las flores que tienen la mayor abundancia de este polvo; los pelitos con los que sus cuerpos están cubiertos se llenan con este polvo; la obrera se lo arranca con los cepillos que tiene en sus piernas para este propósito, y forma con ello dos pastillas que las patas del segundo par colocado en las cavidades con forma de cesta existentes en el tercer par de patas. Cargado con esas dos pastillas de material formado con cera las abejas diligentes vuelven a la colmena, y las depositan en las celdas previstas a tal efecto. Por tanto, estas celdas se convierten en almacenes de cera y permanecen abiertas; pero la abeja no está satisfecha con la descarga: entra en la celda, de cabeza y extiende las dos bolitas, las amasa y deposita en ellas un poco de materia azucarada. Si el trabajo que ha ejecutado en la recolección de esta cosecha la ha fatigado demasiado, otra abeja viene y amasa los pedacitos y los despliega; ya que todos los Ilotas de esta pequeña Esparta son igualmente conscientes de todo lo que hay que hacer en cada caso particular, y se exculpan a sí mismos igualmente bien de ello. Pero no siempre ocurre que la abeja sólo tenga que echar mano de las flores para recoger este polvo con su vellón; hay circunstancias en las que la cosecha no es tan fácil, y requiere cierta destreza por parte de la obrera. Antes de su plena madurez, el polvo está encerrado en cápsulas que los botánicos han denominado "el ápice de los estambres." La obrera que busca el polen, en cápsulas todavía cerradas, se ve obligada a abrir esas cápsulas y lo hace con sus mandíbulas, entonces ella se apodera de los granos de polen con su primer par de patas: las articulaciones del final de estas piernas actúan como manos; los granos se hacen pasar entonces al segundo par de patas que tras depositarlos dentro de las cestas del tercer par, se apisonan hacia abajo golpeando varias veces; la ligera humedad de los granos ayuda a mantenerlos allí también y a empacarlos juntos; la obrera repite las mismas maniobras, completando el llenado de las dos canastas, y se apresura a la colmena con su botín.

"Este polvo que las abejas recolectan de las flores, no es el mismo que la cera que moldean con tanta industria, es sólo la materia prima, y este material requiere una preparación y digestión en un estómago particular, en un segundo estómago. Es allí donde se convierte en verdadera cera de abejas; las abejas entonces vomitan a través su boca, en forma de papilla o espuma de color blanco, que se endurece rápidamente en el aire, mientras que esta masa es todavía dúctil, asume fácilmente cualquier forma que la abeja pueda desear darle, es para ella lo mismo que la arcilla para un alfarero.

"Un gran físico, que estudió profundamente el geométrico trabajo de las abejas, pensó que podría reducirlo a su valor real, al considerarlo como el simple resultado de un mecanismo ordinario; él pensaba que las abejas hacinadas unas con otras, naturalmente daban a la cera una figura hexagonal, y que era con las celdas de las abejas como con alguna de las bolas de un material suave que, presionadas una contra la otra, asumen la forma de dados. Estoy agradecido a este físico por su alejamiento de las seducciones de lo maravilloso; me gustaría alabarle la exactitud de su comparación, pero demostraremos que el trabajo de las abejas está lejos de la simplicidad del mecanismo que le complacía imaginar.

"El lector no ha olvidado que las celdas de las abejas no son simples tubos hexagonales, estos tubos tienen una base piramidal, formada por 3 piezas en pastillas o 3 rombos, y con ellos forman la base de las celdas: en dos caras exteriores de este rombo se erigen dos de las paredes de la celda; a continuación, dan forma a un segundo rombo que se sujeta al primero dándole la pendiente adecuada; en estas paredes exteriores erigen dos nuevos muros del hexágono; por último construyen el tercer rombo y las dos últimas paredes: todo este trabajo es bastante masivo en un primer momento, pero no deben permanecer ahí. Las obreras calificadas lo perfeccionan, lo forman delgadamente hacia abajo, lo pulen, lo enderezan; sus mandíbulas les sirven como planos y archivos. Una lengua muy carnosa, fijada a la base de las mandíbulas, también ayuda a la labor de los dientes. Muchas obreras se suceden en este trabajo; lo que una solamente ha esbozado, otra lo avanza un poco más, una tercera lo perfecciona, etc., y aunque ha pasado por tantas manos, parece como si se hiciera en un molde.

"Acabamos de mostrar (en la nota 9), que la base de cada celda es piramidal, y que la pirámide está formada por 3 rombos iguales y similares; los ángulos de estos rombos puedan variar infinitamente; es decir, la pirámide podría ser más o menos acentuada, más o menos plana: el sabio Maraldi, que midió los ángulos de los rombos con extrema precisión, encontró que los ángulos más grandes generalmente miden 109° y 28', mientras que los ángulos más pequeños ángulos miden 70° y 32'. El Sr. de Réaumur, que meditó sobre los procesos de insectos, hizo una conjetura ingeniosa de que la elección de estos ángulos, entre otros tantos, se basa en el posible ahorro cera, y que, de todas las celdas de igual capacidad con base piramidal, las que pudieron ser construidas con la menor cantidad de materiales fueron aquellas cuyas dimensiones correspondían con estas medidas reales. Así, pidió a un geómetra experto, el Sr. Koenig, que no sabe nada de estas mediciones, que determinara calculando cuáles deben ser los ángulos de una celda hexagonal con base piramidal, con el fin de requerir la menor cantidad de material posible en su construcción; para la solución de este hermoso problema, este geómetra recurrió a un análisis minucioso, y encontró que los ángulos de los rombos más grandes deben ser de 109° 26', y los pequeños de 70° 24'; un sorprendente acuerdo entre su solución y las medidas reales. El Sr. Koenig demostró también que, al preferir una base piramidal a una plana, las abejas ahorran la cantidad de cera que se necesitaría para construir una base plana.

Nota: Mr. Konig pensó que las abejas deberían hacer los rombos de las celdas a 109° 16' y 70° 34' con el fin de utilizar la cantidad más pequeña posible de cera (Réaumur Vol V, Memoir VIII.).

El Sr. Cramer, ex profesor a quien Koenig había sugerido el mismo problema, encontró que estos ángulos deben ser de 109° 28½ 'y 70° 31½'. Este resultado es el mismo que el obtenido por el Padre Boscovisch, quien señala que Maraldi había dado superficialmente los ángulos como 110° y 70°, y que los que él dio de 109° 28' y 70° 32' eran de las dimensiones necesarias, para disponer que los ángulos del trapecio fueran iguales, cerca de la base (Me. De la Real Academia 1712). Además, el Padre Boscovisch indica que todos los ángulos que forman el plano de la celda son iguales, y de 120°, y se asume que esta igualdad de oblicuidad facilita la construcción de la celda, lo que podría ser un motivo de preferencia, así como la economía de la misma. Él demuestra que las abejas de ninguna manera ahorran la cantidad de cera que se utiliza en una base plana para la construcción de cada celda, como habían creído los Srs. Koenig y Réaumur.

Maclaurin escribe que la diferencia entre una celda con base piramidal y una celda con base plana, o lo que es lo mismo, la economía que aseguran las abejas, es igual a un cuarto de los seis triángulos, que tendría que ser añadido a los trapecios o caras de las celdas, por lo que deben ser rectángulos.

El Sr. Lhuillier, profesor en Ginebra, estima que las abejas ahorran 1/51 del gasto total y demuestra que podría ser de hasta 1/5 si las abejas no tuvieran otros requisitos que cumplir; pero llega a la conclusión de que no es muy perceptible en cada celda, aunque podría ser más perceptible en todo el panal debido al ajuste mutuo de las celdas en los lados opuestos del panal (Memoria de la Real Academia de las Ciencias de Berlín, 1781)

Por último el Sr. Le Sage demuestra que, cualquiera que sea la oblicuidad de los rombos, la capacidad de la celda sigue siendo la misma. Los panales, que dice tienen dos celdas de profundidad, dispuestas de tal manera que lo que podamos llevarnos o dar al frente a los delanteros debe ser dado o llevado lejos de los traseros, por lo que: 1° el panal entero no ganaría ni perdería nada y además 2° los delanteros todavía serían igual a los traseros, debido a la simetría con la que están recíprocamente encajonados con el otro.

"Mientras que seguía el razonamiento del historiador de los insectos sobre la forma geométrica de las celdas de las abejas y las avispas, el ilustre Mairan (Jean Jacques d'Ortous de Mairan-transcriptor) se expresó de la siguiente manera:

'Tanto si las bestias piensan como si no, es positivo que se conduzcan en miles de ocasiones como si pensaran; la ilusión en este asunto, si es una ilusión, estaba bien or-

ganizada para nosotros. Pero sin tener intención de referirme a esta gran cuestión, y cualquiera que sea la causa que nos dejó por un momento rendirnos a las apariencias y utilizar el lenguaje cotidiano.

'Los geómetras, entre los cuales hay que nombrar al Sr. de Réaumur, se han esforzado para hacernos apreciar todo el arte contenido en los panales de cera, y los nidos de avispas de papel, tan ingeniosamente dispuestos en gradas, sostenidos con columnas, y estos niveles o historias construidos en una infinidad de celdas sex-angulares. No fue sin razón que la declaración que se hizo fue que esta cifra fue la más conveniente, si no la única conveniente, entre todos los polígonos posibles, para cumplir con las intenciones que hay que atribuir a las abejas y las avispas que los construyen. Es cierto que el hexágono regular es el resultado necesario de la aposición de cuerpos redondos, suaves y flexibles, cuando se presionan unos contra otros, y aparentemente es por ello que los vemos tan a menudo en la naturaleza, como por ejemplo en las cápsulas de las semillas de ciertas plantas, en las escalas de varios animales, y a veces en las partículas de nieve debido a las pequeñas burbujas esféricas o circulares de agua que se han aplanado unas contra otras en la congelación; pero hay tantos otros requisitos que cumplir en la construcción de las celdas hexagonales de las abejas y las avispas, y que están tan maravillosamente cumplidos, que incluso si debiéramos negarles una parte del honor al que tienen derecho, sería casi imposible negar que han añadido mucho por casualidad y que han cogido hábilmente ventaja de esta necesidad que les impone la naturaleza.'''

Los escritos de los naturalistas, en quien tengo la mayor confianza, son, por lo tanto, no favorables a la opinión expresada por el Sr. de Buffon, que atribuye una de las maravillas de la naturaleza a combinaciones enteramente mecánicas. La experiencia ya nos había enseñado que no podemos explicar el trabajo de las abejas a través de tales medios brutos, y pronto me convencí a través de mis propias observaciones de la corrección del Sr. Bonnet en este sentido.

Mi investigación traerá sin duda numerosas modificaciones a las ideas sostenidas en su tiempo sobre el arte con el que estos insectos construyen sus panales; pero espero que puedan contribuir a la ayuda de una teoría muy diferente de la del elocuente historiador de los animales.

Note bien: **Algunos matemáticos modernos expertos también se han esforzado por solucionar el problema de la cantidad mínima de cera en las celdas; pero sus conclusiones son muy diferentes a las de sus predecesores. La nota que acabo de citar tomada de los papeles del Sr. G. L. Le Sage, de Ginebra, indica los progresos realizados en esta investigación.**

Capítulo I: Mis opiniones sobre la cera de abejas

Desde los tiempos de Réaumur y de Geer, cuyas obras han inspirado un gusto general por la entomología, las mentes observadoras han dado grandes pasos que han hecho avanzar a la ciencia; todas sus ramas se han extendido, y la historia de las abejas, más que cualquier otra, se ha enriquecido, en este intervalo.

Schirach y Riem abrieron un nuevo camino, y tal vez nosotros mismos hemos contribuido a despejarlo del perjuicio que obstruye su progreso, mediante el establecimiento de los hechos anunciados, de una manera más rigurosa.

Desde entonces, algunas observaciones fueron publicadas en diferentes países, pero con tan poco desarrollo y de una manera tan imprecisa en comparación con lo que se requiere ahora de las ciencias naturales, iban a hundirse en el olvido sino nos hubiéramos empeñado en apoyarlas con hechos que pueden fortalecerlos.

Los naturalistas han dirigido principalmente su atención a la cera: varios químicos también han tratado de analizarla, pero hay muy poco acuerdo en los resultados de estos trabajos, como para demostrar la discusión insuficiente de este tema, que requiere nuevo examen.

Apareció una opinión bien fundamentada, entre las que hemos citado sobre la contemplación de la naturaleza, cuando el Sr. Bonnet escribió lo que él había aceptado, después de los mejores escritores de su tiempo, relativo a la reconversión del polvo de los estambres en cera de abejas.

El lector debe haber leído detenidamente con interés los detalles que dio sobre la manera en que las abejas recolectan esta sustancia, se cargan a sí mismas con ella, la almacenan y preservan; todos estos hechos habían sido observados escrupulosamente por Réaumur, Maraldi y varios otros sabios, de modo que no se pudieran plantear dudas sobre este punto; también es evidente que este polvo, tomado por las abejas de las flores, es de utilidad real para ellas, ya que traen a casa cantidades muy grandes de ella, pero ¿es este realmente el principio elemental de la cera de abejas?

Las apariencias favorecieron esta hipótesis; las abejas que abastecen al cultivador con dos sustancias preciosas, miel y cera de abejas, y cada día reúnen bajo sus propios ojos, el néctar de las flores y su polvo fecundante, uno podría fácilmente creer que la última sustancia sea cera cruda.

Réaumur resolvió algunas dudas, no sobre la conversión real, sino sobre la manera en que se llevó a cabo; ¿se formó la cera a partir de este polvo en sí o es sólo uno de los ingredientes principales de la misma? Después de varios experimentos, bastante simples, pero no concluyentes, se inclinó a esta última opinión, pero siempre lo expresó con la reserva que se nota en los amigos de la verdad; él creyó que se había asegurado de que las abejas meten el polen con una elaboración especial, que fue convertida en cera de abeja real en su estómago, y que esto se vomitó de su boca en forma de una especie de papilla. Se había dado cuenta, sin embargo, de la gran diferencia existente entre el polvo fecundante y la propia cera de abejas, y varias observaciones hechas por él deberían haberle hecho descartar esta idea, si hubiera sacado las consecuencias correctas de ellas.

Descubrimiento de escamas de cera bajo los anillos del abdomen

La ciencia se había detenido en este punto, cuando un cultivador Lusitano, cuyo nombre no ha llegado hasta nosotros, hizo un descubrimiento más importante. El Sr. Willelmi, un pariente de Schirach, quien hizo tal progreso en la historia de las abejas, escribió al Sr. Bonnet, el 22 de agosto del 1768:

> "Permítame, Señor, escribir aquí un relato abreviado de algunos de los nuevos descubrimientos que la Sociedad (de Alsacia) ha realizado. Creíamos hasta la actualidad que la cera se descargaba a través de su boca, pero se ha observado que la irradian a través de los anillos que forman la parte posterior de su cuerpo. Con el fin de comprobarlo, hay que coger la abeja, con la punta de una aguja, de la celda en la que ella trabaja, y entonces uno puede observar que estirando su cuerpo un poco, la cera con la que carga se encuentra bajo sus anillos, en forma de escamas, etc." (*Histoire de la Mère Abeille*, por Blassière)

El autor de esta carta no dio el nombre del naturalista que hizo esta hermosa observación; sea quien sea, merece ser mejor conocido. Sin embargo, al Sr. Bonnet no le parece que se haya estableció una prueba suficiente para hacerle renunciar a las ideas ya aceptadas, y persuadido por su influencia, no investigamos la base de su opinión.

Sin embargo, varios años después, en 1793, nos sorprendimos al encontrar pequeñas escamas de un material similar a la cera de abeja, bajo los anillos de algunas abejas.

Este descubrimiento fue de mayor interés en todos los aspectos; exhibimos estas escamas de cera a varios de nuestros amigos, y habiéndolos expuesto a la llama de una vela, encontramos en ellas las características de la verdadera cera de abejas.

Sin embargo, John Hunter un inglés de gran reputación, observando las abejas en el momento en que yo lo hacía, concibió algunas dudas que le llevaron a los mismos resultados. Él descubrió el verdadero receptáculo de cera bajo el vientre de estos insectos, y dio los detalles de sus observaciones en un libro de memorias insertado en las transacciones filosóficas, en 1792.

Al elevar los segmentos inferiores del abdomen de las abejas, encontró escamas de un material fusible que reconoció como la cera de abejas. Confirmó la diferencia existente entre el polen de los estambres y el material con el que se construyen los panales, y él atribuye una nueva propiedad a esos gránulos que las abejas traen a casa en sus piernas. Este fue un avance notable, pero Hunter no pudo presenciar el uso que se hace de estas escamas de cera que él supone que se produce dentro del cuerpo de la abeja, sólo pudo ofrecer conjeturas sobre el uso de polen. Realizamos nuestras propias observaciones, y pudimos, no sólo confirmar sus experimentos, sino también darles un mayor desarrollo; por lo tanto estos hechos, anunciados en Alemania, en Inglaterra y en Francia, no pudieron dejar de asegurar la confianza de todos los naturalistas.

Fue bajo los anillos inferiores del abdomen de las abejas donde encontramos las escamas de cera; estaban dispuestas en pares bajo cada segmento, en pequeñas bolsas de forma peculiar, y situadas a la derecha y a la izquierda del borde angular del abdomen; ninguna fue encontrada debajo de los anillos de los zánganos o de las reinas, la estructura de estas piezas es muy diferente en estas dos clases; solo las obreras poseen la facultad de segregar cera, para emplear la expresión de John Hunter (ver "Extracto de la Memoria por John Hunter" siguiendo este capítulo)

Volumen 2 Lámina II Fig. 1-Parte inferior de una obrera mostrando las placas.

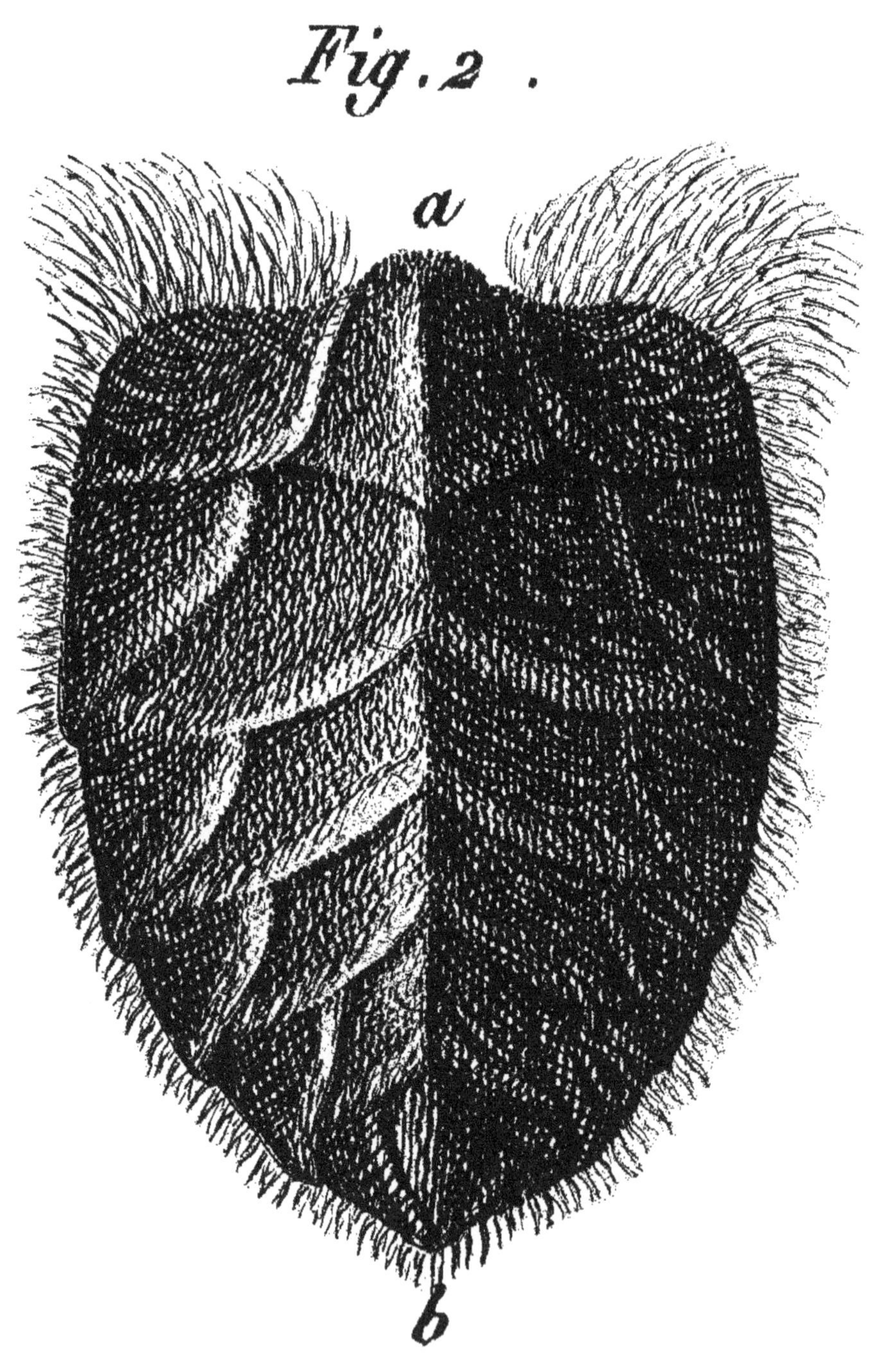

Volumen 2 Lámina II Fig. 2-Primer plano del abdomen de una obrera

La parte inferior del abdomen de la abeja (Lámina II, fig. 2) no presenta nada en el exterior que no sea común con el abdomen de las avispas y otros himenópteros, son semi-segmentos que se solapan parcialmente entre sí, pero no son planos, como lo son los de la mayoría de los insectos de la misma familia; son arqueados; ya que el abdomen de las abejas es notable en una prominencia angular que existe desde un extremo al otro (a, b, fig. 2).

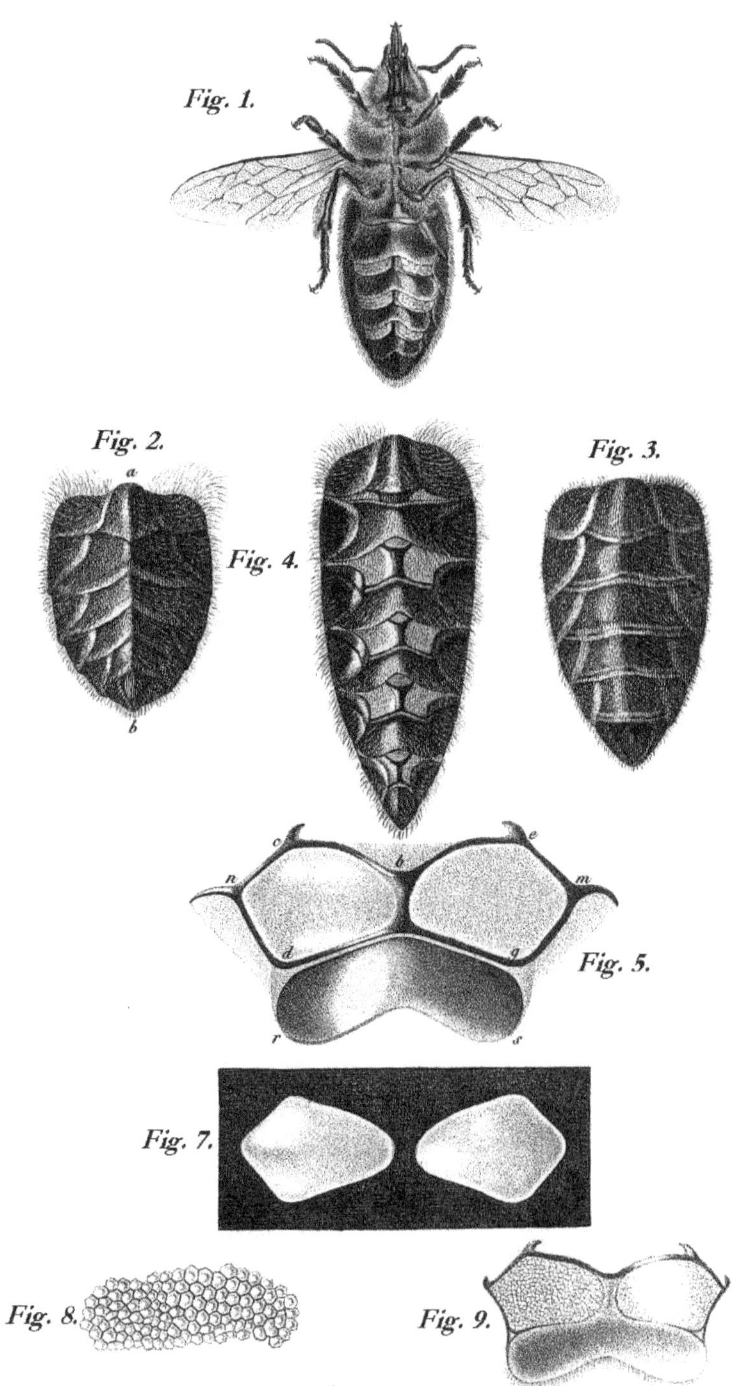

Volumen 2 Lámina II-Órganos de secreción de cera.

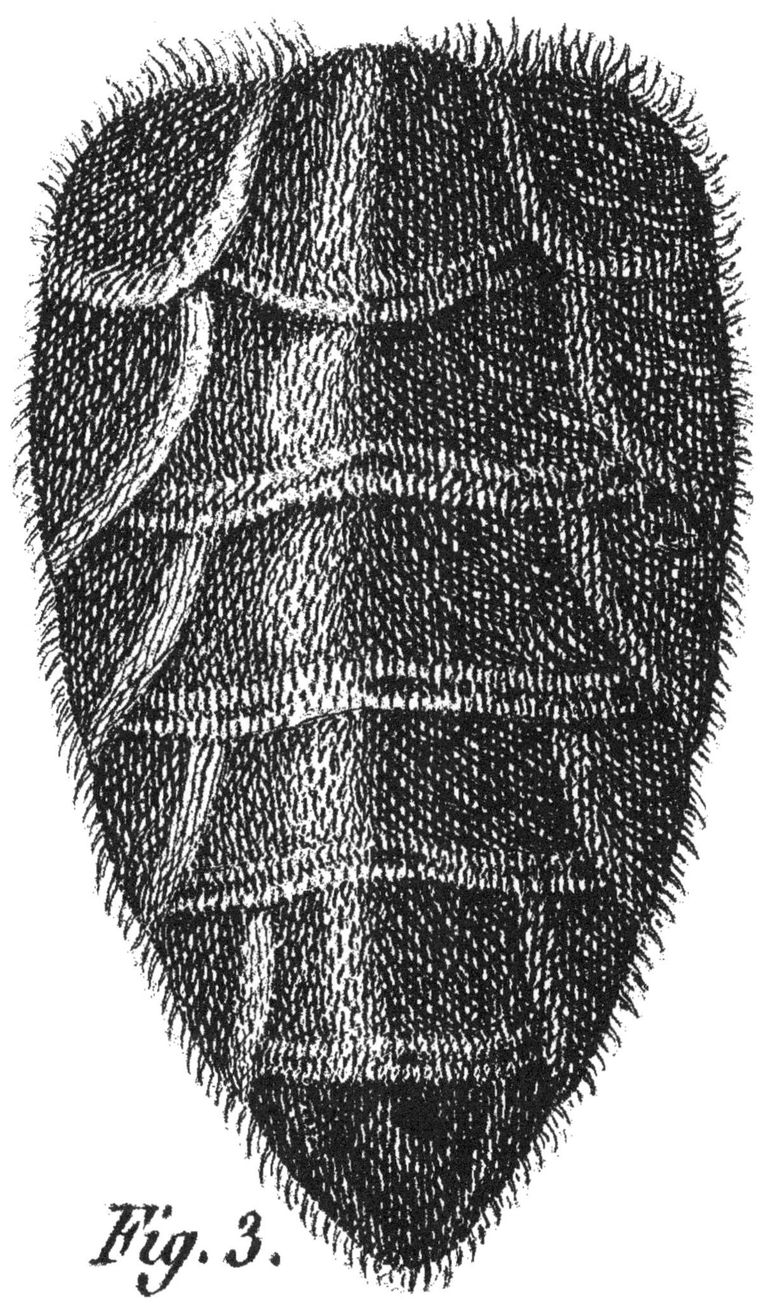

Volumen 2 Lámina II Fig. 3-Abdomen parcialmente distendido.

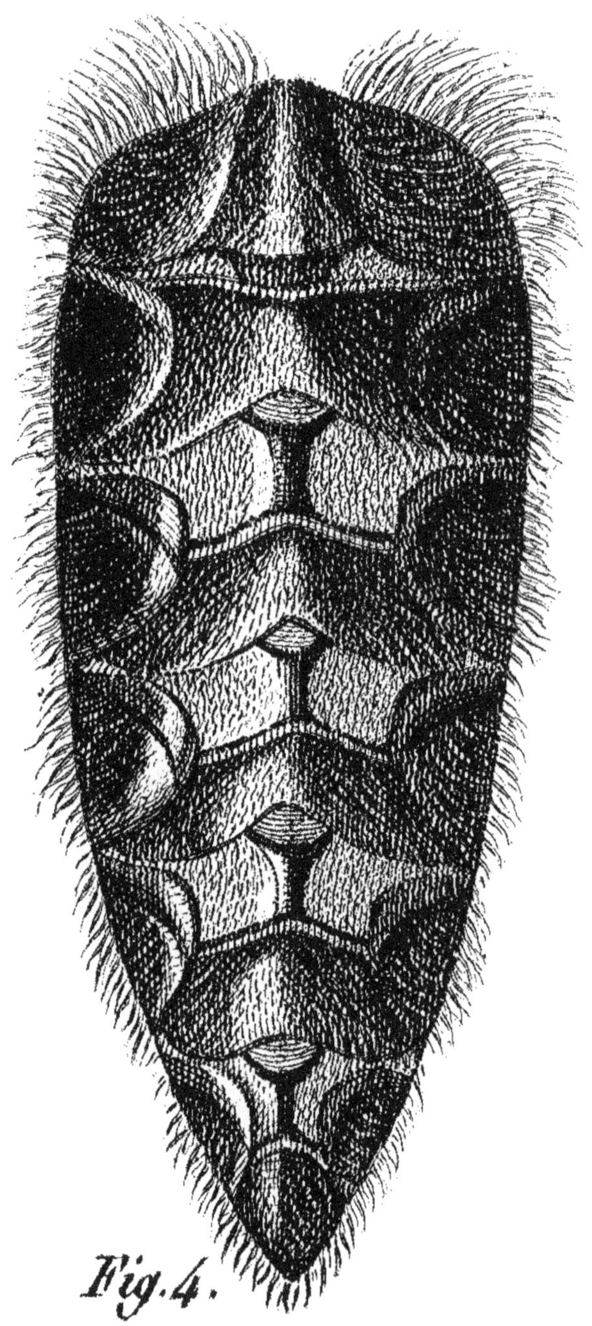

Volumen 2 Lámina II Fig. 4-Abdomen completamente distendido

La forma de estas bolsas o depósitos, la cual no fue observada por este autor y que Swammerdam y tantos otros naturalistas que estudiaron la abeja pasaron por alto, merece más estudio, ya que pertenece a un órgano recién encontrado.

El borde de estos segmentos es escamoso, pero si éstos se elevan, o si estiramos el abdomen de la abeja suavemente desde una de sus extremidades, descubrimos la parte que se oculta, en condiciones normales, por el borde superior de los otros segmentos (figs. 1 y 4).

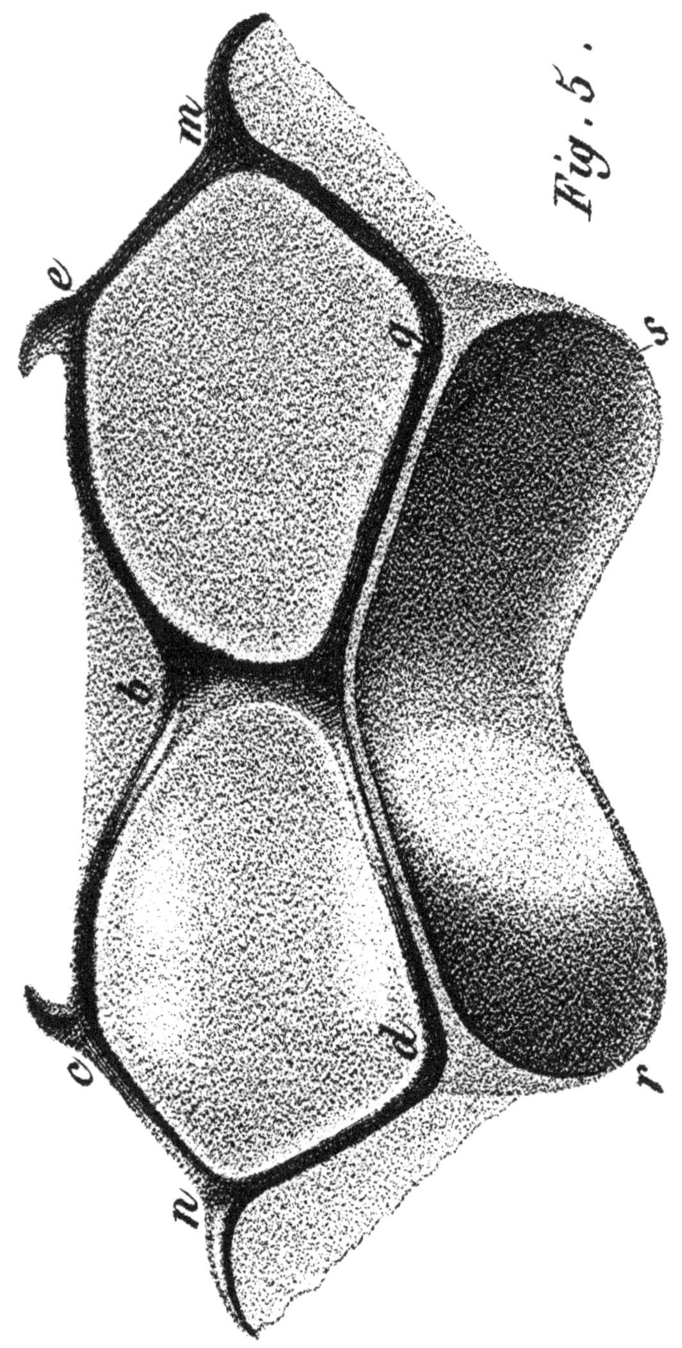

Volumen 2 Lámina II figura 5-Base del anillo abdominal.

Esta parte (c, d, e, g, fig. 5) debe ser considerada como la base de cada anillo, ya que se adhiere al cuerpo del insecto, es una sustancia membranosa, suave, transparente y de color blanco amarillento; que ocupa al menos dos tercios de cada segmento; se divide en dos por una pequeña cresta caliente (a, b,) que corresponde exactamente con la proyección angular del abdomen. Esta cresta, comenzando desde el centro del borde escamoso (d, g, r, s) va hacia la cabeza, cruza la parte membranosa, se bifurca en su extremo y se divide en forma de arco de derecha a izquierda, suministrando un borde sólido a ambos lados de la membrana (n, c, b, e, m, g, fig. 5.): las escamas de cera se encuentran en la naturaleza en estas dos áreas pequeñas (fig. 7). Su esquema, formado por dos líneas rectas y curvas unidas entre sí, muestra a primera vista la aparición de dos óvalos; pero cuando analizamos su composición, reconocemos que tienen una forma pentagonal irregular. Las zonas membranosas están inclinadas, como los lados del cuerpo; que están completamente cubiertas por el borde del segmento anterior y forman, con los últimos, pequeños bolsillos abiertos sólo en el lado inferior. Los segmentos, o las dos placas que forman la cavidad de cera, están unidos entre sí por una especie de membrana, como las dos partes de una cartera.

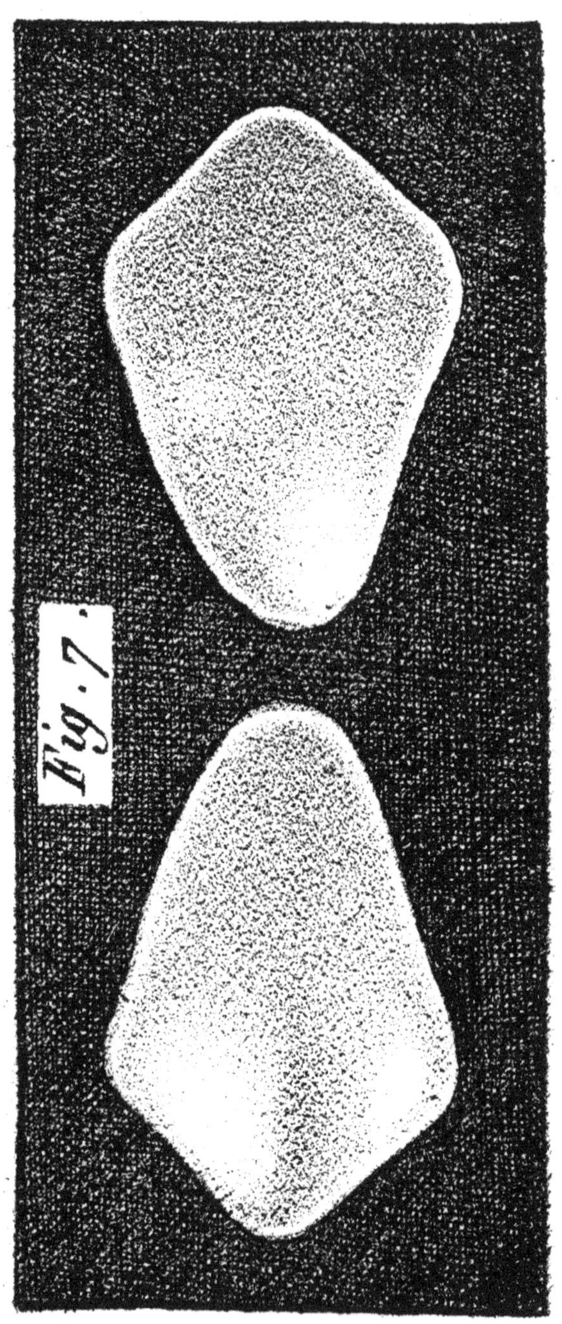

Volumen 2 Lámina II Fig. 7-Escamas de cera sobre paño negro para contraste.

Las escamas de cera (fig. 7) son exactamente de la misma forma que las zonas membranosas sobre las que se encuentran. Hay sólo 8 en cada abeja individual; el primer y último anillo, siendo de forma diferente al resto, no tienen ninguna. El tamaño de las escamas disminuye con el diámetro de los anillos sobre los cuales se moldean; las más grandes están en la tercera y las más pequeñas en la quinta.

Observamos que las escamas de cera no eran semejantes en todas las abejas; había una diferencia perceptible en su forma, su grosor y su consistencia.

En algunas de las abejas, eran tan finas y tan transparentes que era necesaria una lente de aumento para percibirlas; en otras pudimos descubrir sólo cristales en forma de aguja, como los que se ven en el agua helada.

Estas escamas no descansaban inmediatamente sobre la membrana; estaban separadas de ella por una ligera capa de sustancia líquida, que tal vez servía para lubricar las uniones de los anillos, o para hacer que la extracción de las escamas fuera más fácil, ya que de otro modo podrían adherirse con demasiada firmeza a las paredes de las celdas.

Finalmente, algunas otras abejas tenían escamas tan grandes que se proyectaban más allá de los anillos, su forma, más irregular que la de las anteriores; su espesor, alterando la transparencia de la cera, hacía que parecieran tener un color amarillo blanquecino; uno podría percibirlas sin levantar los segmentos que generalmente las cubren por completo.

Estos tonos de diferencia en las escamas de diferentes abejas, esta progresión en su forma y espesor, el fluido interpuesto entre ellas y las paredes de sus celdas, la relación entre su tamaño y forma, todas estas circunstancias juntas parecían indicar la trasudación de este material a través de la membrana que lo moldea.

Esta opinión fue confirmada por un hecho singular. Al perforar la membrana, cuya superficie interna parecía estar aplicada a las partes blandas del vientre, causamos el escape de un fluido transparente que se coaguló al enfriarse; en esta condición parecía cera de abejas: cuando se somete a la influencia del calor, se hace líquida de nuevo.

El mismo experimento realizado sobre escamas de cera, tuvo resultados similares; se convirtieron en líquido y se coagularon de nuevo de acuerdo con la temperatura, exactamente como lo hace la cera de abejas.

Hemos llevado nuestras investigaciones más lejos sobre la analogía de esta sustancia con la cera de abeja acabada; para este fin seleccionamos los fragmentos más blancos de cera que pudimos encontrar, tomándolos de panales de nueva construcción, para hacer la misma prueba; ya que la cera de los panales viejos está siempre más o menos coloreada.

1er Experimento: Comparando escamas y cera de abejas.

Echamos en esencia de trementina unas escamas tomadas de debajo de los anillos de las obreras; se disolvieron y desaparecieron antes de llegar al fondo del recipiente, sin que el líquido se volviera turbio; pero una cantidad igual de esencia no pudo disolver, ya fuera de forma completa o tan rápidamente los fragmentos blancos de cera trabajada, quedando muchas partículas restantes suspendidas en el líquido.

2º experimento: Comparando escamas y cera de abejas.

Llenamos de éter sulfúrico dos vasos de igual tamaño; uno era apropiado para la de cera de los anillos de las abejas, y el otro para fragmentos de cera de abeja de peso equivalente. Apenas habían tocado los fragmentos de cera de panales el éter cuando se dividieron y cayeron en polvo a la parte inferior del vaso; pero las escamas tomadas de las abejas no se desintegraron; conservaron su forma y sólo perdieron su transparencia, convirtiéndose de un color blanco opaco. Ningún cambio se llevó a cabo en ninguno de los vasos en el espacio de varios días. Evaporando separadamente el éter de cada una, se encontró una fina capa de cera en el cristal; repetimos este experimento con frecuencia, los fragmentos de panales siempre fueron reducidos a polvo; las escamas por el contrario, nunca se disolvieron en el líquido; después de varios meses el éter había disuelto una proporción muy pequeña de ellas.

A partir del experimento la prueba fue que la cera de los anillos de las abejas estaba menos mezclada que aquella con la que se había construido en las celdas, ya que esta última se disolvía con el éter mientras que la primera se mantenía en su totalidad; la primera se disolvió con trementina sólo en parte, mientras que la otra se disolvió completamente en ella.

Si la sustancia tomada de los anillos de las abejas es cera en bruto, debe someterse a un poco de preparación después de salir de sus celdas y las abejas debe ser capaces de impregnarla con una sustancia que le dé la ductilidad y la blancura de la verdadera cera. Hasta ahora, sólo sabíamos de su fusibilidad, pero siendo tal la principal propiedad de los panales, no pudimos dudar de que las escamas entren en su composición.

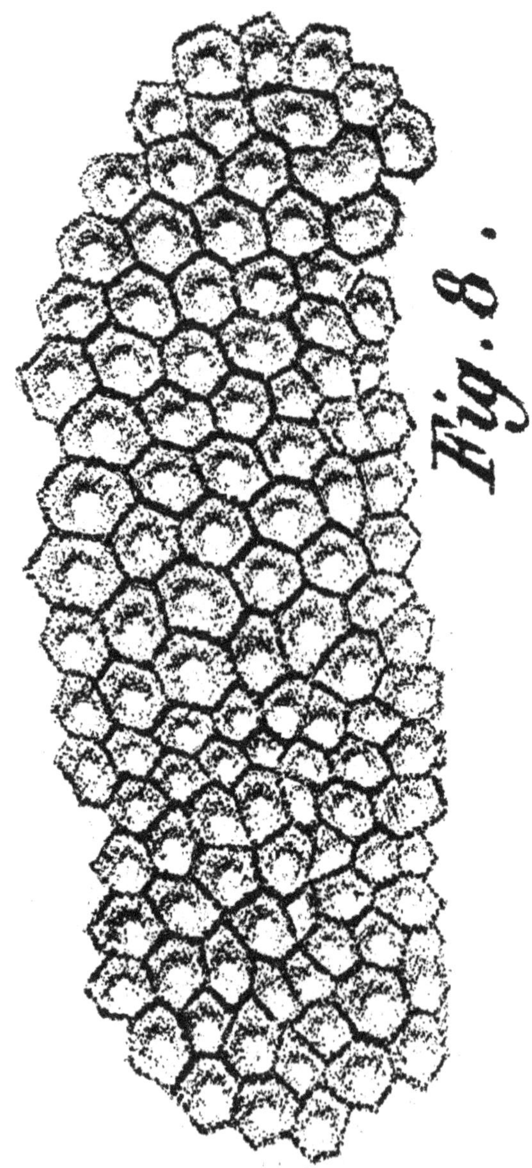

Volumen 2 Lámina II Fig. 8- Órgano productor de cera eliminado.

Buscando las glándulas de cera

Con la esperanza de determinar la fuente primaria de la materia cerosa, recurrimos a la disección de los órganos de la cera, pero, aunque llevada a cabo por una mano hábil, no cumplió con nuestras expectativas. (Ver "The Analysis of Wax Glands by Miss Jurine" después de este capítulo).

No se encontró comunicación directa entre estos órganos y el interior del abdomen; no se encontraron vasos que parecieran conectarlos, con la excepción de unas pocas tráqueas, sin duda, con la intención de introducir aire en dichas zonas. Pero la membrana de los órganos productores de cera se cubre con una red de mallas hexagonales (Vol. 2 Lámina II, Figs. 8 y 9) a la que tal vez debemos atribuir alguna función relacionada con la secreción de cera. Esta red no se encuentra en los machos, pero existe en reinas con modificaciones que alteran su textura, y ocupando en ellas dos tercios de cada segmento.

(Traductor-El siguiente párrafo no es inteligible, probablemente debido a algún error en la publicación, que parece ser contradictorio en sí mismo. Lo omitimos. Transcriptor-Aquí está el original en francés: " Chez les bourdons velus (apis bombilius) qui produisent de la cire, on retrouve ce réseau, don't la structurea est absolument la meme que chez l'abeille ouvrière, il n'en différé que parce qu'il occupé toute la partie antérieure des segmens; mais nous remarquerons ici que l'on n'aperçoit point de loges à circe chez ces insectos, leur abdomen est formé comme celui des hymenopters de la meme section."-Segundo Tomo pg 51)

La red en cuestión está separada de las otras partes internas por una membrana grisácea que forra toda la cavidad abdominal; cuando el estómago está lleno de los jugos elaborados por ella, es posible que les permita trasudar a través de sus delgadas paredes; y estos jugos, que atraviesan la membrana de color grisáceo que no está densamente tejida, pueden entrar en contacto con la red de mallas hexagonales. No es imposible que, por una especie de digestión a través de esta red, estos jugos sean reabsorbidos, produciendo la secreción de cera.

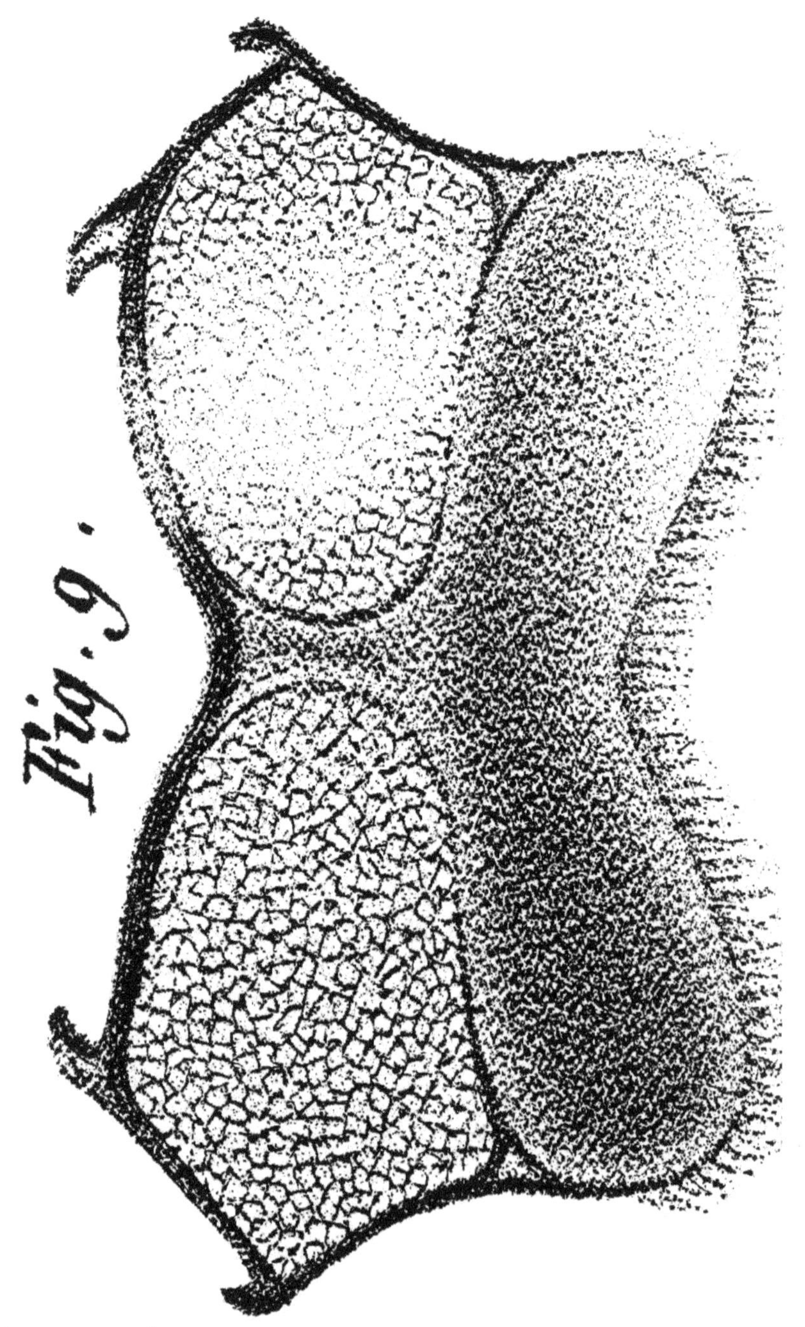

Volumen 2 Lámina II Fig. 9-Organos productores de cera en su lugar en el segmento inferior del abdomen.

Aunque es todavía imposible decidir cualquier cosa en este punto, parece admisible, sin romper las leyes fisiológicas, el considerar este asunto como producido por un órgano en particular a la manera de otras secreciones.

El descubrimiento de las escamas de cera, de las zonas productoras de cera, de su trasudación, derrocando antiguas teorías, abre una nueva época en la historia de las abejas. Plantea dudas sobre varios puntos que se consideraban resueltos y que ya no pueden ser explicados durante más tiempo sin la adquisición de información adicional. Se plantean una serie de preguntas, y ofrece un campo más amplio a las investigación de fisiólogos y aficionados de historia natural; abren nuevos horizontes a los químicos, mediante la exhibición de ellos, como una secreción animal, una sustancia que parecía pertenecer al reino vegetal. En una palabra, es la piedra angular de un nuevo edificio.

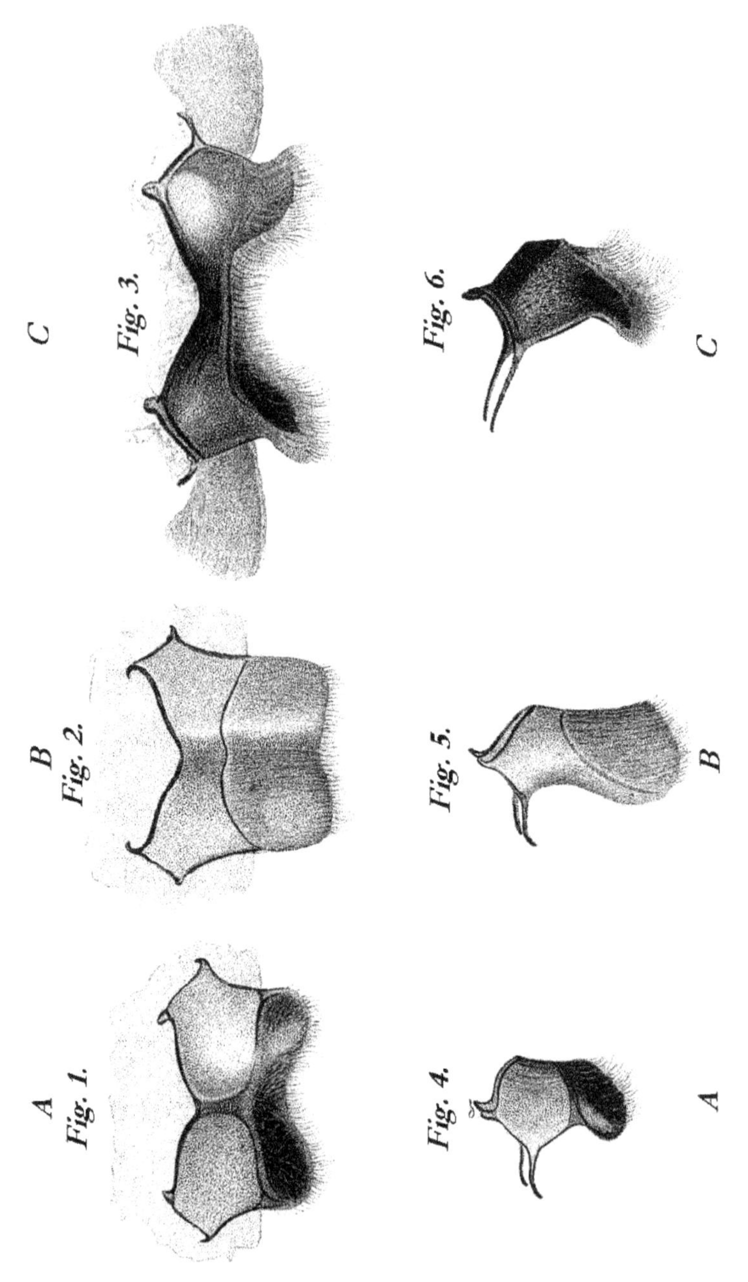

Volumen 2 Lámina III-La sección donde están los órganos productores de cera de las obreras, de cada casta: obrera, reina y zángano.

La Lámina III está destinada a representar los segmentos inferiores del abdomen de los tres tipos de abejas: fig. 1, el segmento de las obreras; fig. 2, el segmento de la reina; fig. 3 segmento del zángano.

Las Figs. 4, 5 y 6 son la misma, vistas de perfil, para mostrar la inclinación de las piezas de las que los segmentos están compuestos.

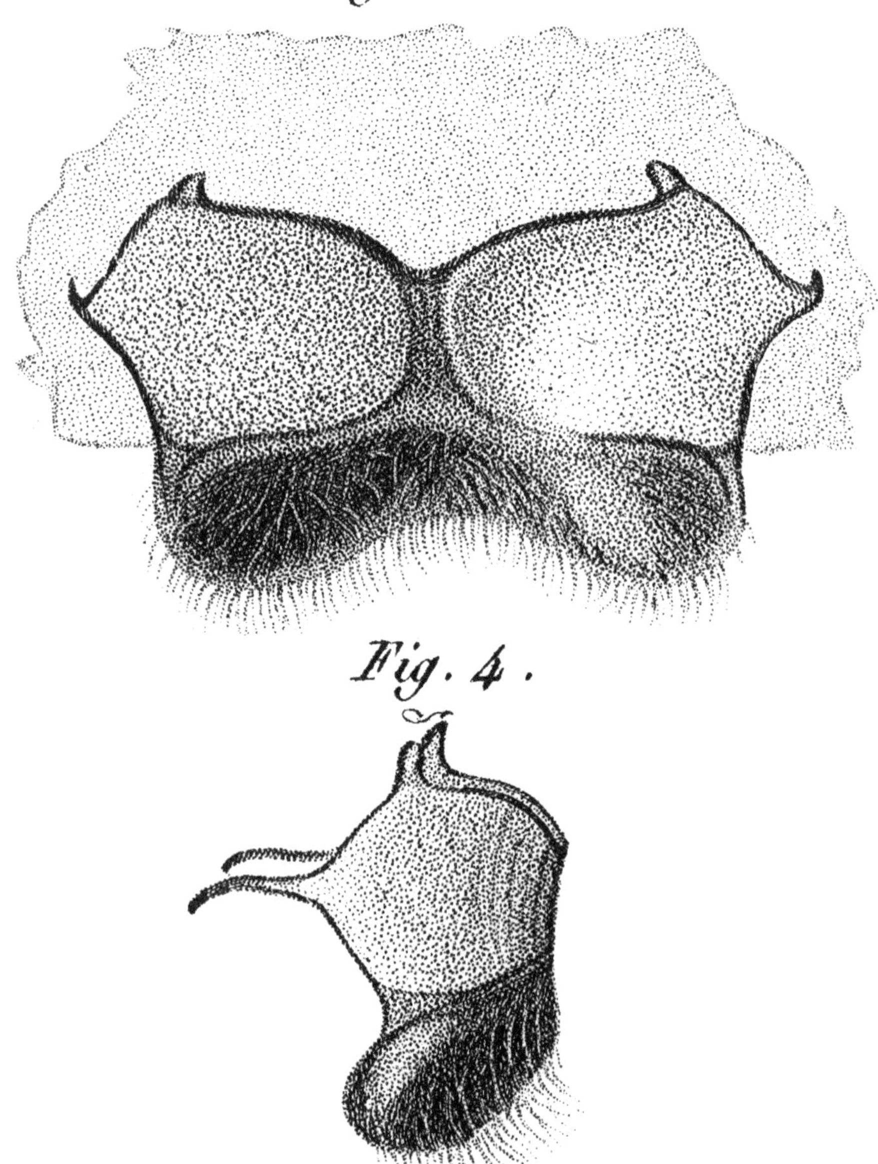

Volumen 2 Lámina III Figs. 1 y 4-Cisección del segmento inferior del abdomen (órganos de cera) de la abeja obrera, vistas frontal y lateral.

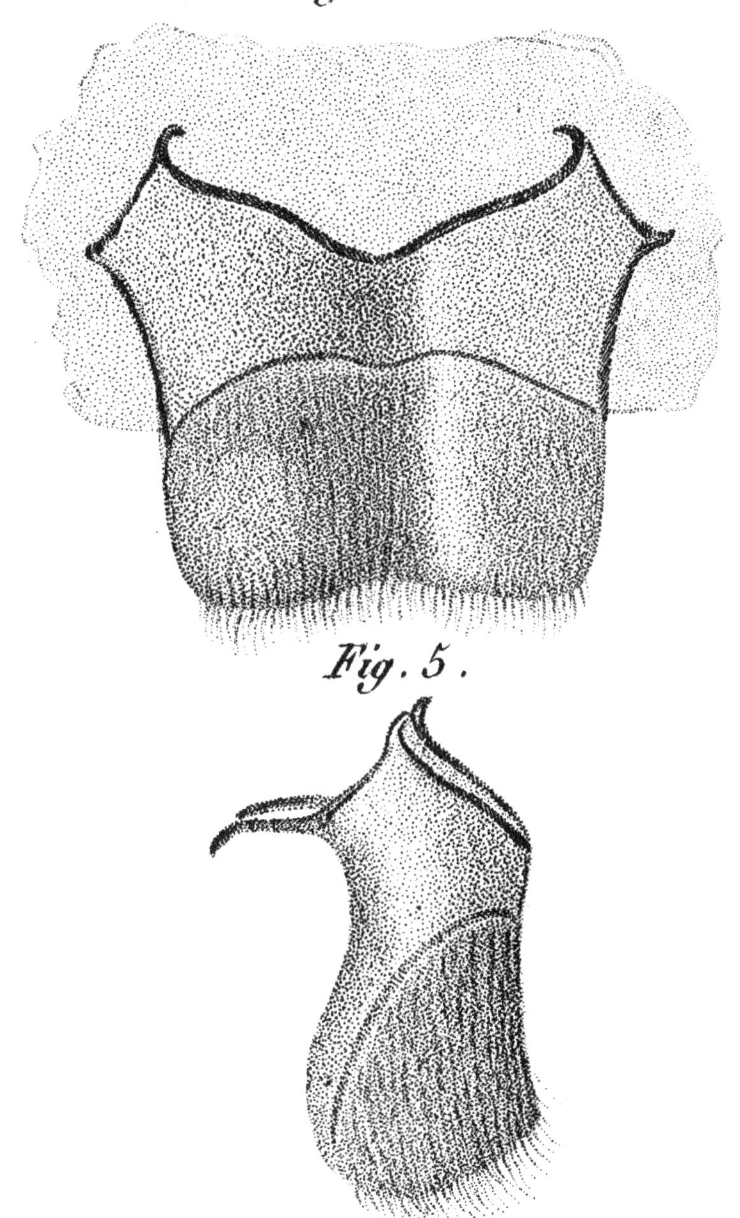

Volumen 2 Lámina III Figs. 2 y 5-Disección de un mismo segmento inferior del abdomen de la abeja reina, vistas frontal y lateral.

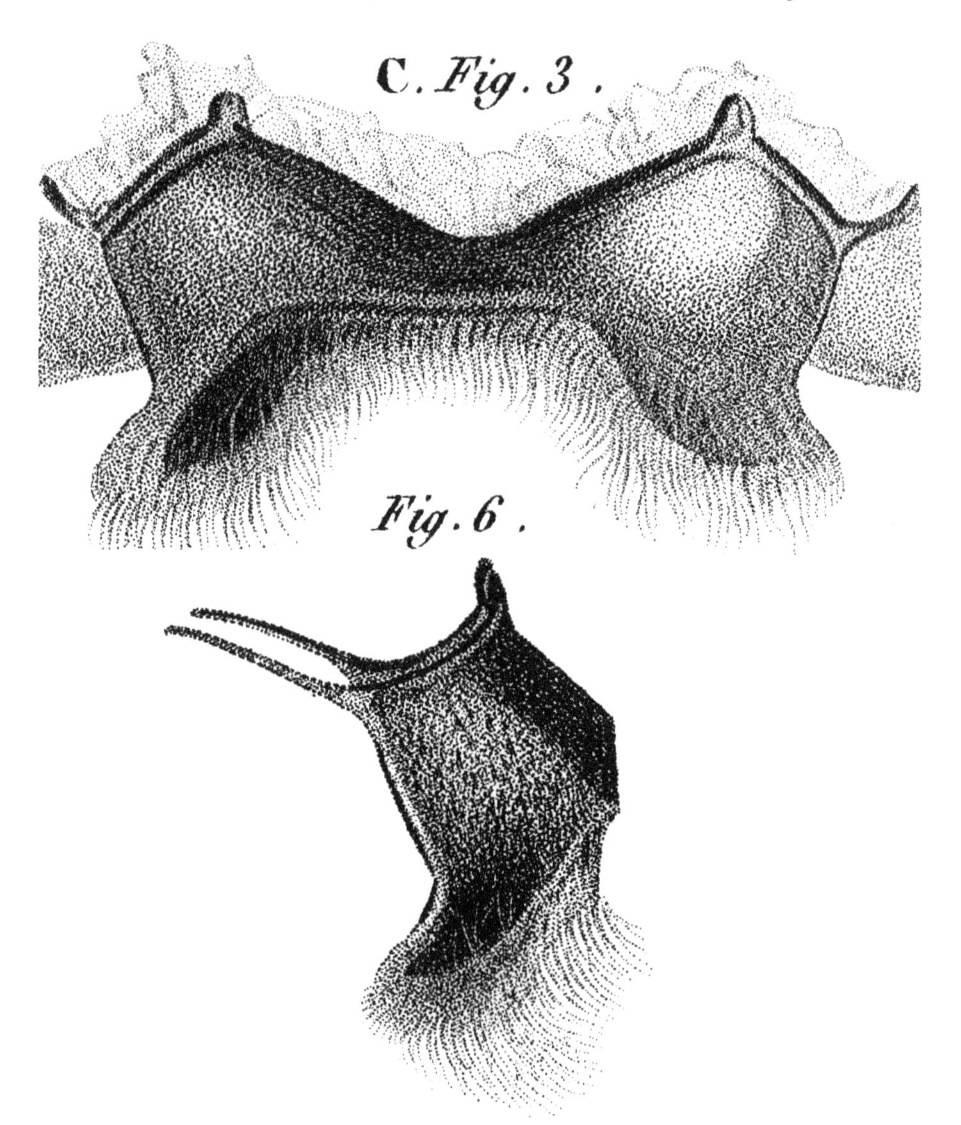

Volumen 2 Lámina III Figs. 3 y 6-Disección del mismo segmento inferior del abdomen de la abeja zángano, vistas frontal y lateral.

Señor, usted ha deseado que busque en las abejas los órganos que producen la cera; con el fin de informarle tuve que examinar las piezas que descansan sobre los segmentos del abdomen, donde se encuentran las placas de cera; comparar estas partes con las del abejorro hembra (bremus), que también producen una sustancia cerosa, sin tener, como las abejas, las glándulas en las que se moldea; establecer una comparación similar con las hembras de otros himenópteros que no segregan cera, y, por último, comprobar si existen grandes diferencias entre las reinas, machos y obreras en la estructura de estos órganos.

Al retirar cuidadosamente los cuatro segmentos de cera de una obrera, se descubre una membrana adiposa, intercalada con la tráquea, y exactamente similar a la que había sido reconocida por Swammerdam, en los segmentos superiores del abdomen; esta membrana está sujeta a cada anillo por seis pequeños paquetes de músculos. Dado que esta membrana se encuentra en todos los segmentos, mientras que la cera aparece sólo en las inferiores, no se presume que sea el órgano secretor. Para determinar esto, examiné el abdomen de la abeja violeta (sylocopa violacea), y de dos especies de avispas, y encontré que esta membrana existía de la misma forma.

Examiné después la superficie interna de los segmentos de cera, y descubrí una membrana blanquecina que recubre sólo las partes productoras de cera; la quité fácilmente por maceración, y la coloqué bajo un microscopio, parecía ser una bonita red de pequeñas mallas hexagonales, llenas de un líquido muy espeso, como jarabe. Si esta red era el órgano de la secreción de cera, cabía esperar encontrarlo en los mismos segmentos del abdomen de los abejorros y allí estaba en efecto; con esta diferencia, que ocupaba toda su mitad anterior.

Con el fin de percibir esta membrana más fácilmente, que es a veces confusa, debemos seleccionar abejas que están construyendo sus panales; ya que están muy llenas de materia blanquecina, entonces podría escogerse para conseguir escamas de cera.

Desmontando la red desde el anillo, para determinar si contenía cera real, o sólo una preparación preliminar para ella, lo coloqué en un recipiente, con el fin de compararlo con escamas de cera colocadas en otro recipiente; y vertí agua hirviendo sobre ambos; las escamas de cera se derritieron mientras que no salió ninguna partícula de cera de la última; estando demasiado contenta con este experimento lo repetí dos veces; pero el resultado fue el mismo, a pesar de que había roto las mallas de esta red por varias partes. Si la existencia de esta red debía ser considerada como un primer paso hacia el descubrimiento de los órganos secretores de cera, era necesario descubrir los vasos comunicantes con él, y cómo la cera era trasudada desde el abdomen; para este propósito diseccioné un gran número de abejas, y sólo pude ver tráquea diminutas, que se comunicaban inmediatamente con la red. Con la esperanza de tener un éxito mejor con otro plan, di de comer a algunas abejas con miel coloreada con laca, pero esta sustancia no llegó más lejos de los órganos digestivos. Probé con inyecciones de mercurio en estos mismos órganos, sin mayor éxito; incapaz de descubrir ningún otro recipiente, supuse que el material del que se formaba la cera podría ser suministrado por una trasudación de los jugos del estómago, que está muy atiborrado cuando las abejas trabajan en cera. Para aclarar mis dudas, lo examiné en varias obreras de cera, y presionándolo suave y repetidamente, mientras evitaba romperlo, tuve éxito en hacer que la mitad de su contenido fluyera hacia la cavidad abdominal; lo probé y encontré en él un sabor dulce y azucarado: estas abejas habiendo sido posteriormente expuestas al calor de un fuego moderado, este líquido asumió la consistencia de jarabe seco. Las abejas tienen varios medios para obtener tal presión sobre su estómago, pueden no alcanzarlo con efectos similares y no siempre este líquido puede alcanzar la red hexagonal donde recibe una preparación adecuada para su conversión en cera.

Las investigaciones que he hecho, para discernir cómo la cera o el líquido encontrado dentro de la red hexagonal pasó desde el interior hacia el exterior del cuerpo, no tuvieron mayor éxito; no pude encontrar ninguna abertura, ya fuera en la parte caliente del segmento que se alinea con esta red o en la membrana que une los anillos; pero a pesar de que no había visto tal abertura, ¿debo concluir que no había ninguna? En esta incertidumbre hice los siguientes experimentos: Entre algunas abejas que acababan de ser asesinadas por una fumigación de azufre, seleccioné aquellas que mostraban escamas de cera; después de haberlas sujetado por su espalda a una tabla, estiré su abdomen con el fin de eliminar las placas de cera con mayor facilidad; a continuación, pulsando los segmentos de producción de cera en varias ocasiones con la cabeza de un alfiler, vi su receptáculo insensiblemente humedecido con un líquido, de la consistencia de jarabe, que no se podía observar desde ninguna parte más: cuando las abejas en esta condición fueron expuestas a un calor moderado, adquirió aún mayor consistencia, sin embargo sin asumir una apariencia cerosa.

Repetí este experimento en las abejas que habían muerto hacía varios días, y estaban de alguna manera secas; las escamas se rompieron en fragmentos cuando traté de quitarlas; por el simple expediente de presionar los segmentos de cera varias veces, tuve éxito en obtenerlas enteras, lo que podía atribuir únicamente a la exudación de la materia almibarado que yo había observado en el experimento anterior.

La comparación del abdomen de las reinas con el de las obreras produjo las siguientes modificaciones: la membrana reticulada, que en este último ocupa sólo los segmentos de cera, se sustituye en las reinas por una membrana que se extiende sobre los dos tercios anteriores de cada segmento; su consistencia es tan fina y delicada que sólo puede ser vista con un microscopio; después de haberla quitado, me di cuenta de que la escama mostraba un tejido hexagonal mucho más categórico en el medio del segmento que corresponde a los órganos de cera de las obreras que en la mitad posterior. Mientras trataba de eliminar lo que había pensado que era una segunda membrana, pude comprobar que se trataba de la misma escama que estaba organizada de tal manera; esto me llevó a una inspección más cercana de la escama de los segmentos de cera del trabajador, que me pareció perfectamente lisa en la parte en que los receptáculos de cera están situados y se asemejan a la de la reina en todo el resto del segmento.

En cuanto a la diferencia entre los machos y las obreras, consiste en lo siguiente: Los zánganos están totalmente privados de la membrana grasa y la red hexagonal; en su lugar se ven fibras musculares muy gruesas, a través de las cuales existe una tráquea que se dispone como en la obrera; la escama de los segmentos masculinos muestra el mismo tejido hexagonal que la de la reina. Nota: Consulte Lámina III. A es un segmento de obrera, B de una reina, C de un zángano. Las Figs. 4, 5, 6, muestran los mismos segmentos de perfil.

Extracto de la Memoria por John Hunter

Sobre la cera de abejas. Traducido del Inglés

Al explicar de un modo nuevo la formación de cera de abeja, voy a demostrar que no podría tener el origen que se supone que tiene. Debo remarcar primeramente que los materiales de los que están compuestos los panales están en un estado diferente al del polvo de estambre de cualquier vegetal.

La sustancia que las abejas traen a casa en sus piernas, y que es el polvo fecundante de las flores, siempre ha sido considerada como el material del que la cera se compone; algunos autores han llamado *cera* a las bolitas que nuestras abejas traen desde los campos.

Réaumur era de esa opinión; hice varios experimentos con el fin de determinar si existía en este producto una cantidad de aceite suficiente para dar cuenta de la cantidad de cera formada a partir de él, y para saber si en realidad contenía aceite; sostuve una cerca de una vela; se quemó pero sin el olor de la cera, y emitió el mismo olor que el polvo estambre cuando se expone al fuego.

Recalqué que esta sustancia era de diferentes colores en las piernas de diferentes abejas; pero siempre del mismo color en ambas piernas de la misma abeja; mientras que la sombra de un panal nuevo es uniforme. Observé que las abejas de las colmenas antiguas donde los panales están completos, reúnen esta sustancia con más actividad, que aquellas que habitan en las nuevas colmenas en las que sólo se inician, que difícilmente sería el caso de que fueran los elementos de la cera. Podemos observar también que, cuando colocamos las abejas en una colmena nueva, pasan dos o tres días antes de traer bolitas en sus piernas, y que sólo después de ese el intervalo de tiempo lo recolectan. ¿Por qué? Porque durante esos primeros días han tenido tiempo para construir celdas en las que esta sustancia puede ser almacenada; se han puesto algunos huevos y después de que salgan del cascarón las crías necesitarán este alimento que estará listo para ellas, y que no será escaso si el tiempo debiera ser húmedo y las abejas fueran incapaces de recolectarlo fuera.

También he observado que, cuando el clima era muy frío o muy húmedo en Junio como para evitar que un joven enjambre saliese fuera, mayor cantidad de panal era construido, sin embargo, podría haber sido construido, si hubieran sido capaces de volar sobre el campo.

La cera la forman las propias abejas; puede ser llamada una secreción externa de aceite y se origina entre cada placa de la parte inferior del vientre. Al observarlo por primera vez, en el examen de una obrera, me daba vergüenza explicar su aparición, y dudaba de si las nuevas escamas se estaban formando, y si las abejas habían echado las antiguas como caparazones de langostas, pero pronto descubrí que esta sustancia se encuentra sólo entre las escamas del vientre. Al examinar las obreras escalando en el interior de los paneles de las colmenas de cristal, vi que la mayoría de ellas exhibían esta sustancia; a los bordes inferior y posterior de la escama les dieron la apariencia de ser dobles, o parecían ser dobles escamas; pero pude comprobar que esta sustancia estaba suelta y no se adhería.

Habiendo demostrado que los gránulos traídos en sus extremidades eran sémola de los estambres, aparentemente destinada a la alimentación de las larvas y no para la fabricación de cera, y no habiendo encontrado nada más que podría suponerse que es cera, supuse que estas escamas podrían ser de cera. Puse varias de ellas en la punta de una aguja, que sostuve hacia la llama de una vela; se fundieron y formaron un glóbulo. Ya no dudaba de que esto fuera cera y me aseguré de ello de una manera más positiva determinando que nunca se encuentran, excepto durante la temporada en que las abejas construyen sus panales.

En el resto del párrafo, el autor relata haber hecho esfuerzos inútiles para aprovechar el momento cuando desprendían las escamas de sí mismas.

Él después afirma que es este material, trasudado través de los anillos del abdomen, con el que construyen sus panales, pero cree que le añaden un poco del polvo fecundante de los estambres, cuando la secreción de cera no es suficientemente abundante para su trabajo.

Capítulo II: Sobre el origen de la cera

Cuando la naturaleza exhibe una organización peculiar en una de sus producciones, uno puede estar seguro de que es con un fin útil, objetivo que, tarde o temprano, se demostrará ante nosotros.

La existencia de los órganos productores de cera bajo los anillos de las abejas, la forma y estructura de las membranas sobre las cuales aparecen las escamas de cera para ser moldeadas; la red hexagonal, inmediatamente a continuación, su ausencia en los insectos que no producen cera, su presencia en los abejorros con una modificación notable; por último las graduaciones observadas en las placas de cera, desde su aparición en forma de los cristales hasta su prominencia fuera de los anillos, la fusibilidad de este material, que sin embargo difiere en algún aspecto de la cera de abejas en sí, todo indica que son órganos concebidos para una función importante y creemos que están dotados con la facultad de producir cera.

Sin embargo no habíamos descubierto los canales que deberían traer esta sustancia a su cisterna; su elaboración podría ser producida por la acción de la red de mallas hexagonales; pero no teníamos medios para determinarlo: el arte asumido en secreciones animales y vegetales es posible que siempre se escape de nuestro análisis, ya que las metamorfosis de líquidos en seres organizados, cuando son secretados por las glándulas y vísceras en las que se elaboran parecen estar cuidadosamente veladas por la naturaleza.

Estando obstruidos los medios de simple observación en esta investigación, tuvimos la necesidad de emplear otros métodos para determinar si la cera es en realidad una secreción, o si era resultado de la recolección de una sustancia en particular.

Pensando que era una secreción, tuvimos primero que verificar la opinión de Réaumur, quien conjeturó que se trataba de la elaboración de polen en el estómago de las abejas, aunque nosotros no creíamos, como él hizo, que fue vomitado por la boca. Ni estábamos dispuestos a adoptar su punto de vista en cuanto a su origen; ya que nos sorprendía, al igual que Hunter, el hecho de que los enjambres recién hechos reunidos en colmenas vacías no trajeran polen y aún así construyeran panales; mientras que las abejas de colmenas viejas, no teniendo nuevas celdas para construir, lo traían en abundancia.

Es singular que Réaumur, que había hecho esta observación, sin embargo, no hubiera podido darse cuenta de lo desfavorable que era a la opinión común; por muy bien que estuviera, más que nadie, libre de prejuicios.

Decidimos hacer varios experimentos, para aprender definitivamente si las abejas privadas de polen, durante una serie de días, aún producirían cera; esto era importante, ya que recordábamos que el Sr. de Réaumur, con el fin de explicar sus conjeturas, había asumido que la elaboración del polen tardaba un cierto tiempo en llevarse a cabo en el cuerpo de las abejas. El experimento indicado consistía en conservar las abejas dentro de la colmena para evitar la recolección o que comieran polvo fecundante. El 24 de mayo hicimos este experimento en un enjambre que acababa de salir de la colmena madre.

1er Experimento: Ver si las abejas pueden hacer cera sin polen

Colocamos este enjambre en una colmena de paja con suficiente agua y miel para el consumo de las abejas; cerramos cuidadosamente las entradas con el fin de evitar toda posibilidad de escape, dejando acceso libre para el aire que necesitan las abejas cautivas.

Las abejas se agitaron en gran medida al principio; logramos calmarlas mediante la colocación de la colmena en un lugar fresco y oscuro; su cautiverio duró cinco días; al final de ese tiempo se les permitió tomar el vuelo en una habitación cuyas ventanas habían sido cerradas con cuidado; fuimos capaces de examinar su colmena convenientemente; habían consumido su provisión de miel; pero la colmena, que no contenía un átomo de cera cuando las colocamos en ella, había adquirido cinco panales de la mejor cera, durante esos cinco días; la sustancia era de un color blanco puro y de gran fragilidad.

Este resultado, del que no habíamos extraído consecuencias, fue extraordinario; no esperábamos una solución al problema en tan poco tiempo. Sin embargo, antes de concluir que las abejas habían producido cera con la miel con la que se alimentaron era necesario asegurarse, a través de otros experimentos, de que no había otra explicación posible.

Las obreras, aunque en cautiverio, podrían haber reunido el polen cuando aún estaban en libertad, en la víspera o el mismo día de su encarcelamiento y quizás tenían bastante en el estómago o en sus cestas de polen para extraer toda la cera que habíamos encontrado en la colmena.

Pero si tal era el caso, esta fuente no era inagotable, y las abejas siendo incapaces de adquirir más, pronto dejarían de construir panales, caería en la inacción absoluta; así que fue necesario prolongar la prueba con el fin de hacerla decisiva.

2º Experimento: Asegurarse de que no había polen almacenado en el estómago de las abejas y sólo había miel disponible

Antes de proceder con este segundo experimento, privamos a las abejas de todos los panales que habían construido durante su cautiverio. Burnens, con su habitual maestría, las hizo volver a la colmena y las encerró, como antes, con una nueva ración de miel. Esta prueba fue corta; al día siguiente nos percatamos por la tarde, de que las abejas estaban trabajando con nueva cera; el tercer día visitamos la colmena y en realidad encontramos cinco nuevos panales, tan regulares como los que habían construido durante su primer encarcelamiento.

Los panales se eliminaron cinco veces sucesivamente, siempre bajo la precaución de evitar que las abejas se escaparan fuera. Mantuvimos los mismos insectos, y fueron alimentados exclusivamente con miel, durante este largo cautiverio que podíamos haber prolongado con el mismo éxito, si hubiéramos pensado que fuera necesario. En cada ocasión que les suministramos miel produjeron nuevos panales; por lo que es indudable que esta sustancia produce un efecto de secreción de cera sin la ayuda de fecundar el polvo.

Puesto que era posible que el polen pudiera tener propiedades similares, no nos demoramos en aclarar esta cuestión a través de otro experimento que fue simplemente el contrario al anterior.

Esta vez, en lugar de dar miel a las abejas, no les dimos nada más que frutas y polen para su alimentación; las encerramos bajo una estructura de vidrio, con un panal con celdas llenas de polen solamente: su cautiverio duró ocho días, durante los cuales ellas no produjeron cera, ni observamos escamas bajo los anillos. ¿Podría existir alguna duda entonces sobre el verdadero origen de la cera de abejas? No tenemos ninguna.

3er Experimento: Asegurarse de que no había cera en la miel

¿Podría argumentarse que la cera está en la propia miel y que las abejas conservan este líquido con el fin de utilizarlo cuando es necesario? Esta última objeción tendría alguna probabilidad, ya que la miel casi siempre contiene parcelas de cera; uno puede verlas subir a la superficie cuando la miel se diluye en agua; pero el microscopio, demostrándonos el hecho de que estas partículas pertenecían a las celdas construidas previamente, que tenían la misma forma y grosor que las paredes rotas de las celdas, nos dio una indicación de la trivialidad de este argumento que se nos detuvo por un momento.

Con el fin de obviar formalmente esta objeción e iluminarnos a nosotros mismos en una opinión particular, es decir: que el dulce era la verdadera causa de la secreción de cera; tomamos una libra de azúcar blanca reducida a jarabe y se lo dimos a un enjambre confinado en una colmena de cristal.

Hicimos este experimento aún más positivo estableciendo para comparación, otras dos colmenas, en las que construimos dos enjambres, uno alimentado con azúcar negro muy oscuro y el otro con miel. El resultado de esta prueba triple fue tan satisfactorio como deseábamos que fuera posible.

Las abejas de las tres colmenas produjeron cera; las que habían sido alimentadas con azúcar de diferentes calidades dieron más y en mayor abundancia que aquellas que fueron alimentadas sólo con miel.

Cantidades de cera producidas de varios azúcares

Una libra (453 gramos) de azúcar blanco, reducida a jarabe, y clarificada con clara de huevo, produjo 10 gruesas 52 granos (1.5 onzas o 42 gramos) de cera más oscura que la que las abejas extraen de la miel. Un peso igual de azúcar marrón oscuro produjo 22 gruesas (3 onzas o 84 gramos) de cera muy blanca; una cantidad similar se obtuvo a partir de azúcar de arce.

Repetimos estos experimentos siete veces seguidas, con las mismas abejas y siempre obtuvimos cera en casi la misma proporción que la anterior. Por lo tanto, parece demostrado que el azúcar y la parte azucarada de la miel permite a las abejas que se alimentan de ella producir cera, una propiedad totalmente negada al polvo fecundante.

Los hechos que estos experimentos nos dieron pronto fueron confirmados de una forma más general. Aunque no hubo duda sobre estas cuestiones, estaba bien preguntar si las abejas, en su estado natural, seguirían el mismo camino que las que habíamos mantenido cautivas: un largo curso de observaciones, de las cuales vamos a dar un boceto nos demostraron que cuando el campo ofrece a las abejas una gran cosecha de miel, aquellas de las viejas colmenas la almacenan con avidez, mientras que las de los nuevos enjambres la convierten en cera.

Yo entonces no era dueño de un gran número de colonias, pero las de mis vecinos del pueblo sirvieron para comparación, a pesar de que fueron construidas con paja y no ofrecían las mismas comodidades que las mías. Ciertas observaciones que hicimos sobre la apariencia de los panales y de las abejas a sí mismas cuando trabajan con cera nos permitieron beneficiarnos de esas colmenas tan desfavorables para la observación.

La cera de abejas es originalmente blanca, poco después las celdas se vuelven de color amarillo, y marrones con el tiempo; cuando los panales son muy viejos su color es de una tonalidad negruzca. Por tanto, es muy fácil distinguir los nuevos panales de aquellos que han sido construidos previamente, y por lo tanto saber si las abejas construyen panales o si el trabajo se suspende, simplemente levantando las colmenas y echando un vistazo a los bordes de los panales.

Dos tipos de obreras en la colmena

Las siguientes observaciones también pueden proporcionar indicaciones de la presencia de la miel en las flores. Se basan en un hecho notable que era desconocido para mis precursores; es que hay dos tipos de obreras en la colmena; las que pueden alcanzar un tamaño considerable cuando se han llenado con toda la miel que su estómago puede contener, están, en general, destinadas a la elaboración de cera; las otras cuyo abdomen no cambia perceptiblemente en apariencia, conservan sólo la cantidad de miel que es necesaria para su sustento e inmediatamente entregan a las demás lo que han cosechado; no están a cargo de la provisión de la colmena, su función particular es estar al cargo de las jóvenes: las llamaremos abejas nodrizas, o pequeñas abejas, en oposición a aquellas cuyo abdomen puede ser dilatado y que merecen el nombre de obreras de la cera.

A pesar de la diferencia externa por la cual los dos tipos pueden ser reconocidos o considerados, esta distinción no es imaginaria. Las observaciones anatómicas nos han enseñado que hay una verdadera diferencia en la capacidad de su estómago. También hemos comprobado que las abejas de un tipo no pueden cumplir todas las funciones compartidas entre las obreras de una colmena. En una de estas pruebas pintamos con colores diferentes las abejas de cada clase, para observar su comportamiento, y no vimos ningún intercambio. En otra prueba, le dimos a las abejas de una colonia huérfana tanto cría como polen y una vez vimos a las pequeñas abejas afanadas con el alimento de las larvas, mientras que las de la clase de las obreras de cera no les prestaron atención. Nota: Huber no sabía entonces lo que aprendimos más tarde, con la introducción de abejas italianas, que la diferencia de funciones se debe a la diferencia de edad, de las abejas de la colonia.- Traductor.

Cuando las colmenas están llenas de panales, las abejas obreras de cera regurgitan su miel en los almacenes habituales y no hacen cera; pero si no tienen depósito en el que depositarla, y si su reina no encuentra celdas ya construidas para depositar sus huevos, retienen en su estómago la miel que han recogido, y tras veinticuatro horas exudan cera a través de los anillos; entonces el trabajo de construcción del panal comienza.

Uno podría creer que, cuando el campo no proporciona miel, las constructoras de cera pueden invadir las disposiciones almacenados en la colmena; pero no se les permite hacerlo; una parte de la miel se guarda cuidadosamente; las celdas en las que se deposita están protegidas con un recubrimiento de cera que se elimina sólo en caso de extrema necesidad y cuando no hay otra manera de conseguirla en otra parte; nunca se abren durante la temporada buena; otros almacenes, siempre abiertos, suministran las necesidades diarias de la comunidad; pero cada abeja coge sólo lo que es absolutamente necesario para los actuales requisitos.

Las obreras de cera aparecen con grandes vientres en la entrada de la colmena sólo cuando el campo suministra una abundante cosecha de la miel; producen cera sólo cuando la colmena no está llena de panales. Se puede concebir, por lo que hemos dicho, que la producción de la materia cerosa depende de un concurso de circunstancias que no siempre aparecen.

Las abejas pequeñas también pueden producir cera, pero en una cantidad muy inferior a la producida por las obreras de cera real.

Otra característica, por medio de la cual un observador atento no puede dejar de reconocer el momento en el que las abejas recogen suficiente miel para producir cera, es el fuerte olor de estas dos sustancias que se producen en las colmenas en ese momento y que no existe con tal intensidad en cualquier otro tiempo.

De estos datos, fue fácil para nosotros reconocer si las abejas trabajaron en sus panales en nuestras colmenas y en las de los cultivadores del mismo distrito.

Observaciones sobre las condiciones cuando ocurren las construcciones de cera

En 1793, la inclemencia de la temporada había retrasado la salida de enjambres; no había ninguno en el campo antes del 24 de mayo; la mayoría de las colmenas enjambraron a mediados de junio. Entonces el campo estaba cubierto de flores, las abejas recogieron mucha miel, y los nuevos enjambres trabajaron la cera con actividad.

El día 18, Burnens visitó 65 colmenas y vio obreras de cera delante de las entradas de todos las colmenas; las que entraron en las antiguas colmenas rápidamente almacenaron sus cosechas, y no construyeron panales; pero las de los enjambres convirtieron su miel en cera y se apresuraron a preparar alojamiento para los huevos de su reina.

El 19 fue lluvioso, las abejas salieron, pero no vimos ninguna obrera de cera; trajeron sólo polen. El clima fue frío y lluvioso hasta el día 27; estábamos ansiosos por aprender lo que había resultado de esta condición atmosférica.

El día 28 levantamos todas las colmenas. Burnens entonces vio que la obra había sido interrumpida; los panales que había medido el día 9 no habían recibido la menor adhesión, eran de color limón amarillo, ya no había ninguna celda blanca en ninguna de las colmenas.

El 1 de julio, el clima fue más cálido, y los castaños y tilos estaban en flor, volvimos a ver las obreras de cera; trajeron mucha miel; los enjambres alargaron los panales; vimos por todas partes una gran actividad: la recolección de la miel y el trabajo en cera continuaron hasta mediados de mes.

Pero el 16 de julio, el calor había subido por encima de 20° R (Nota: la traducción de Dadant dice 77° F, mientras que la versión francesa original que utiliza constantemente R dice 20° que son 77° F o 25° C. Sin embargo, Huber parece indicar que es demasiado caliente. Tal vez fue un error tipográfico en el original.-Transcriptor), el campo sintió la sequía; las flores de los prados y las de los árboles que acabamos de mencionar se desvanecieron por completo, ya no cosecharon miel; su polen solo atrajo a las abejas, lo reunieron abundantemente, y no produjeron cera. Los panales no se alargaron, los de los enjambres no hicieron ningún progreso.

No había llovido durante seis semanas; el calor era mucho; tampoco había rocío por la noche, y el trigo sarraceno, que había florecido durante varios días no dio miel a las abejas, sólo encontraron polen en él; pero el 10 de agosto, llovió durante varias horas; al día siguiente exhalaron el olor de la miel y la vimos realmente brillar en las flores abiertas, las abejas encontraron suficiente para su comida, pero demasiada poca para ser inducidas a trabajar en cera.

La sequía volvió el 14 y duró hasta el final del mes; luego examinamos las 65 colmenas por última vez, y vimos que las abejas no habían trabajado en cera desde mediados de julio; y habían almacenado mucho polen, el suministro de miel había disminuido considerablemente en las viejas colmenas y no había casi nada en los nuevos enjambres.

El año fue por lo tanto muy desfavorable para el trabajo de las abejas; lo atribuyo principalmente a la condición de la atmósfera que no estaba cargada de electricidad; una circunstancia que tiene gran influencia en la secreción de la miel en los néctares de las flores. He notado que la cosecha de las abejas nunca es más abundante, ni la obra en cera más activa que cuando una tormenta está en preparación y el viento viene del sur, el aire es húmedo y cálido; pero el calor prolongado y la subsiguiente sequía, las lluvias frías y el viento del norte suspendieron completamente la elaboración de la miel en las plantas, y por consiguiente la operación de las abejas.

Cuando confinamos a las abejas con el fin de descubrir si la miel era suficiente para la producción de cera, apoyamos su cautiverio con paciencia; mostraban una singular perseverancia en la reconstrucción de sus panales, tan rápido como los retirábamos nosotros: si les hubiéramos dejado una parte de esos panales, su reina hubiera puesto huevos en las celdas, habríamos visto de qué manera las obreras se conducían hacia sus crías y lo que habría sido el efecto sobre estas últimas por la privación del polen fecundante; pero ya que estábamos ocupados exclusivamente con la cuestión relacionada con el origen de la cera preferimos hacer un tratamiento separado de aquello que se refiere a la alimentación de los jóvenes.

4º Experimento: Demostrando que el polen es necesario para criar a la cría

El experimento que íbamos a hacer necesitaba la presencia de larvas en la colmena; se necesitaba miel y agua; las abejas debían tener panales que contuvieran cría y debían ser cuidadosamente cerrados, de modo que no pueden ir al campo después del polen; tuvimos la oportunidad de tener una colonia que nunca había dejado de producir por esterilidad de la reina; la sacrificamos para este experimento; estaba en una de mis colmenas de hoja, siendo ambos extremos de vidrio: eliminamos a la reina y sustituimos, por el primer y último panales, algunos panales llenos de cría, huevos y larvas jóvenes, pero no había celdas con polvo fecundante; quitamos cada parcela que John Hunter conjeturó que eran la base de la alimentación de las jóvenes.

El comportamiento de las abejas en estas circunstancias es digno de atención. El primer y segundo día del experimento nada extraordinario sucedió; las abejas criaban a las jóvenes y parecían estar al cargo de ellas.

Pero el tercer día después de la puesta del sol, oímos un gran ruido en esta colmena; impacientes por descubrir la causa abrimos una persiana y las vimos a todas confundidas; la cría fue abandonada, las obreras corrían en desorden sobre los panales; vimos miles corriendo hacia la parte inferior de la colmena; aquellas sobre la entrada roían ferozmente su enrejado; su intención no era equívoca, deseaban salir de su prisión.

Una impetuosa necesidad les obligó a buscar en otros lugares lo que no podían encontrar en su casa: yo temí verlas perecer, así que las pusimos en libertad. Todo el enjambre se escapó, pero la hora no era favorable para la cosecha; por lo que las abejas no salieron de la colmena, volaron sobre ella. El aumento de la oscuridad y la frescura del aire pronto les obligaron a volver a entrar. Probablemente la misma causa calmó su agitación, ya que las vimos volver a entrar en paz en sus panales; parecía restablecida la calma, y aprovechamos este momento para cerrar la colmena.

Al día siguiente, 19 de julio vimos los rudimentos de dos celdas reales que algunas abejas habían esbozado en uno de los cuadros de cría. Por la noche, a la misma hora que el día anterior, oímos un fuerte zumbido en la colmena cerrada, la agitación y el desorden se manifestaron en el más alto grado; nos vimos de nuevo obligados a dejar escapar al enjambre; pero no fue durante mucho tiempo; las abejas se tranquilizaron como el día anterior.

El día 20 nos dimos cuenta de que no habían continuado construyendo las celdas reales como lo habrían hecho en condiciones ordinarias. Se produjo un gran tumulto en la noche, las abejas parecían en delirio; las pusimos en libertad y el orden fue restaurado a su regreso.

El cautiverio de estas abejas había durado cinco días, pensamos que habría sido inútil prolongarlo aún más; además queríamos saber si la cría estaba en buenas condiciones, si habían hecho el progreso general, y tratar de descubrir qué podía ser la causa de la agitación periódica de las abejas. Habiendo Burnens expuesto a la luz del día a los dos panales de cría que él les había dado, observó primero las celdas reales, pero no las encontró más grandes; de hecho ¿por qué deberían ser, si no contenían ni huevos ni crías, ni ese tipo peculiar de jalea, entregadas a los individuos de sus celdas? Las otras celdas también estaban vacantes; no había cría, no había papilla; las crías debían haber muerto de hambre. ¿Al eliminar todo el polvo fecundante, habíamos quitado a las abejas todos los medios para alimentarlas? Para decidir esta cuestión era necesario confinar en otra camada a las mismas abejas nodrizas mientras que se les daba una gran cantidad de polen. No habían sido capaces de cosechar mientras examinábamos sus panales; ya que en esta ocasión habían sido puestas en libertad en una habitación cuyas ventanas estaban todas cerradas; después de sustituir a las crías jóvenes por aquellas que habían permitido perecer, las devolvimos a su prisión.

Continuando el experimento, proporcionando el polen

Al día siguiente, el 22, observamos que habían reanudado su coraje; habían fortalecido los panales que les habíamos dado y estaban agrupadas sobre la cría. A continuación, les proporcionamos fragmentos de panales en los que otras abejas habían almacenado polvo fecundante; pero con el fin de observar lo que harían con ellos, cogimos algo de polen de algunas celdas y lo repartimos en el stand de la colmena. Las abejas de inmediato descubrieron tanto el polen en los panales como el que habíamos expuesto; se apiñaron en las celdas y también en la parte inferior de la colmena, recogieron el polen, grano a grano, en sus mandíbulas y lo transportaron con la boca: las que habían comido de ella con más voracidad, escalaron sobre los panales antes que el resto, se detuvieron en las celdas que contenían a las crías jóvenes, insertaron sus cabezas en ellas y permanecieron allí durante un cierto tiempo.

Burnens abrió suavemente una de las ventanas de la colmena y empolvó a las obreras que estaban comiendo polen, con el propósito de reconocerlas cuando ascendieran a los panales. Él las observó durante varias horas y con este medio comprobó que cogieron una gran cantidad de polen sólo para impartir a sus pupilos.

El día 23 vimos que habían empezado a trazar algunas celdas reales; el día 24 quitamos a las abejas que ocultaban la cría y encontramos que todas las crías jóvenes tenían jalea como en las colmenas ordinarias, que habían crecido y habían avanzado en sus celdas; que otras habían sido últimamente cerradas porque estaban cerca de su metamorfosis; finalmente, ya no tuvimos ninguna duda de que el orden al fin se había restaurado, cuando vimos las celdas reales alargadas.

Llenos de curiosidad, eliminamos las parcelas del panal que habíamos puesto sobre el soporte de la colmena y vimos que la cantidad de polen en ellas había disminuido sensiblemente; se lo devolvimos a las abejas, aumentando sus provisiones aún más, con el fin de prolongar las acciones de las que fuimos testigos. Pronto vimos las celdas reales selladas, así como varias de las celdas comunes; abrimos nuevamente la colmena, en todas partes la cría había prosperado; algunas tenían aún su comida delante; otras se habían tejido y sus celdas estaban selladas con una cubierta de cera.

El resultado ya era muy llamativo, pero lo que excitaba nuestro asombro por encima de todo era, que a pesar de su cautiverio prolongado durante tanto tiempo, las abejas ya no parecían ansiosas por salir; no pudimos ver la agitación, el creciente problema periódico, la impaciencia general que se había manifestado en la primera parte del experimento; varias abejas, de hecho, intentaron escapar en el transcurso del día; pero cuando vieron que era imposible regresaron pacíficamente con sus crías.

Este rasgo, del que hemos sido testigos varias veces, siempre con el mismo interés, prueba de manera indudable el cariño de las abejas hacia las larvas cuya educación les es confiada, a la que no buscaremos ninguna cualquier otra explicación de su conducta.

Alimentar con azúcar en vez de con miel durante mucho tiempo cambió sus instintos

Otro hecho, no menos extraordinario, y cuya causa es más difícil de discernir, fue exhibido por las abejas que se veían obligadas a trabajar en cera, varias veces sucesivamente, al darles jarabe de azúcar. Durante la primera parte de las pruebas dieron a su joven la atención habitual; pero al final dejaron de alimentarlas, incluso con frecuencia las sacaron de sus celdas y las llevaron fuera de la colmena.

Sin saber a lo que se debería atribuir esta disposición, me esforcé por revivir el instinto de estas abejas, dándoles otra camada que cuidar; pero este intento no tuvo éxito; las abejas no alimentaron a las nuevas larvas, aunque tenían el polen almacenado. Les ofrecimos la miel, con la esperanza de proporcionarles de este modo un método más natural de alimentar a sus crías; pero fue inútil; toda la prole pereció; quizá las abejas ya no podían producir la jalea que es el alimento de las larvas; excepto que en este caso en particular, no parecían haber perdido ni un ápice de sus facultades, estaban igualmente activas y laboriosas. Al final, por motivos desconocidos para nosotros, todas abandonaron su colmena juntas y no volvieron.

Cualquiera que sea la causa de la alteración que notamos en el instinto de las abejas que han sido alimentadas demasiado tiempo con el azúcar, uno no puede ver sin admiración que esta sustancia se modifica en las flores con el fin de ser utilizada por las abejas sin inconvenientes; pero todo en la naturaleza está adaptado para un largo y continuado uso, y los elementos se combinan con tanta previsión que nunca actúan de forma aislada, sino con toda la energía que les es propia.

Capítulo III: Sobre la arquitectura de las abejas

El gran problema que las abejas nos presentan por su asombrosa industria no pertenece exclusivamente a las ciencias exactas: física, química, incluso se podrían encontrar aplicaciones anatómicas; pero sus esfuerzos serían insuficientes sin la ayuda de la historia natural, que observó los hábitos de los animales y estudia todas las circunstancias de su vida activa. Es la historia natural, que al elevar el velo, nos descubre hechos bajo sus diversos disfraces; y conduce a las otras ciencias en el camino de otras investigaciones a las que están adaptadas.

Así, cuando se demuestra que la cera es una secreción animal, y que procede de la parte dulce de la miel, dejamos que los químicos decidan de qué manera funciona esta secreción, si el azúcar o uno de sus constituyentes modifica a la cera, o si es sólo una causa estimulante de una acción en particular, y también invitamos a los anatomistas a buscar los órganos que han escapado a nuestra atención.

Ha llegado el momento de examinar cómo las abejas utilizan la sustancia que exuda de sus anillos, y descubrir cómo la preparan para convertirla en verdadera cera de abejas, ya que esta sustancia no abandona el hospedaje donde se moldea en un estado perfecto, se diferencia en varios aspectos de lo que es después de haber sido tallada; tiene solamente la fusibilidad de la cera, es friable y quebradiza, no tiene la ductilidad que adquirirá más tarde; todavía es tan transparente como las placas de talco, mientras que aquello que constituye las celdas es opaco y de un color blanco amarillento.

También hay que ver las abejas cuando están ocupadas eliminando las escamas de cera de debajo de sus anillos, debemos aprender cómo recortan el fondo de sus celdas, los prismas formados por trapecios; observar la manera en que unen la parte inferior de cada celda con el de otras tres celdas, cómo dan a su diseño la pendiente adecuada, etc., etc.

Las concepciones más brillantes son insuficientes sin observación

Podríamos formar suposiciones ingeniosas sobre todas estas maravillas, pero no podemos adivinar los procesos de insectos; debemos observarlos. Los métodos más simples pueden no presentarse a la mente; por lo general tratamos de explicar el comportamiento de los animales en función de nuestras propias facultades, de acuerdo con nuestras luces y nuestras posibilidades; pero el ser que dirige su instinto lleva sus puntos de vista fuera de los límites asignados a nosotros y en una esfera de ideas en las que nuestros diseños más eruditos, nuestro razonamiento más especioso presagia los límites de nuestra naturaleza.

Hemos podido comprobar, a través de las hipótesis de un escritor célebre, cuan insuficientes son los más amplios conocimientos y las concepciones más brillantes sin el concurso de observación, para explicar, de manera convincente, el arte desplegado por las abejas para construir sus celdas. Algunos naturalistas consumados fracasaron cuando intentaron penetrar en este misterio: Réaumur, que había sido el que más se había acercado al descubrimiento de la verdad, había realizado un juicio demasiado fugaz una manera de satisfacer nuestra curiosidad y la suya, por lo que reconoce ingenuamente que da sólo conjeturas en este punto. Hunter, el más iluminado de los observadores modernos, no tuvo éxito en el seguimiento de las abejas sobre el uso que hicieron de las escamas de cera que había descubierto en sus anillos; ¿podría yo esperar a ser más afortunado que los sabios a los que se les proporcionaron los órganos perfectos y estaban tan bien entrenados en el arte del estudio de la naturaleza?

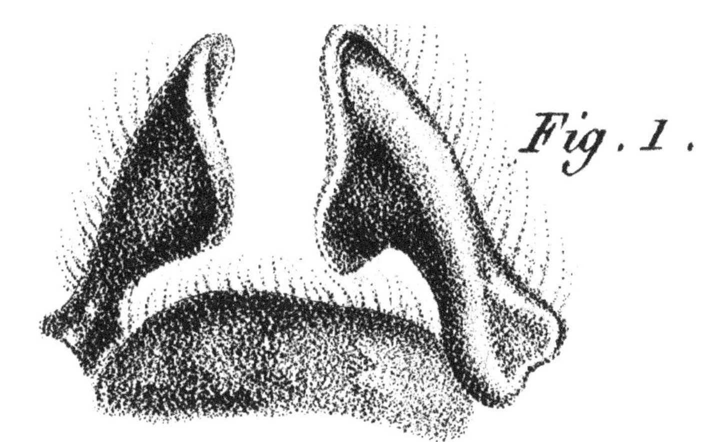

Volumen 2 Lámina IV Fig. 1-Dientes.

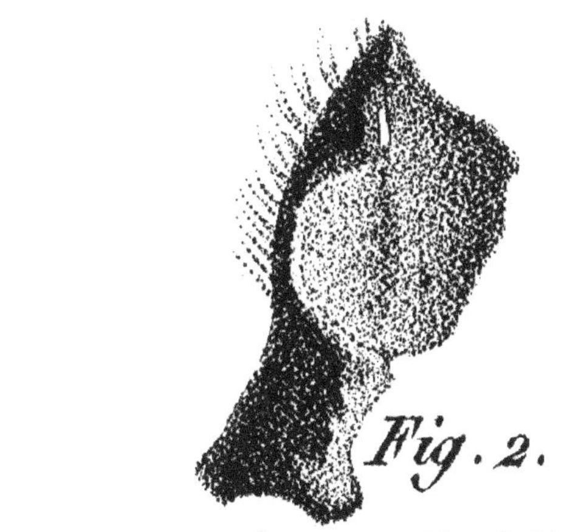

Volumen 2 Lámina IV Fig. 2-Un diente.

Volumen 2 Lámina IV Fig. 3 Dientes (Anverso).

Tal vez los nuevos métodos que empleé al ayudar a nuestros esfuerzos han contribuido a arrojar algo de luz sobre un tema que despertó un gran interés en mi mente.

Las herramientas para trabajar la cera

Uno puede suponer que las abejas cuentan con instrumentos similares a los ángulos de sus celdas; ya que uno debe explicar su geometría de alguna manera; pero estos instrumentos sólo pueden ser sus dientes, sus garras y sus antenas. Ahora no hay mayor similitud entre la forma de los dientes de las abejas y los ángulos de sus celdas que la que hay entre el cincel del escultor y el trabajo que emerge de sus manos. Sus dientes (Lámina IV, figs. 1, 2, 3) son de hecho cinceles huecos, cortados oblicuamente en forma de gubia, nacidos sobre un corto pedículo y divididos en dos cavidades longitudinales por una proyección escamosa, sus bordes se encuentran arriba y descansan uno contra el otro (Fig. 1); la parte inferior muestra una especie de garganta dividida por la proyección y bordeada por pelos largos y fuertes que probablemente están destinados a albergar las partículas de cera durante el trabajo en los panales (figs. 2, 3). Cuando los dientes se juntan forman un ángulo curvilíneo agudo, y el ángulo interior que forman cuando trabajan es aún menos abierto. No hay ninguno de los ángulos de los rombos y los trapecios de las celdas.

La forma triangular de la cabeza, que presenta sólo tres ángulos agudos, no explica mejor la elección de estas figuras; incluso si suponemos que una de ellas sea análoga al ángulo agudo de las pastillas, ¿dónde encontraremos la medida de sus ángulos obtusos?

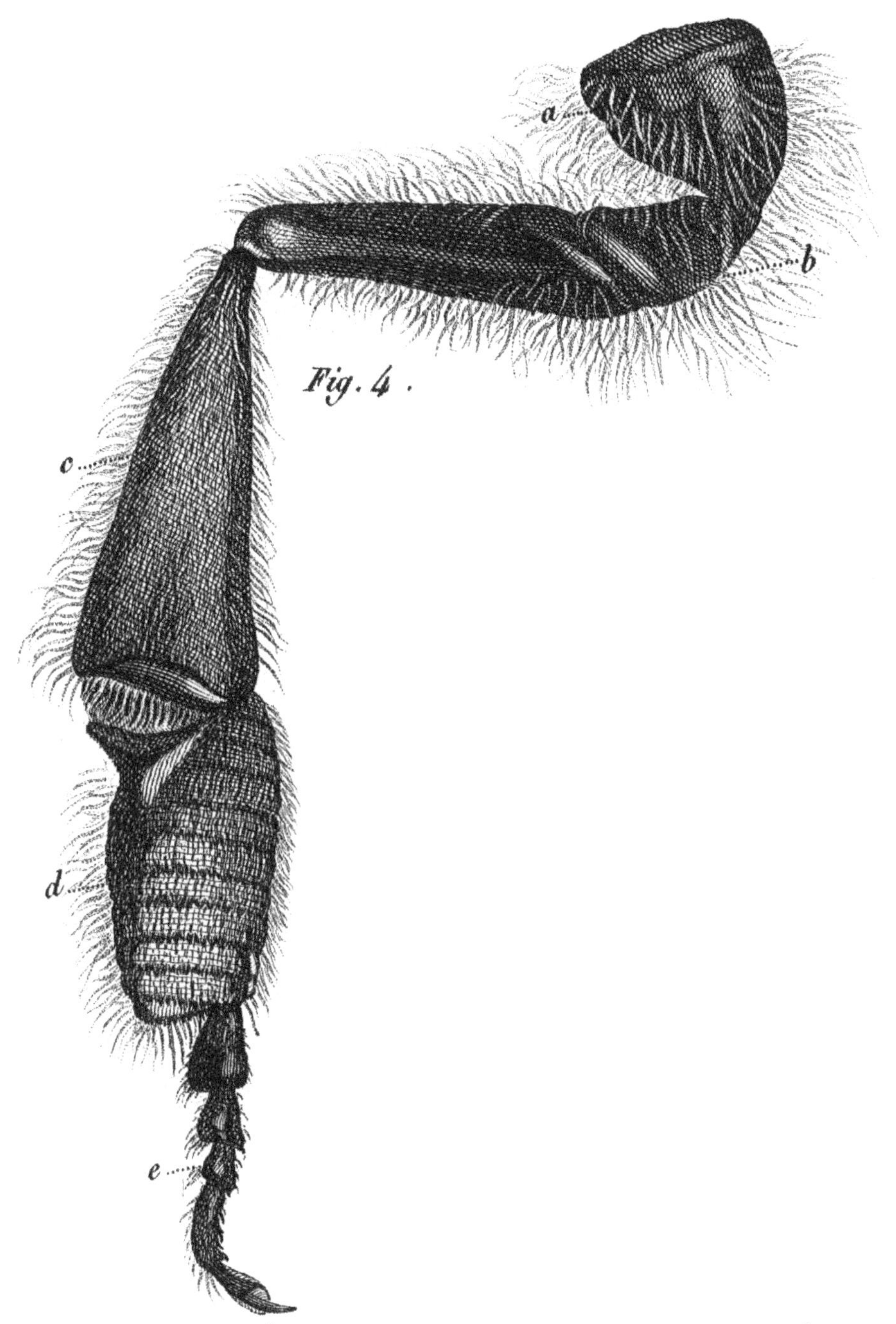

Volumen 2 Lámina IV Fig. 4-Pata con cesta y panal.

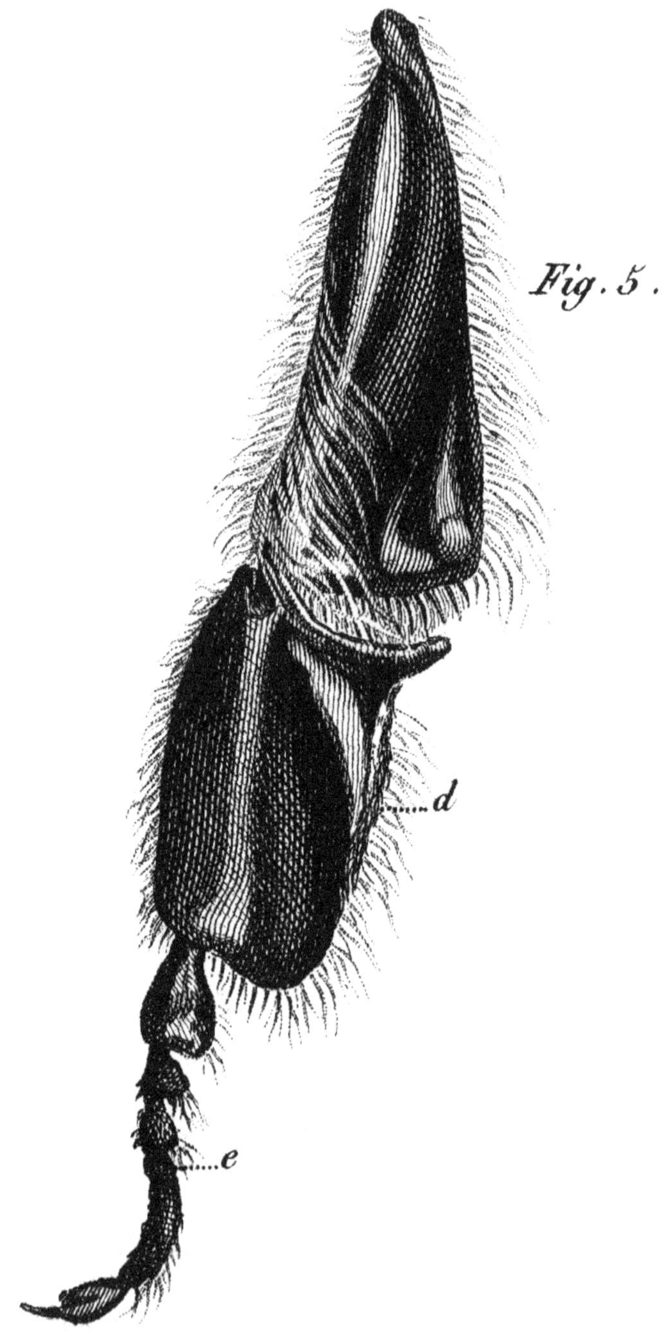

Volumen 2 Lámina IV Fig. 5-Anverso de la parte inferior de la pierna en la Fig. 4 mostrando el panal y la cesta.

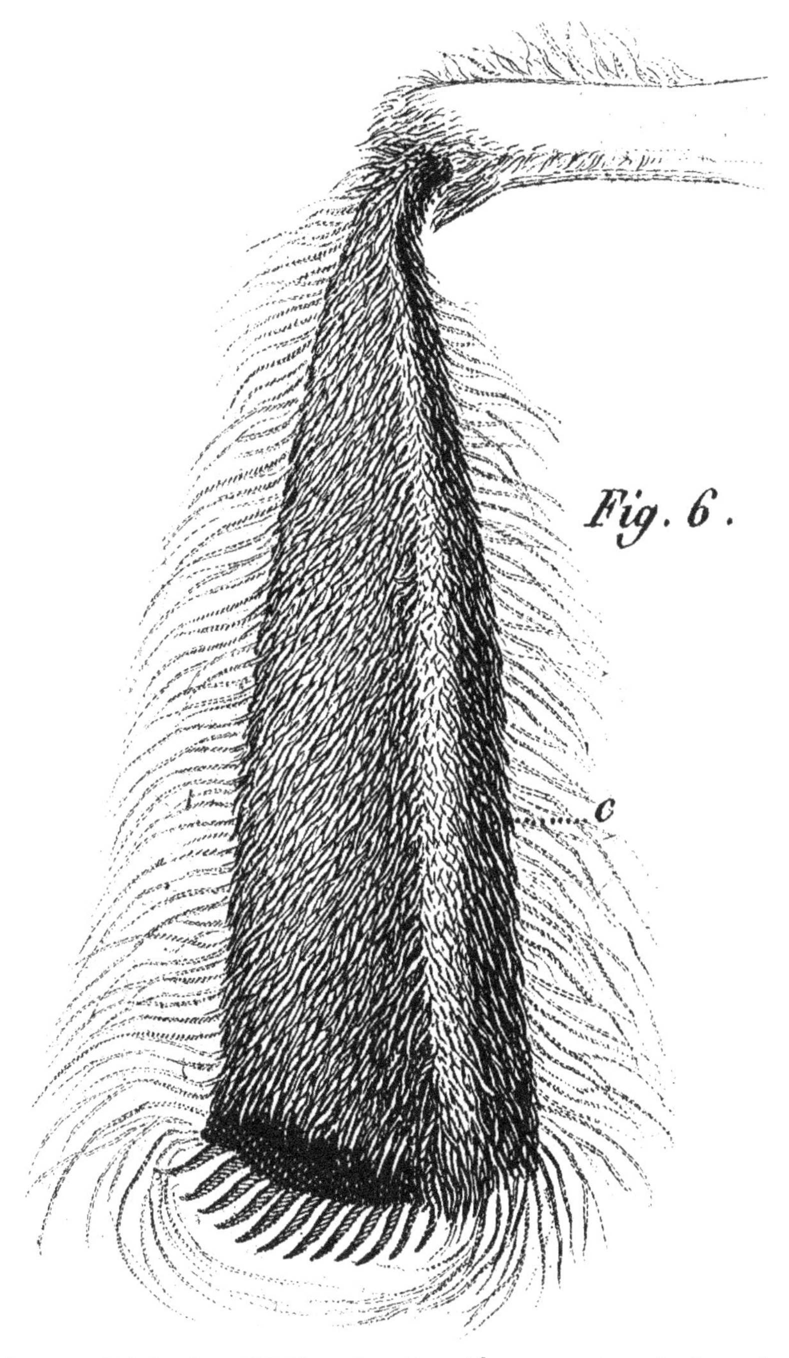

Volumen 2 Lámina IV Fig. 6 – Porción superior de la pata en la Fig. 4 mostrando el panal o cepillo.

¿Deberíamos buscar en las patas de las abejas alguna conexión con el trabajo habitual que estos insectos ejecutan? Están compuestas, como las de la mayoría de otros insectos, por la cadera (a), el muslo (b), la pata (c), y del pie o tarso (Lámina IV, Fig. 4, de).

Las tres primeras partes no tienen nada en ellas distinguible de las de la mayoría de otros himenópteros, con la excepción de la pata apropiada del tercer par; es esta extremidad en forma de cesta lo que Réaumur llama el "palet" y sobre la cual las abejas llevan los polvos fecundantes (c, figs. 4 y 5): es triangular, lisa, con una fila de pelos, longitudinalmente a lo largo de su borde exterior, los de la base surgen, dice, y se curvan hacia la parte superior de la pata, por lo que todos estos pelos forman el borde de una especie de cesta, cuya cara exterior sería la parte inferior.

Aparte del palet triangular, lo más destacable de las patas de las abejas es el tarso, del cual la primera articulación es mucho mayor que el resto y los tres pares tienen una forma muy diferente a los de otros insectos del mismo género (d, figs. 4 y 5).

La primera articulación del tarso se llama el cepillo, del conocido uso de esta parte, que se emplea en recoger los granos de polen dispersos en el cuerpo de la abeja mientras ella los recolecta. En las patas del primer par, se alargan, redondeados y completamente peludos, todos los pelos dados la vuelta hacia el extremo del tarso. En las patas de la segunda pareja, el cepillo es oblongo y de forma irregular, aplanado y liso en el lado exterior, muy cubierto de pelos en el lado opuesto; todos estos vueltos mirando hacia abajo: se une exactamente en el medio de la otra pieza, en la que se inserta.

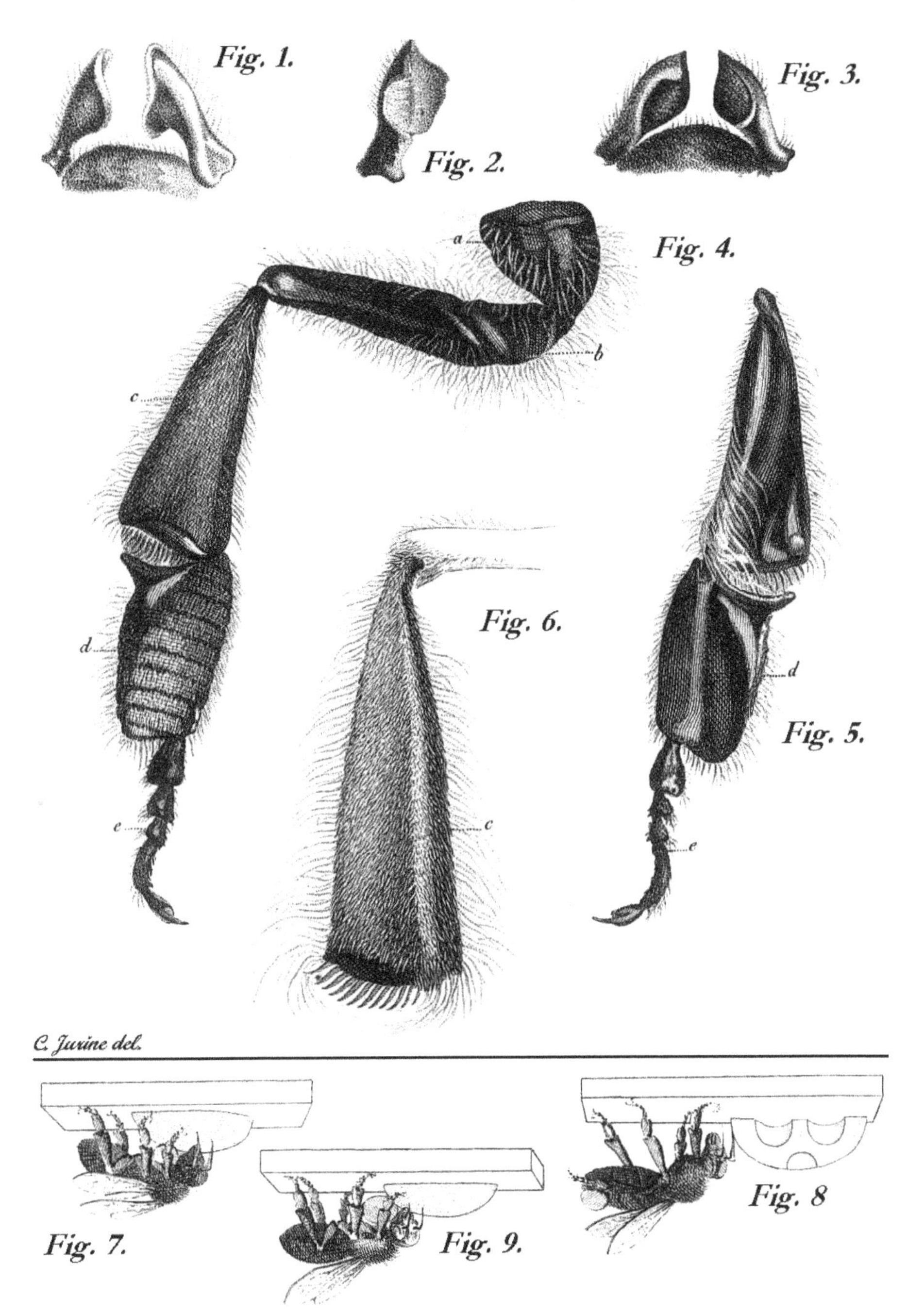

Volumen 2 Lámina IV- "Herramientas" para la construcción del panal.

El cepillo del tercer par ofrece algunas peculiaridades muy notables que lo parecerán aún más cuando hagamos su uso conocido; esta pieza tiene una forma muy diferente a la del segundo par de patas; el único parecido que tienen la una con la otra es ser ambas piezas planas, lisas por fuera y peludas en el otro lado; pero el cepillo del tercer par (d, figs. 4 y 5) es mayor que el del segundo y de una forma peculiar. Parece, a primera vista un paralelogramo rectangular: fue designado por primera vez como "pieza cuadrada" para distinguirla del palet, cuyos bordes son triangulares, pero al examinarlo cuidadosamente observamos que diverge de la forma descrita. Los bordes de subida dejan de aparecer en paralelo, cuando nos damos cuenta de que no están exactamente en línea recta y que tienden a reunirse en una de las extremidades; la parte inferior es ligeramente más corta, el lado superior, lo es más y se prolonga en forma de diente muy agudo y proyectado, mientras que en el otro extremo se eleva en forma de arco para proporcionar una articulación con la pierna; pero esta pieza móvil no está unida en el centro de la base de la otra como en los otros pares; es el ángulo delantero de la pieza triangular que nos encontramos unido con la articulación, y la cara inferior del palet siendo casi recta, forma una uña real con el borde superior del cepillo.

Réaumur que dio la descripción de estas dos piezas no se había dado cuenta de que podían propagarse aparte y formar un ángulo cuyo borde superior estuviera representado por su conjunto: no se había dado cuenta de que el borde (ab) de este ángulo era suave en su exterior y que los pelos que forman el borde de la cesta en ese lugar salen de los lados del palet; que estos pelos, de gran longitud, se curvan hacia la base y forman una especie de arco al quedar unidos; pero si el exterior del palet es suave en ese punto, no es igual en el lado opuesto (Lámina IV, fig. 6.): vemos que hay una fila de dientes escamosos, similares a los de un panal, casi en línea recta, paralelos entre sí; de igual longitud, muy agudos y ligeramente inclinados hacia la apertura de las pinzas: correspondiendo con manojos de pelos muy fuertes que se proporcionan a la porción vecina del cepillo.

La proyección escamosa suministrada por el cepillo en su extremidad se vuelve ligeramente hacia el exterior, y cuando las dos partes de las tenazas unen sus extremos no se corresponden exactamente con el borde del palet, de modo que los dientes de una se cruzan con los pelos de la otra.

Esta organización es demasiado obvia para no tener un objetivo particular; de hecho nada similar aparece en las patas de los machos o las reinas; pero se ve sólo en los abejorros (bremus) una carrera muy cerca de la abeja y cuyos hábitos tienen alguna analogía con los de ella. Pronto mostraremos su uso entre las abejas; pero es evidente que no puede de ninguna manera servir como modelo para los ángulos por los que se unen las distintas secciones de celdas.

El tarso se compone también de tres articulaciones cónicas muy pequeñas y alargadas y terminan en dos pares de garras. Réaumur puede estar en lo correcto al considerar esto como dos articulaciones, una de ellas es cónica y alargada, la otra es la parte carnosa, con garras armando el pie.

¿Poseen las antenas estos patrones directos para las formas geométricas de las bases piramidales de las que hasta ahora no hemos encontrado ningún patrón en el cuerpo del insecto? Están dobladas y compuestas por doce articulaciones; las dos primeras forman una sección peculiar, que se mueve en todas las direcciones sobre su base y servía para apoyar la siguiente sección compuesta de las otras diez. La primera articulación de la antena es globular, la segunda cilíndrica y muy alargada; la tercera, que es la primera de la segunda sección, es cónica y muy corta, la segunda muy larga y cónica, y el resto son todas cilíndricas y la última termina en un punto suave. Esta organización permite a la antena hacer todo tipo de movimientos, y puede, a través de su flexibilidad, seguir el contorno de cada objeto; aunque su posición pueda rodear al cuerpo de pequeño diámetro, y se extienda en todas las direcciones.

No existe un patrón para la estructura de panal en la anatomía de la abeja

Por tanto, ni las antenas, ni los dientes, ni las patas de las abejas son capaces de servir como patrones para la estructura de las celdas; pero el cincel, las tenazas y el compás que representan son los instrumentos adecuados para la construcción de todas las partes de una celda; el resultado que producen depende enteramente de la finalidad del insecto.

Si a la obrera no se le suministra un modelo para su trabajo, si el patrón sobre el que corta cada pieza no está fuera de sí mismo y de su vista, debemos admitir que alguna inteligencia debe dirigir sus operaciones.

Es cierto que podríamos suponer que las escamas de la cera, cuando emergen de debajo de los peldaños, ya tienen una forma similar a la que están destinadas; pero sabemos que la forma de estas escamas es un pentágono irregular, que no se asemeja ni a los trapecios ni a las pastillas de las cuales se componen las celdas.

Hunter, después de haber observado que el espesor de las bases era aproximadamente el de una de las escamas, infirió que las abejas las utilizaban como se producían y acumulaban unas sobre las otras para formar los lados que parecían tener un espesor más pesado. Entonces deberíamos dar por sentado que a las abejas se les enseñó a recortar estas escamas y a organizarlas de manera regular; pero esto son sólo conjeturas y los hechos son necesarios para solucionar una pregunta tan complicada como ésta.

Réaumur, incluso con colmenas de cristal, no resolvió el misterio de la construcción de panales; pensó que se podía obtener una idea correcta de sus operaciones sin presenciar su trabajo; este error lo privó del placer de ver en acción la obra más singular de todas las que estos insectos muestran. Pensé que era indispensable presenciarlo, con el fin de comprender el proceso de construcción y busqué métodos más adecuados para esto que cualquiera de los que mis predecesores habían utilizado.

Uno puede imaginar que las colmenas de cristal de cuatro lados son suficientes para ver a las abejas construir sus panales y que el único requisito es la asiduidad y la atención; pero su arquitectura siempre está oculta a nuestra vista por grupos de abejas de varios centímetros de espesor. Es en este grupo, y en la oscuridad, donde y cuando los panales se construyen; se fijan en su inicio, al techo de las colmenas; se prolongan hacia abajo, más o menos, de acuerdo con el momento de la construcción, y su diámetro se incrementa en proporción a su longitud.

Una colmena para observar la construcción de cera

Vi la necesidad de dar testimonio de su trabajo inicial; pero ¿cómo va uno a ver en medio de una multitud de insectos?, ¿cómo podríamos esperar alcanzar el centro de un santuario custodiado por tan gran número de aguijones y tan valientes guardias? Para ello era indispensable iluminar la parte superior de la colmena; ya que *allí* estaba el trabajo que yo ansiaba presenciar. Tenía la esperanza de tener éxito con el siguiente aparato; pero la experiencia me mostró que tenía que ser modificado. Era un receptor en forma de campana grande; que yo esperaba poder usar en lugar de una colmena ordinaria; no había nada en sus curvas muy diferente a la forma de cesta en las que tenemos a las abejas; pero no había previsto la incapacidad de las abejas para colgar grupos bajo este arco resbaladizo. Algunas abejas lograron colgarse de ella, pero fueron incapaces de sostener este esquema, pero mantuve este plan lo más cerca que pude. Entendiendo que las abejas necesitaban apoyos intenté satisfacerlas pegando tiras de madera finas en ciertos intervalos al arco. Pensé que iban a trabajar entre estas tiras y que iba a tener la posibilidad de verlas; pero no consultaron a mi conveniencia y colgaron sus celdas en las tiras de madera; fui, sin embargo, capaz de coger alguna ventaja de esta disposición.

Introdujimos en esta colmena un enjambre de unas pocas miles de obreras, unos pocos cientos de zánganos y una reina fértil. Ellos a la vez subieron al punto más alto de su casa, y los que alcanzaron primero las tiras, se fijaron a ellas con las garras de las patas delanteras; otras treparon por los lados, se unieron a ellas, colgándose a su tercer par de patas con su primer par. De este modo hicieron cadenas sujetas por sus dos extremos a las partes superiores del receptor que sirvieron como puente o escaleras para las obreras que se incorporaron a su recolección; esto formó un grupo con sus extremidades colgando hacia la parte inferior de la colmena, como una pirámide o cono invertido, cuya base estaba en la parte superior de la colmena.

El campo entonces permitía poca miel; pero era importante que el objeto de nuestras investigaciones no se demorara demasiado, ya que no podíamos abandonar la colmena un solo instante, sin correr el riesgo de perder la oportunidad de presenciar el comienzo de los panales. Si hubiéramos dejado a las abejas en su estado natural, deberíamos haber tenido que observarlas durante varios días antes de verlas ocupadas con la construcción; así que las alimentamos con jarabe de azúcar, con el fin de acelerar su trabajo.

Se reunieron al borde del comedero que lo contenía, y luego regresaron a la agrupación piramidal. Pronto nos sorprendieron con la aparición de esta colmena, por contraste de la agitación habitual de las abejas con su actual falta de acción. Todas las capas externas de la agrupación constituían una especie de cortina formada exclusivamente de obreras de cera; colgadas juntas mostraban una serie de festones que se cruzaban entre sí en todas las direcciones, y en los que la parte posterior de la mayoría de las abejas estaba vuelta hacia el observador: Este festón no tenía otro movimiento que el de estar comunicado con las capas internas, cuyas fluctuaciones fueron exhibidas en él.

Sin embargo, las abejas pequeñas parecían haber conservado toda su actividad, sólo ellas fueron a los campos, trajeron el polen, montaron guardia en la entrada de la colmena, la limpiaron y taparon sus bordes con resina olorosa, conocida como propóleo; las obreras de cera permanecieron inmóviles más de quince horas, la cortina estaba formada por los mismos individuos y nos aseguramos de que ninguno los reemplazara. Algunas horas más tarde, nos dimos cuenta de que casi todas las obreras de cera tenían escamas en sus anillos. Al día siguiente, este fenómeno era todavía más general; las abejas en el exterior de la agrupación habían cambiado ligeramente su posición; se podía ver la parte inferior de su abdomen distintamente. Por la proyección de las escamas, los anillos parecían tener un borde blanco; la cortina de cera se rasgó por varios lugares; y una menor tranquilidad reinó en la colmena.

Convencidos de que los panales aparecerían primero en el centro del enjambre, y que pronto serían notables, concentramos nuestra atención en la bóveda del receptor. El área de la base tenía buena luz, podíamos ver claramente los primeros eslabones de los festones de las abejas, que colgaban de la parte superior de la bóveda. Las capas concéntricas que formaron las abejas, hacinados juntas por igual, no dejaron intervalos; pero la escena estaba a punto de cambiar y lo presenciamos.

Observando la construcción del panal

Una obrera se soltó en este momento de uno de los festones centrales de la agrupación, la vimos separarse de sus compañeras, ahuyentando con su cabeza a los líderes fijados en medio del arco y girándose formó un espacio en el que pudo moverse libremente. Después se suspendió en el centro del campo que acababa de despejar, cuyo diámetro era de 12 ó 13 líneas (aproximadamente una pulgada o alrededor de 27 mm).

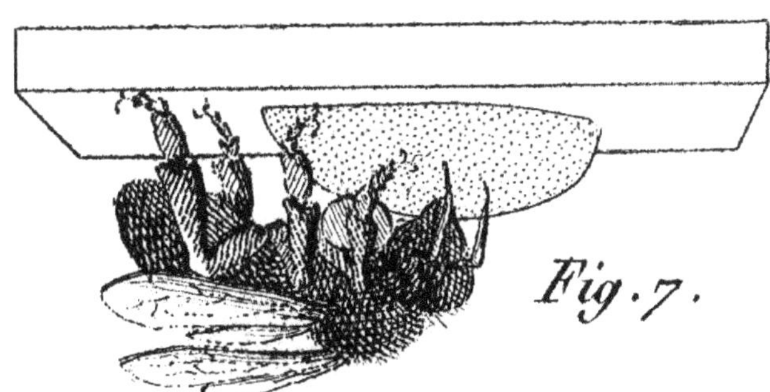

Volumen 2 Lámina IV Fig. 7-Escama de cera llevada a la boca.

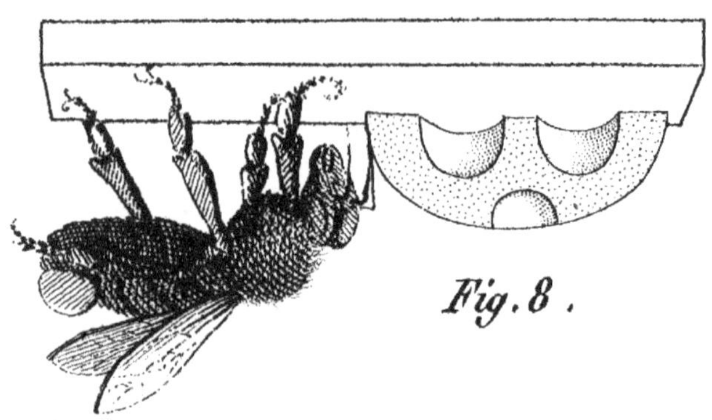

Volumen 2 Lámina IV Fig. 8-Escama de cera llevada a la boca por la pierna anterior.

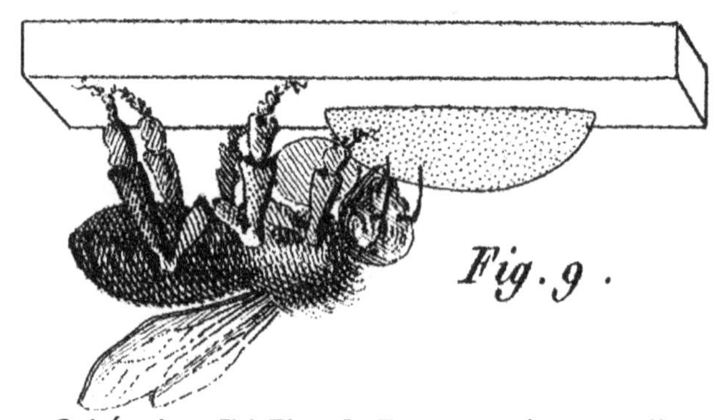

Volumen 2 Lámina IV Fig. 9-Escama de cera llevada a la boca.

La vimos una vez agarrar una de las escamas que proyectó de sus anillos (Lámina IV Fig. 8); para este propósito se llevó hacia su abdomen una de las patas del tercer par, la apoyó contra su cuerpo, abrió las tenazas que hemos descrito, insertó hábilmente el borde de su cepillo bajo la escama que deseaba quitar, lo cerró sobre este instrumento, tiró de la escama de cera de su anillo y la cogió con las garras de sus patas anteriores, para llevársela a la boca. (Figs. 7 y 8).

La escama se divide en parcelas

La abeja colocó esta escama en una posición vertical: nos dimos cuenta de que le dio la vuelta entre sus mandíbulas con la ayuda de las garras de sus patas delanteras, que la agarraron por el borde opuesto y le pudieron dar la dirección adecuada. La lengua, doblada sobre sí misma, sirvió de apoyo; subiendo y bajándola pudo pasar cada parte de la circunferencia bajo el borde de las mandíbulas y el borde de la escama de pronto se rompió en pedazos. Las parcelas de cera que cayeron se detuvieron en la cavidad peluda que describimos cuando hablamos de los dientes de las abejas. Estos fragmentos habiéndose acumulado con otros recién cortados, fueron reunidos hacia la boca y expulsados de ella como de una lámina de dibujo con la forma de una cinta muy estrecha.

La cera se impregna con el líquido espumoso de la boca

Después pasaron por la lengua que les impregnó un líquido espumoso similar a la papilla. La lengua en esta operación hizo maniobras muy variadas; asumió las más variadas formas, ahora aplanándose cual espátula, ahora actuando como una paleta aplicada sobre la cinta de cera; otras veces como un pincel puntiagudo.

Después de haber impregnado toda la sustancia de la cinta con el líquido que la cargaba, la lengua forzó esta cinta hacia adelante y la pasó de nuevo a través de la misma lámina de dibujo, pero en la dirección opuesta; este movimiento lo llevó hacia el borde afilado de las mandíbulas, donde fue nuevamente picado bajo su tallador.

El líquido hace que la cera sea más opaca, más flexible y promueve la adhesión

Finalmente, la abeja aplicó estas partículas de cera a la bóveda de la colmena. El gluten que las impregnaba promovió su adhesión; la abeja las separó con un corte de mandíbula, de la parte que aún no debía ser utilizada; a continuación, con los mismos instrumentos, les dio la dirección que había planeado para ellos.

El líquido que mezcló con la cera le dio la blancura y opacidad que estaban buscando cuando las escamas dejaron los anillos; sin duda, el objetivo de este proceso fue dar a la cera esa ductilidad y tenacidad que posee cuando es perfecta.

La abeja fundadora (esta denominación está bien merecida) continuó esta maniobra hasta que todos los fragmentos, que habían sido trabajados e impregnados con este líquido blanquecino, estuvieron unidos a la bóveda; entonces manipuló entre sus dientes el resto de la escama que había mantenido aparte mientras trabajaba en la cinta. Toda la parte que se había mantenido intacta durante la primera operación se empleó entonces, y de la misma manera. La obrera aplicó a la parte inferior de la bóveda todo el material preparado, fijó material adicional debajo y en el lado de la misma, y continuó hasta que se hubo agotado por completo el material suministrado.

La segunda y tercera escamas fueron tratadas así por la misma abeja, sin embargo, el trabajo aún estaba solamente esbozado, ya que era sólo material listo para asumir cualquier forma deseada; la obrera no intentó dar forma a las moléculas de cera que se había unido; estaba satisfecha con acumularlas juntas, esto no requería ningún esfuerzo.

El trabajo se realiza de forma secuencial por muchas abejas

Sin embargo, la abeja fundadora abandonó el lugar y desapareció entre sus compañeras, otra con cera debajo de sus anillos la sucedió; se suspendió a sí misma en el mismo lugar, agarró con las pinzas de las patas posteriores una de las escamas de la cera, y pasándola por los dientes, continuó con el trabajo.

No depositó azarosamente los fragmentos que había manipulado; ya que la pequeña pila que su compañera había construido la dirigió y ella puso la suya en la misma alineación, uniendo las dos por sus extremos. Una tercera obrera, separándose a sí misma desde el interior de la agrupación, se suspendió del techo, redujo algunas de sus escamas para pegarlas y ponerlas cerca de los materiales acumulados por sus compañeras, pero no de la misma manera, fueron colocadas en ángulo con las demás: otra obrera pareció notarlo y retiró la cera fuera de lugar ante nuestros ojos, llevándola al antiguo montón; las depositó en el mismo orden, siguiendo exactamente la dirección indicada. De todas estas operaciones se produjo un bloque de superficie rugosa, colgado perpendicularmente desde la bóveda. No se podía percibir ningún ángulo, ningún rastro de la figura de las celdas en este trabajo inicial de las abejas; era una simple partición, en línea recta, y sin la menor inflexión; de seis u ocho líneas de longitud (aproximadamente ½ pulg. o alrededor de 15 mm.); cerca de dos tercios del diámetro de una celda en altura y descendiendo hacia sus extremidades: hemos visto otros bloques de una pulgada a una pulgada y media de largo, la forma era siempre la misma, pero ninguna tenía una altura tan grande.

El espacio vacío en el centro del grupo nos permitió ver las primeras maniobras de las abejas y descubrir el arte con que ponen los cimientos de su edificio, pero este espacio se llenó demasiado rápido para nuestros deseos, demasiadas abejas apiñadas a ambos lados del bloque obstruyendo la vista, por lo que ya no fue posible seguir su trabajo.

Pero si no fuimos capaces, con este aparato, de ver todo lo que deberíamos haber querido aprender, nos consideramos muy afortunados en hacer justicia a Réaumur, que pensaba que había visto la cera descargada de la boca de las abejas en la forma de papilla; sin duda era este líquido blanquecino y espumoso con el que humedecen la sustancia cerosa para darle propiedades que no posee en su origen, y que él confundió con cera; esta observación, al indicar la causa de la opinión de este naturalista; resolvió una de las mayores dificultades de la materia de la que estamos hablando; ya que uno no puede rechazar un hecho adelantado por tan juicioso escritor sin explicar la causa de su error.

Capítulo IV: Continuación de la arquitectura de las abejas

Sección I: Descripción de la usual forma de celdas

La historia natural no presenta ningún fenómeno cuyas causas finales sean más tentadoras para buscar que la arquitectura de la abeja. El orden y la simetría que reinan en sus panales nos invitan a estas investigaciones, que agrada tanto al corazón como a la mente al mismo tiempo.

No voy a investigar acerca de si se ha cometido un error en la atribución de estas causas y si la naturaleza no había sido acreditada con estrechos objetivos en la planificación de tal estricta economía entre las abejas. No voy a decidir si el problema bien resuelto por Koenig, Cramer, Maraldi, es rigurosamente aplicable a la labor de estos insectos, o si no deberíamos, en las acciones de los insectos, admitir una cierta libertad de acción que no se necesite en cuestiones puramente físicas; el cómputo de los geómetras modernos parece estar en armonía con las ideas liberales del autor de la naturaleza, cuando se calculan sobre economía pretendida como sólo un objeto secundario en el plan seguido por las abejas.

Existe, de hecho, un requisito más importante para estos insectos, que no podría haber sido cumplido, si su arte estuviera limitado a este fin único y meritorio.

Cuando llevé a cabo las investigaciones que estoy a punto de relatar, estaba lejos de prever que me iban a llevar a nuevas conclusiones sobre la estructura de los panales.

Algunos distinguidos observadores habían hecho de esto un tema de meditación, y parecían haber desarrollado plenamente una teoría sobre las bases piramidales de los panales; incluso sus nombres parecían confirmar las ideas aceptadas con respecto a este asunto, y yo no esperaba descubrir hechos importantes desconocidos hasta entonces, a través de las instrucciones dadas por mí a un simple aldeano.

Pero los descubrimientos más interesantes no siempre son los que requieren más esfuerzo. Un rápido vistazo, sobre la base de panales de nueva construcción, nos sugirió que los detalles de sus construcciones aún no habían sido suficientemente estudiados. Las anomalías que presentaban nos parecieron tener gran importancia; voy a recordar en pocas palabras la forma usual de las celdas, con el fin de describir los rasgos que parecen proporcionar una clave para la arquitectura de las abejas.

Las celdas que cualquiera puede examinar se componen de dos partes, un tubo de prisma hexagonal, y una base piramidal (lámina V, fig. 1). Esta última (bcdg), que debe ser considerada la parte más delicada y esencial de toda la obra, está formado por tres romboides o pastillas, iguales y similares, unidas juntas en un centro común e inclinada en un ángulo determinado con el fin de producir una ligera cavidad.

Mientras que estas tres piezas producen una depresión en uno de los lados del panal, producen una proyección (fig. 2) en el otro lado, y aquí cada una corresponde a otras dos piezas que, a través de sus inclinaciones, ayudan a formar bases piramidales similares; es por ello que cada celda está fijada a otras tres celdas por una base común.

En el borde de cada base piramidal (fig. 1) se elevan tubos hexagonales prismáticos, los seis lados de los cuales se cortan en ángulo recto en el orificio de la celda, y tienen forma en su extremidad inferior con el fin de adaptarse al contorno angular de la base piramidal.

Estas celdas, por su forma y combinación cumplen probablemente todas las condiciones que podríamos esperar de la labor de las abejas; pero ¿son capaces de llegar a ser sujetadas con fuerza suficiente a la parte de la colmena que debe sostenerlas? Este es un punto muy importante, que parece haber sido pasado por alto.

Una figura muy simple (Fig. 3) es suficiente para mostrarnos que los prismas hexagonales, colocados uno junto al otro se pueden fijar por uno solo de sus ángulos a la superficie del techo y dejarían grandes vacuidades entre estos ángulos. Y sin embargo, los panales deben estar sólidamente fijados.

Esta condición es tan importante que se toma en consideración por la naturaleza, en dos momentos diferentes, si se nos permite expresarlo así. En primer lugar, cuando los panales están construidos; en segundo lugar, cuando se han vuelto demasiado pesados para confiar en que se sujeten con un apoyo tan frágil.

Las siguientes observaciones nos mostraron qué precauciones proporcionan las abejas para la estabilidad de sus construcciones.

Habiendo dirigido nuestra atención sobre la base de los panales en una colmena recién abastecida, nos quedamos impresionados por la aparición de la primera fila de las celdas, a través de la cual el panal se sujetaba al techo de la colmena. Era diferente de las filas por debajo de ella, en tales notables particularidades, que nos vimos en condiciones de examinar una serie de otros para comparación. Encontramos, en efecto, que, incluso las de más reciente construcción presentaban un contraste similar entre las celdas fundamentales y aquellas de las que se componía el panal; de modo que lo que nos había impresionado primero como una anomalía era realmente una regla (fig. 11).

La parte superior de los panales está siempre parcialmente oculta a la vista por el borde de los soportes, me di cuenta de que no iban a promover nuestras observaciones; que era necesario tomar posesión de la obra y eliminar de ella a las obreras cuya vigilancia nos incomodaría: pero era importante no alterar su obra, y sobre todo para preservar intactas las celdas de la primera fila, que atrajeron nuestra curiosidad. Así que quité esos panales de mis colmenas de hoja como yo deseaba para examinar; los dejamos con este fin en los marcos en los que se habían construido; sin esa precaución deberíamos haber fracasado en nuestro propósito: fue sólo entonces cuando fuimos capaces de examinar la forma y disposición de las celdas de la primera fila.

Su orificio, en lugar de un hexágono, presenta la forma de un pentágono irregular (fig. 4): una línea horizontal que es el techo de la colmena, dos líneas verticales y perpendiculares y dos líneas oblicuas unidas por la parte inferior en ángulo obtuso, formado el contorno de la celda; por lo que el tubo de cera se compone de sólo cuatro piezas, dos verticales y dos oblicuas, formando el techo el quinto lado.

Estas no son las formas clásicas a las que estábamos acostumbrados. Quisimos saber si la parte inferior de las celdas se correspondía con la forma de sus bordes; con el fin de ver esto más claramente cortamos los tubos lejos de sus puntos de referencia; vimos entonces que sus bases eran muy diferentes de las de las celdas normales.

Conservamos sólo la pared que separa las celdas a ambos lados (figs. 4 y 5). Mostraba proyecciones angulares y rebajes; pero como estaba a lo largo de un espesor uniforme, lo que era una proyección en un lado resultó ser rebaje en el lado opuesto.

Sin embargo un lado de la base de cada celda se compone de tres piezas, mientras que la otra tenía dos, porque estas celdas alternativamente opuestas, eran desiguales: esto requiere una mayor explicación.

De las tres piezas que componen la base de las celdas de la primera fila, por un lado, que llamaremos el lado *anterior*, sólo uno de ellos tenía la forma de un rombo; los otros dos eran cuadriláteros irregulares o trapecios. Estos colgaban (a, b, fig. 5) del techo por su lado corto, descendiendo perpendicularmente; sus bordes verticales eran paralelos; pero uno estaba unido en ángulo obtuso; el cuarto borde, el más bajo de estas piezas, era oblicuo; y entre los bordes oblicuos de estos trapecios fue donde el rombo se sujetaba formando la parte inferior de la cavidad. Es fácil de entender la causa de su inclinación, dado que la parte superior de uno de sus ángulos obtusos estaba por debajo de la articulación de los dos trapecios; y sus ángulos agudos en la extremidad inferior de los grandes bordes de estos trapecios, y por consiguiente un poco más bajo. Así, el rombo está inclinado o tumbado como están los bordes inferiores de los trapecios (fig. 8).

En el lado opuesto del panal, las bases de las celdas de la misma fila se componen de sólo dos trapecios (fig. 9) similares a aquellos que forman una parte de la base de las celdas que acabamos de describir, sólo que parecen estar dados la vuelta de manera diferente, para que se unan a la base de la celda por sus lados mayores: hacen, uno con el otro, un ángulo exactamente igual al que une los trapecios de la cara anterior, forman la parte posterior de dos celdas vecinas: por lo que las celdas de esta cara sólo pueden corresponder en su base a dos celdas opuestas. Por el contrario, los de la cara anterior que tiene una pieza más, deben corresponder a tres celdas (fig. 14 y 15.); el rombo c que muestra lleno el espacio entre dos celdas de la cara posterior, y es la primera pieza de las celdas de la segunda fila, que a su vez se componen de tres rombos.

A través de estas simples disposiciones la estabilidad del panal está asegurada, para que llegue al techo de la colmena en el mayor número posible de puntos.

Vemos otro objetivo en esta disposición a través de la influencia de la composición de la primera fila en la formación de celdas con bases piramidales; pero vamos a mencionarlo en sólo unas pocas palabras, refiriéndose a aquellos que desean agotar el tema de las notas que siguen a este capítulo.

El rombo situado en la base de las celdas de la primera fila, en la cara anterior, teniendo una inclinación determinada debido a su posición en la base de los trapecios cuya oblicuidad sigue, y este rombo perteneciendo a la cara opuesta a la base piramidal, su inclinación es indicada parcialmente, ya que si añadimos dos piezas similares debajo del rombo, cuando se unan tendrán una inclinación similar y constituirán una base piramidal en la cara posterior.

En cuanto a las bases piramidales de la cara anterior tendrán su origen en las mismas piezas del lado opuesto, de las que son inversas; por lo tanto todas las propiedades de la base piramidal parecen estar derivadas de la estructura de las celdas de la primera fila.

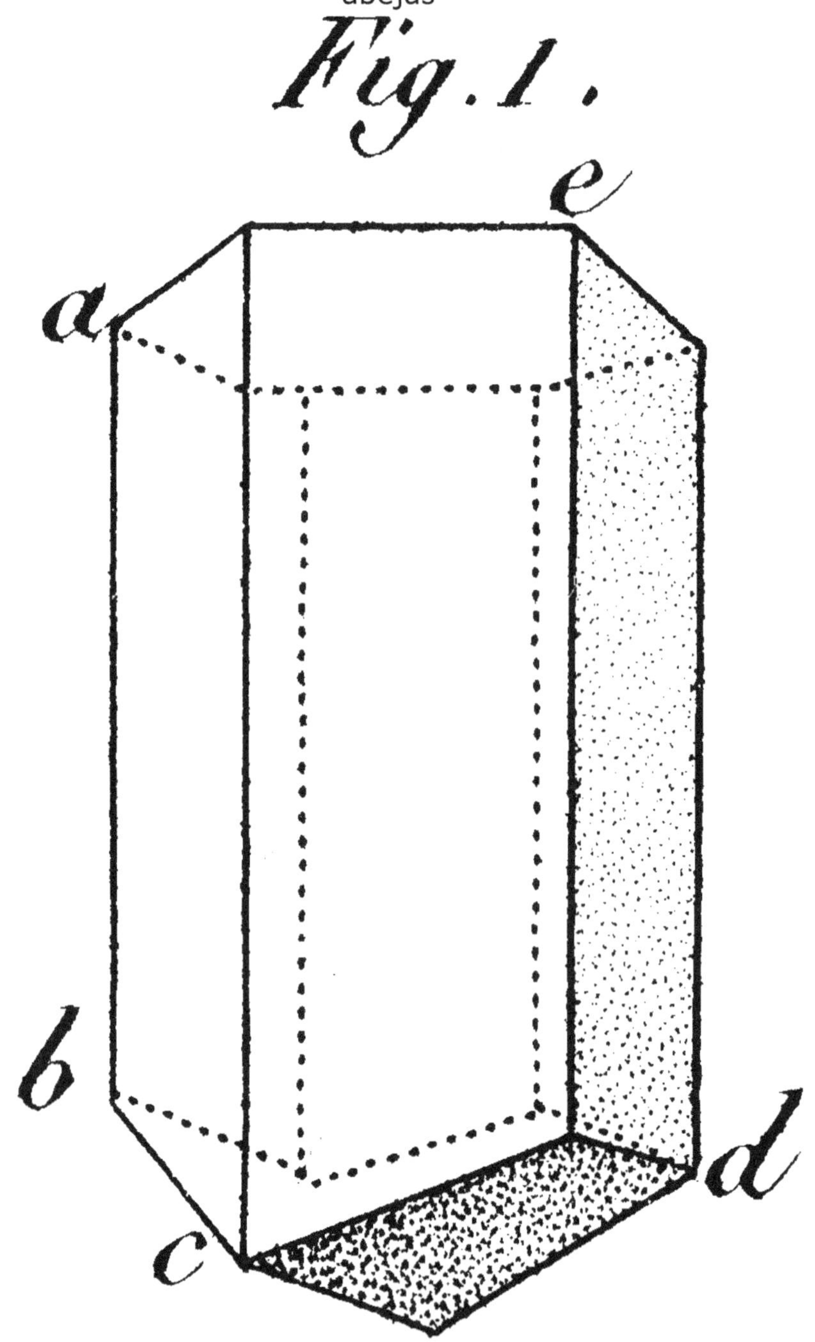

Volumen 2 Lámina V Fig. 1-Celda descansando sobre su base.

La Figura 1 es la de una celda normal, descansando sobre su base y vista en perspectiva. Su tubo (ae) se eleva por encima de la base piramidal bcd; uno debe notar los bordes angulares de la base y comprender por qué el tubo se compone de cuadrángulos irregulares.

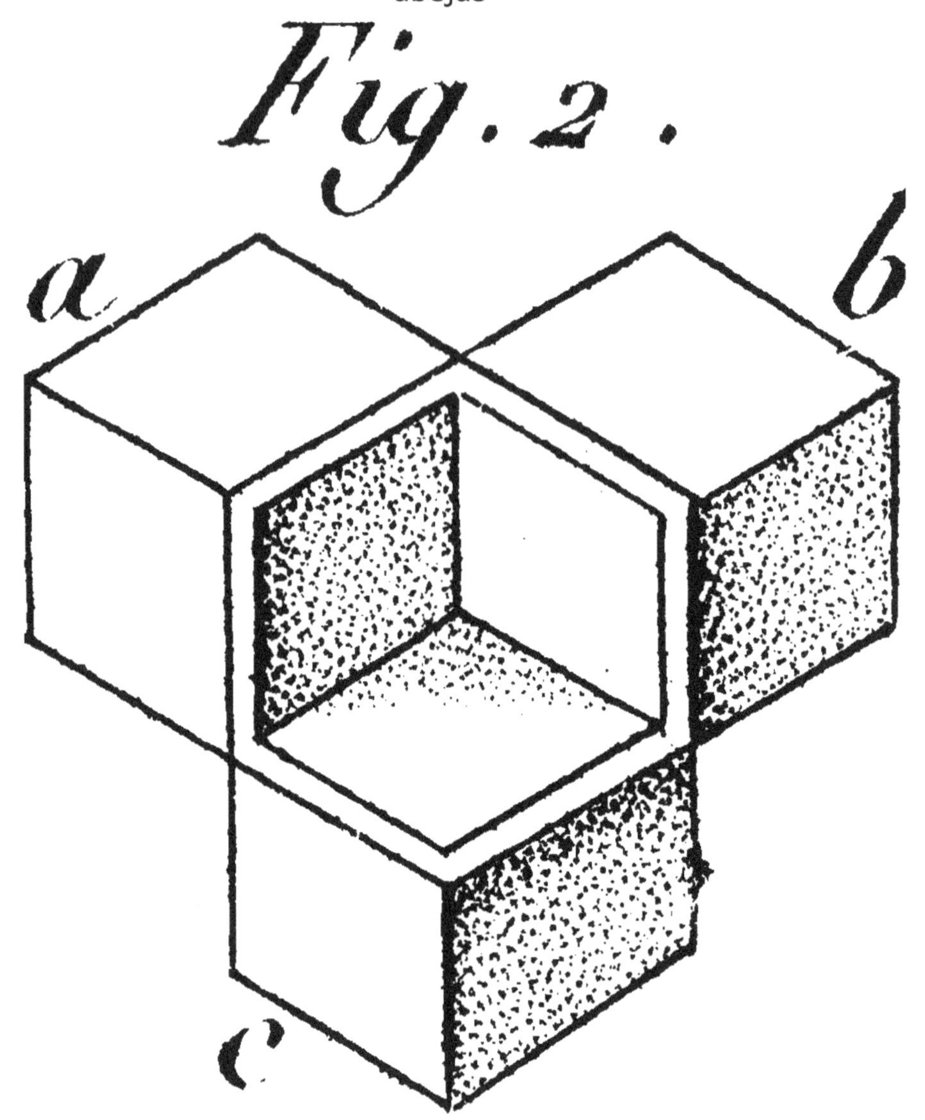

Volumen 2 Lámina V Fig. 2-La parte inferior de una celda, vista frontal. Está respaldada por otras tres celdas, a, b, c, cuyas bases se ven desde la parte trasera.

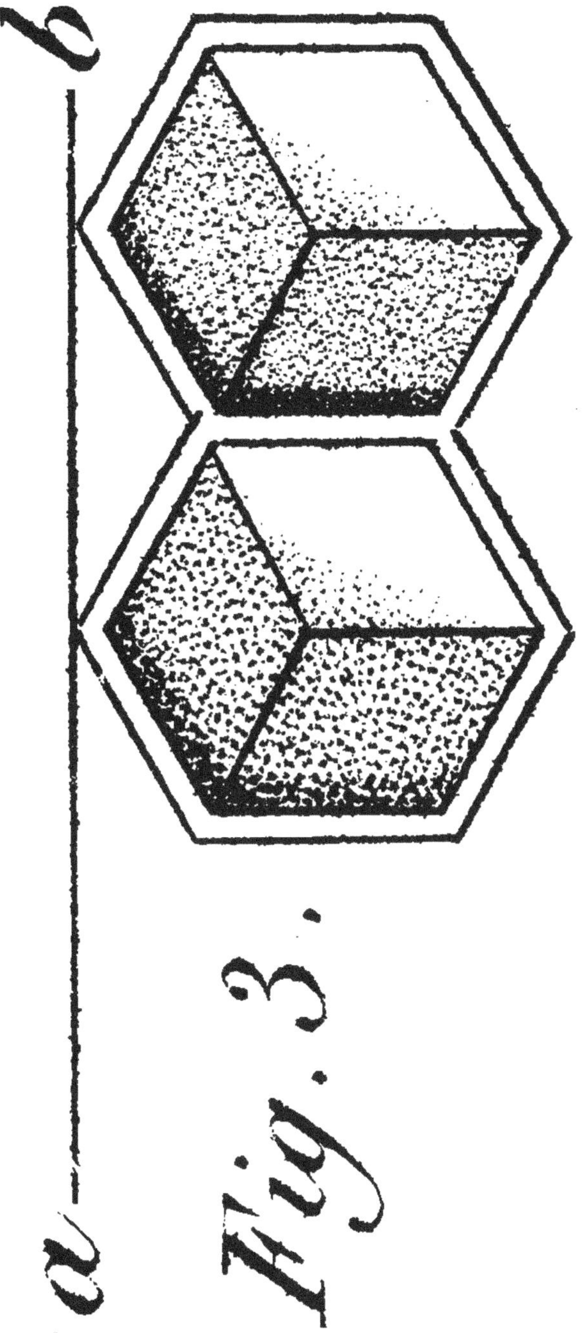

Volumen 2 Lámina V Fig. 3-Dos bases piramidales; (ab) es una línea que tocan en un solo punto.

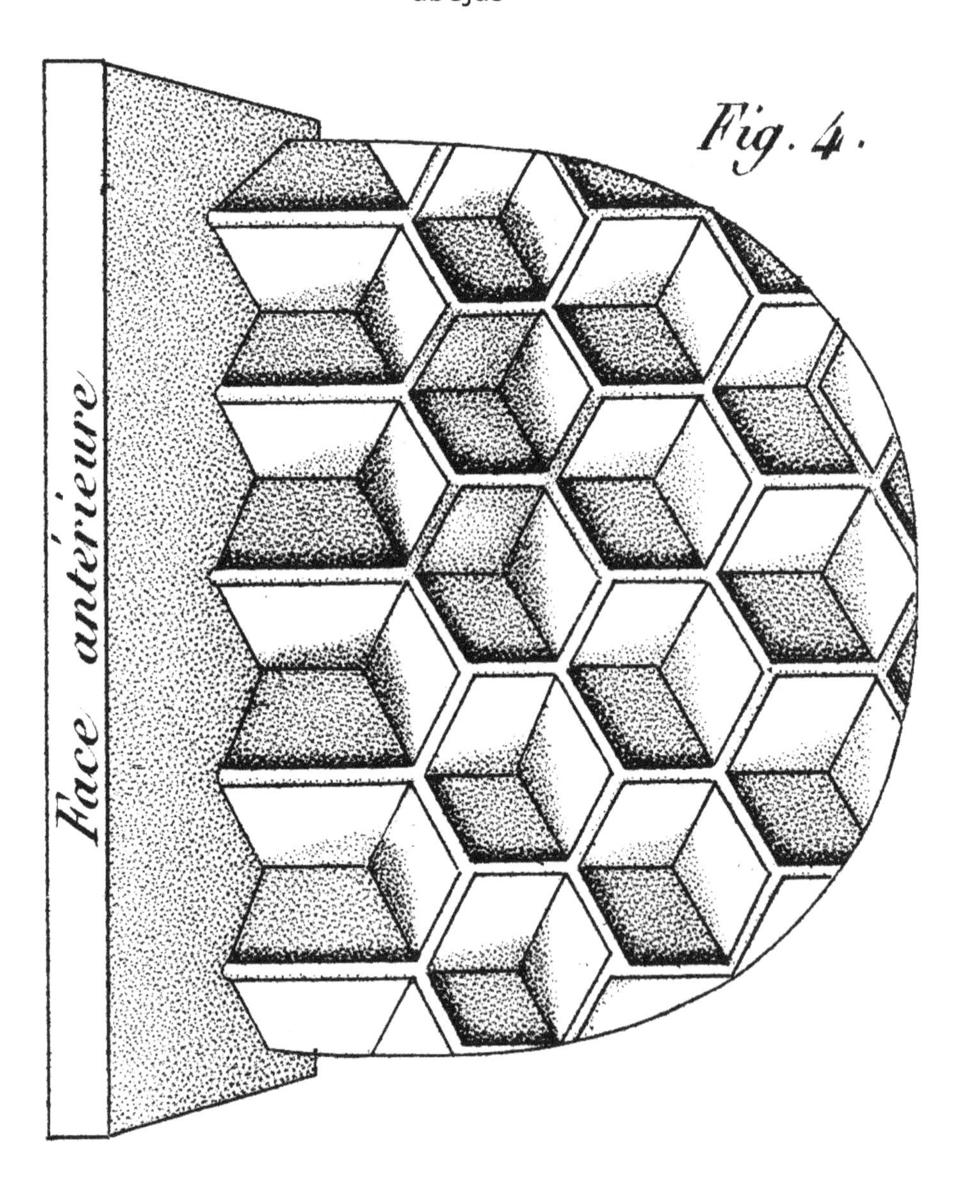

Volumen 2 Lámina V Fig. 4-Una porción de panal nuevo, fijada al techo de la colmena.

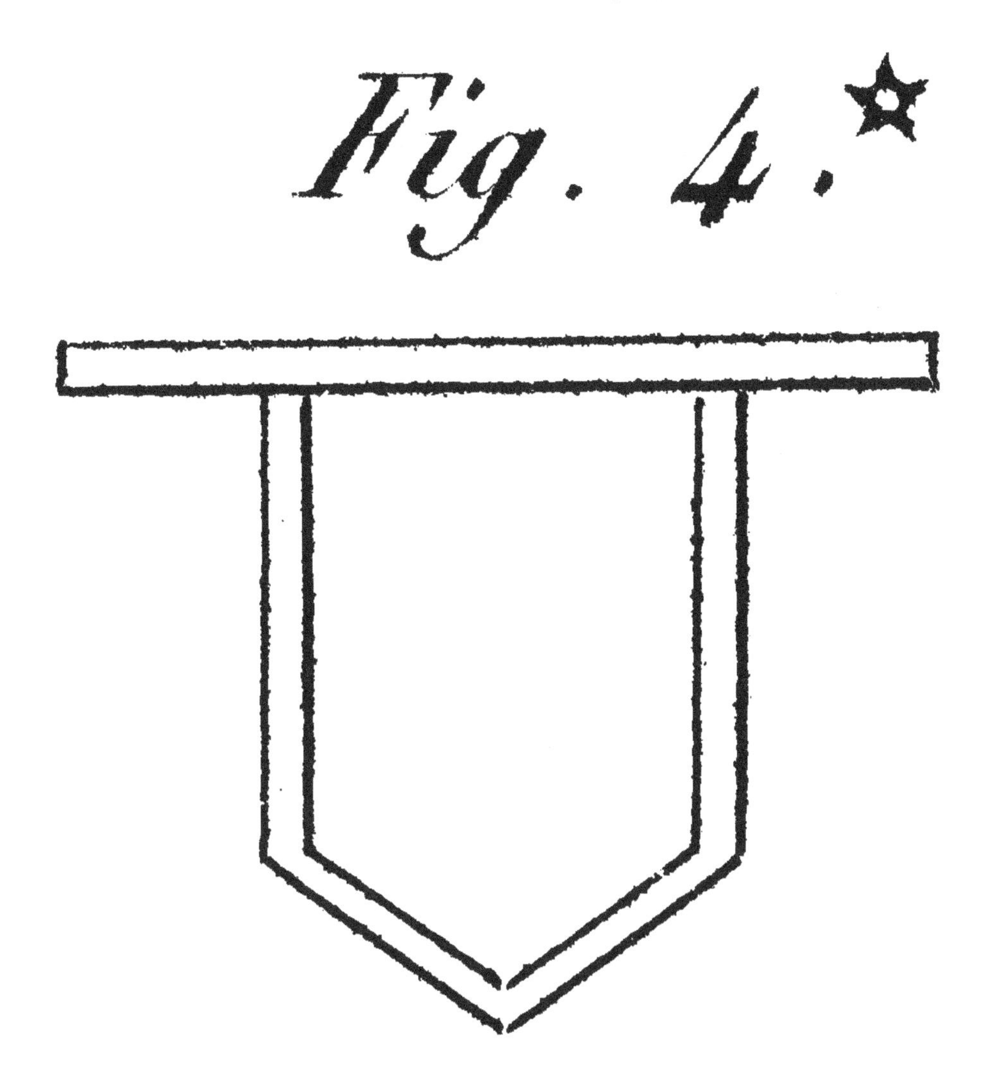

Volumen 2 Lámina V Fig. 4: Representa el borde u orificio de una celda de la primera fila.*

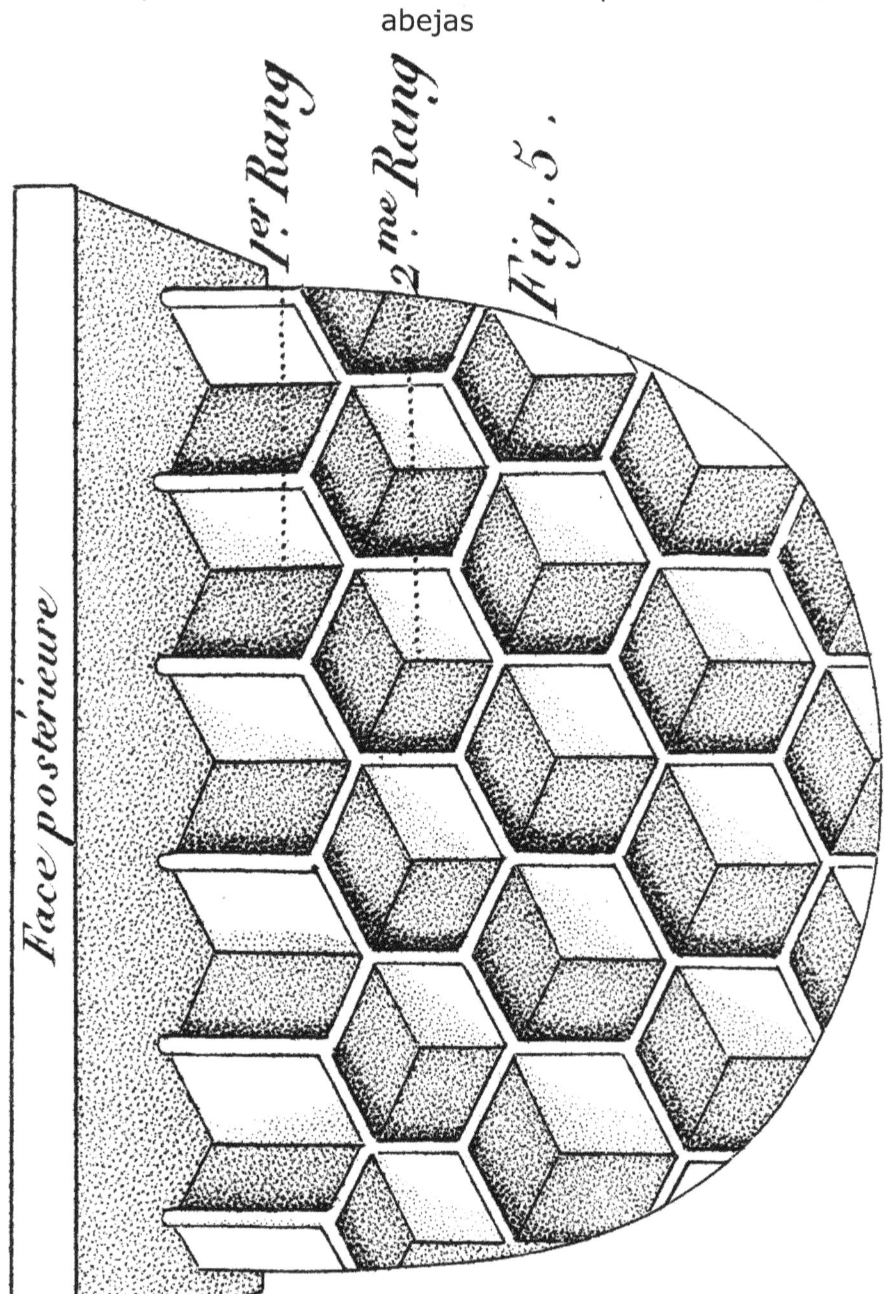

Volumen 2 Lámina V Fig. 5 – Lateral opuesto del panal en la Figura 4.

La figura 5 representa el mismo panal mostrado desde el lado opuesto; en cada uno de ellos se han quitado los tubos de las celdas, con sólo un pequeño eje para distinguir su contorno. Las bases de las primeras celdas, inmediatamente por debajo del techo son las que yo llamo celdas de la primera fila.

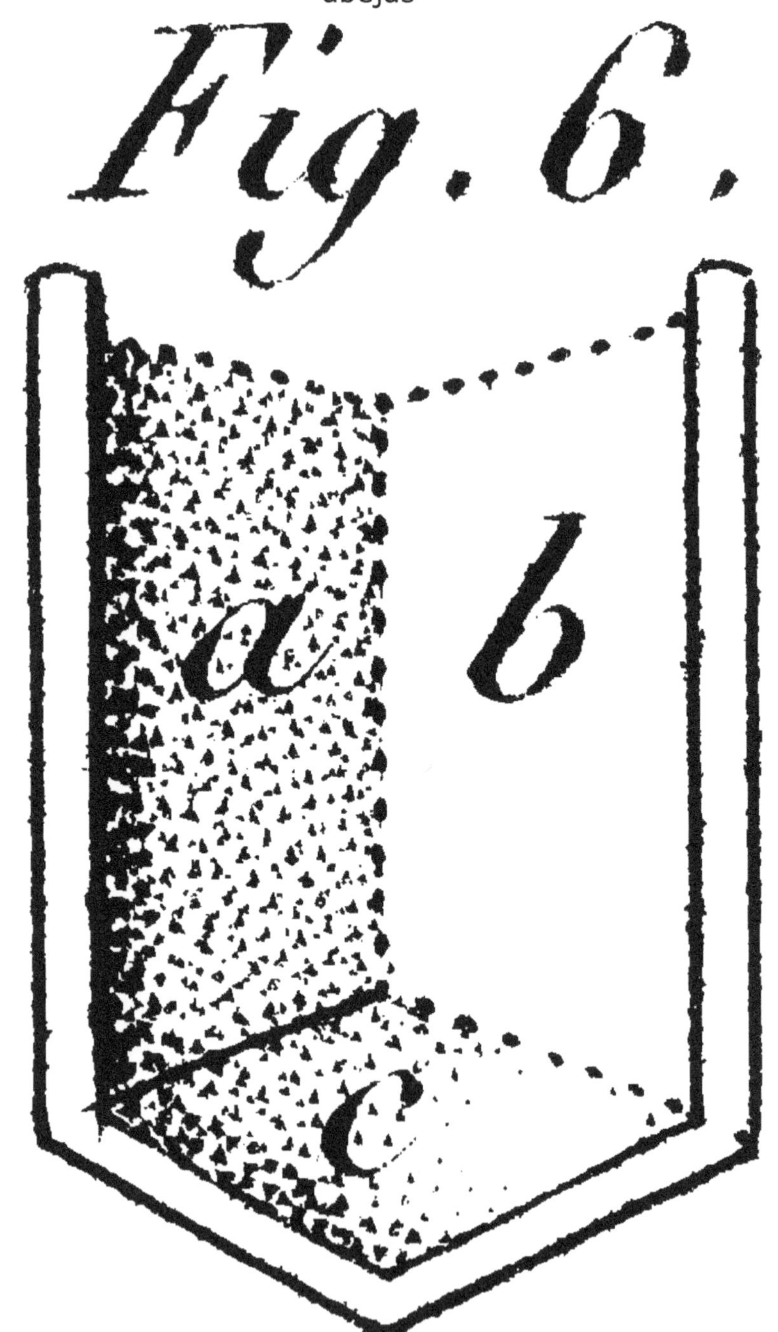

Volumen 2 Lámina V Fig. 6-Base de una celda anterior de la primera fila.

La figura 6 muestra la base de una celda anterior de la primera fila, extraída del panal; (ab) sus trapecios (c) el rombo que la termina. En la figura 9 vemos la base de la celda posterior de la primera fila, formada por sólo dos trapecios. En la figura 9 vemos las mismas piezas, pero en su cara opuesta y en la misma posición que se encuentran en la figura 13 (ab). Como están dibujadas en perspectiva, lo que altera la apariencia de sus piezas en cierta medida, debido a la cavidad de las celdas, se muestran planas y separadas en las figuras 7 y 10, bajo los apoyos que indican su unión; así vemos su forma geométrica.

Volumen 2 Lámina V Fig. 7-Muchos de éstos se dibujan en perspectiva, lo que altera la apariencia de sus piezas en cierta medida, debido a la cavidad de las celdas, las partes de la fig. 6 se muestran planas y separadas en las figuras 7 y 10, en virtud de los apoyos que indican su unión; así vemos su forma geométrica.

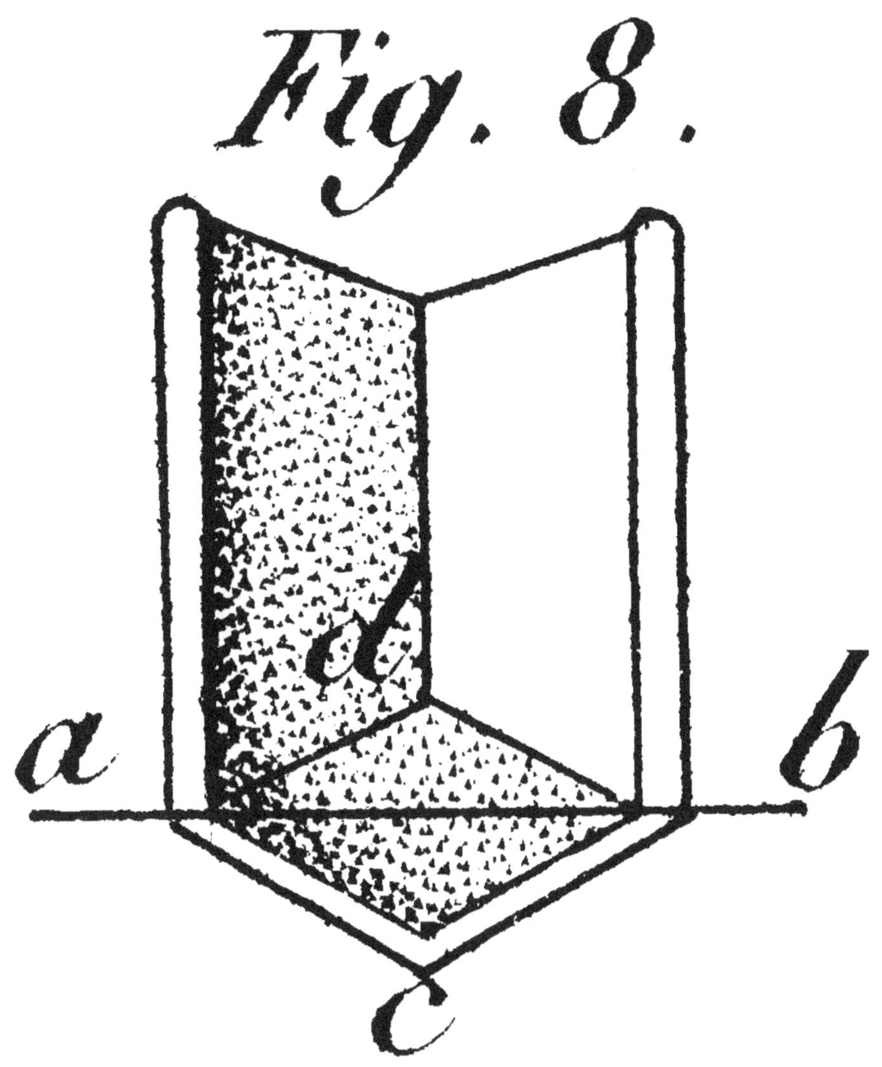

Volumen 2 Lámina V Fig. 8-Exhibe la proyección del rombo, proyectando más allá una línea (a, b) elaborado a partir de uno de sus ángulos agudos a otro; la parte (acb) proyecta más allá de la cavidad, mientras que la parte (adb) está dentro de ella: así el rombo proyecta exactamente la mitad de su longitud; se inclina en la dirección de su diagonal corta, pero es horizontal en su diagonal larga.

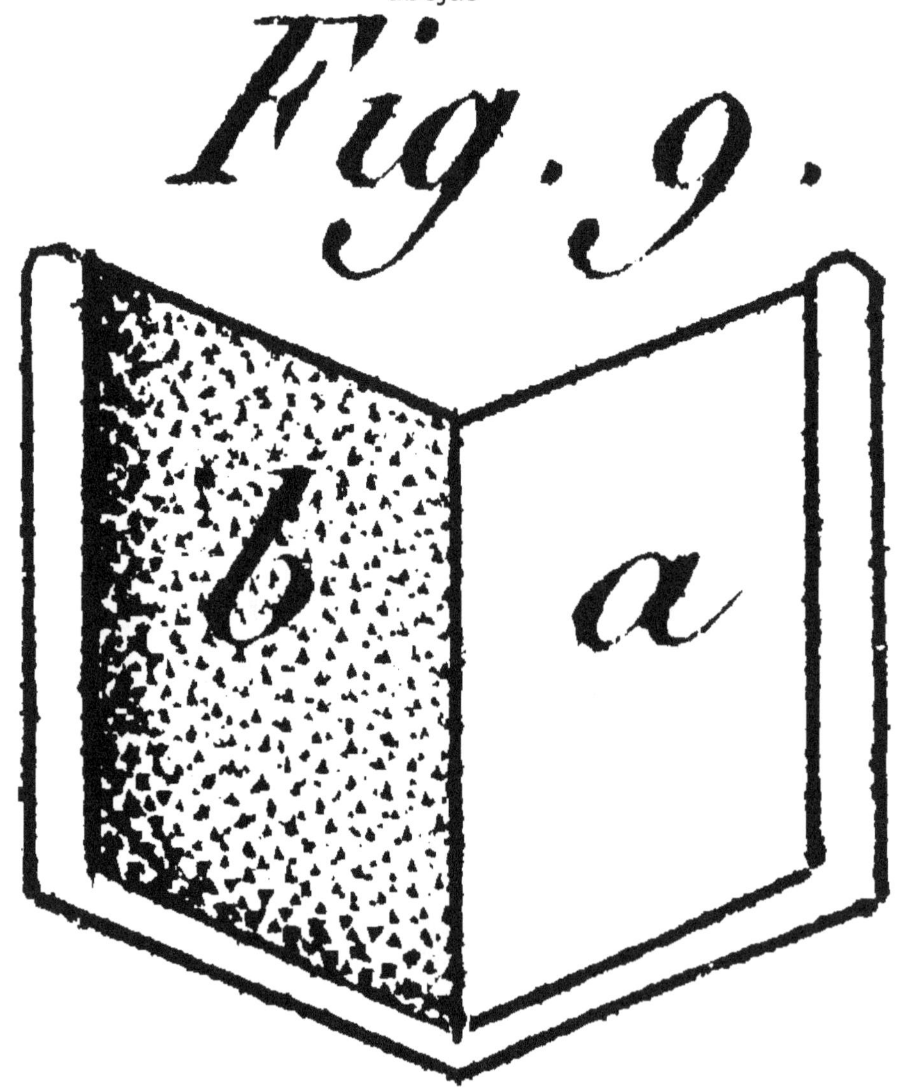

Volumen 2 Lámina V Fig. 9-La base de la celda posterior de la primera fila, formada por sólo dos trapecios.

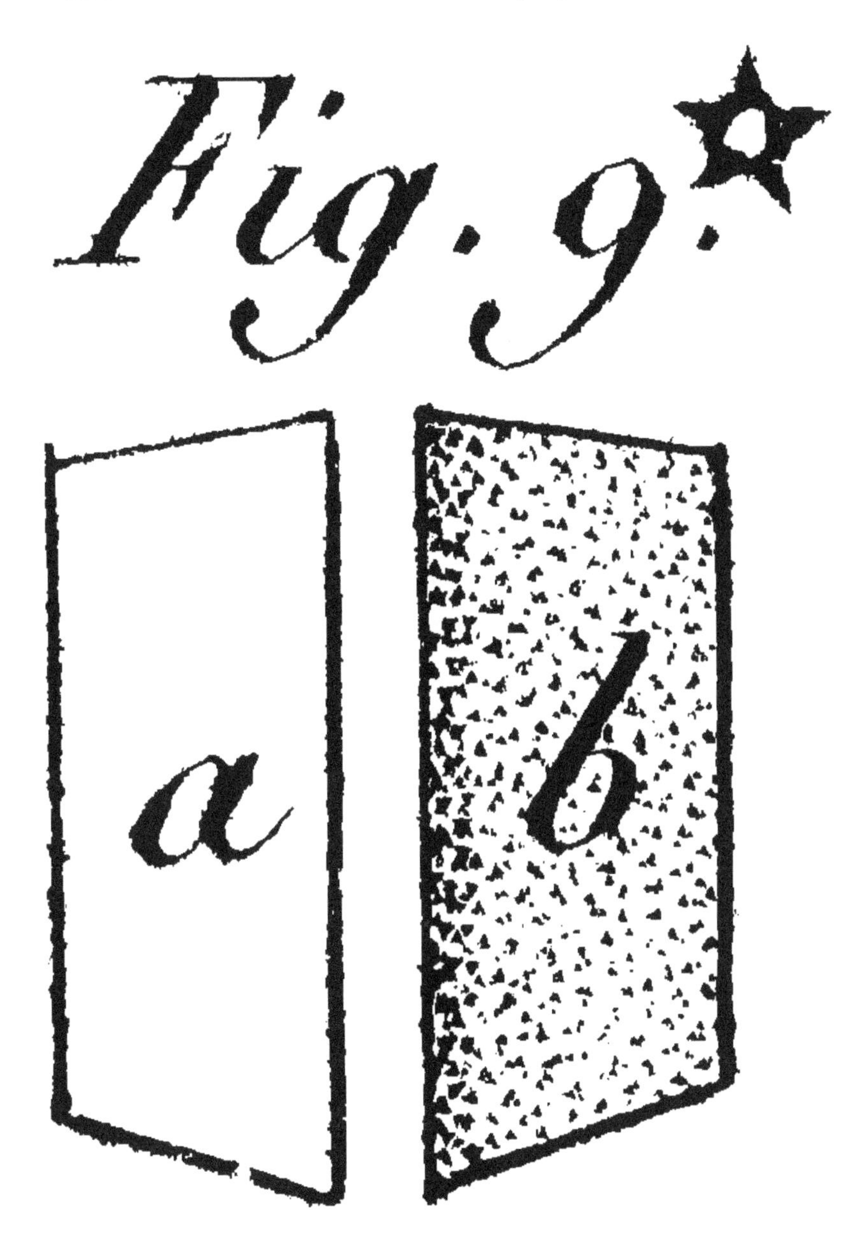

Volumen 2 Lámina V Fig. 9 -Vemos las mismas piezas, pero en la cara opuesta a la Fig. 6 y en la misma posición que se encuentran en la figura 13 (ab).*

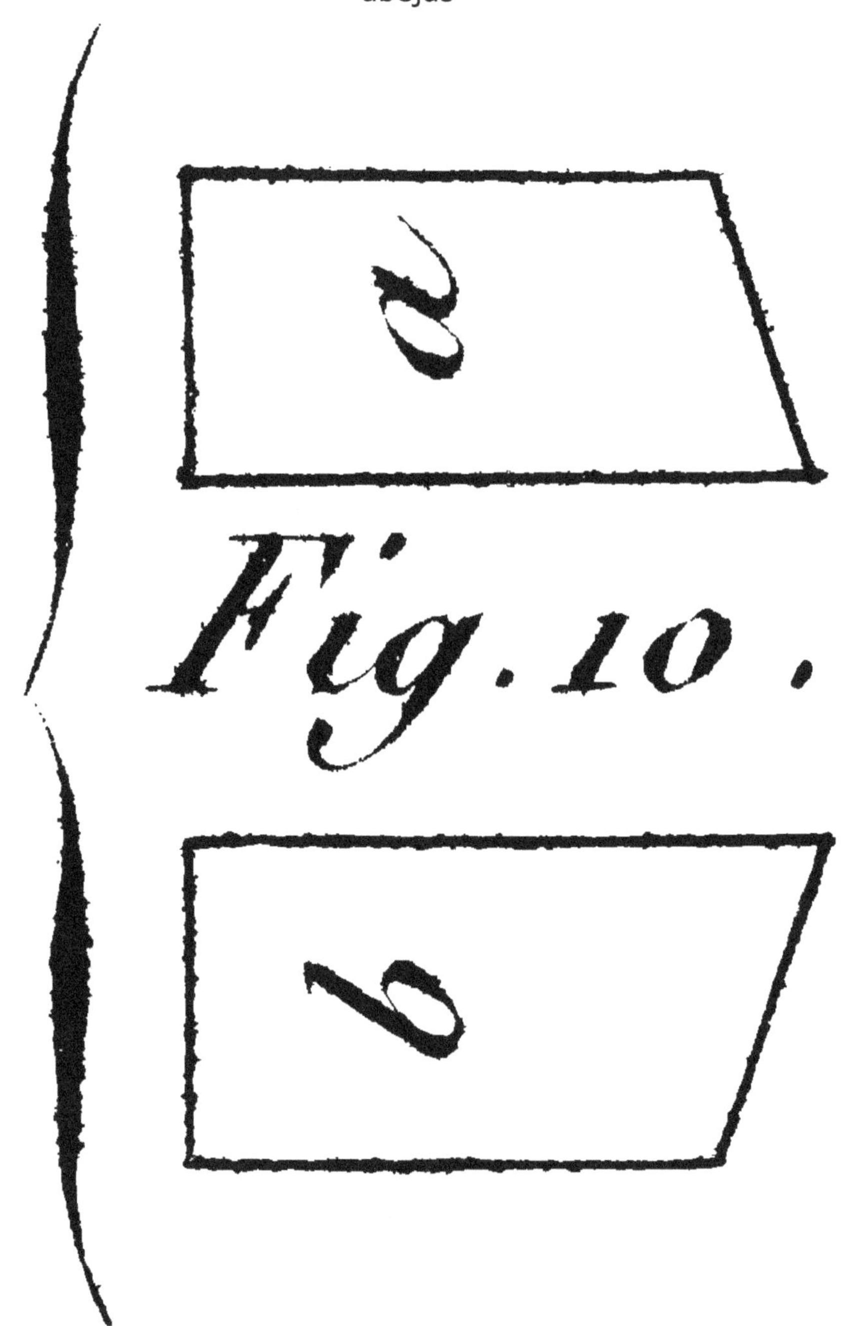

Volumen 2 Lámina V Fig. 10-Piezas de primera fila separadas para mostrarlas no distorsionadas por la perspectiva.

Como la mayoría de estos están dibujados en perspectiva, alterando la apariencia de sus piezas en cierta medida, debido a la cavidad de las celdas, se muestran planas y separadas en las figuras 7 y 10, bajo los apoyos que indican su unión; así vemos su forma geométrica.

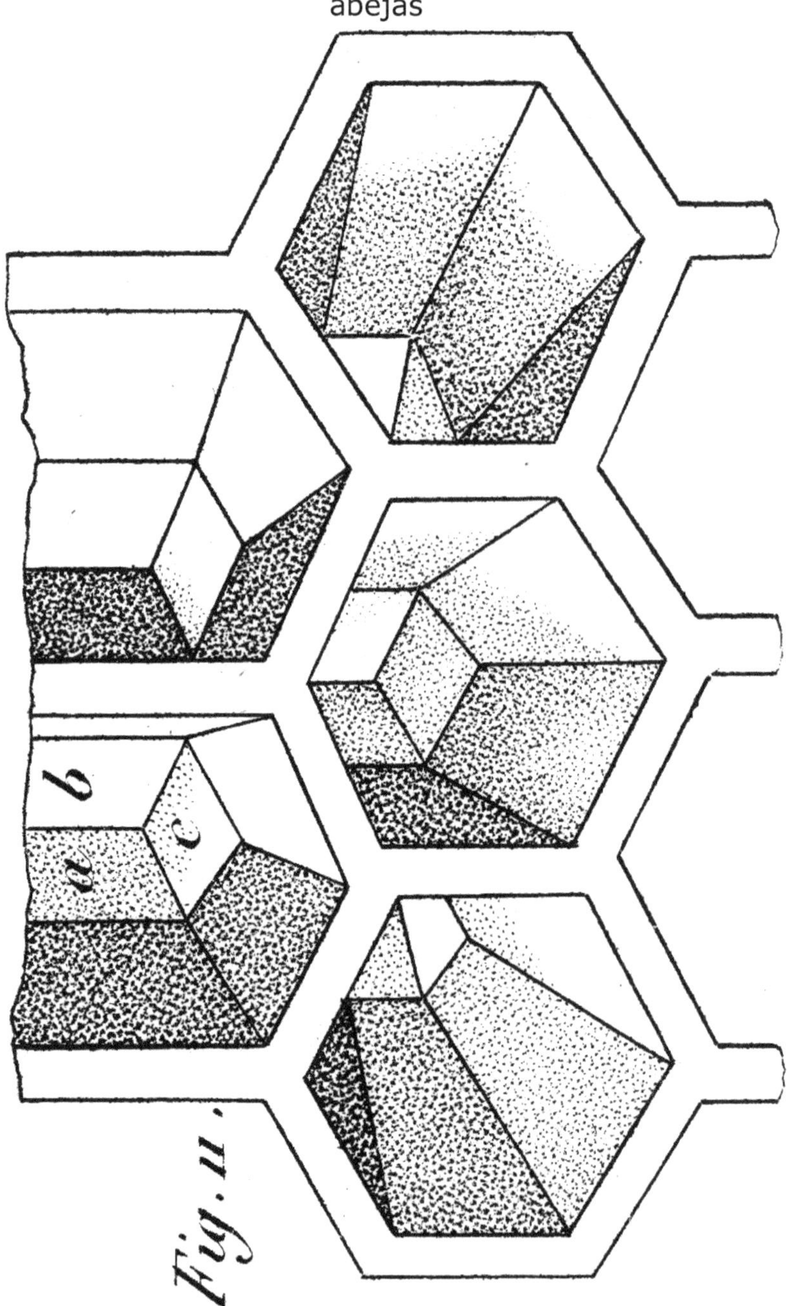

Volumen 2 Lámina V Fig. 11-Vista frontal de las celdas de la primera fila con su tubo ampliado en perspectiva, abc siendo la base.

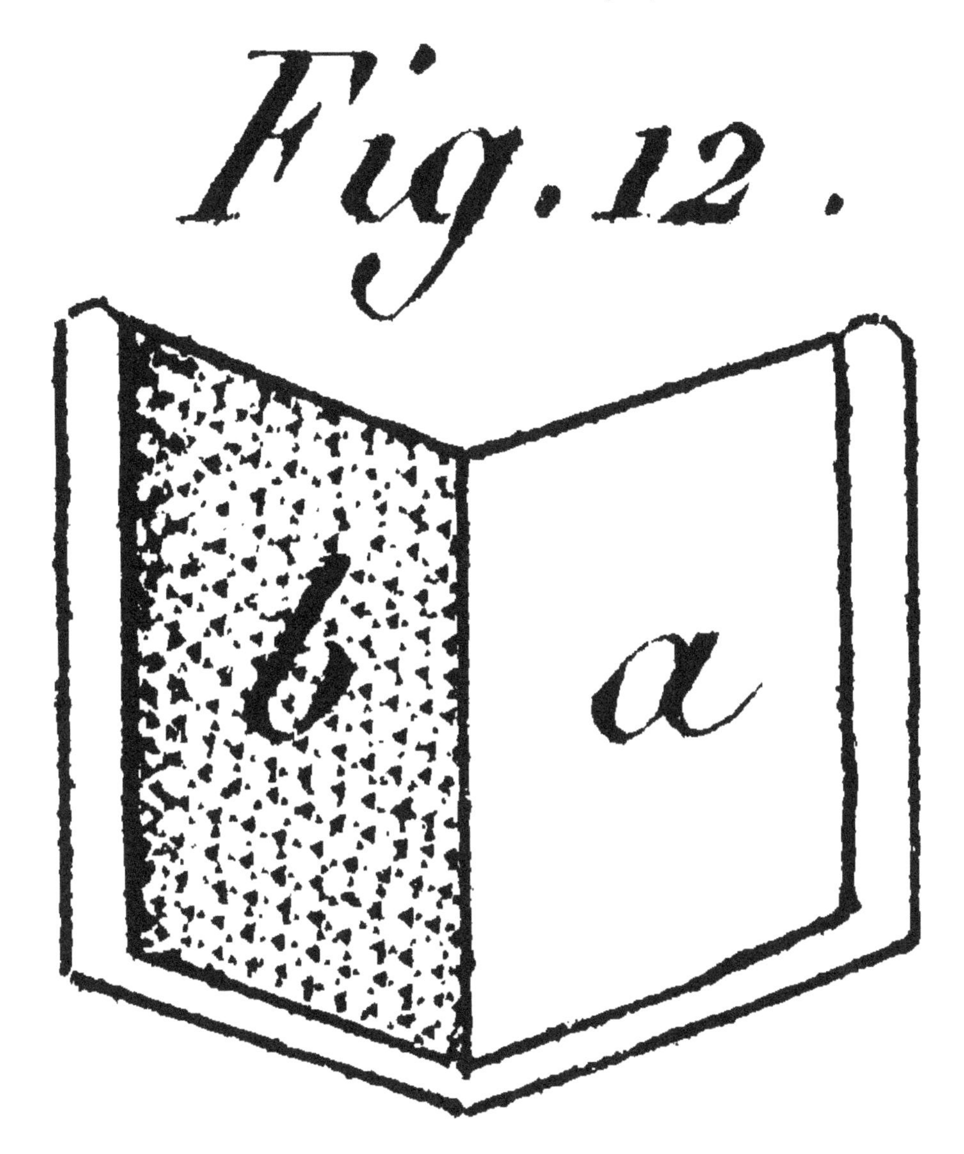

Volumen 2 Lámina V Fig. 12-Las figuras 12 y 13 muestran las bases de tres celdas que estarían espalda contra espalda; la figura 13 muestra dos celdas anteriores y la figura 12 una celda posterior montada entre estas dos, siendo b la parte posterior de b, y la parte posterior de a. Ver fig. 9.*

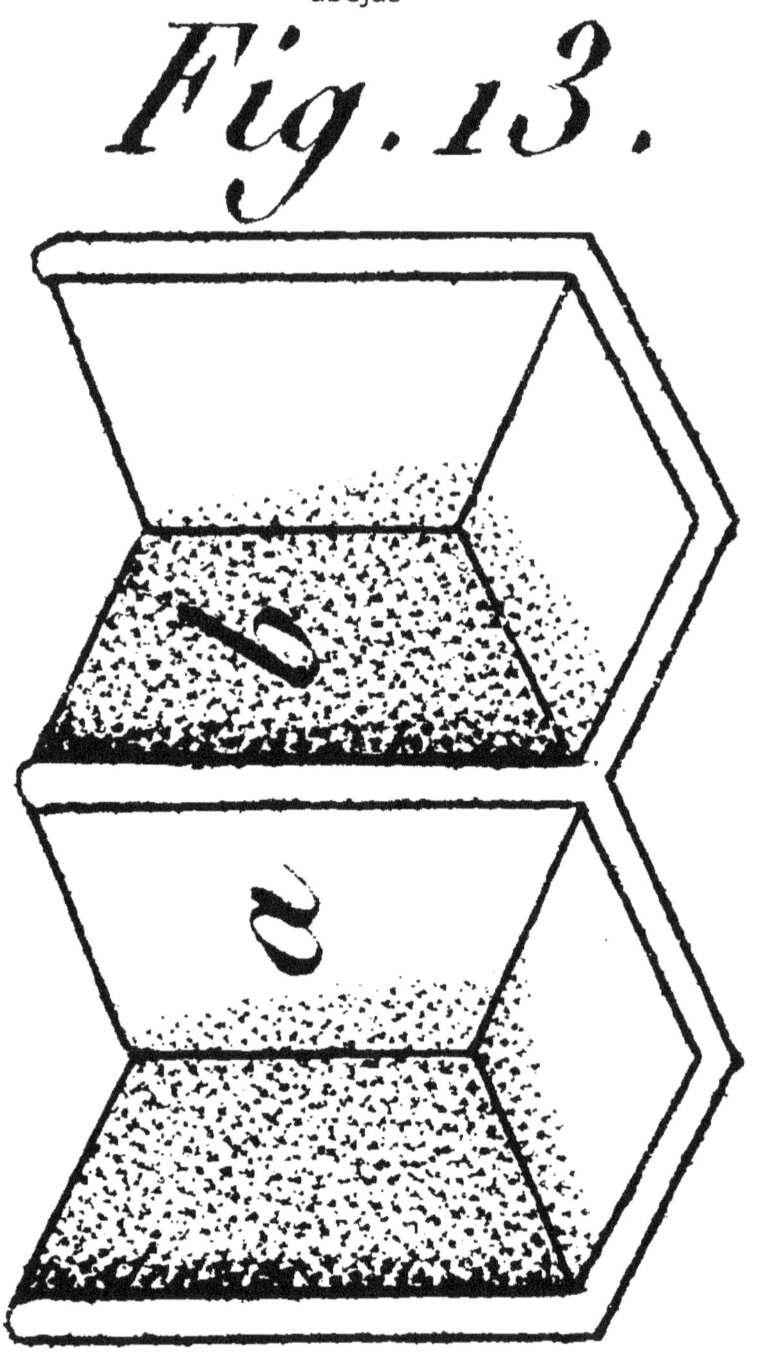

Volumen 2 Lámina V Fig. 13 - Dos celdas anteriores.

Las figuras 12 y 13 muestran las bases de tres celdas que estarían espalda contra espalda; la figura 13 muestra dos celdas anteriores y la figura 12 una celda posterior montada entre estas dos, siendo b la parte posterior de b, y la parte posterior de a. Ver fig. 9*.

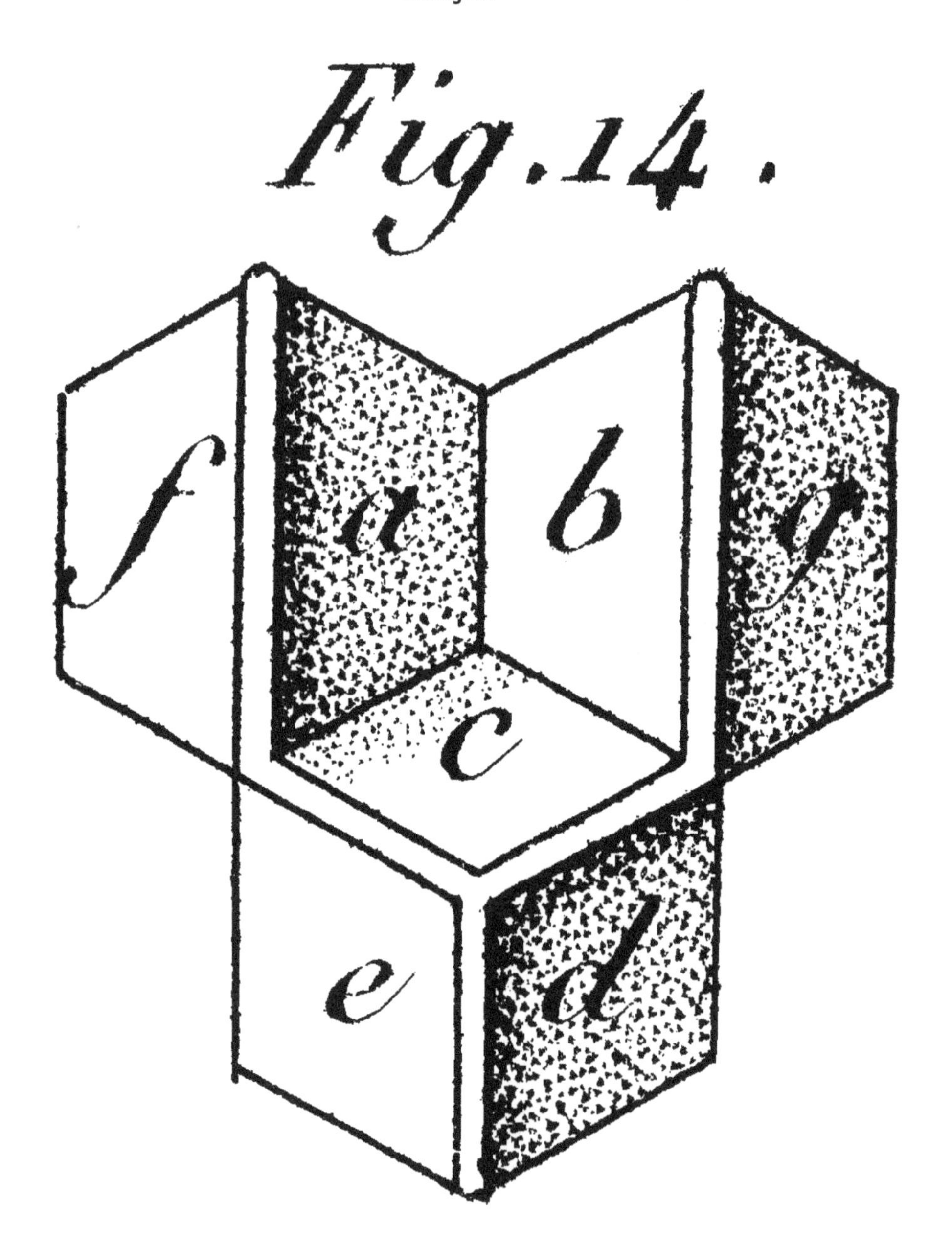

Volumen 2 Lámina V Fig. 14-Inverso de la fig. 15, base de la primera fila.

Las figuras 14 y 15 son el inverso una de la otra; la primera presenta una base de la primera fila; con el dorso de tres celdas que se encuentran en el lado opuesto; dos de la primera fila (f, a y g, b) y una de la segunda fila (c, e, d).

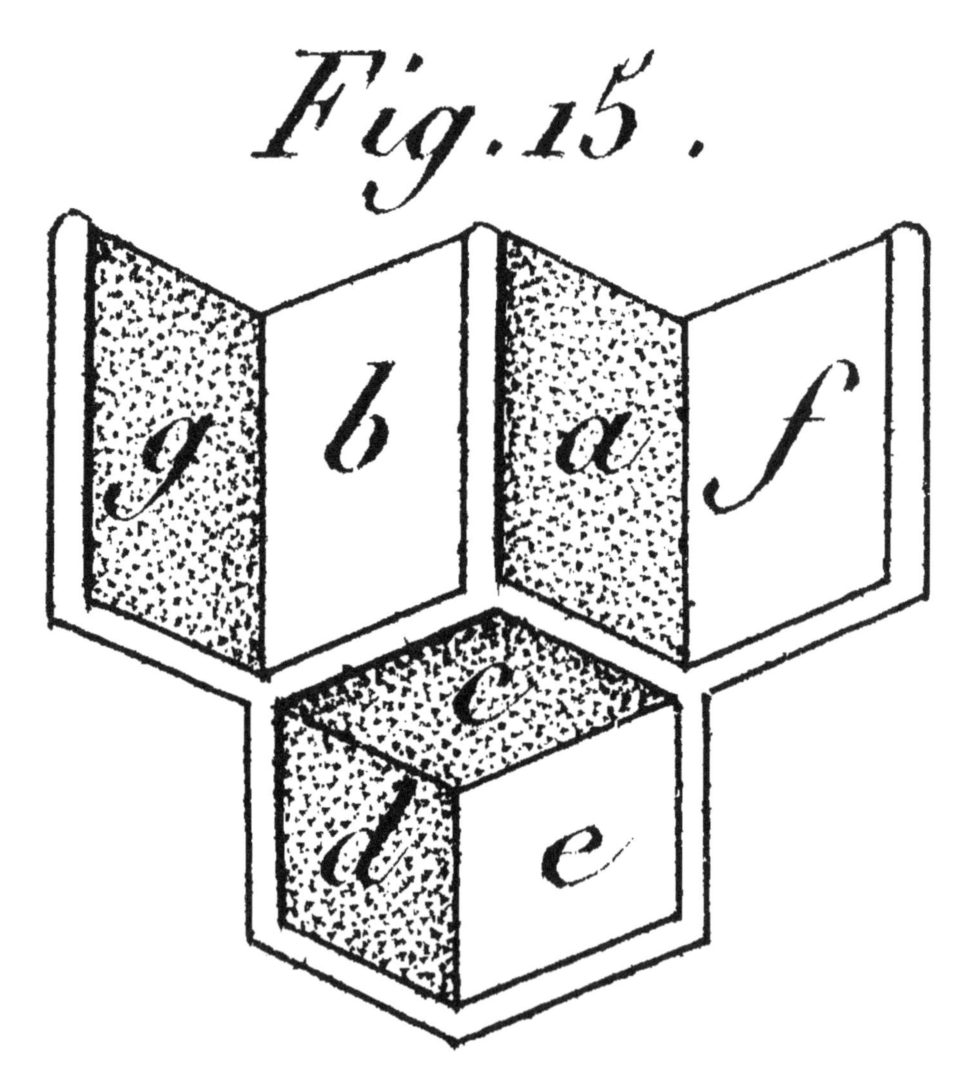

Volumen 2 Lámina V Fig. 15-Inverso de la fig. 14, base de la primera fila.

Las figuras 14 y 15 son el anverso una de la otra; la primera presenta una base de la primera fila; con el dorso de tres celdas que se encuentran en el lado opuesto; dos de la primera fila (f, a and g, b) y una de la segunda fila (c, e, d); nos aseguramos de esto mirando la figura 15, en la que las tres celdas posteriores (g, b) (f, a) y (c, d, e) mostradas de cara están respaldados a la celda anterior de la primera fila (b, a, c), mostrada aquí desde la parte posterior, la pieza (c), que está enfrente del rombo (c) de la celda anterior se convierte aquí en la pieza superior de la base piramidal (d, c, e), formada más debajo por las celdas (g, b) y (a, f) en la figura 15.

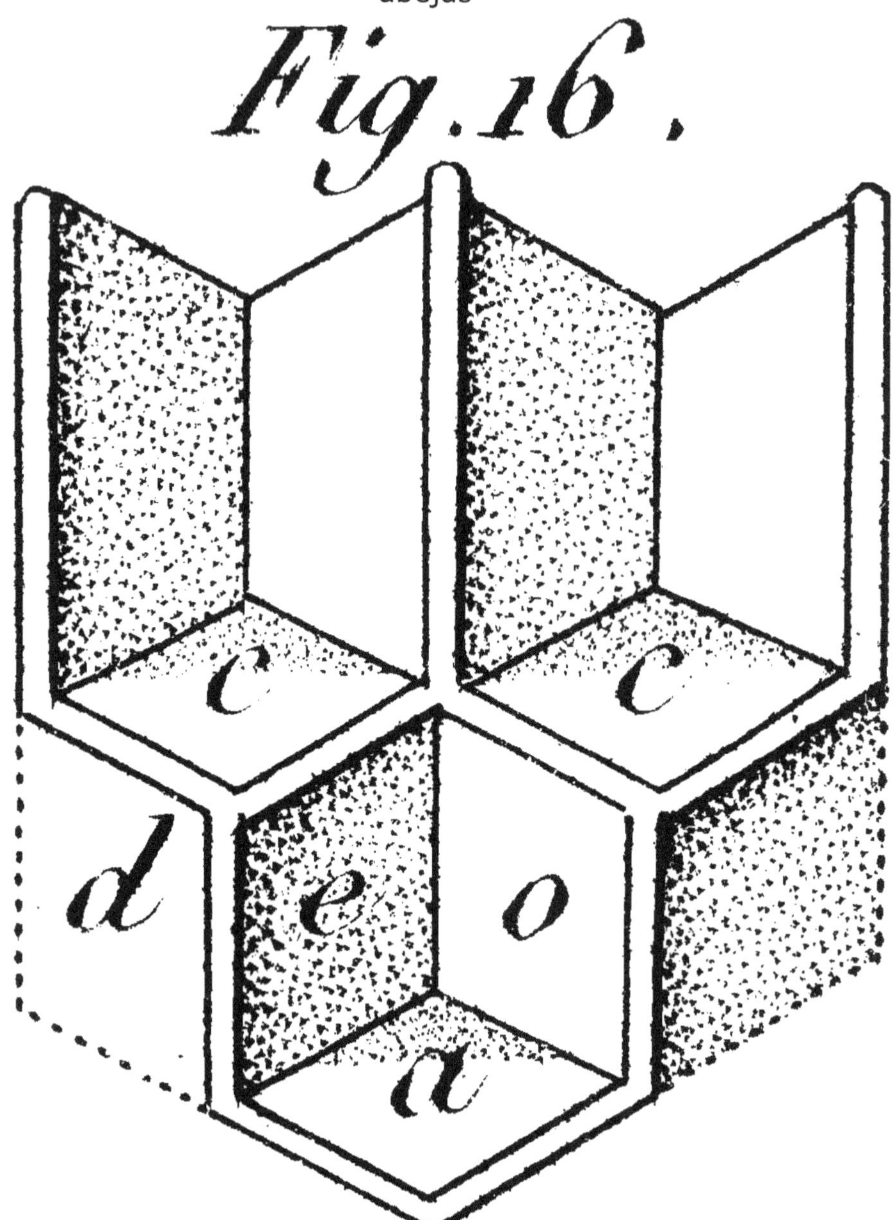

Volumen 2 Lámina V Fig. 16 -Dos celdas anteriores de la primera fila y una celda anterior de la segunda fila (Anverso de Fig. 17).

Las figuras 16 y 17 están también enfrente una de la otra en la misma línea, de modo que podemos comprender la manera en que se unen las celdas.

La fig. 16 representa un pequeño trozo de panal compuesto por dos celdas anteriores de la primera fila y una celda anterior de la segunda fila.

Notamos aquí que la base piramidal de la cara anterior, la figura 16, se compone de dos rombos situados en el intervalo entre las celdas de la primera fila, pero las dos piezas (eo) son las mismas que (eo) figura 17, que pertenecen a dos celdas de la cara posterior; por último, el rombo (a) que completa la celda de la figura 16, pertenece al lado opuesto al espacio entre dos celdas, o a una celda de la tercera fila.

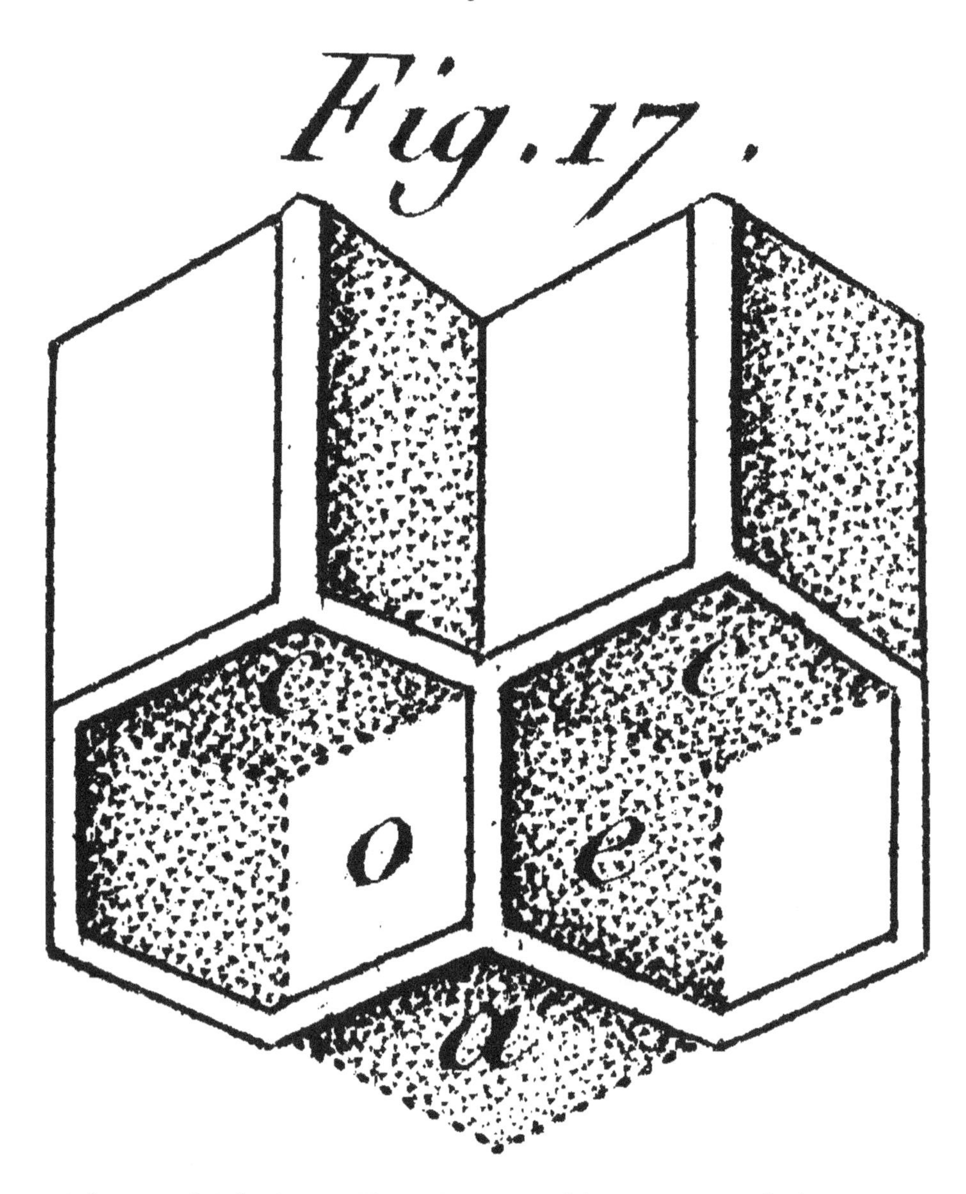

Volumen 2 Lámina V Fig. 17 Una celda posterior de la primera fila y 2 celdas posteriores de la segunda fila (Anverso de la figura 16).

Las figuras 16 y 17 son también la opuesta de la otra colocada en la misma línea, de modo que podemos comprender la manera en que se unen las celdas.

La figura 17 muestra una celda posterior de la primera fila y dos celdas posteriores de la segunda fila.

Notamos aquí que la base piramidal de la cara anterior, la figura 16, se compone de dos rombos situados en el intervalo entre las celdas de la primera fila, pero las dos piezas (eo) son las mismas que (eo) figura 17, que pertenecen a dos celdas de la cara posterior; por último, el rombo (a) que completa la celda de la figura 16, pertenece en el lado opuesto al espacio entre dos celdas, o a una celda de la tercera fila.

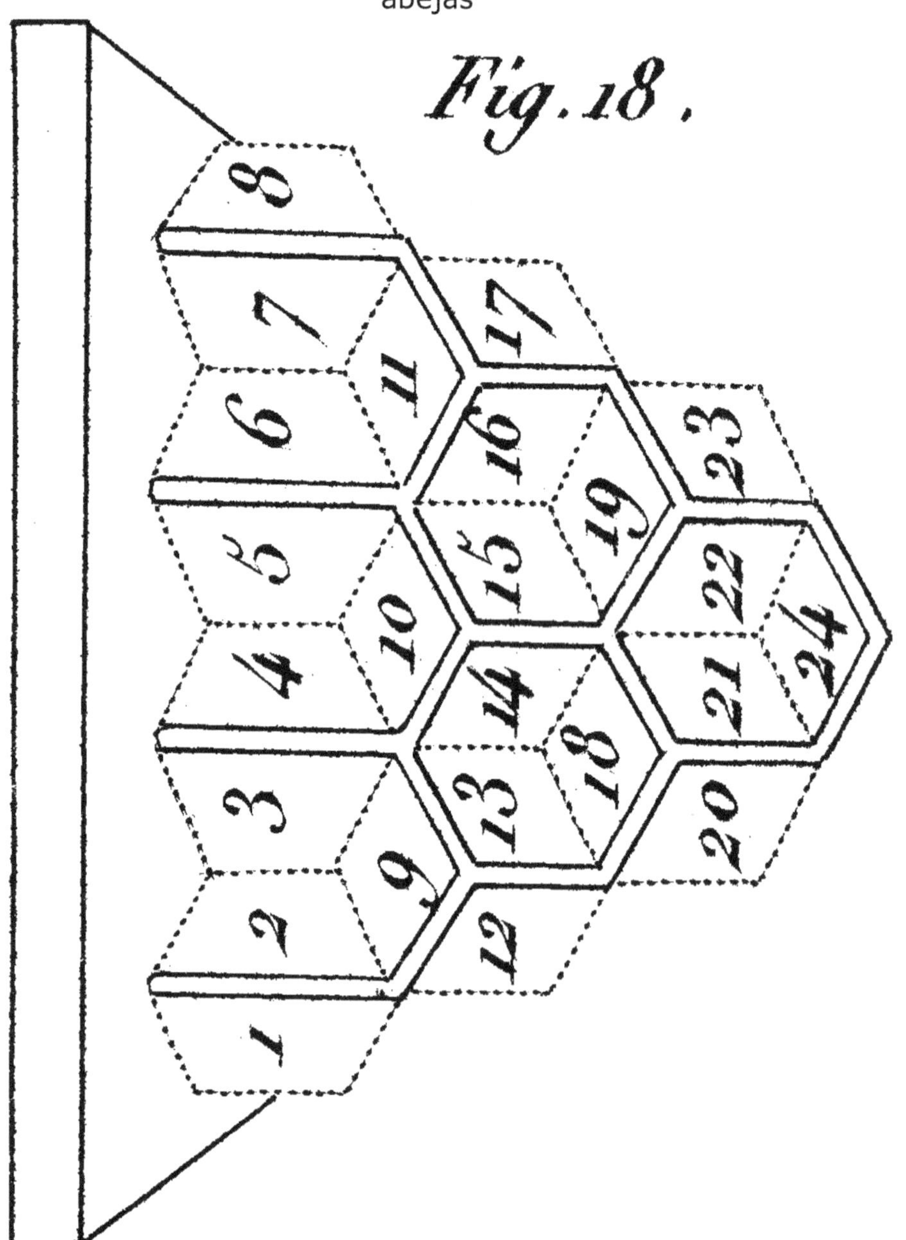

Volumen 2 Lámina V Fig. 18-Las figuras 18 y 19, que representan dos porciones pequeñas de panal sin ninguna sombra, nos dan la oportunidad de comparar cada pieza de las bases de las celdas por ambos lados.

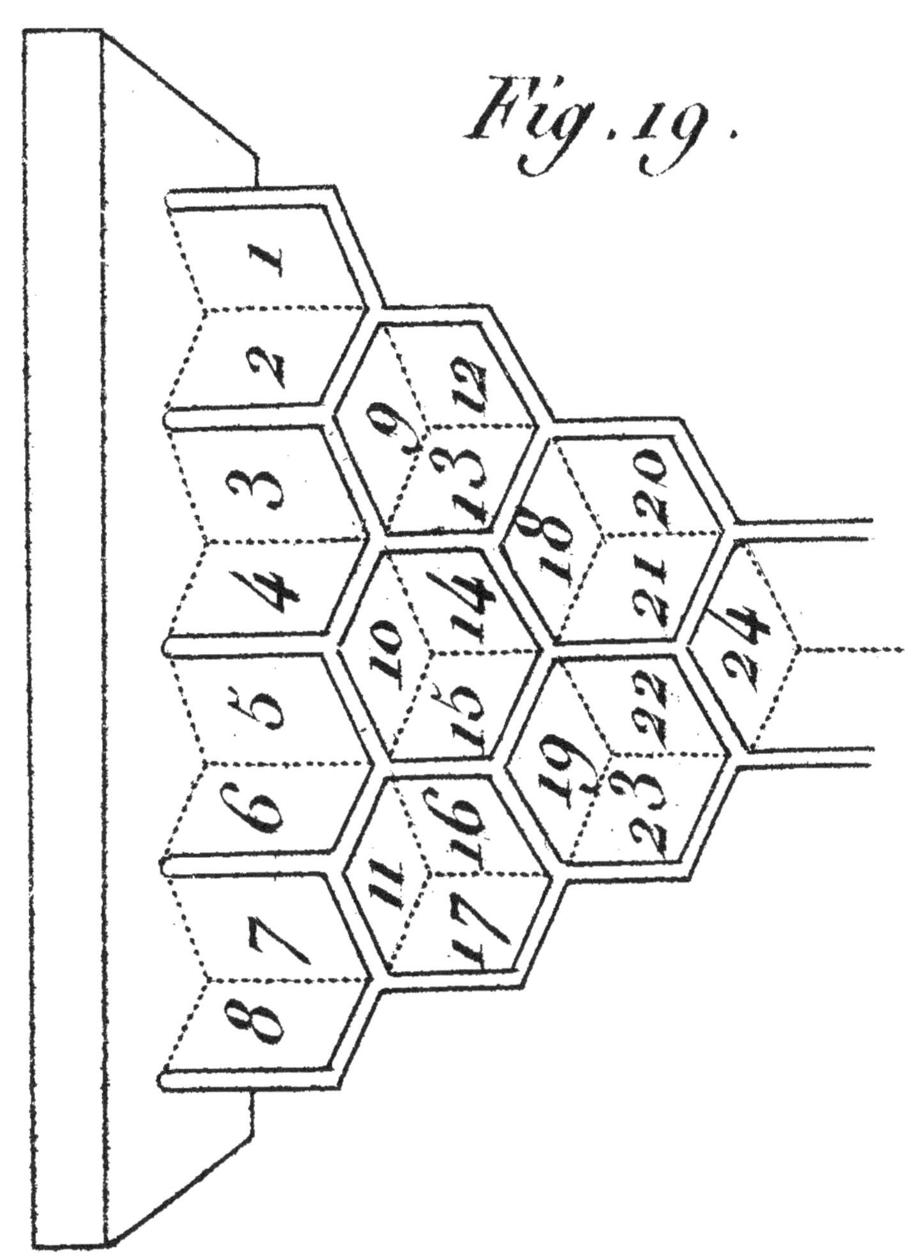

Volumen 2 Lámina V Fig. 19-Las figuras 18 y 19, que representan dos porciones pequeñas de panal sin ninguna sombra, nos dan la oportunidad de comparar cada pieza de las bases de las celdas por ambos lados.

Fig. 1.

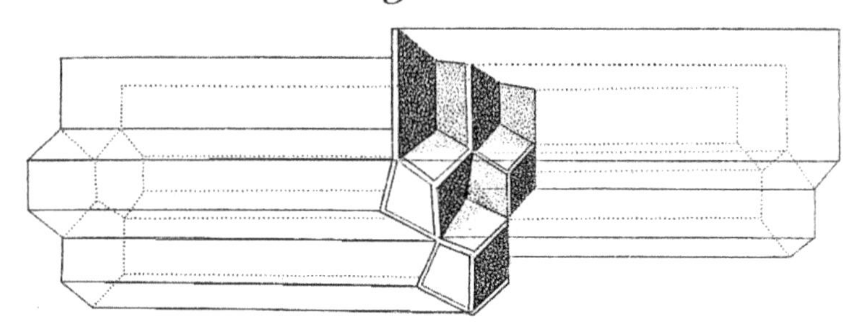

Fig. 2.

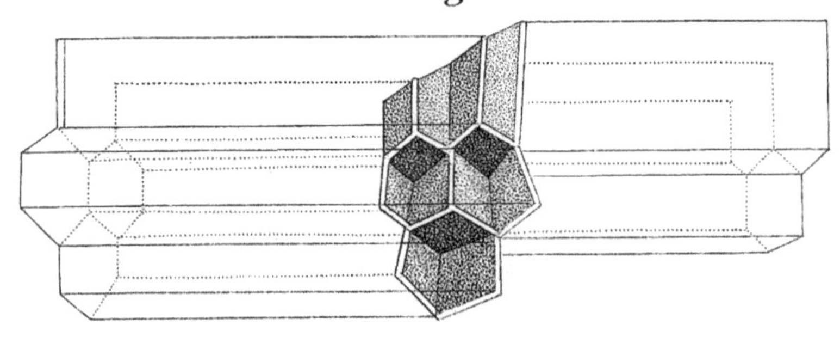

Fig. 3.

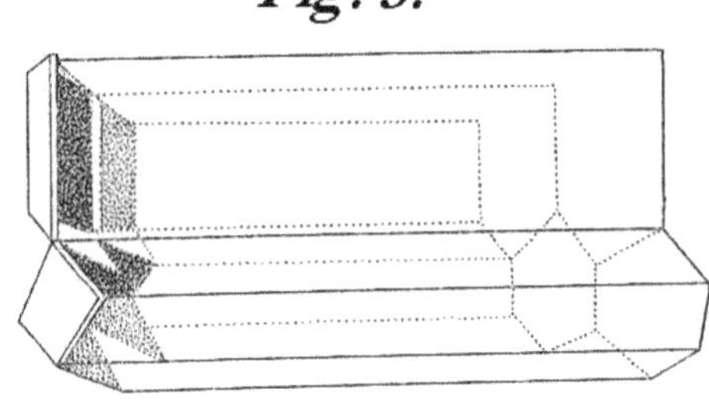

Fig. 4.

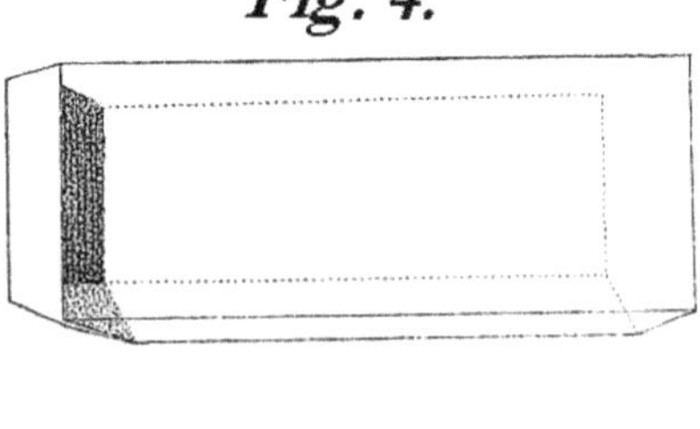

Fig. 5.

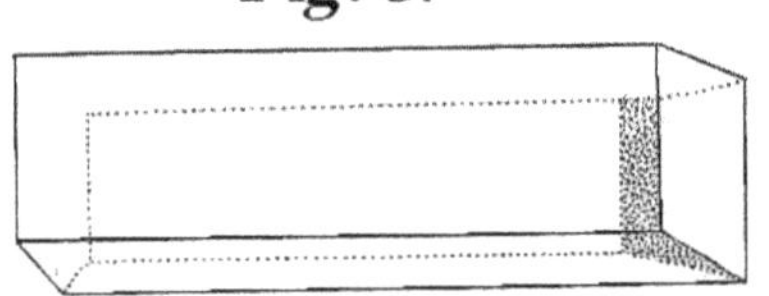

Volumen 2 Lámina VI-Detalles más grandes de la forma en que las celdas encajan.

Explicación de las Figuras de la Lámina VI

Las figuras de esta placa están en una escala más grande que en la anterior. La primera representa una porción muy pequeña de panal, que se muestra como si los prismas fueran transparentes, a fin de exhibir la pared de conexión en la que las bases de ambos lados se construyen. Estos prismas están delineados sólo en sus bordes y sus orificios. Como se muestran aquí en toda su longitud, la mitad de los nervios de las bases parecen un poco cortos: el ojo se supone que está en una posición tanto para ver las bases como los orificios.

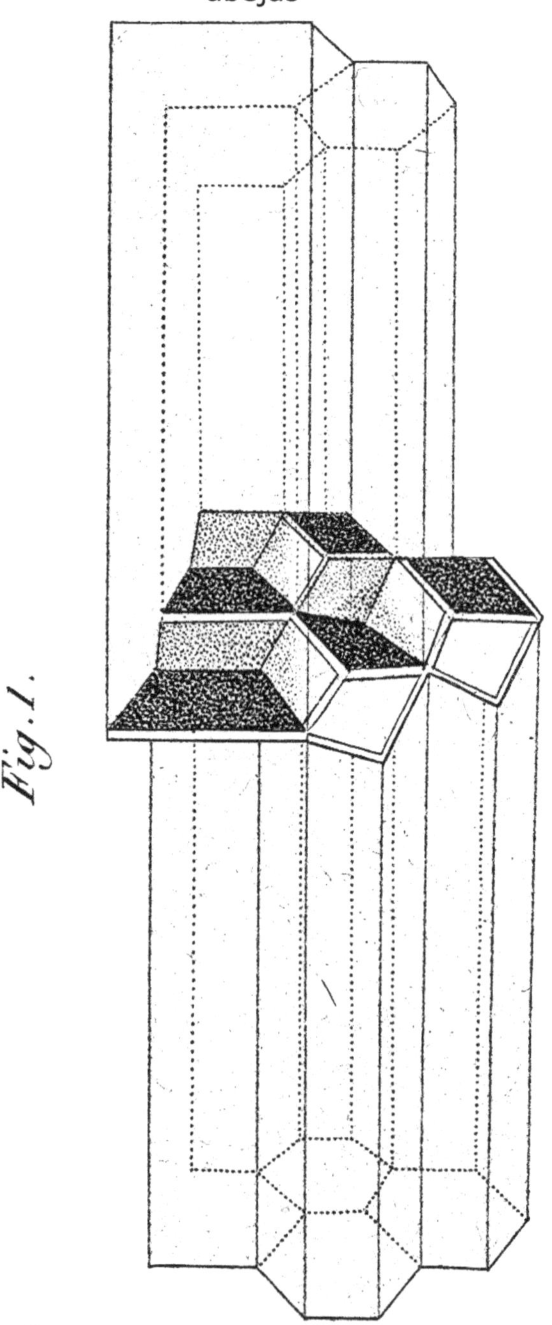

Volumen 2 Lámina VI Fig. 1-Vista del corte de la parte anterior de las tres primeras filas de celdas.

Como en la figura 1, vemos dos bases de la celda de la primera fila, debajo de las cuales se muestra una base piramidal. Las piezas adyacentes a esta celda se han conservado, por lo que las de la parte posterior puede estar completa; así vemos en esta figura la parte posterior de cuatro celdas posteriores, una en la primera fila, dos en la segunda, y una en la tercera: esta figura corresponde con la figura 16 de la lámina V, donde se ven las bases de estas celdas en vista frontal.

Las líneas horizontales se han elaborado a partir de todos los ángulos del contorno de estas bases; por su unión representan los tubos prismáticos de las aberturas de los cuales se ven en el otro extremo; las líneas que salen de los ángulos posteriores representan las de las celdas de ese lado.

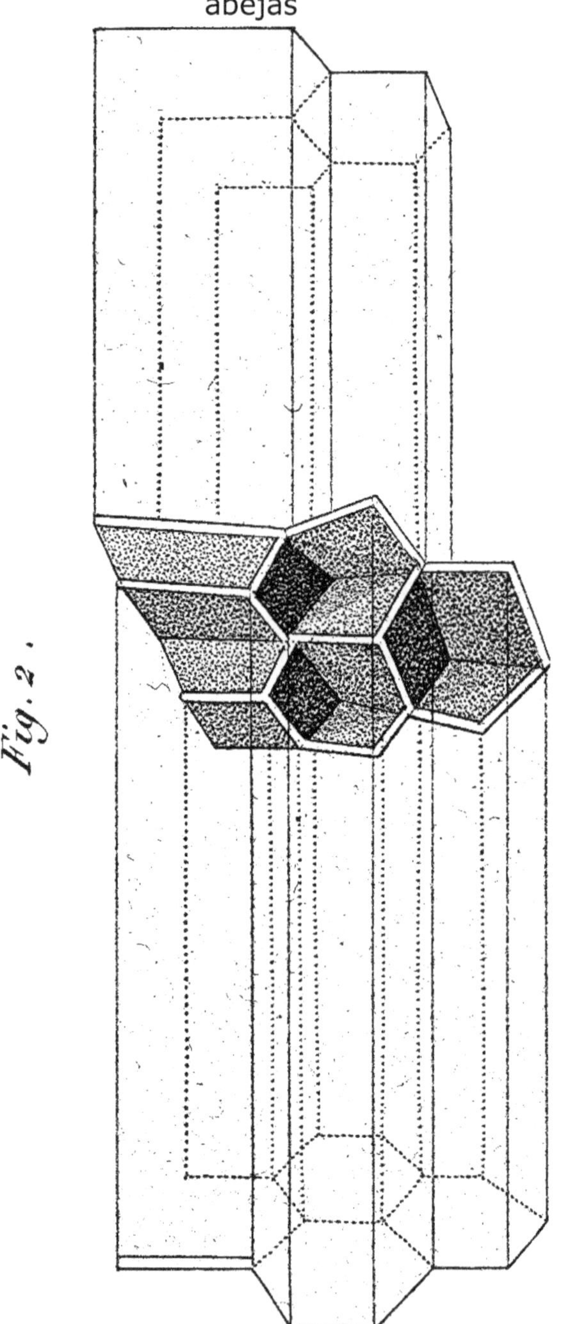

Volumen 2 Lámina VI Fig. 2-Vista del corte de la parte posterior de las tres primeras filas de celdas.

La figura 2 representa la misma porción de panal invertido de modo que podamos ver oblicuamente las bases de las celdas de la parte posterior; que corresponden a la figura 17 de la Lámina V. que muestra las bases de celdas similares en vista frontal. Vemos aquí, frente a nosotros, las bases de las celdas que vimos en la parte trasera de la figura 1; las bases de las celdas en el lado anterior muestran sólo su espalda. Echando un vistazo a los orificios de esas celdas, estamos impresionados por la diferencia entre los de la primera fila y los de las filas inferiores; siguiendo las líneas de la boca de las celdas hacia el interior, se llega a los ángulos de las bases que pertenecen a esas mismas celdas.

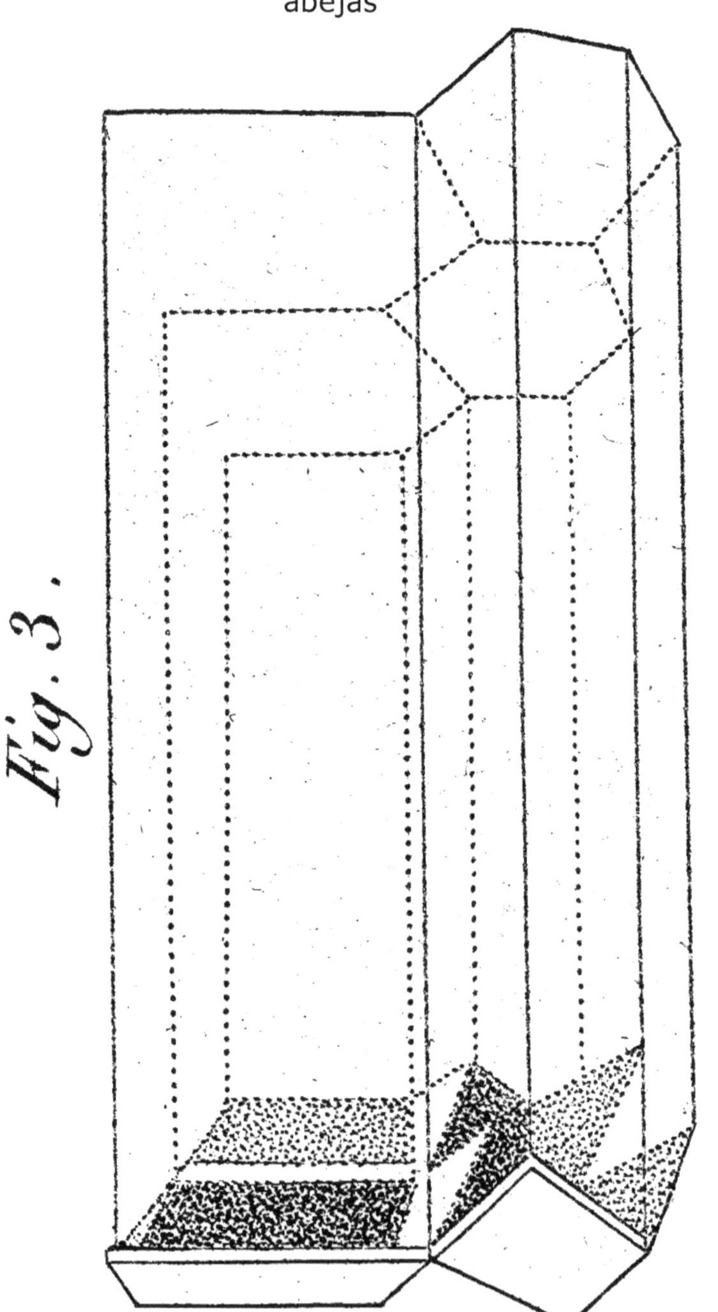

Volumen 2 Lámina VI Fig. 3-Cara interior del muro intermediario.

La figura 3 representa en el perfil de la pared intermediaria; que se muestra aquí en su cara interior, se puede notar la forma angular de los contornos de todas las bases de las que se forma.

Las paredes laterales se alargan hasta el orificio; están representadas cuatro celdas, dos de la primera fila y dos de la segunda fila, de manera que su posición se observa mejor.

Vemos, por esta figura, que los muros situados en los bordes verticales de los trapecios son cuadriláteros rectangulares, y que todas las otras paredes están formadas oblicuamente en la parte inferior y en ángulo recto en su otra extremidad.

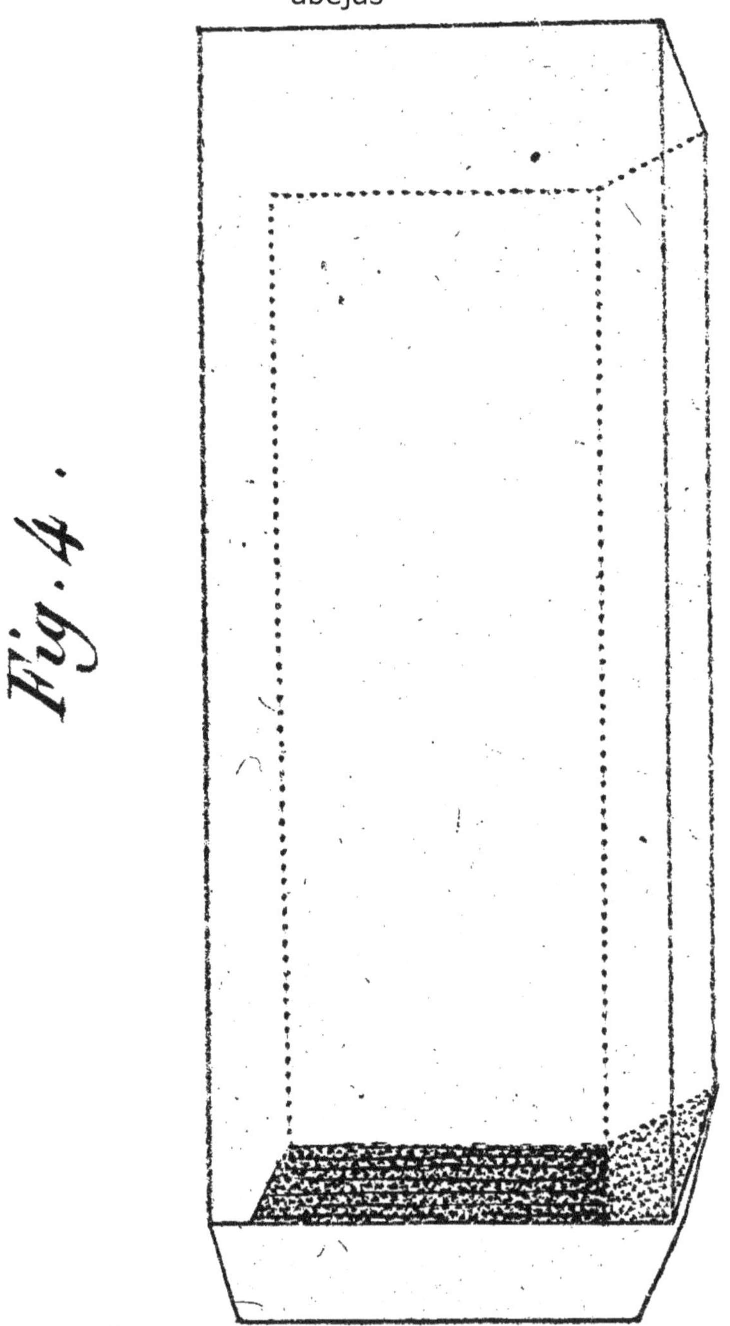

Volumen 2 Lámina VI Fig. 4-Una celda anterior de la primera fila, extraída del grupo de la figura 3.

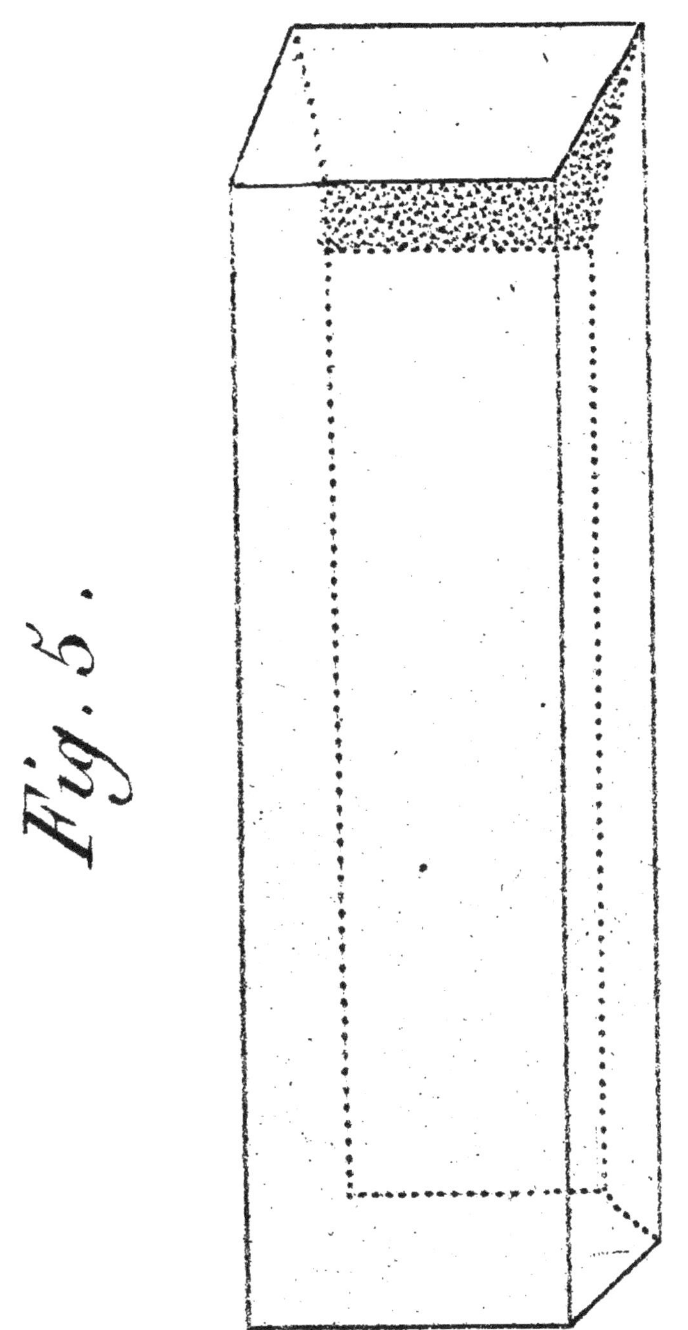

Volumen 2 Lámina VI Fig. 5-Una celda posterior aislada de la misma fila que la Fig. 4.

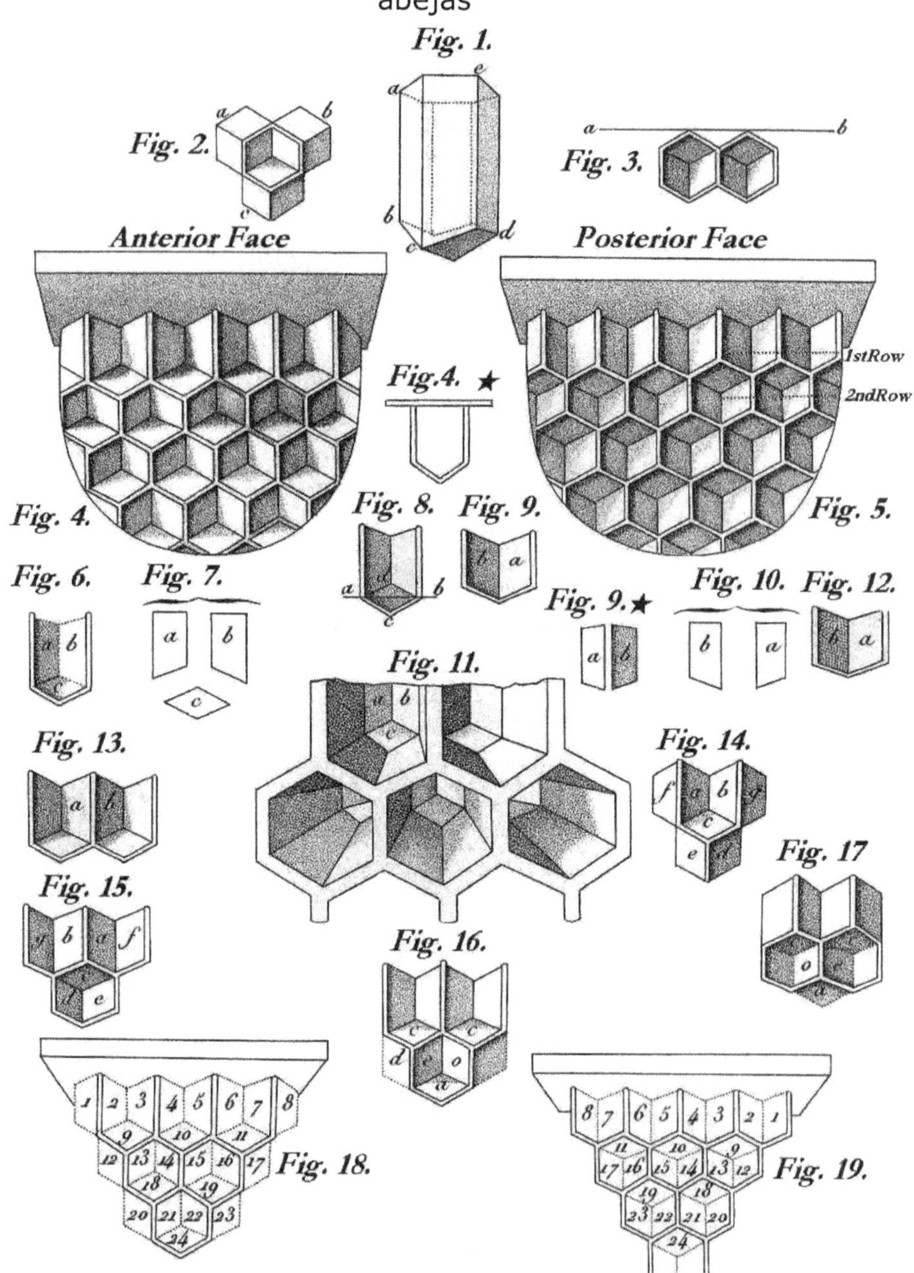

Volumen 2 Lámina V- Secuencia de Construcción de un Panal.

Sección II: Dando forma a las celdas de las primeras filas.

Los detalles que acabamos de presentar, sobre la composición de las celdas de la primera fila, nos pareció que indicaban una marcha progresiva en el trabajo de las abejas; pero sólo podríamos formar conjeturas sobre su método de acción.

Con el fin de asegurar una idea más completa, era necesario ver a estos insectos construir los cimientos de sus panales y construir estas celdas, de forma diferente a lo que se había reconocido hasta entonces; fue importante seguir la construcción de estas bases piramidales que muestran al mismo tiempo la habilidad de la obrera y el talento del arquitecto. Podríamos coger allí la naturaleza en acción y observar el instinto en uno de sus mejores desarrollos.

Ya que habíamos descubierto nuevos hechos que podrían aligerar nuestro camino, una curiosidad aún más activa nos poseyó, y a pesar de las dificultades de todo tipo que se opusieron a nuestros esfuerzos, no perdimos nuestro valor.

Como ya he dicho, era imposible seguir el trabajo de estos insectos dentro del grupo que rodea a las obreras a cargo de la arquitectura. Arrojé en vano la luz del día sobre la base de la agrupación que cuelga de la cúpula de la colmena; había sido capaz de ver sólo los preparativos de su mampostería. No intenté aislar un puñado de ellas, porque sabía que sólo funcionan cuando se reúnen en gran número. Ahuyentarlas mientras el trabajo avanzaba, no habría cumplido el propósito: no deseaba ver sólo los avances de su trabajo, quería ser testigo de su trabajo real.

Después de madura reflexión sobre los medios que pueden ser proporcionados a través de los hábitos de las abejas, y no habiendo encontrado nada que respondiera plenamente a mi propósito, o que no resultara más o menos incómodo; traté de frustrar su hábito en algunos detalles, con la esperanza de que cuando se vieran obligados a actuar bajo las nuevas condiciones, podrían permitirnos percibir algunos rasgos de la técnica que se les había enseñado. Pero la elección de los métodos era difícil; era deseable mantener lejos a todas las obreras que no eran indispensables en la construcción de los panales, sin desalentar a aquellas de las que esperábamos conseguir algo de información; era indispensable, sobre todo no expulsarlas de sus condiciones naturales.

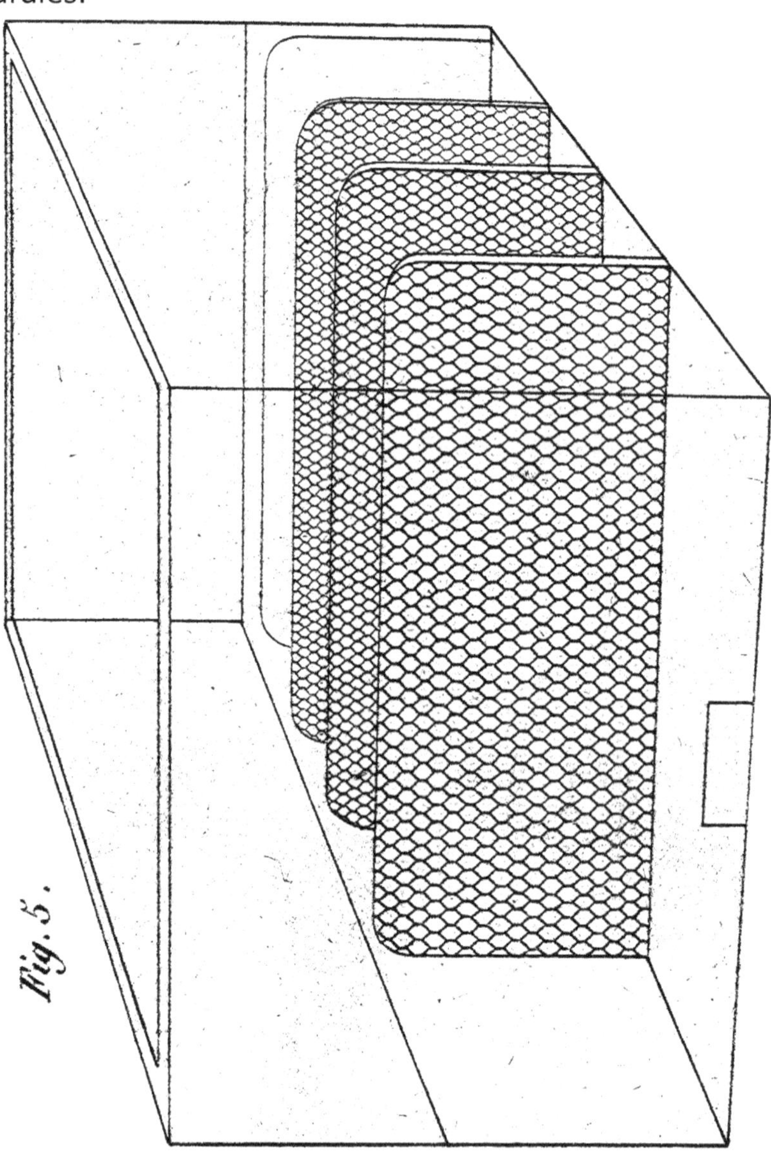

Volumen 2 Lámina I Fig. 5a-Colmena para Observar la Construcción del Panal

Como las abejas comienzan siempre la construcción de sus panales en el techo de su colmena en el lugar exacto donde el grupo cuelga, que se forma por la unión del enjambre, parecía que la única forma de aislar a las obreras de cera era inducirlas a cambiar la dirección de su mampostería; pero no había previsto cómo podría obligar a los seres independientes a hacer esto.

Finalmente decidí hacer un intento que no las obligara de ninguna manera, sino que incluso les permitiría seguir su rutina habitual, e incluso prescindir de la construcción de cualquier panal si la obra ideada por mí estuviera demasiado contra sus usos.

He querido obligar a estas abejas a construir sus panales hacia arriba; es decir, el camino inverso a su costumbre diaria, que sin embargo no está exenta de ejemplos entre ellos: así que inventé los siguientes aparatos:

Yo tenía una caja hecha, de ocho o nueve pulgadas de alto y doce pulgadas de ancho, en la parte inferior de la cual cortamos una entrada; el lado superior o la tapa podrían ser quitadas a voluntad y estaba hecha de una sola pieza de vidrio, en un bastidor móvil seleccioné panales llenos de cría, miel y polen, de una de mis colmenas de hoja, de modo que contendrían todo lo que el abejas pudieran desear. Las corté en tiras de un pie de largo y cuatro pulgadas de alto y las ajusté verticalmente a lo largo, en la parte inferior de la caja, dejando entre ellas tales espacios como las abejas generalmente disponen. (Lámina I, figura 5a).

Entonces cubrimos el borde superior de cada uno de estos panales con un listón o tablero, que no proyectaban más allá de ellos y permitían la libre comunicación entre todas las partes de la colmena. Estos listones, que descansaban sobre los panales a cuatro pulgadas de distancia, dieron la oportunidad a las abejas de construir por encima de ellos en el espacio restante a cinco pulgadas de profundidad por doce pulgadas de largo; no era probable que esas abejas intentaran construir panales en la parte inferior del techo horizontal de cristal, ya que no pueden colgarse en racimos en la superficie resbaladiza del cristal; fue necesario para ellos construir los panales hacia arriba desde los listones, y yo estaba seguro de que iba a tener más éxito en este proceso que antes.

Pero fue sólo un pequeño paso haber inventado un aparato que podría servir mejor a nuestro propósito; debo repetir aquí con un sentimiento de gratitud y satisfacción cuando reconocemos el mérito modesto si hemos avanzado unos pasos hacia adelante en esta carrera, se lo debo a la asiduidad, el coraje, y el ojo correcto del hombre infatigable que asistido mis esfuerzos; se lo debo a Burnens. Estas observaciones difíciles requerían precauciones minuciosas; una súbita luz inesperada, una oportunidad descuidada, un instante de atención suspendido, nos podía llevar lejos de los hechos hacia algún sistema erróneo.

Habiendo notado que la placa horizontal de cristal, interpuesta entre sus ojos y los objetos a estudiar, alteraba su perspectiva o su apariencia en algunos aspectos, Burnens decidió dejar a un lado esta posibilidad de error; a pesar de mis protestas y con las posibilidades de peligro que incurrió, observó sin protección todos los detalles relacionados con la arquitectura de las abejas; la suavidad de sus movimientos y el hábito de reprimir su respiración cuando estaba cerca de las abejas, podría solo preservarle de la ira de estos formidables insectos; de modo que yo no tenía el pesar de pagarle un precio demasiado alto por su devoción. Esta acción, digna del amante más apasionado de la historia natural, muestra lo que puede lograrse a través del deseo de conocimiento y ciertamente debe aumentar la confianza de mis lectores en las observaciones resultantes.

Después de que Burnens restableciera esta colmena, el enjambre se estableció, como habíamos previsto, entre los panales en la parte inferior de la caja, y entonces observamos a las pequeñas abejas panzudas mostrando su actividad natural; se dispersaron a lo largo de la colmena para alimentar a las larvas jóvenes, para limpiar su alojamiento, y adaptarlo a su conveniencia. Evidentemente los panales que se les había dado y que habían sido cortados para adaptarse a la parte inferior de la caja, y dañados en varios sitios, les parecieron sin forma y malamente acondicionados; ya que comenzaron su reparación; vimos que recortaban la cera vieja, la amasaban entre los dientes y formaban enlaces para consolidar los panales. Nos quedamos asombrados más allá de la expresión al ver a esta multitud de obreras, empleadas juntas en un trabajo para el que no parecía que deberían haber sido llamadas, tal acuerdo, celo y prudencia, *en seres que no tienen derecho a pensamientos*.

Pero aún fue más sorprendente ver a alrededor de la mitad de esta numerosa población no tomar parte en el trabajo y permanecer inmóvil mientras que otros cumplían las funciones que parecían ser requeridas para ellos.

Usted entenderá que las obreras de cera, en un estado de reposo absoluto, recordaron nuestras observaciones anteriores. Se atiborraron con la miel que habíamos puesto a su alcance, al final de 24 horas de inacción completa segregaron esta sustancia que durante tanto tiempo se ha creído que se recolectaba de las anteras de las flores. La cera, totalmente formada bajo sus anillos estaba lista para ser puesta en uso, y con gran satisfacción vimos un pequeño bloque creciendo en uno de los listones que habíamos preparado para servir como base para sus nuevas construcciones. En este sentido, esos insectos cumplen nuestras anticipaciones y como se estableció el grupo entre los panales y por debajo de los listones, no había ningún obstáculo a través de su grosor para el progreso de nuestras observaciones.

En esta ocasión fuimos testigos por segunda vez del trabajo de la abeja de estampada y los trabajos sucesivos de varias obreras de cera para levantar el bloque sobre el que estábamos construyendo nuestras esperanzas.

Cuando el material estuvo entonces preparado, estos arquitectos nos dieron la muestra más completa de la técnica con la que la naturaleza les había dotado. Ojalá que mis lectores puedan compartir el interés que este espectáculo inspiraba; pero es difícil formar una idea correcta de la misma, a menos que uno siga paso a paso el trabajo de las abejas mientras que a la vez compara con el mayor cuidado el texto y las figuras.

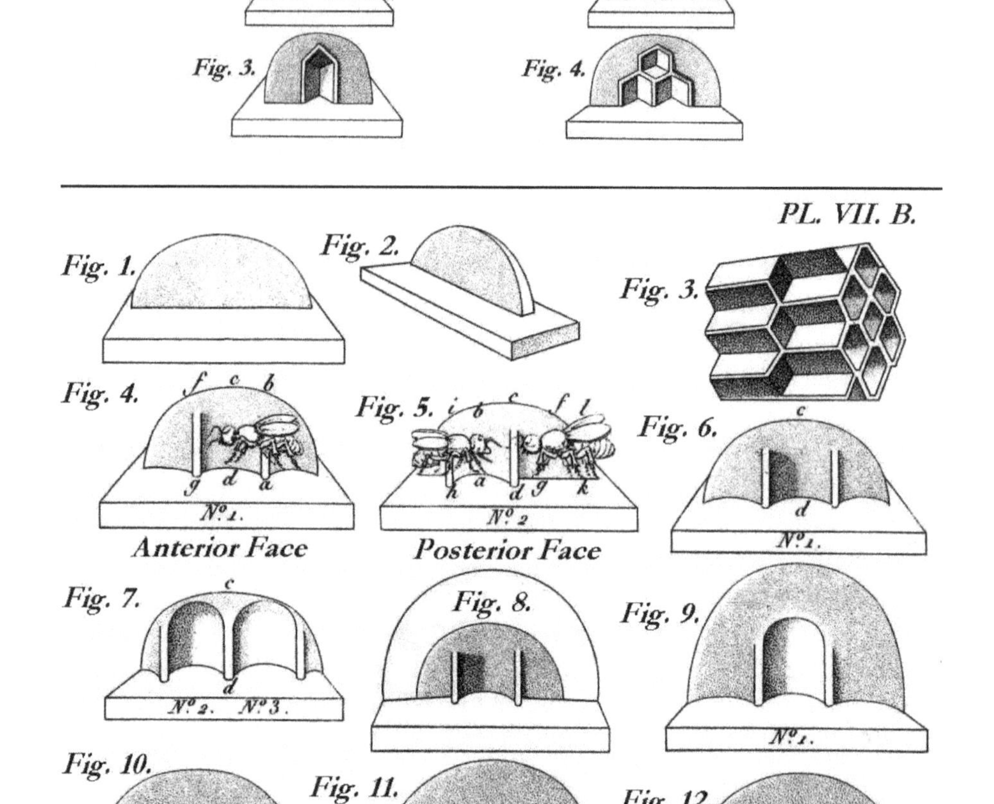

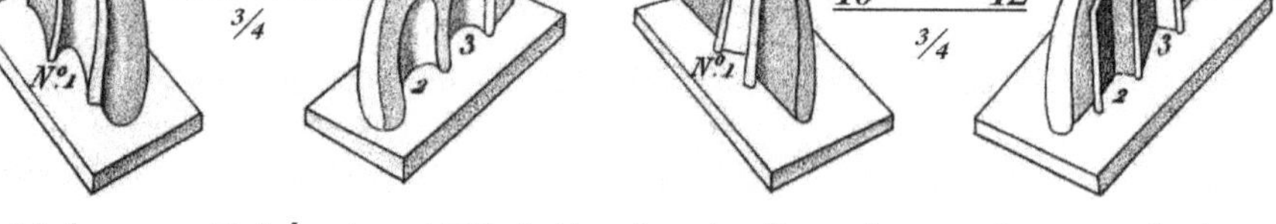

Volumen 2 Lámina VII-Adjunto de Panal-construyendo la base del panal.

Aunque mi objetivo era simplificar esta parte de la obra tanto como fuera posible, me doy cuenta de que puede ser ininteligible para un gran número de lectores; pero estoy seguro de que los verdaderos amantes de la historia natural no permitirán que la dificultad del tema les desaliente y encontrarán compensaciones en la novedad de las observaciones. Pero con el fin de ayudar a aliviar la fatiga de mente a aquellos que no se preocupan de estudiar profundamente el asunto haré preludio con un ligero esbozo. (Ver figuras de tamaño natural de la Lámina VII A. Estas celdas de tamaño natural miden 4,0 mm en el centro en la lámina original de 1814 -Transcriptor. Deberíamos tener en cuenta que el bloque se eleva perpendicularmente por encima del listón, y que está por tanto, en la posición en la que lo vemos cuando sostenemos el libro verticalmente).

Fue en este bloque (de cera), al principio muy pequeño pero ampliado sucesivamente, mientras el trabajo de las abejas avanzaba, donde las bases de las primeras celdas fueron talladas.

Entendimos desde el primer momento por qué estaban entrelazadas; las abejas construyeron ante nuestros ojos esta primera fila, lo que da la clave de toda su arquitectura.

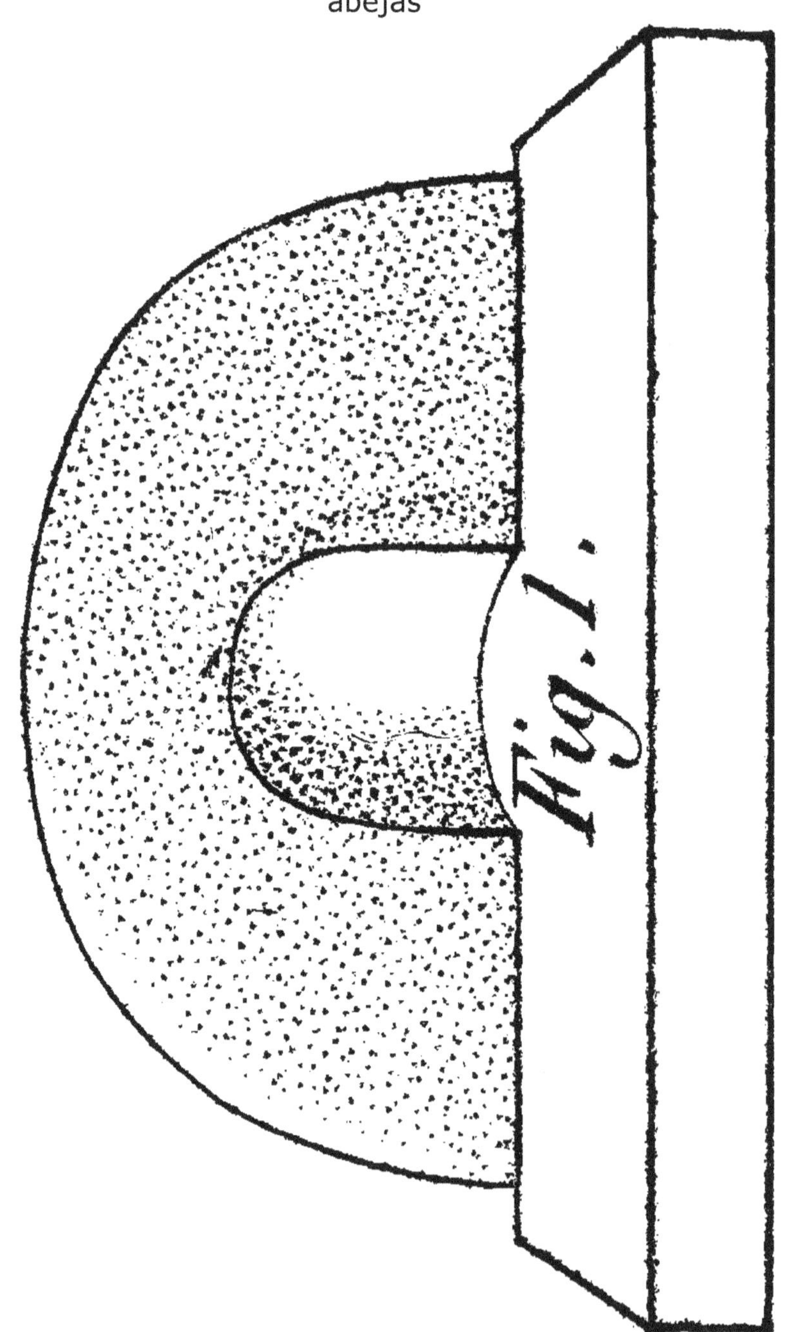

Volumen 2 Lámina VIIA Fig. 1-Pequeña cavidad imperfectamente tallada de la anchura de una celda normal.

Ellas tallaron imperfectamente una pequeña cavidad de la anchura de una celda normal, en un lado del bloque (Lámina VII A. Fig. 1.); formó una especie de estriado en los bordes, las cuales fueron hechas para proyectar por la acumulación de cera. En el reverso de esta cavidad, opuestos, otras das, contiguas e iguales, (fig. 2) se hicieron similares a la primera, pero un poco más cortas. Estas tres cavidades, de diámetro similar, fueron parcialmente respaldadas una contra la otra, ya que el centro de una estaba opuesto a la arista entre las otras dos.

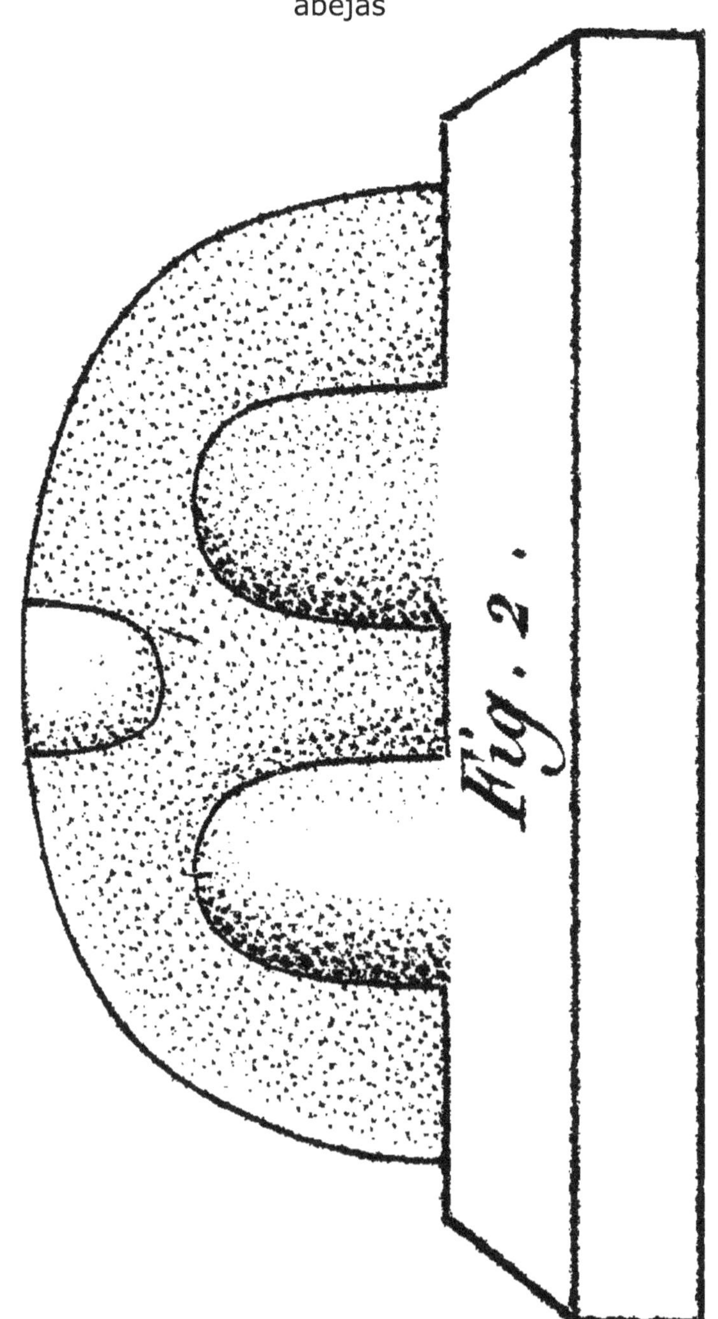

Volumen 2 Lámina VIIA Fig. 2- Pequeña cavidad imperfectamente tallada de la anchura de una celda normal. Anverso de la figura 1.

La primera de estas cavidades, siendo más larga, correspondía en el otro lado con una parte aún sin cortar del bloque, encima de las cavidades de la primera fila, y fue en este punto donde se inició el contorno de la primera base piramidal (fig. 2).

Así, un solo estriado, en la cara anterior, correspondía con tres cavidades en el lado opuesto, dos de ellas en la primera fila y una en la segunda.

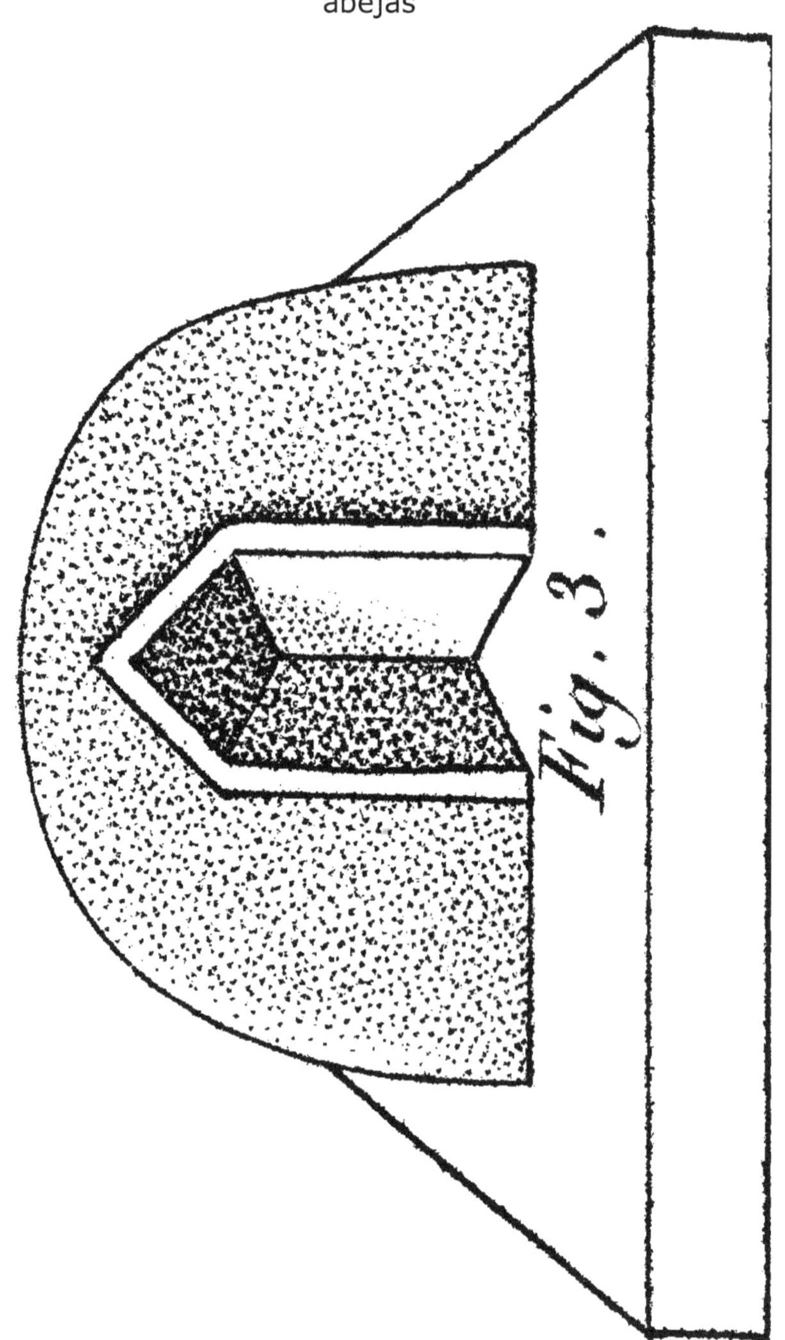

Volumen 2 Lámina VIIA Fig. 3-Borde crecido convertido por las abejas en dos prominencias rectilíneas

El borde elevado de estas estrías habiendo sido convertido por las abejas en dos prominencias rectilíneas, que en conjunto forman un ángulo obtuso, cada una de las cavidades de la primera fila se convirtió en pentagonal, si consideramos el listón como un lado (fig. 3 y 4).

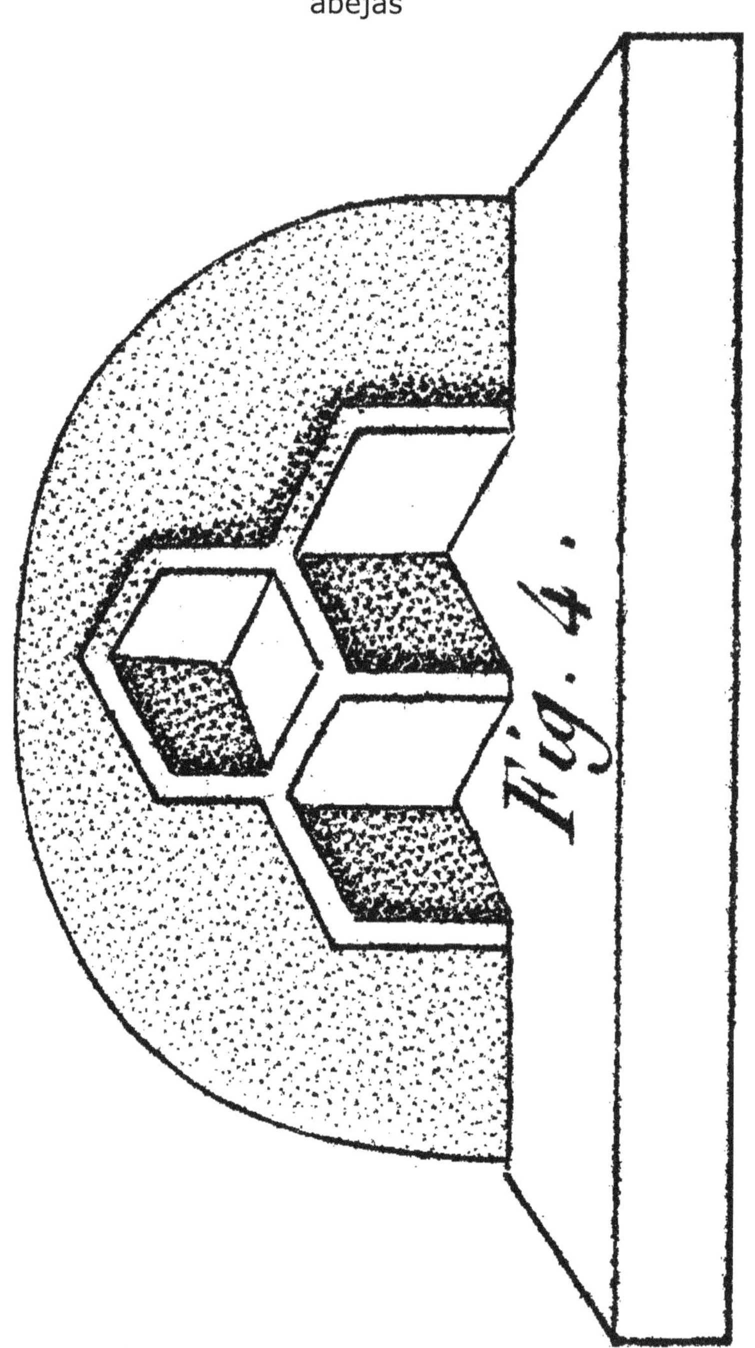

Volumen 2 Lámina VIIA Fig. 4-Dos lados paralelos y laterales y dos oblicuos formados sobre los bordes levantados

Pero las estrías de la segunda fila, cuya base estaba situada entre las caras oblicuas de las bases de la primera fila, se convirtió a hexagonal, dos lados siendo en su base, dos en paralelo y lateral, y dos oblicuos formados sobre los bordes elevados (fig. 4).

La conformación interior de las cavidades parecía estar derivada naturalmente de la posición respectiva de sus contornos. Parecía que las abejas, dotadas con admirable delicadeza de sentimientos, aplicaron sus dientes principalmente donde la cera era más gruesa, es decir, en las partes en las que otras obreras la habían acumulado, mientras trabajaba en el lado opuesto, lo que explica por qué la parte inferior de las celdas se excava en una forma angular detrás de las proyecciones sobre la cual las paredes de las otras celdas correspondientes se podrán erigir.

Las bases de las cavidades fueron por lo tanto divididas en varias partes que formaban un ángulo, y el número y la forma de estas partes dependían de la erección de las bases en el lado opuesto del bloque, dividiendo el espacio; de modo que el mayor estriado, opuestos a otros tres, se dividía en tres partes, mientras que en el otro lado, los de la primera fila, en frente, se componían solo de dos piezas.

En consecuencia de la manera en que las estrías se oponen entre sí, las de la segunda fila y todas las subsiguientes, aplicadas parcialmente a tres cavidades, se componen de tres piezas iguales en forma romboidal. Un vistazo a las cifras lo deja claro. Puede que aquí sea correcto señalar que cada parte del trabajo de las abejas parecía una consecuencia natural del trabajo anterior, por lo que el azar no tomó parte en los admirables resultados de los que fuimos testigos.

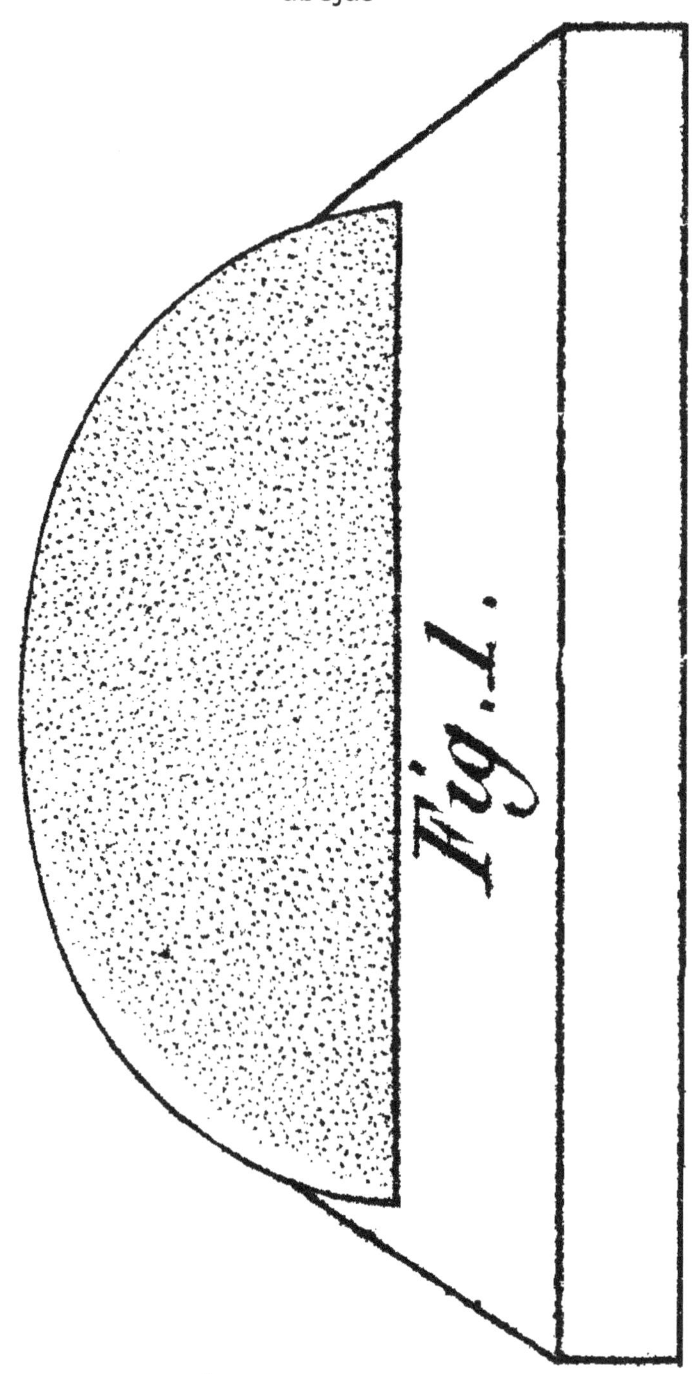

Volumen 2 Lámina VIIB Fig. 1-Bloque de cera.

Ahora voy a volver al hilo de estas operaciones, con todos los detalles que observamos.

Descripción detallada del trabajo de las abejas
(ver las figuras agrandadas, comenzando en la parte inferior, la lámina VII, B).

Habíamos llegado al momento tan deseado; por fin las abejas estaban a punto de tallar, ante nuestros ojos, y con un poco de emoción les vimos dando los primeros golpes de cincel sobre el bloque que acababa de ser erigido en el listón.

Se elevó perpendicularmente por encima de ella y se diferenciaba de aquellos que habíamos visto antes sólo por su posición. Fue una pequeña pared, recta y vertical, de cinco o seis líneas (alrededor de ½ pulg. o 1,3 cm) de longitud, dos líneas de altura (1/6 pulg. 4 mm) y media línea de grosor (1.24 pulg. o 1 mm) (Lámina VII B. fig. 1 y 2).

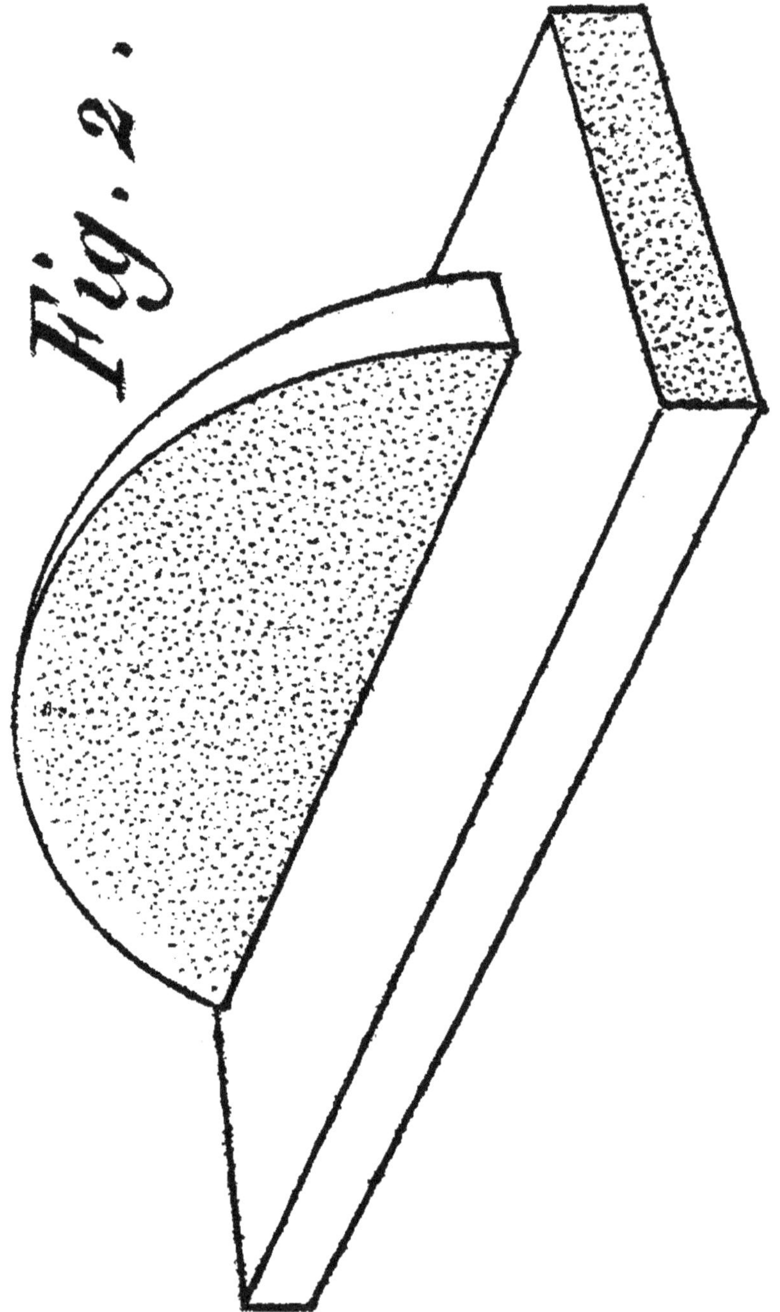

Volumen 2 Lámina VIIB Fig. 2-Vista del bloque en ángulo

Su borde se arqueó y su superficie rugosa; parecía demasiado ligera para suponer que las abejas debieran tallar celdas enteras fuera de él; pero parecía lo suficientemente gruesa como para formar la pared en la que se tallan las bases de las celdas y que separa los dos lados del panal.

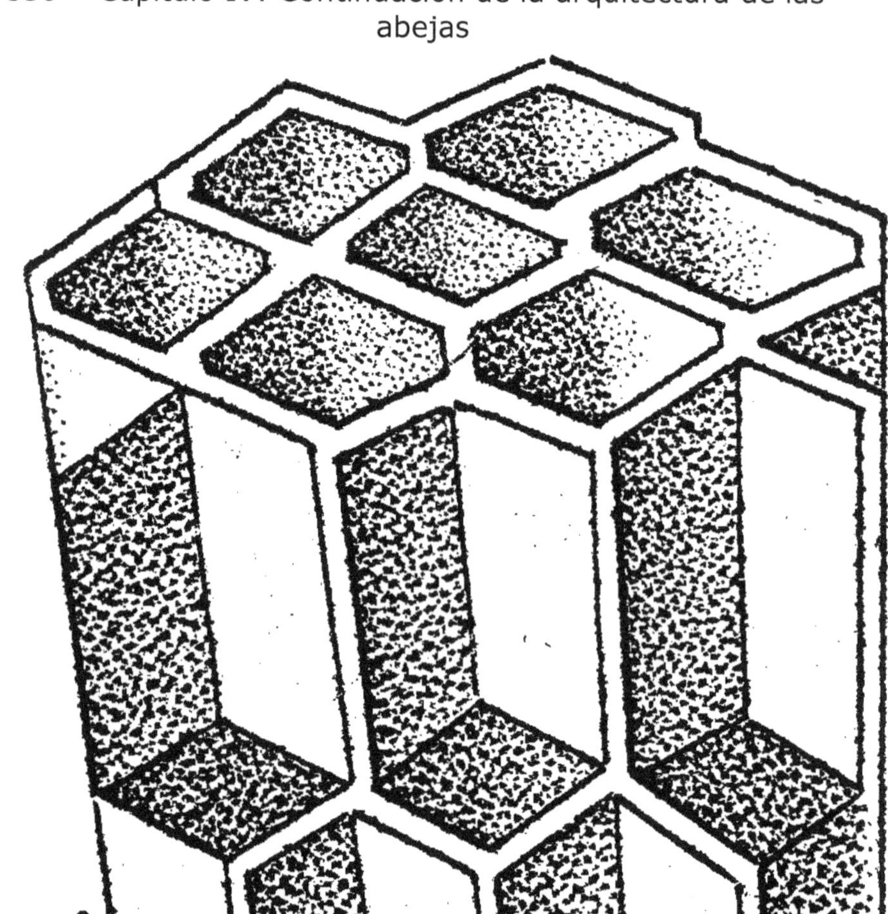

Volumen 2 Lámina VIIB Fig. 3-Muestra la relación de los dos lados.

(Esta pared se muestra por las líneas en zigzag en la figura 3. Tengamos en cuenta que el trabajo de las abejas es el reverso de lo que el señor Buffon había imaginado: él pensaba que las abejas construían un gran trozo de cera en el que cavaban cavidades a presión con sus cuerpos. Construyen una masa, pero es tan delgada que difícilmente sería la vigésima cuarta parte del espesor de un panal: es en este bloque, que es muy pequeño al principio, donde construyen sus celdas como en relieve, en sus bordes añaden tubos de cinco o seis líneas (alrededor de ½ pulg. o 1,3 cm) de profundidad. Hemos utilizado la palabra "bloque" para este primer esbozo, aunque da la idea de un cuerpo masivo, pero como las bases de las celdas están talladas en esta pared de cera, no podemos darle otro nombre aún).

Vimos una pequeña abeja abandonando el grupo que colgaba entre los panales, subir a la malla sobre la cual las obreras de cera habían colocado el material que habían retirado de debajo de sus anillos, dar la vuelta alrededor del bloque, y después de haber examinado ambos lados, comenzó a trabajar en nuestro lado. Vamos a llamar a esta cara del bloque de la cara anterior, y vamos a considerar el lado opuesto como la cara posterior, sin importar cómo lo veamos más tarde.

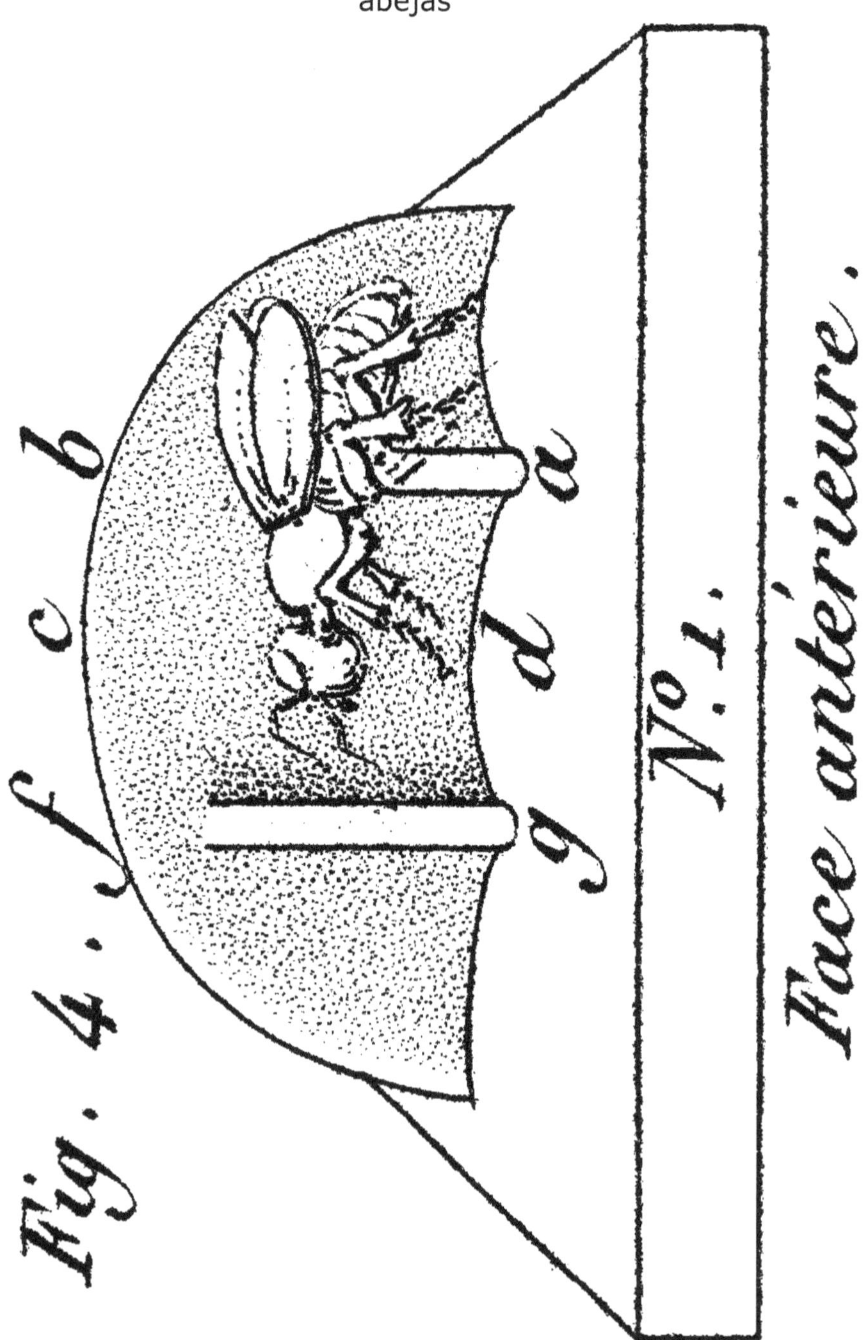

Volumen 2 Lámina VIIB Fig. 4-Abejas trabajando en la cara anterior.

La obrera, colocada en la cara anterior, fijó su posición horizontalmente, de modo que su cabeza miraba hacia la mitad de la cuadra (fig. 4) y la movió con brío; sus dientes trabajaron en la cera, pero eliminaron fragmentos de ella sólo en un espacio muy estrecho, aproximadamente igual al diámetro de una celda normal (abgf). Así que allí mantuvo a la derecha y a la izquierda de la cavidad que hizo, un cierto espacio en el que el bloque estaba todavía en bruto.

Después de haber masticado y humedecido las partículas de cera, las depositó en los bordes de la cavidad: después de trabajar unos pocos instantes, ella se alejó del bloque: otra abeja tomó su lugar en la misma actitud, y continuó el trabajo que acababa de ser esbozado por ella, una tercera abeja pronto tomó el lugar de la segunda, profundizó la cavidad, acumuló cera a la derecha y a la izquierda, levantó los bordes laterales ya afilados de la cavidad, y les dio una forma más recta (ab, gf). Con sus dientes y sus patas anteriores comprimió y fijó las partículas de cera en la posición requerida.

Más de una veintena de abejas diferentes tomaron parte en este mismo trabajo: la cavidad entonces tenía más profundidad en la base del bloque que en su borde superior (adb, fig. 4): la profundidad de la cavidad disminuyó desde el listón hasta la letra c: parecía un estriado más ancho que largo; su contorno superior estaba menos marcado que sus bordes verticales. El diámetro horizontal de la cavidad era igual al de una celda normal, pero su longitud, en dirección vertical, era sólo una línea y tres quintas partes (alrededor de 1/8 pulg. o aprox. 3 mm) o alrededor de dos tercios de su diámetro. Voy a designar a esta cavidad como Nº 1.

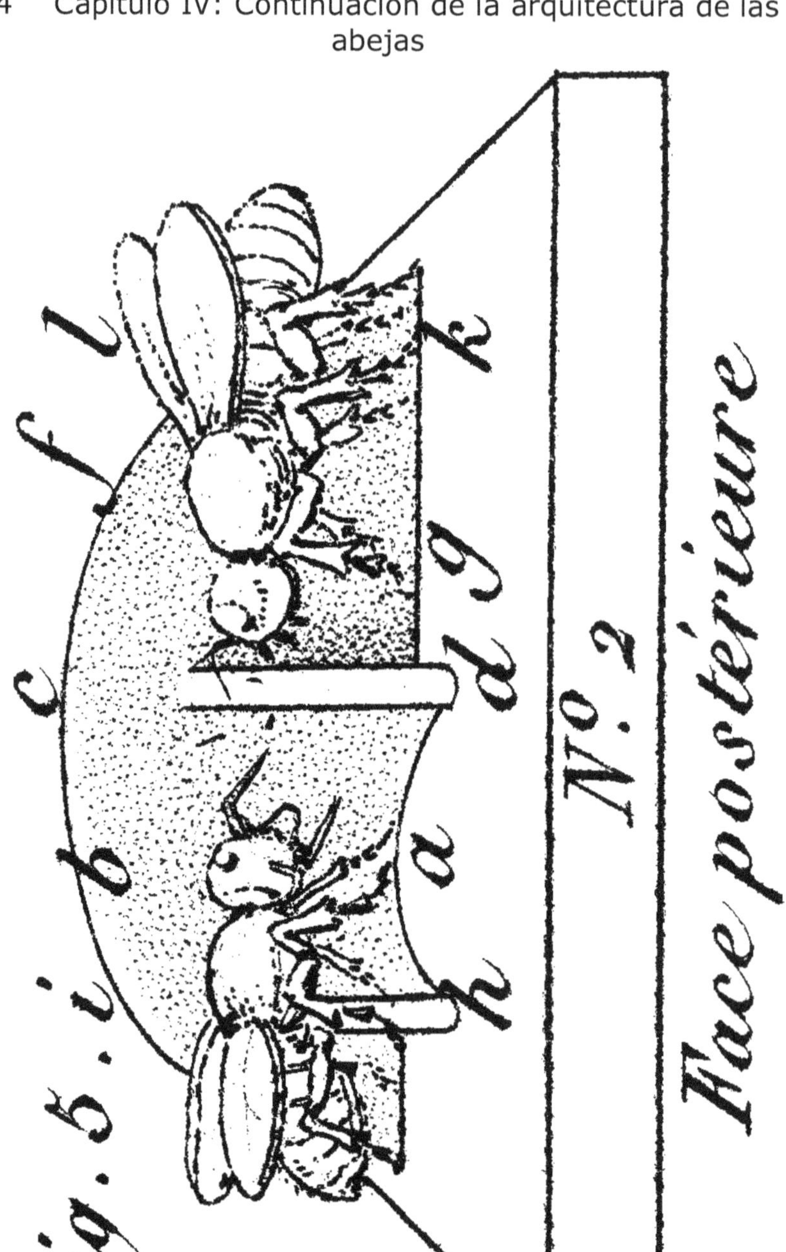

Volumen 2 Lámina VIIB Fig. 5-Abejas trabajando el lado posterior.

Cuando la obra llegó a este punto, vimos a una abeja dejando el grupo formado por las obreras caminando alrededor del bloque y seleccionando su cara posterior como su objetivo laboral; pero un hecho notable fue que no comenzó en el centro del bloque como las otras habían hecho en la cara anterior, se colocó de manera que los dientes actuaron solamente sobre la mitad de esta cara (cdih, Fig. 5), por lo que la mitad (ab) de la cavidad con la que se había puesto, era la opuesta a uno de los bordes que se alineaban en la cavidad Nº 1. Casi al mismo tiempo otra abeja comenzó a trabajar a la derecha de ésta, en la parte del bloque que había dejado intacta y que era el lado derecho de esta cara posterior (cdkl, Fig. 5). Así que estas abejas tallaron dos cavidades, de lado a lado, y vamos a llamar a éstas Nº 2 y 3; después de haber trabajado durante algún tiempo, sus lugares fueron ocupados por otras obreras que contribuyeron a su vez y por separado a darles la profundidad y la forma adecuada.

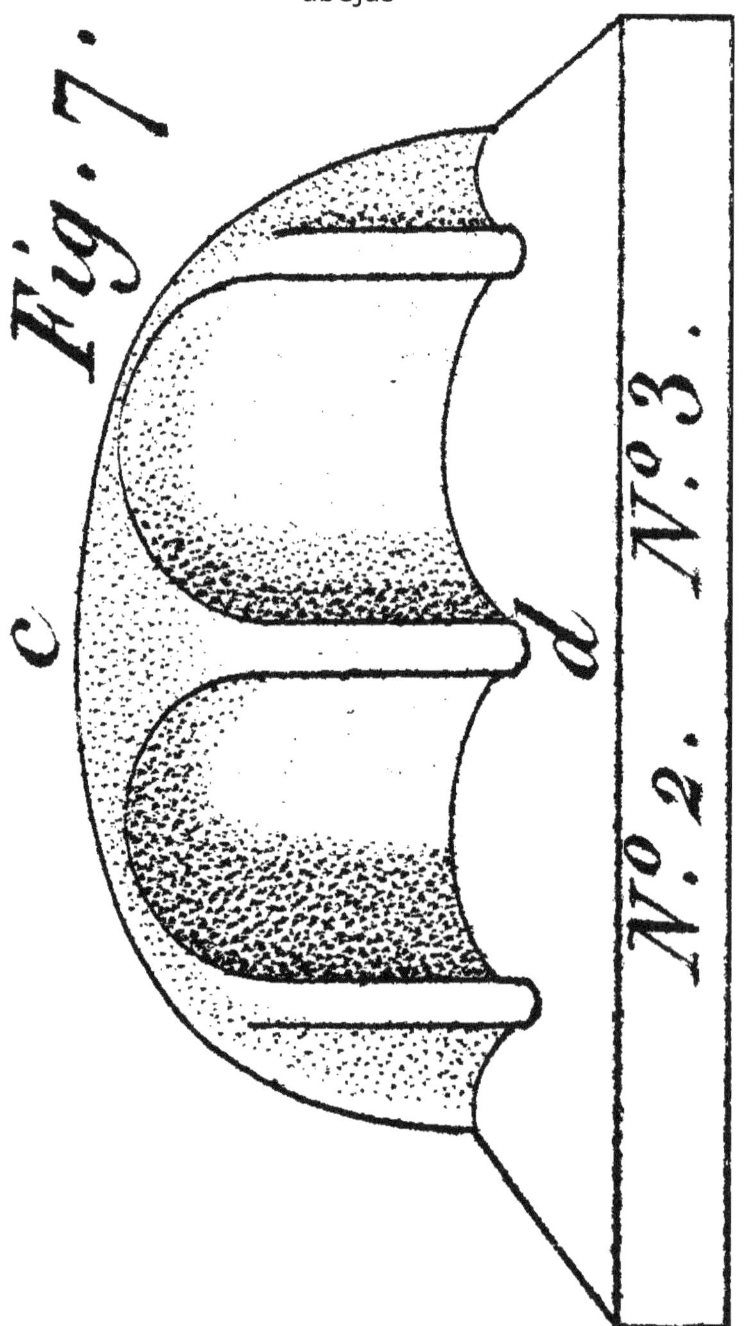

Volumen 2 Lámina VIIB Fig. 7-Acumulación de las partículas de cera procedentes del interior. (Posterior).

Estas dos cavidades adyacentes estaban separadas sólo por un borde común, formado a partir de la acumulación de las partículas de cera extraídas del interior, y este borde (dc, fig. 7) estaba en el centro de esta cara y correspondía al centro de la cavidad creada en el lado opuesto por otras obreras (dc, fig. 6).

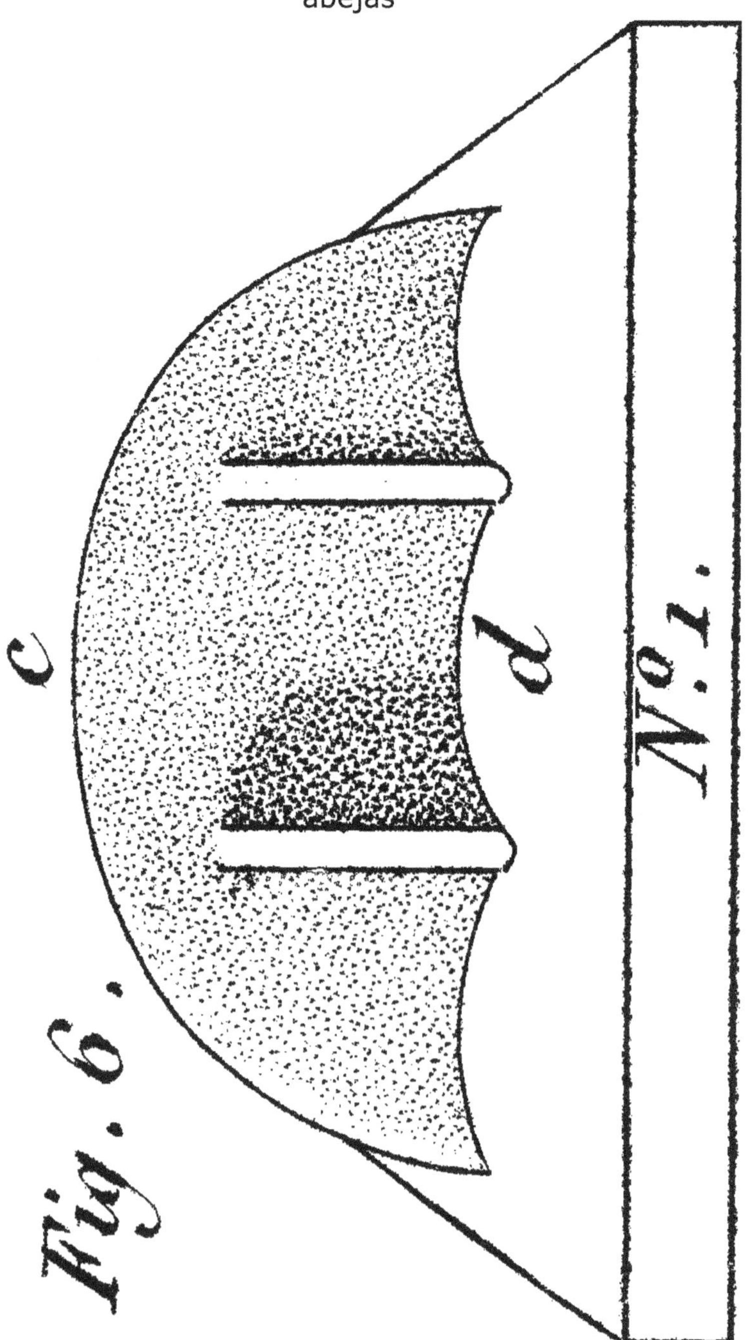

Volumen 2 Lámina VIIB Fig. 6-Acumulación de las partículas de cera procedentes del interior. (Anterior).

Así, una parte de cada una de las dos cavidades en el lado posterior estaba frente a la cavidad anterior; esto podría ser verificado con la perforación ambas caras con pasadores (fig. 6 y 7).

Estas cavidades tenían el mismo diámetro y se limitaron a derecha e izquierda como ocurrió con las de la cara anterior, por las pequeñas fronteras salientes que yo llamo aristas verticales, (arista = una cresta donde dos superficies se unen-transcriptor) y que servirán como base para las paredes verticales de las celdas después de que las bases estén talladas.

Las tres cavidades señaladas no tenían las dimensiones completas en todas las direcciones que iban a conseguir cuando estuvieran terminadas; ya he dicho que no tienen la longitud de una celda ordinaria; quiero decir el diámetro vertical de esas cavidades (cd, fig. 6); pero el propio bloque no tenía una longitud suficiente para completar el diámetro de la celda. Por tanto, las abejas siguieron aumentando su tamaño.

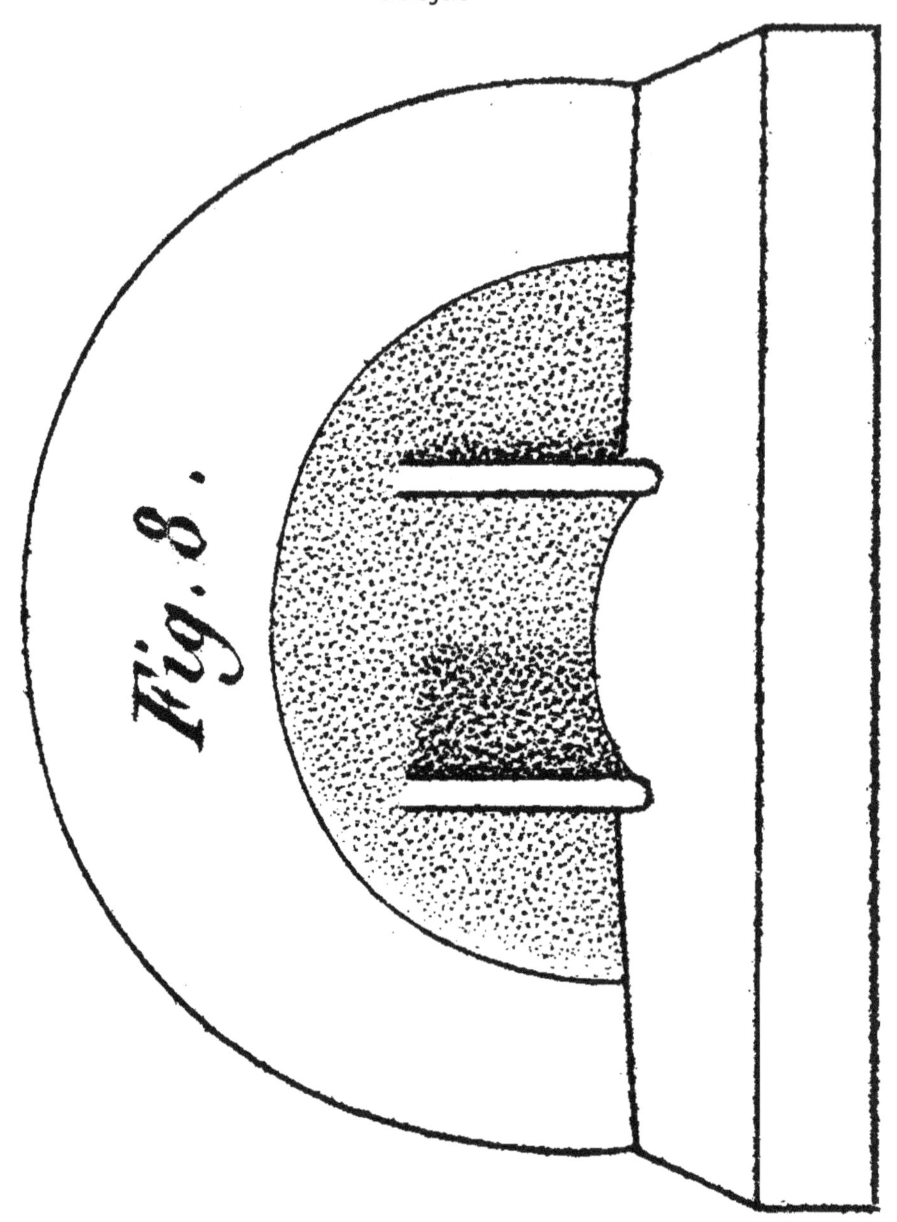

Volumen 2 Lámina VIIB Fig. 8-Cera añadida aumentando el tamaño.

Mientras estaban todavía en el trabajo en las excavaciones iniciadas por sus compañeras, vimos a algunas obreras de cera eliminar escamas de cera de sus anillos y aplicarlos a los bordes a fin de alargarlos; aumentando su tamaño casi dos líneas (11/64 pulg. o 4 mm) en todas direcciones (fig. 8).

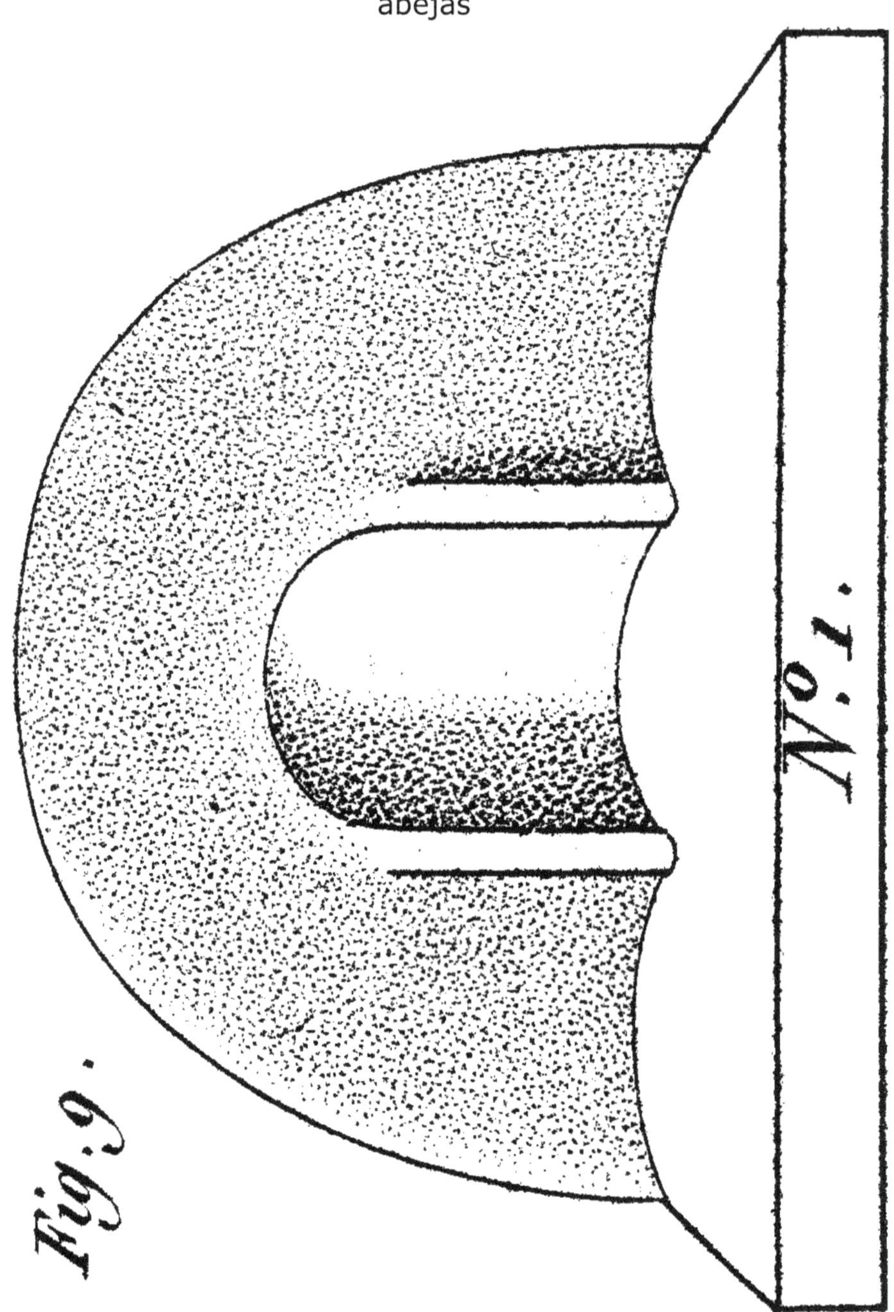

Volumen 2 Lámina VIIB Fig. 9-Prolongación de las cavidades.

Las pequeñas abejas que parecían más especialmente encargadas de esculpir las celdas fueron capaces de continuar sus contornos; prolongaron las cavidades con el material que acaban de agregar y alargaron también los bordes que los bordeaban (figs. 9 y 10); pero los bordes elevados se prolongaron sólo a la derecha e izquierda de las cavidades y no en su extremidad superior: también eran menos prominentes a medida que alcanzaban la base, y nos dimos cuenta de que la cavidad Nº 1 estaba mucho más prolongada que las cavidades Nº. 2 y 3; de otro modo su forma sería similar; eran elípticas similares, ligeramente alargadas, redondeadas en la parte superior, en arco en el interior, y no tenían forma angular; la primera era un poco más larga que el diámetro de una celda ordinaria; pero las otras eran más cortas que este diámetro en una cantidad perceptible.

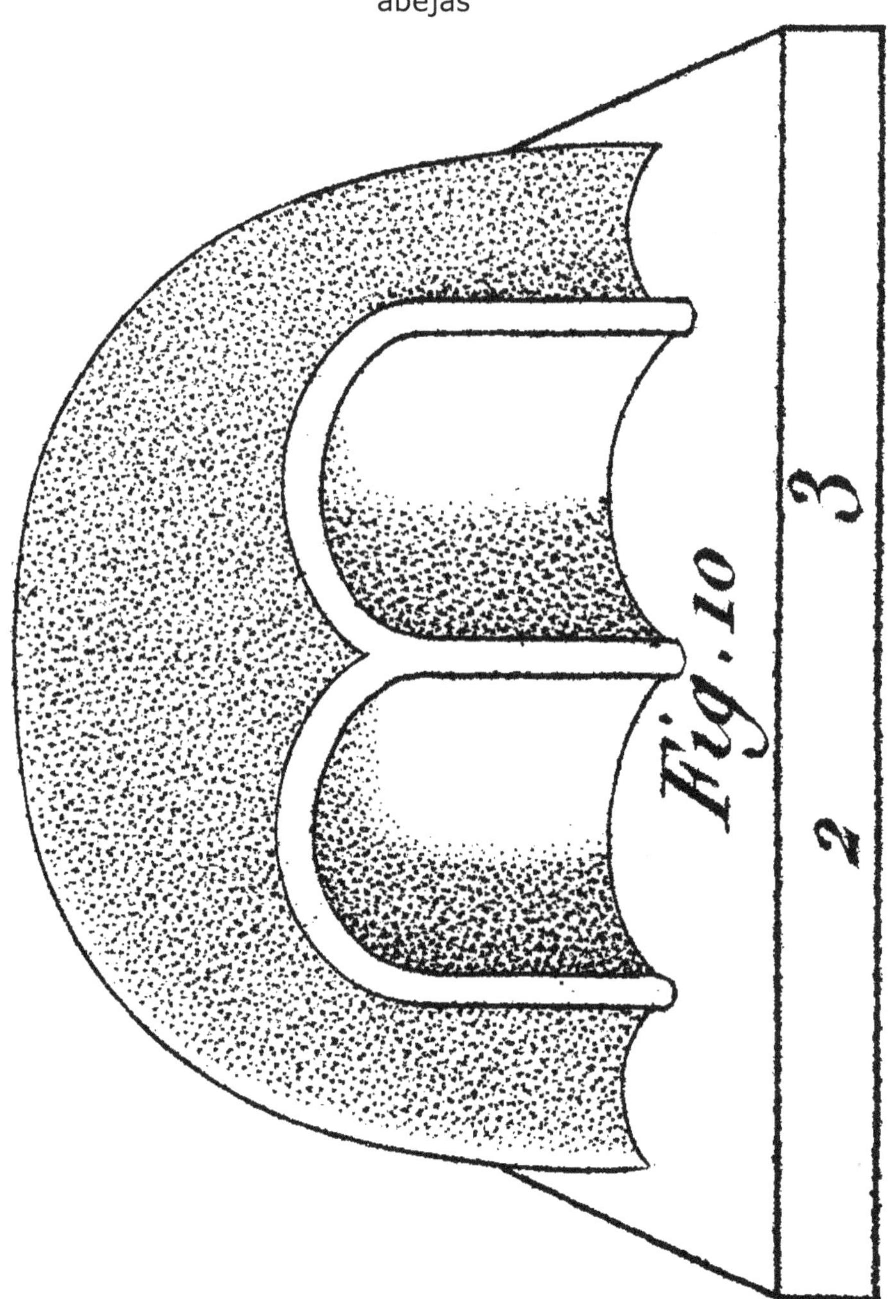

Volumen 2 Lámina VIIB Fig. 10-Prolongación de las cavidades. (Anverso de 9).

Esta diferencia, el objetivo de lo que ya percibimos, después de nuestras observaciones sobre la formación de las celdas de la primera fila, no era una imperfección.

He dicho que cada una de estas cavidades se redondeó en su extremidad superior; las abejas rápidamente pusieron bordes sobre ellas en esta parte como habían hecho en los lados verticales, pero no tenían la intención de darles un borde arqueado.

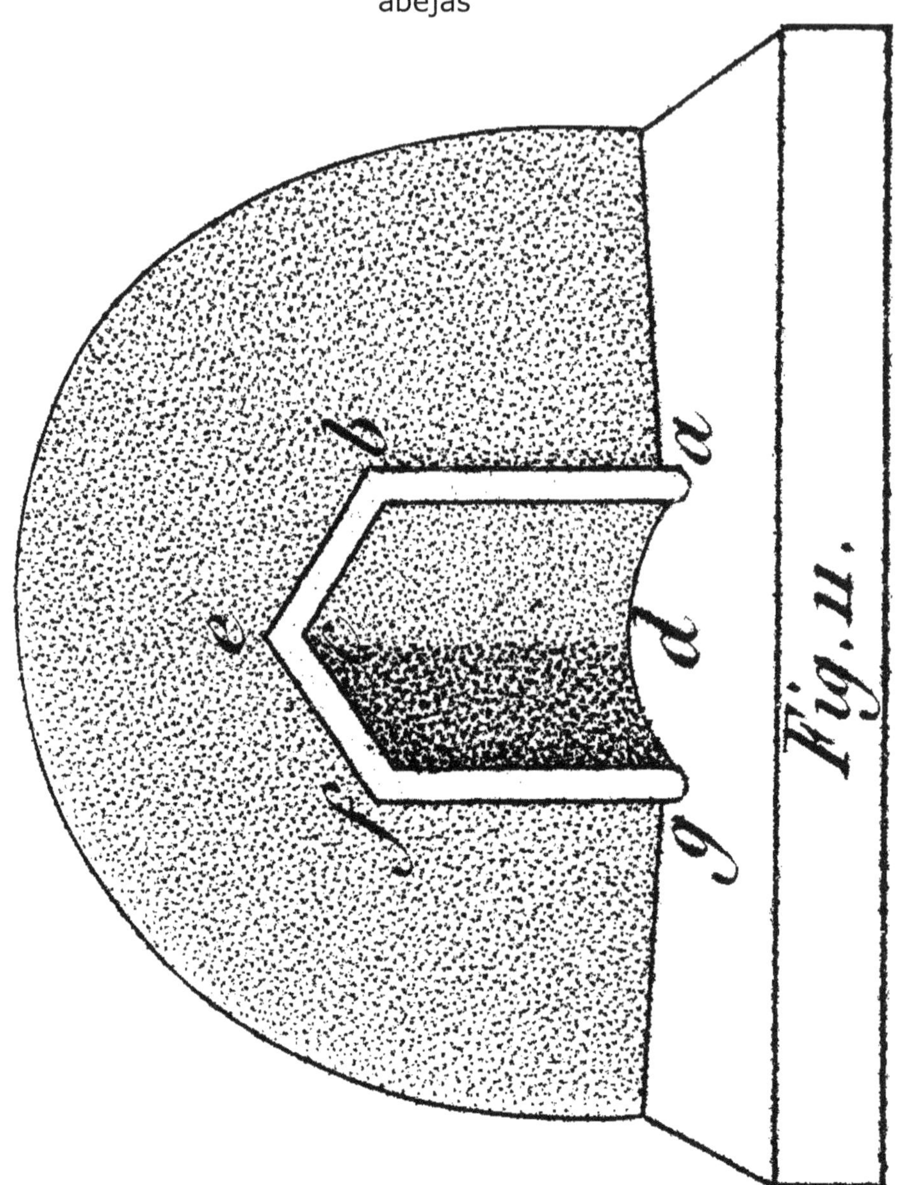

Volumen 2 Lámina VIIB Fig. 11-Proyectando crestas

El arco en el borde de cada una de estas cavidades se dividió en dos costillas iguales, y fue en esta dirección hacia donde las abejas erigieron la proyección de crestas (figs. 11 y 12); nos dimos cuenta de que formaban un ángulo obtuso y nos parecieron iguales a los de los rombos de las bases de las celdas piramidales; entonces pudimos conjeturar que este ángulo sería parte de un rombo.

Nos dimos cuenta de que las abejas acumulaban mucha cera en el borde superior de la cavidad Nº 1, y fue en la parte superior de esta acumulación donde los dos bordes oblicuos se unieron. Pero, por el contrario, las dos crestas que completaron las celdas posteriores en la parte superior no fueron levantadas en una proyección, sino que siguieron la concavidad del estriado.

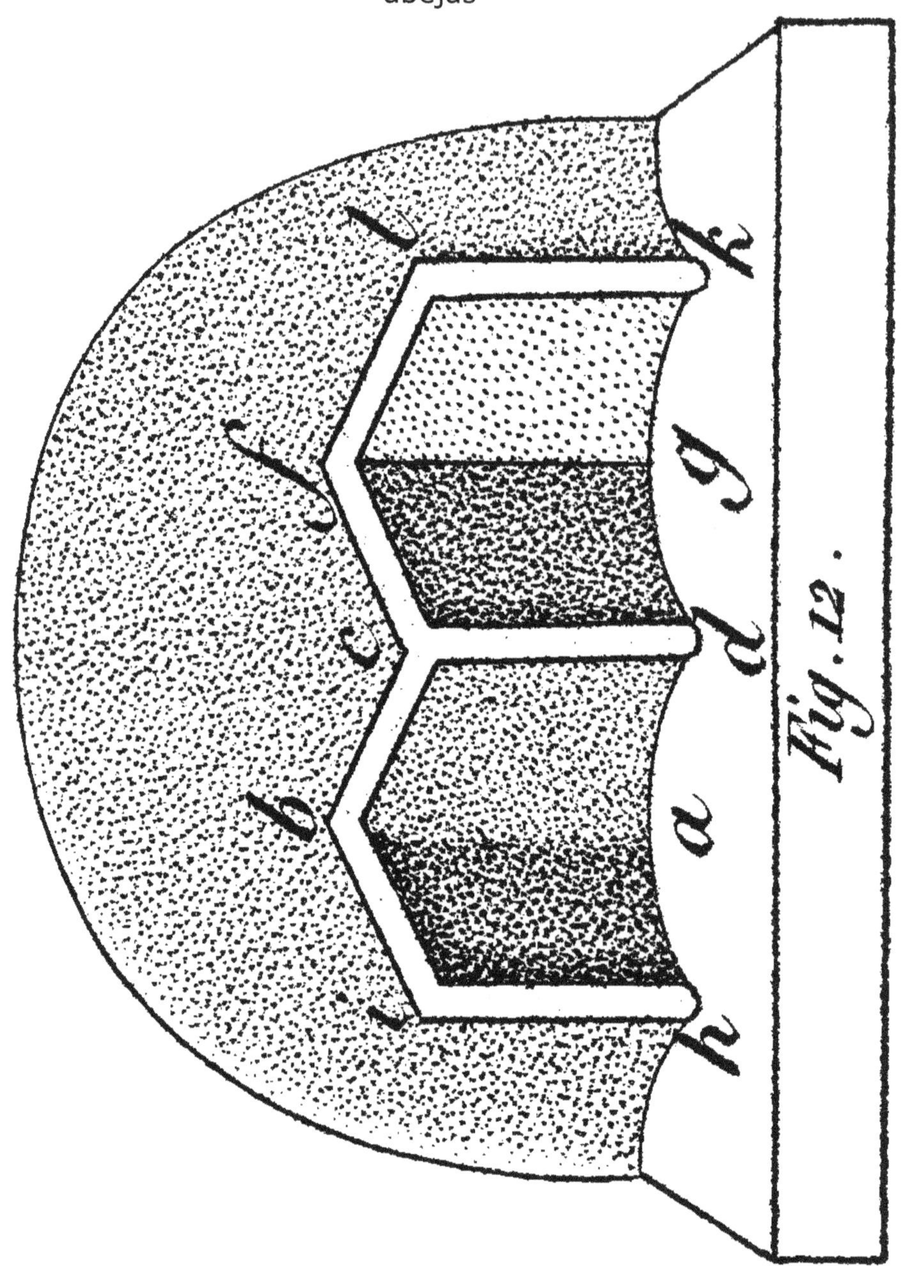

Volumen 2 Lámina VIIB Fig.12-Proyección de rugosidades (anverso de la Fig. 11).

(Observe estas bases, frente a frente, en las figuras 11 y 12, y lateralmente en las figuras 15 y 16; las figuras 13 y 14 representan las cavidades antes de que su borde superior haya sido cambiado por bordes angulares, como en las figuras 9 y 10.

Las figuras 15 y 16 muestran el bloque en el momento cuando el borde superior se transforma en una cresta. En estas figuras la parte áspera del bloque debe extenderse hasta la longitud de las otras).

En este momento, cada una de las cavidades estaba bordeada por cuatro crestas, dos de ellas laterales, perpendiculares al listón, y dos más cortas oblicuas, unidas a las anteriores por una de sus extremidades y unidas a las otras extremidades: el propio listón bordeándoles en su base (fig. 11 y 12, 15 y 16).

Ahora se hizo más difícil seguir las operaciones de las abejas, porque a menudo interponían la cabeza entre el ojo del observador y la parte inferior de la celda; pero nos dimos cuenta de que la partición sobre la que trabajaban los dientes se había vuelto lo suficientemente transparente como para que pudiéramos ver a través de ella lo que pasaba en la otra cara; así que pudimos ver muy claramente el final de los dientes de la abeja trabajando y tallando la cara opuesta y seguir todos sus movimientos. Hicimos esto todavía más perceptible, al colocar la colmena de tal forma que la luz golpeara más plenamente las cavidades que deseábamos ver esbozadas.

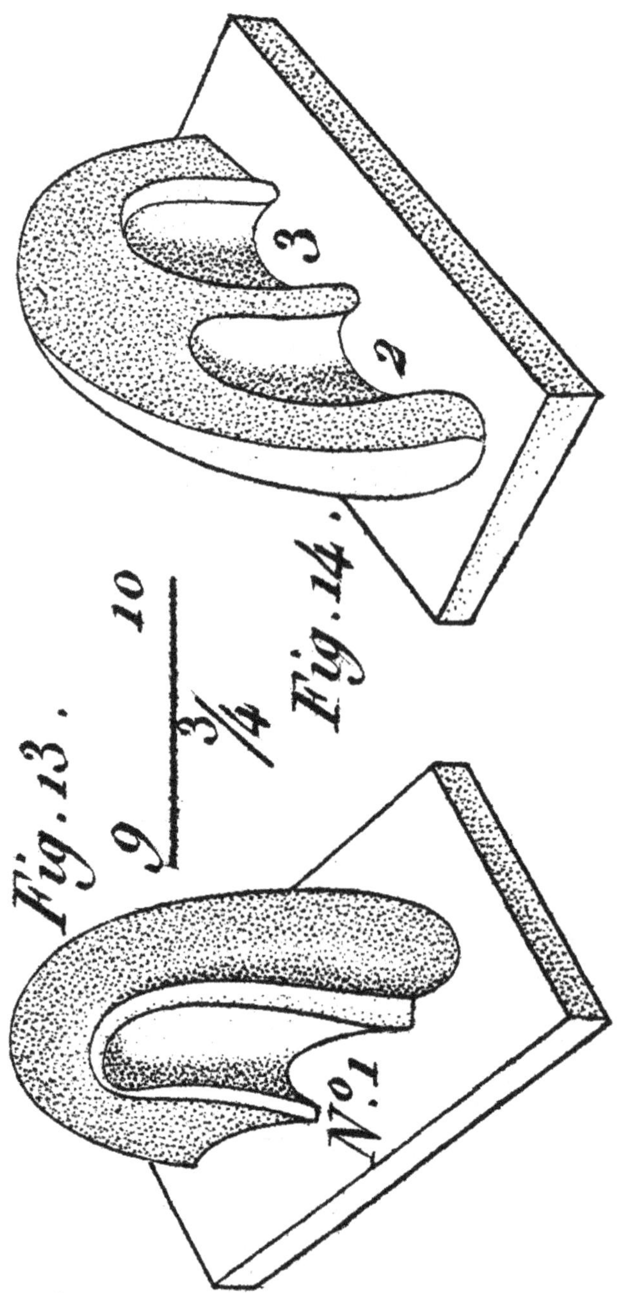

Volumen 2 Lámina VIIB Fig. 13 y 14-Cavidades antes de que sus bordes superiores se cambiaran por bordes angulares, Fig. 9 y 10 de lado.

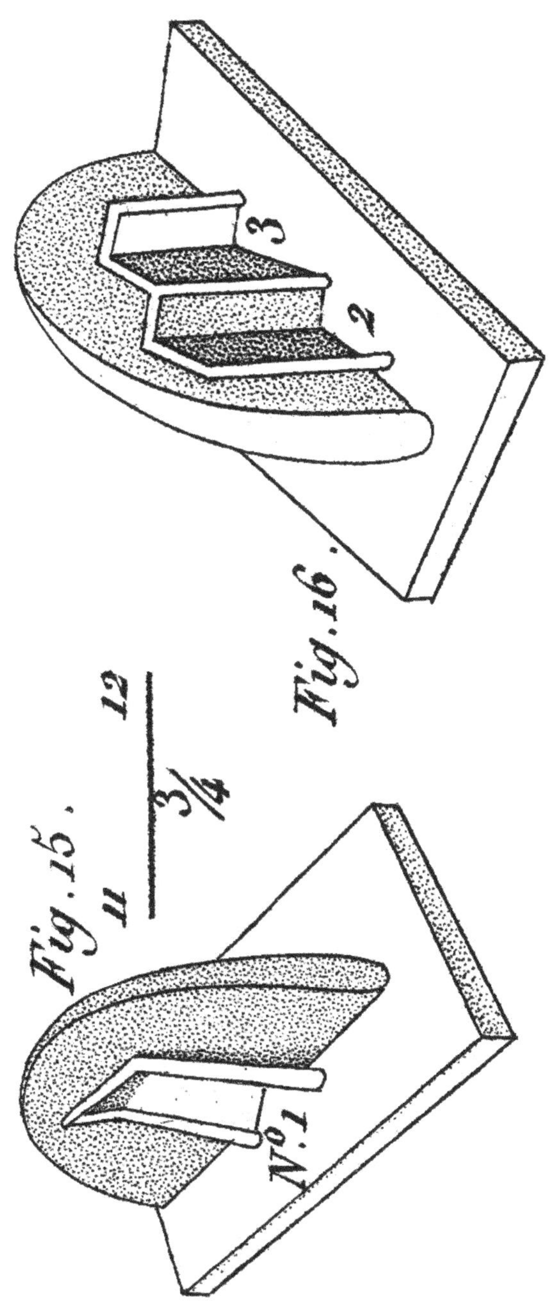

Volumen 2 Lámina VIIB Fig. 15 y 16-Cavidades después de que sus bordes superiores se cambiaran por bordes angulares, Fig. 11 y 12 de lado.

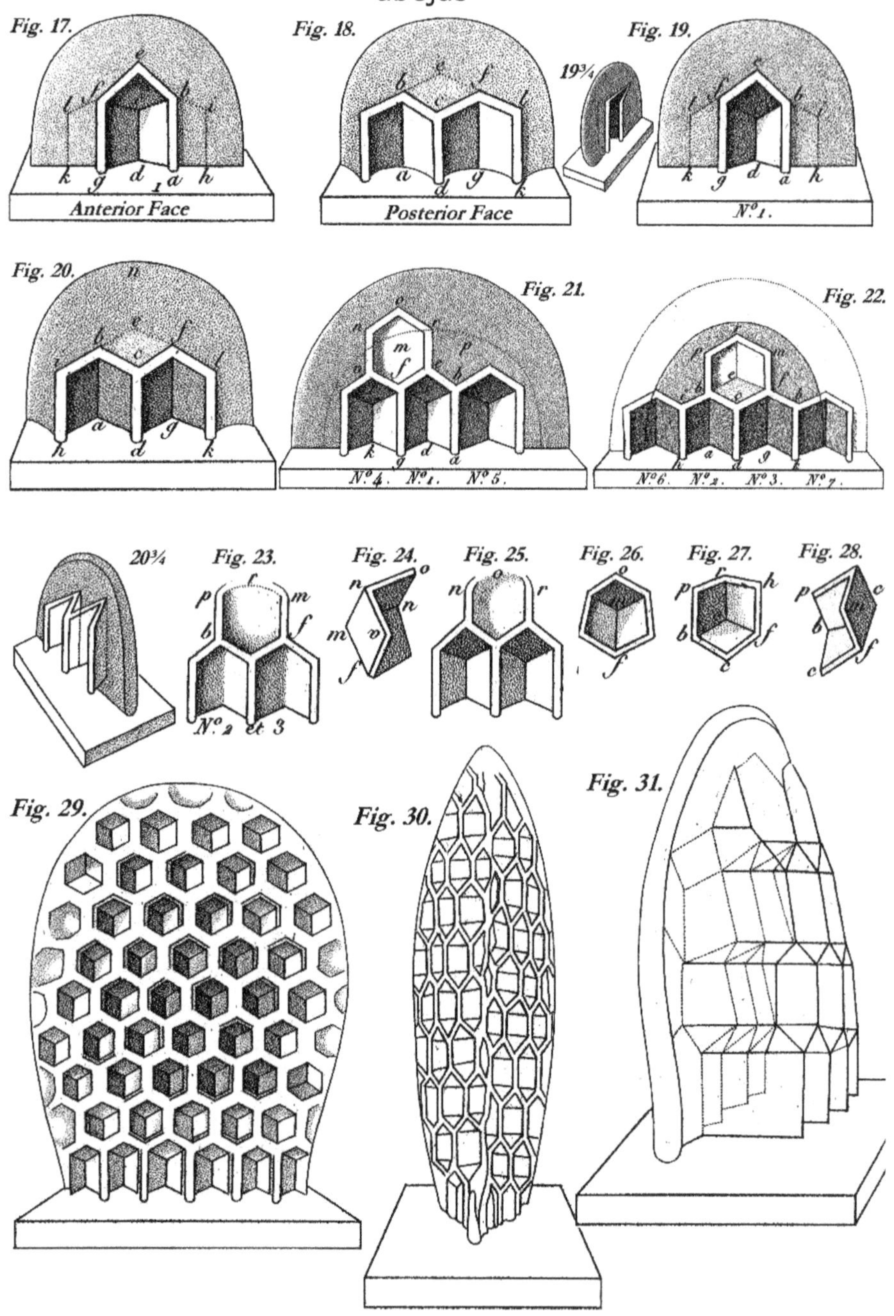

Volumen 2 Lámina VIII-Arquitectura de las abejas.

Vimos, como una sombra, el contorno de las celdas en la cara opuesta, como el espesor de la cresta no permitía el paso libre de la luz del día y pronto reconocido claramente que la altura de las bases de las celdas, Nº 2 y 3 era menor que el de celda Nº 1, y que sus crestas verticales eran más cortas (Lámina VIII, Fig. 17 y 18). Las líneas de puntos aquí diseñan las sombras de las aristas en la cara opuesta. Ver las letras que denotan.

Uno percibe a través de la cavidad Nº 1, (cd, fig. 17), la sombra de la cresta vertical que separa las cavidades Nº 2 y 3, pero como la cresta que formaba esta división se situaba entre las dos celdas más cortas, su sombra no aparecía en su longitud total de la celda Nº 1.

La sombra terminó a dos tercios de la longitud de la celda anterior, empezando desde la base del bloque (c, fig. 17); allí se dividió en dos ramas (cbef) que se extendían de forma oblicua, una a la derecha y otra a la izquierda del centro y parecían terminar inmediatamente detrás de la extremidad superior de las crestas verticales (ab gf) de la cavidad Nº 1.

Estas ramas oblicuas de la sombra vertical no eran otras que las de las crestas oblicuas (cb cf, fig. 18), haciendo los bordes de las cavidades Nº 2 y 3 en su parte más alta; una perteneciendo a la primera y la otra a la segunda de estas cavidades.

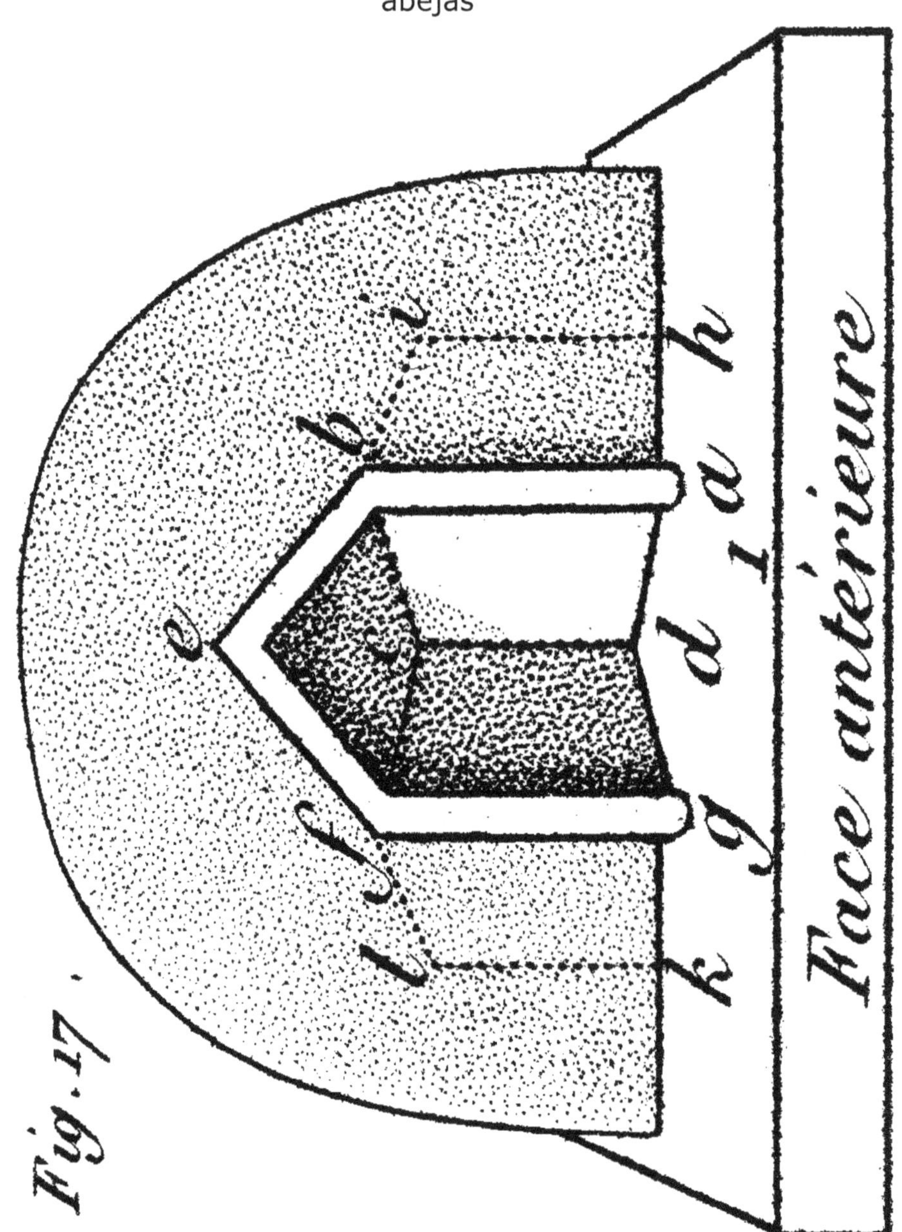

Volumen 2 Lámina VIII Fig.17-Líneas de puntos mostrando las aristas en la cara opuesta (Fig. 18).

A través de la porción todavía en bruto de la masa, también se podía ver, pero menos distintamente, el resto de los contornos de estas mismas cavidades que se extendían a la derecha e izquierda de la base anterior, designada por Nº 1 (ab, ij: gf , kl, fig. 17).

Estas ramas oblicuas de la sombra vertical, no eran otras que las de las crestas oblicuas (cb cf, fig. 18), haciendo los bordes de las cavidades Nº 2 y 3 en su parte más alta; una perteneciendo a la primera y la otra a la segunda de estas cavidades.

Es bastante evidente que las bases de las celdas 2 y 3 estaban parcialmente recostadas contra el respaldo de la celda Nº 1. Terminan en un punto obtuso frente a la extremidad superior de las crestas verticales de esta cavidad aislada (b, f, fig. 17); el resultado fue que la cavidad anterior fue más larga que las otras dos, con la misma diferencia proporcional que existe entre su longitud total y la de sus crestas verticales.

Al examinar el bloque desde el lado opuesto (fig. 18) se podía ver la sombra de los bordes de la cavidad Nº 1, y esto parecía llegar a la parte más alta más allá del contorno de las cavidades Nº 2 y 3.

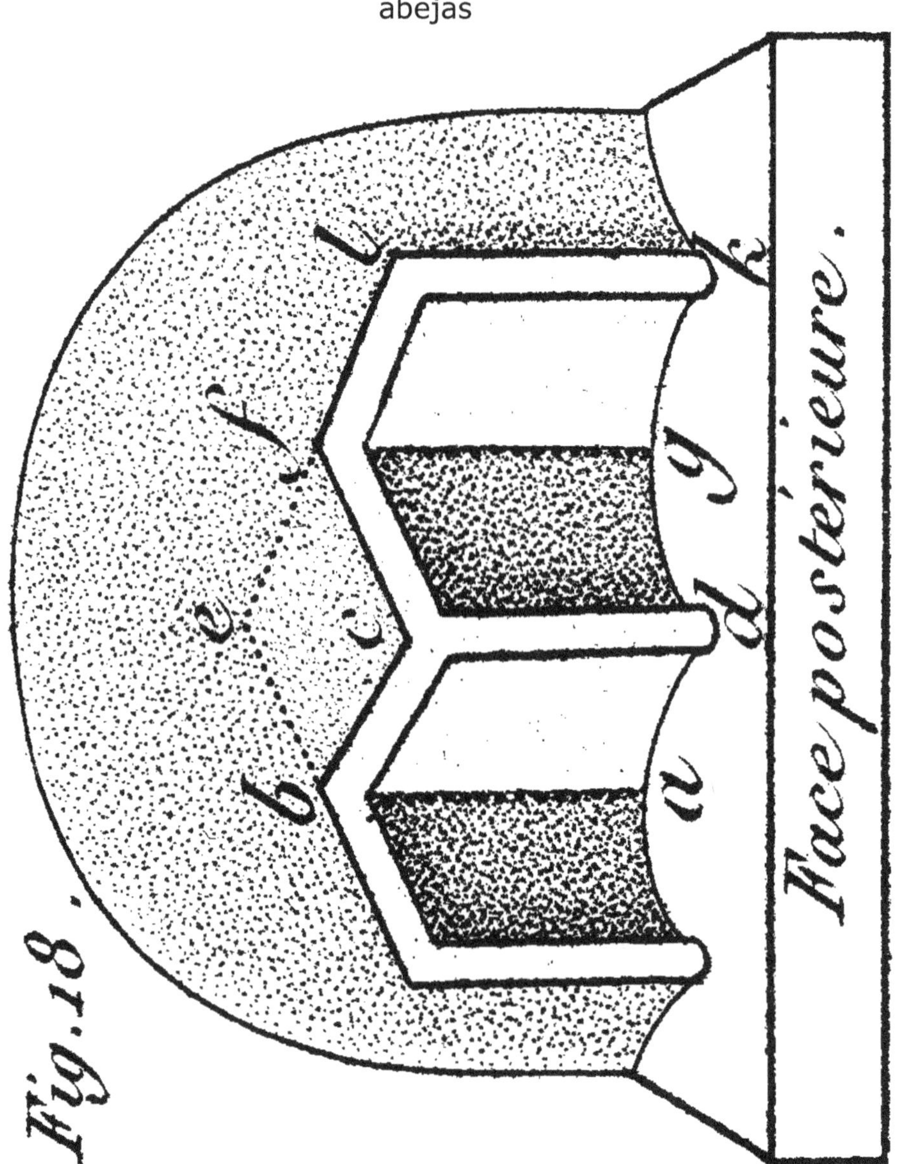

Volumen 2 Lámina VIII Fig. 18-Líneas de puntos mostrando las aristas en la cara opuesta (Fig. 17).

Se percibía en la base de cada una de estas cavidades la sombra de una de las crestas verticales (ab, gf), que limita la cavidad de la cara anterior, sombras que iban desde la parte superior a la parte inferior de las cavidades individuales de la cara posterior, y parecía dividirlos en dos partes iguales. Pero esto sólo era el resultado causado por la posición recíproca de las crestas de las dos caras.

Mientras seguíamos el trabajo de las abejas que estaban ocupadas profundizando en las cavidades que habían esbozado, nos dimos cuenta de que las líneas oscuras fueron reemplazadas gradualmente por cavidades o surcos angulares, y que todo el esfuerzo de las obreras era dirigido de manera opuesta a estas crestas que pudimos ver como sombras a través del fino bloque; las abejas estaban cavando en ambas caras detrás de las crestas de la cara opuesta.

Así, aquellas que estaban trabajando en la cara anterior tallada en la dirección de la sombra de las crestas posteriores que mostraban la figura de una Y, cuyas ramas fueron dirigidas hacia adelante desde el tallo principal (Fig. 17). La cresta intermedia formaba el tallo de la Y, y las dos crestas oblicuas (bc, cf) que pertenecían a las celdas posteriores, representaban las dos ramas de esa carta.

Las abejas no sólo estaban trabajando para afinar la parte posterior de estas crestas proyectadas, también raspaban y alisaban el espacio entre la sombra, estas crestas y los surcos de las cavidades en las que estaban trabajando.

Su trabajo se dirigió a lo largo de la sombra de la cresta vertical (cd) y después en la dirección de las sombras oblicuas (bc, df) hechas por las crestas oblicuas en el lado opuesto (ab, sea: ef, fg) y las crestas de la cara posterior de la primera fila; se componía de dos trapecios y un rombo (Fig. 19).

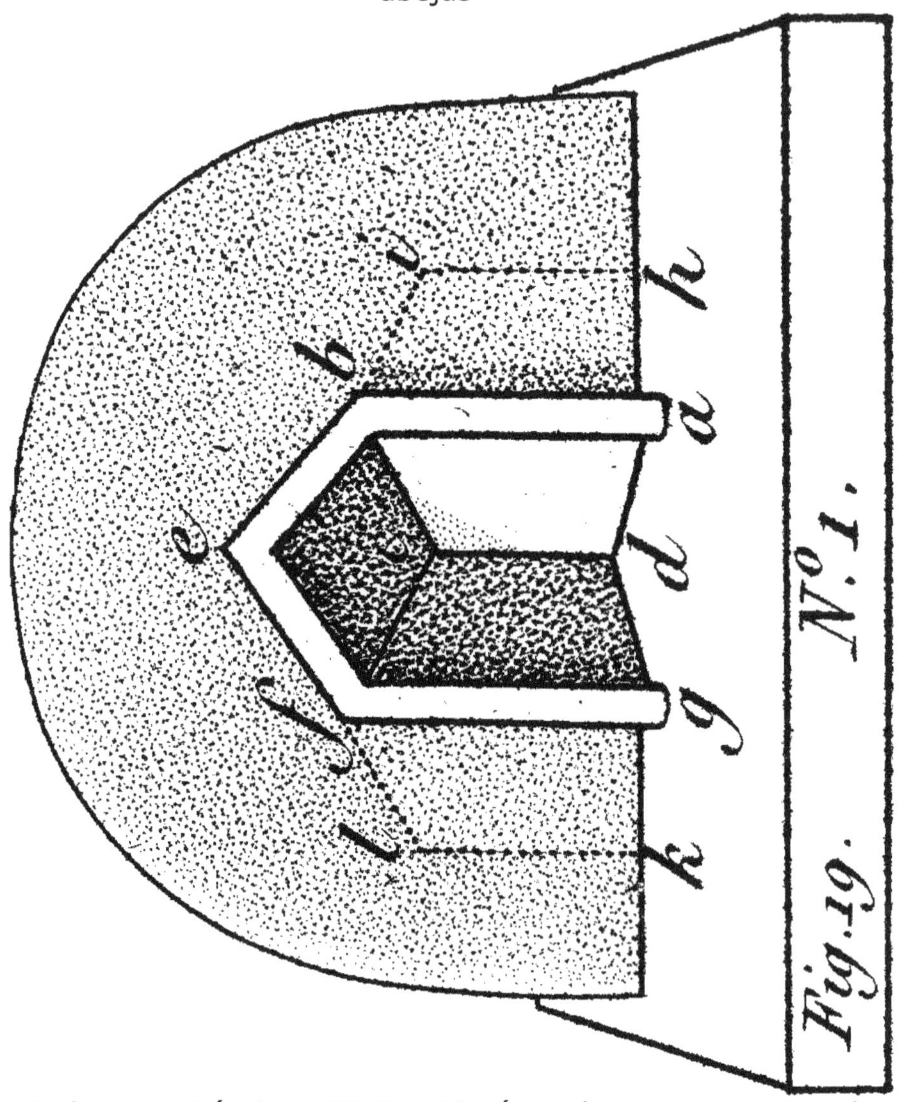

Volumen 2 Lámina VIII Fig. 19-Línea de puntos mostrando las aristas en la cara opuesta.

Esta cavidad, que se muestra por primera vez en una forma semi-elíptica (fig. 9, Lámina VII) y más tarde bordeada por cuatro crestas (fig. 11), dividida en dos terceras partes de su longitud por un surco (cd, fig. 17), que ocupaba su centro, y las dos superficies (abcd: CDFG) adyacentes al surco habiendo sido aplanadas y afinadas hasta la profundidad del propio surco, suministrando dos planos inclinados uno hacia el otro; pero como este surco no alcanzaba la longitud total de la cavidad, estos planos estaban limitados solamente por las crestas verticales (ab, gf) de esta cara y por el soporte del listón. Su extremidad superior, (df, cb) no estaba aún terminada, o al menos lo estaba en la parte de la celda todavía no suavizada; pero las abejas, trabajando para dar forma a los surcos (bc, cf, fig. 19), correspondiente a las crestas oblicuas que llevan las mismas letras en la cara posterior, dando a los planos inclinados una terminación oblicua; y como estaban unidos en los otros tres lados con crestas paralelas y con el listón, estos planos se convirtieron en trapecios iguales (ab, cd: cd, fg) y estaban situados a la derecha y a la izquierda del surco principal.

Pero el espacio restante entre los dos surcos oblicuos y la extremidad superior de la cavidad (bef), estando limitado por un lado por los lados del ángulo obtuso (bcf) formado por estos surcos oblicuos, y por el otro por los lados de la ángulo obtuso (bef), formado por los bordes superiores de la cavidad, y estos lados y ángulos siendo iguales, producen un romboide (bcef) similar a aquellos de cuyas bases piramidales se componen.

Este lugar, por su inclinación, formaba un ángulo con cada uno de los trapecios, y en consecuencia, también, con los dos trapecios unidos, un ángulo sólido (fig. 19) cuya cima se sitúa en el cruce de los tres surcos o de forma similar, detrás de la bifurcación de las crestas opuestas (c, fig. 19 y 20¾.); pero este ángulo sólido no era una base piramidal, era una base compuesta por dos trapecios y un rombo.

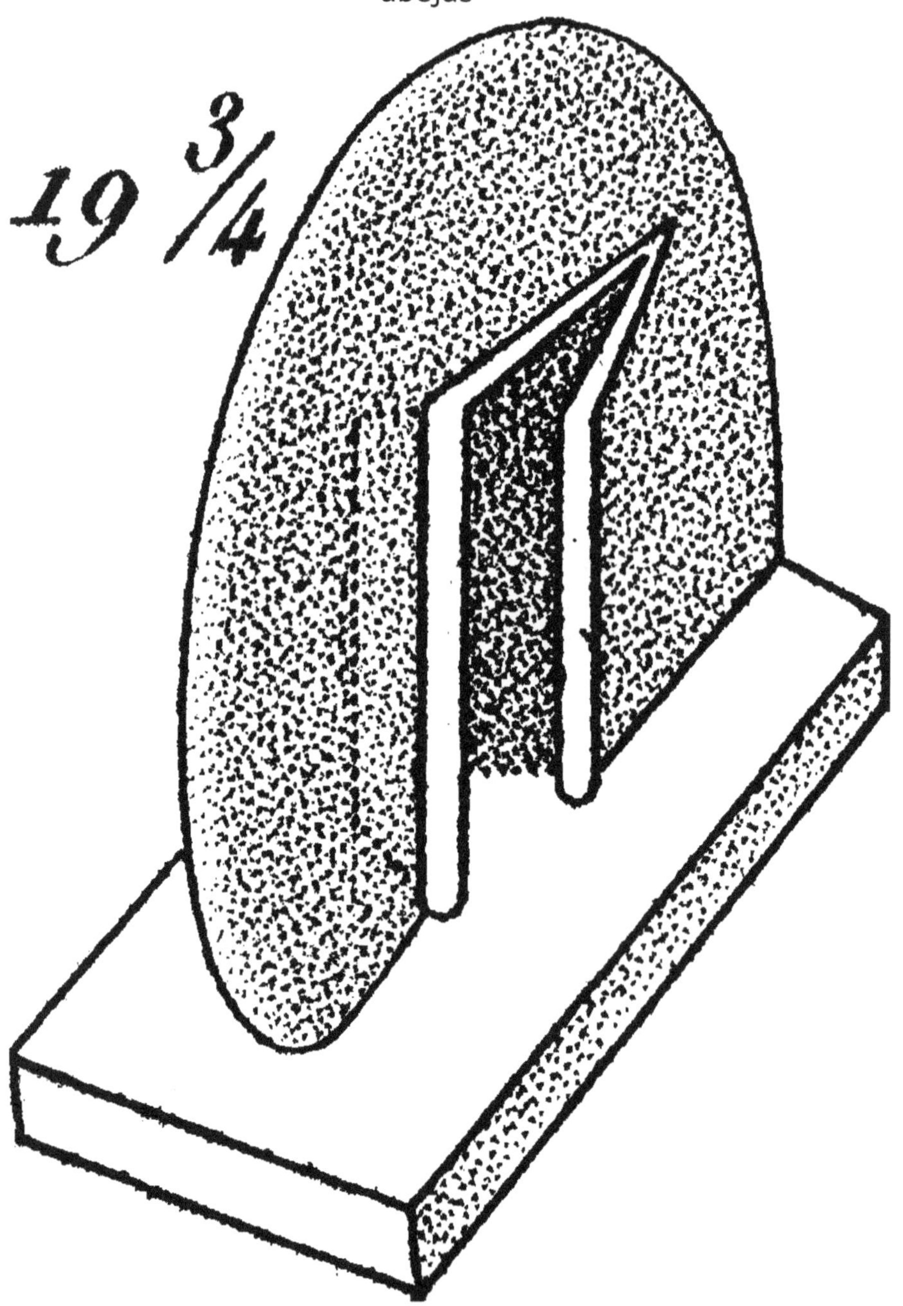

Volumen 2 Lámina VIII Fig. 19 3/4-Fig 19 a vista ¾.

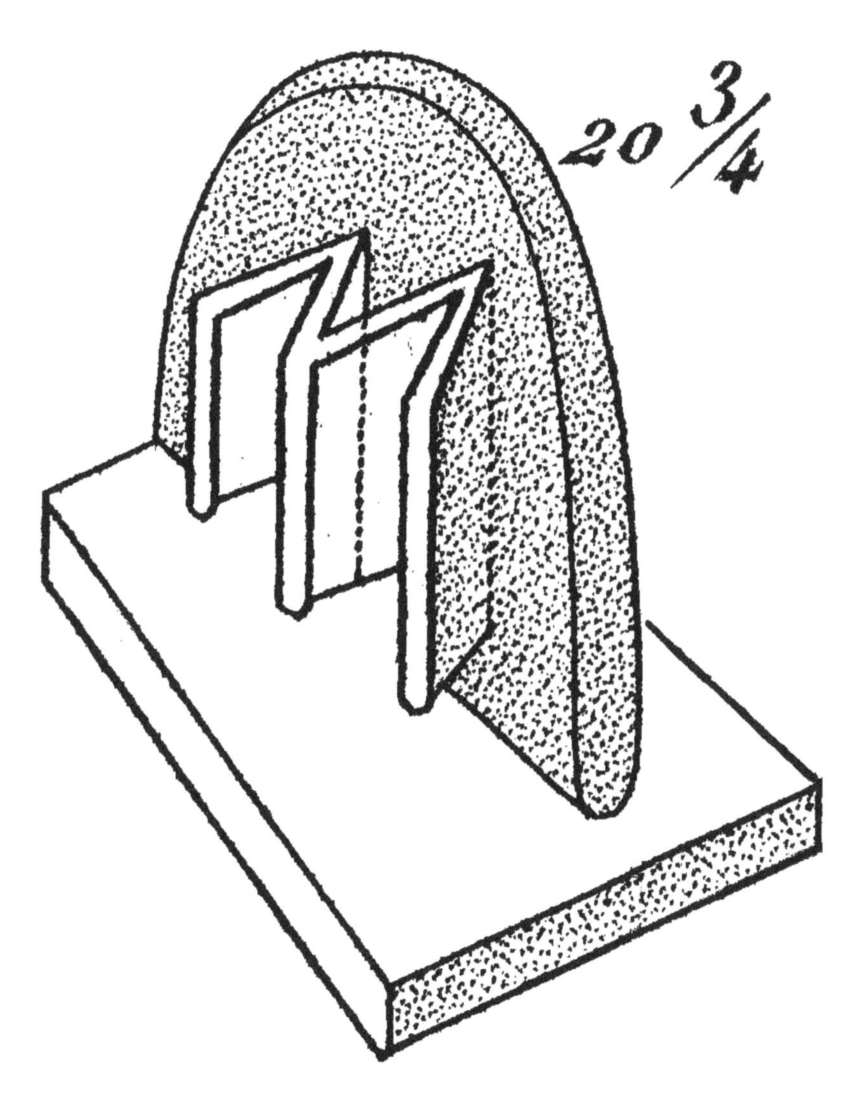

Volumen 2 Lámina VIII Fig. 20 3/4-Fig. 20 a vista ¾.

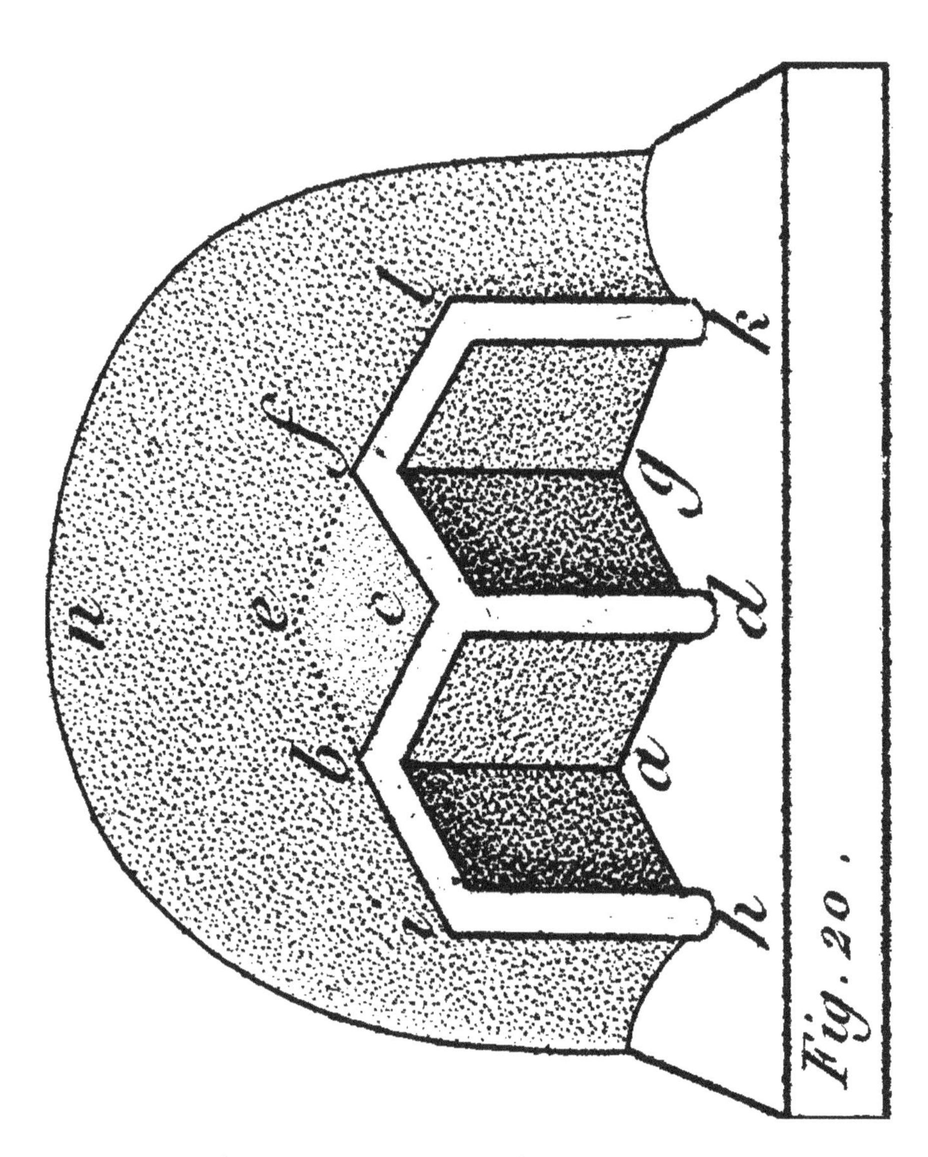

Volumen 2 Lámina VIII Fig. 20- Líneas de puntos mostrando las aristas de la cara opuesta.

Esta es la manera en que las abejas trabajan para formar la base de la primera celda anterior de la primera fila.

Hemos demostrado que tallaron detrás de las crestas proyectadas, en la cara posterior, dos cavidades adyacentes sólo separados por una cresta (fig. 10); que habían determinado la longitud y la forma de las cavidades mediante el establecimiento de dos crestas oblicuas en su borde superior (fig. 12), y un surco tallado de toda la longitud de estas cavidades (fig. 18).

Así que las habían dividido en dos partes iguales, y cuando las piezas de la derecha y la izquierda del surco fueron suavizadas por su trabajo, estas dos piezas juntas hicieron un plano angular (Fig. 20).

Eran de igual tamaño, y como uno de ellas estaba respaldada por uno de los trapecios de la celda anterior, y ya que estaba limitada por las crestas, la sombra de lo que podría haber servido como modelo para las abejas que trabajaban en el lado opuesto, resultó que estas dos piezas, similares e iguales a las de la cara anterior, eran ellas mismas iguales y similares entre sí. Las bases de las celdas de la cara posterior, en la primera fila, a continuación, se formaron con dos trapecios, como ya habíamos descrito, y esta composición fue una consecuencia natural del método de las abejas en el comienzo de su trabajo.

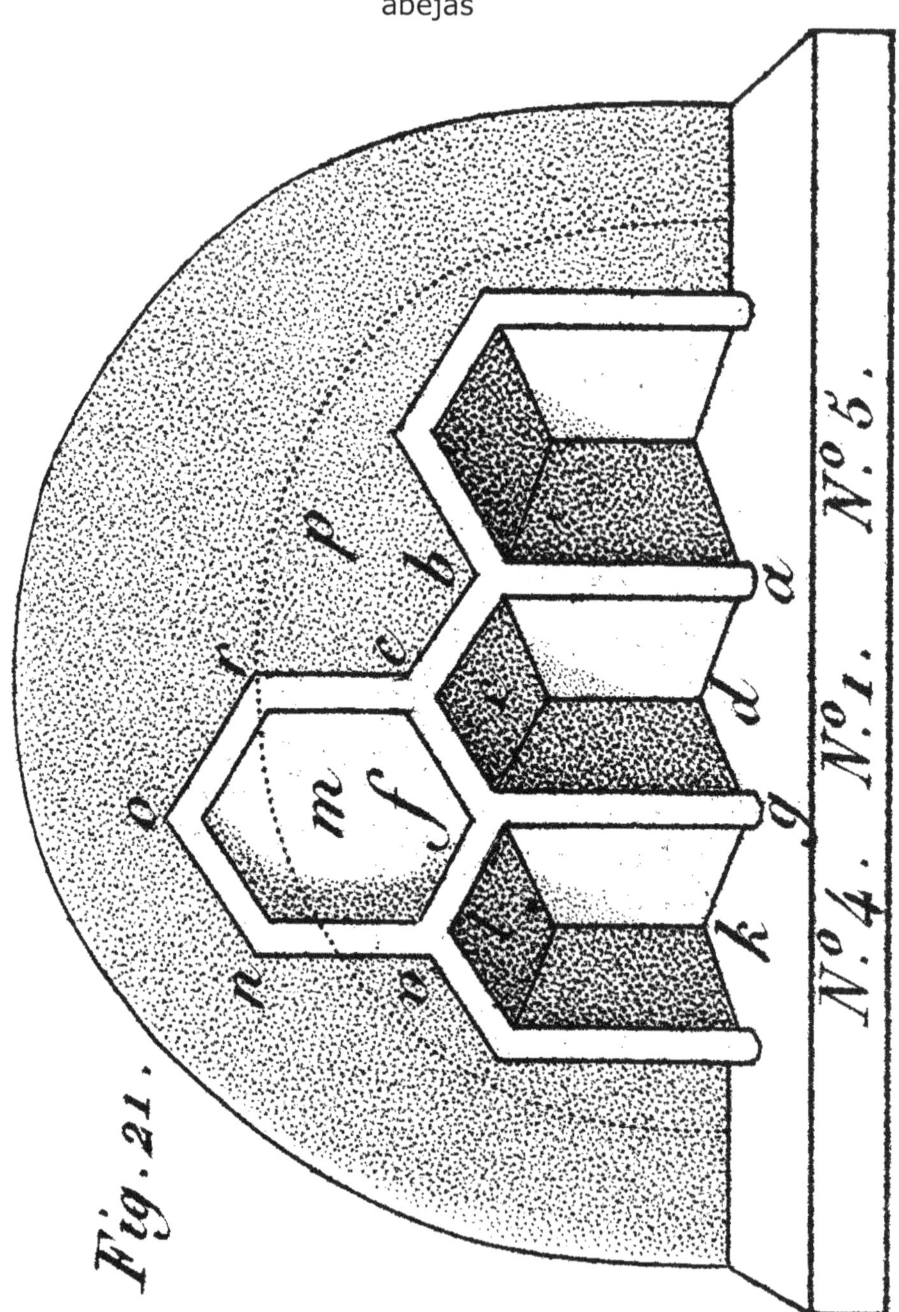

Volumen 2 Lámina VIII Fig. 21-Comenzando la segunda fila.

Las tres bases de las celdas que acabo de describir fueron las primeras en ser construidas; pero mientras tallaban los surcos que las separaban, otras habiendo alargado el bloque en todas las direcciones, pudieron tallar otras cavidades. Comenzaron su talla detrás de las crestas verticales de las celdas 2 y 3, y al lado de la cavidad Nº 1, a continuación, en la cara posterior, detrás de las crestas opuestas: para que los trapecios estuvieran apoyados por otros trapecios de forma y tamaño similar (Fig. 21 y 22). Normalmente, tallaban una cara, mientras que otras estaban haciendo surcos en la opuesta. Así formaban las cavidades detrás de los bordes laterales de las últimas celdas construidas. Así varias bases, alternando en las dos caras del bloque, presentaban una primera fila de celdas contiguas cuyos tubos aún no se habían alargado.

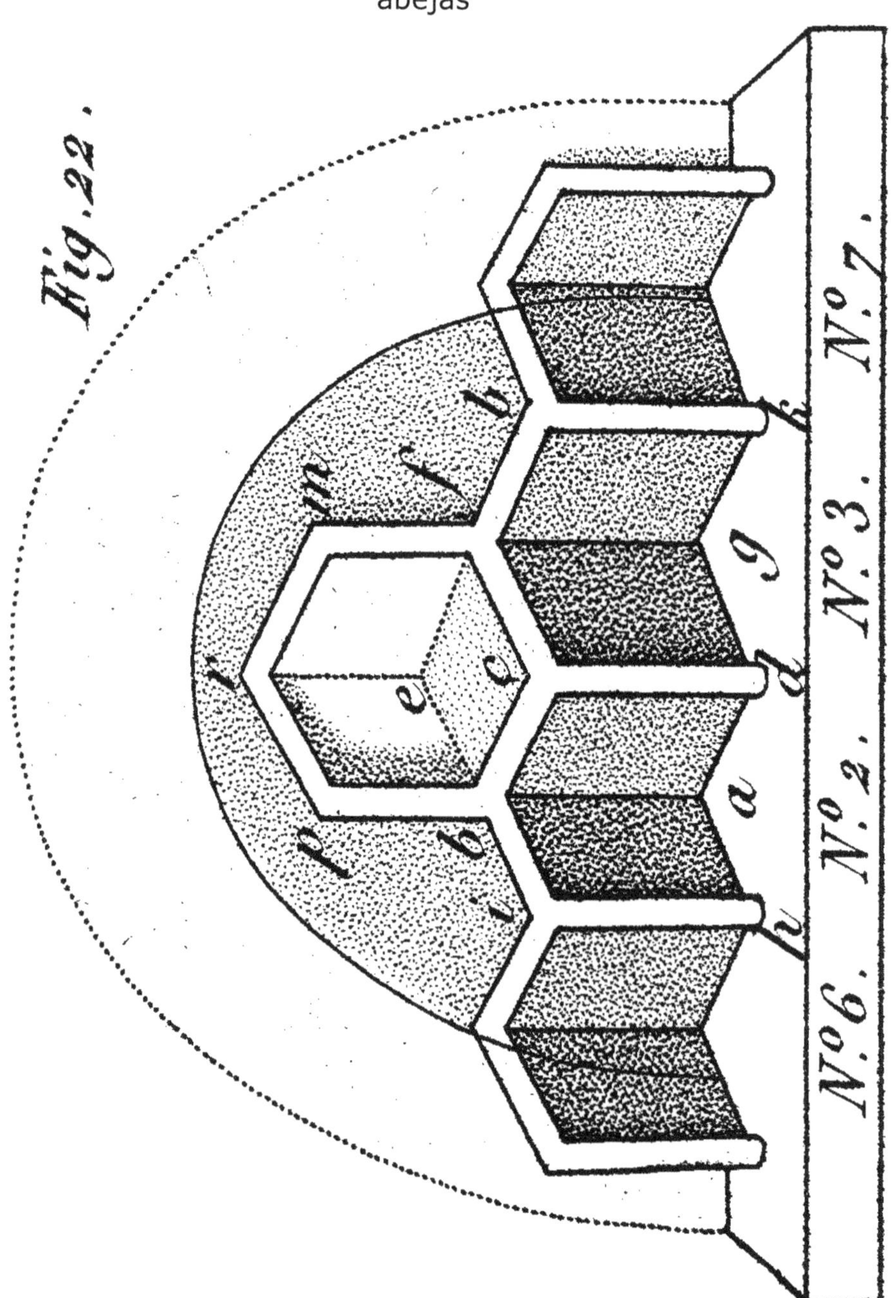

Volumen 2 Lámina VIII Fig. 22-Comenzando la 2ª fila del lado opuesto a la Fig. 21.

Las tres bases de las celdas que acabo de describir fueron las primeras en ser construidas; pero mientras tallaban los surcos que las separaban, otras habiendo alargado el bloque en todas las direcciones, pudieron tallar otras cavidades. Comenzaron su talla detrás de las crestas verticales de las celdas 2 y 3, y al lado de la cavidad Nº 1, a continuación, en la cara posterior, detrás de las crestas opuestas: para que los trapecios estuvieran apoyados por otros trapecios de forma y tamaño similar (Fig. 21 y 22). Normalmente, tallaban una cara, mientras que otras estaban haciendo surcos en la opuesta. Así se formaron las cavidades detrás de los bordes laterales de las últimas celdas construidas. Así varias bases, alternando en las dos caras del bloque, presentaban una primera fila de celdas contiguas cuyos tubos aún no se habían alargado.

Mientras que estas abejas fueron puliendo y perfeccionando estas bases, otras obreras comenzaron los contornos de una segunda fila de celdas encima de la primera, y en parte detrás del rombo de las celdas anteriores; ya que su trabajo sigue un curso combinado. No podemos decir: *"Cuando las abejas habían terminado esta celda comenzaron otras nuevas"*; pero podemos decir: *"Mientras que algunas obreras avanzaban una determinada pieza, otras describían las celdas adyacentes."* Además, el trabajo realizado sobre una cara del panal es parte de lo que se necesita en la cara opuesta: es una relación recíproca, una conexión mutua de las partes haciéndolas subordinadas la una a la otra. Por lo tanto, es indudable que una ligera irregularidad de su trabajo en un lado afectará a la forma de las celdas en el otro lado de una manera similar.

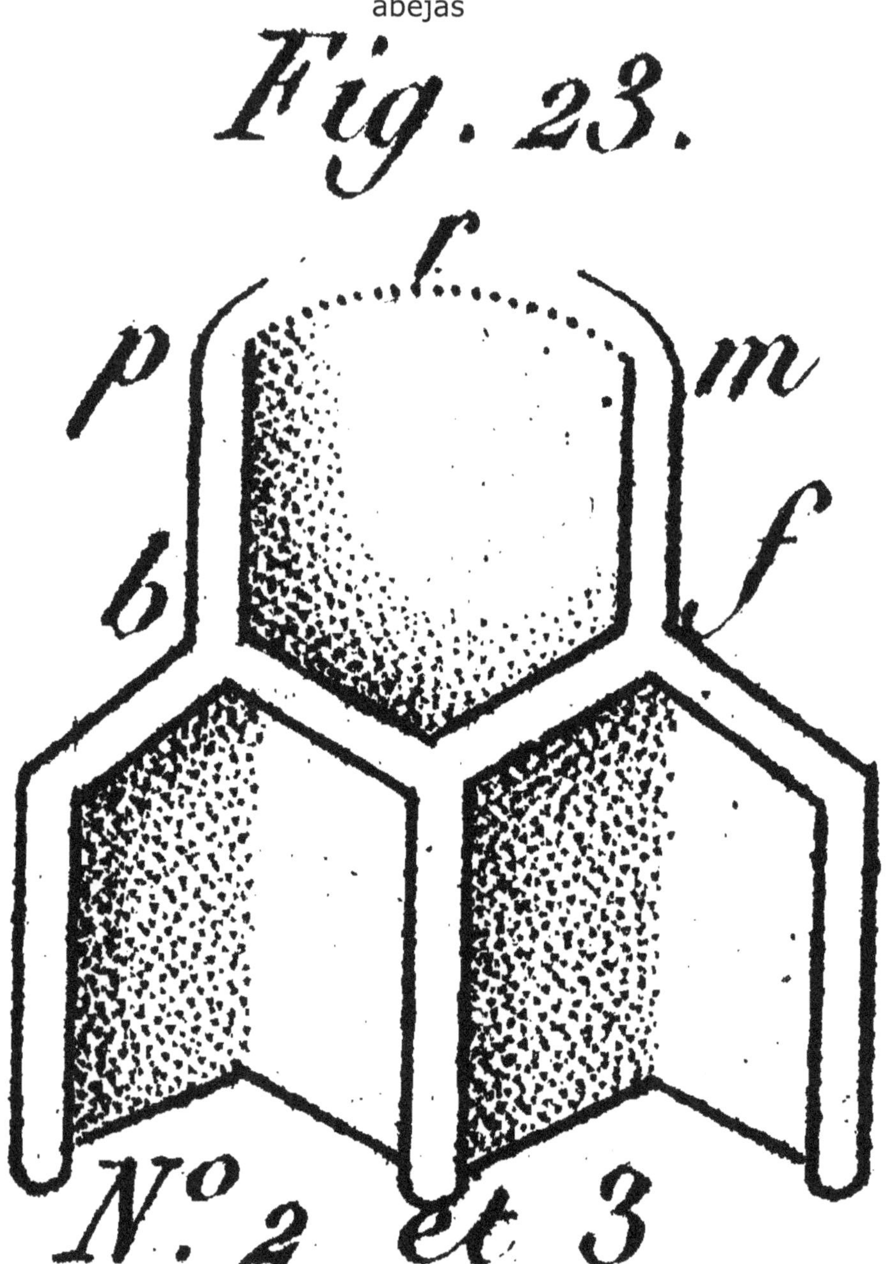

Volumen 2 Lámina VIII Fig. 23-Primer plano de inicio de la segunda fila.

Sección III: Construcción de las celdas de la 2ª fila.

Los fondos de las celdas anteriores de la primera fila, compuestos por dos trapecios y un rombo, eran más grandes, como hemos señalado, que los de las celdas opuestas o la parte trasera de ellas, ya que las últimas se componían de sólo dos trapecios; así que no había más espacio entre el borde superior de las celdas y el borde posterior del bloque que no estuviera por encima de las cavidades anteriores; este espacio era lo suficientemente grande para la base de una celda normal (Fig. 20 y 22); pero no había espacio para la parte inferior completa por encima de las celdas anteriores (Fig. 19). El espacio aproximado entre y por encima de las cavidades posteriores en la abertura del ángulo de sus bordes oblicuos, se extendía mucho más allá de sus puntos (de bc hasta n, fig. 20: o bc hasta r, fig. 22). Fue en ese punto donde varias abejas comenzaron el boceto de una nueva celda (fig. 22).

La primera abeja excavó un estriado vertical (fm, pb) en el espacio entre los bordes oblicuos (fc cb) de dos celdas vecinas y los bordes hechos para esta nueva cavidad, mediante la acumulación de la cera para esta nueva cavidad a la derecha y a la izquierda. En las figuras 23 y 27 la celda en cuestión ha sido aislada para que podamos seguir mejor su desarrollo. Las letras son las mismas que en la figura 22. El contorno (fmbp, fig. 23) muestra el comienzo de su contorno. Sus crestas verticales (fmbp) estaban exactamente encima de los puntos de las dos celdas inferiores Nº 2 y 3. Estas crestas comenzaron a partir de estos puntos y ascendieron verticalmente a lo largo de la cavidad hasta una corta distancia al borde del bloque, la cual no se extendió más allá de lo necesario para la construcción de la totalidad de la base de la celda: el estriado estaba todavía terminado por un contorno curvo (prm, Fig. 23).

Pero otras abejas establecieron dos márgenes rectilíneos en su curvatura, que unidos como dos cuerdas en el centro del arco, formaron el ángulo obtuso (mrp, fig. 22). A continuación, esta cavidad fue bordeada por seis crestas; las dos inferiores (fc cb) pertenecientes a las celdas de la primera fila, Nº 2 y 3 entre las que se colocó el borde inferior de esta celda; las crestas laterales (fm bp) paralelas entre sí verticalmente ascendentes, por último, las dos crestas superiores (rm pr) terminaron el contorno, uniéndose entre sí y también uniéndose a las otras en su extremidad inferior. Estas seis crestas, iguales en longitud, formaron el contorno hexagonal de la celda; pero este contorno no era uniforme en su proyección; era más alto en el ángulo (cpm) e inferior en los puntos (bfr), como puede verse más claramente en la fig. 28, que muestra la misma celda en ángulo.

La parte inferior, aún sin terminar (fcbe, fig. 23) del espacio comprendido entre las seis crestas estaba respaldada por el rombo de celda Nº 1, ya que las celdas 2 y 3, a partir de las cuales se formó el hexágono, estaban apoyadas en parte por esta celda. El rombo, inclinado respecto a la horizontal, pero cuya diagonal principal era horizontal mostraba en el lado de la celda Nº 1 (c, fig. 21), exhibía su lado inferior. Después de que las abejas hubieran trazado y hecho bordes en la parte inferior de la celda hexagonal, se ocuparon de alisar la otra cara de esta pieza romboidal, y la alinearon con los surcos (fe y eb) que correspondían a las crestas del mismo nombre en la cara anterior.

Esta pieza era entonces un rombo, y esto rombo (fcbe, fig. 22) visto desde arriba, era la primera pieza superior de la base piramidal.

Ocupó un tercio de la superficie de la cavidad, ya que el ángulo obtuso (feb) estando en el centro, y sus bordes descansando sobre los dos bordes (fc y cb), los cuales formaban un tercio de la circunferencia, es fácilmente concebible que todo el fondo de la celda fuera tres veces mayor que el de este rombo. De hecho, había por encima del rombo, en el interior del hexágono, espacio suficiente para admitir dos rombos similares a este, pero terminó siendo diferente.

Esta parte de la base de la celda se mantuvo en las mismas condiciones hasta que el trabajo sobre la cara opuesta estuvo lo suficientemente avanzado como para permitir a las abejas construir una cresta en la cara inversa de la celda en una dirección vertical (er, fig. 21): (que podría tener lugar sólo después de haber delineado las dos cavidades opuestas de la celda hexagonal). Pero después de que esta cresta estuvo establecida en la cara anterior, detrás de la pieza a dividir, una abeja se ocupó de hacer la base de la cavidad hexagonal en esa dirección e hizo un surco en el espacio aún sin terminar (er, Fig. 22), desde el borde superior del rombo, hasta el borde superior del hexágono; cuando se terminaron las dos partes, vimos que había perfeccionado dos rombos adicionales (ferm y erbp) igual al rombo (fcbe). Así, los seis bordes del contorno hexagonal encerraban tres rombos de igual tamaño; o una completa base piramidal: el primero de ellos habiendo sido construido en el borde inferior del bloque. Es fácil comprender que, durante esta operación, otras celdas fueron delineadas a la derecha y a la izquierda, sobre las celdas adyacentes de la primera fila, y no hay necesidad de ninguna explicación adicional en este sentido ya que el trabajo es similar al que acabamos de describir.

El bloque fue ampliado aún más por las productoras de cera y todavía hubo más espacio por encima de las celdas de la primera fila para la construcción de nuevas celdas (fig. 21). El espacio entre las celdas y la línea trazada muestra, en la Fig. 22, que este espacio aún no estaba lleno durante la construcción de la celda posterior de la segunda fila, sino que estaba lleno cuando se construyó la celda hexagonal anterior.

Una abeja se colocó en la cara anterior, a fin de trabajar en el espacio sin terminar entre los puntos de dos celdas de la primera fila, designadas por los números 1 y 4, entre sus bordes oblicuos (fe fv). Esta abeja inmediatamente talló un surco por encima del borde vertical que los separaba, en un espacio igual al diámetro de una celda normal, pero este espacio ya estaba limitado en la parte inferior por las celdas de la primera fila. La abeja dio a esta cavidad la forma estriada, sus bordes se hicieron con dos crestas verticales (er vn), y su borde superior, primero hecho en un círculo (fig. 25) fue cambiado más tarde por otras dos obreras en crestas rectas (en ov, fig. 21); creando un ángulo obtuso; de este modo la cavidad se convirtió en hexagonal como con el lado opuesto, que estaba respaldada por ésta.

La división de esta celda, (Fig. 21 y 25) no parecía causar ningún problema a las abejas: las piezas que la componían estaban parcialmente formadas en la cara posterior; en ese lado, dos celdas contiguas tenían entre ellas una cresta (fm, fig. 22), que iba a servir de guía: su sombra dividía en dos partes iguales la porción inferior de la cavidad hexagonal. También se podría ver la sombra de las crestas oblicuas de las dos celdas posteriores, desde el centro m de la celda, una a la derecha y la otra a la izquierda, dirigidas hacia crestas verticales en r y n (Fig. 21).

Esta cavidad parecía estar dividida en tres partes iguales por la sombra de las crestas posteriores. Lo que discernimos en sombras pronto se hizo real por el trabajo de las abejas; las sombras se convirtieron en surcos opuestos a las crestas; el intervalo y el borde de la celda fueron suavizados hasta que mostraron rombos distinguibles; pero las abejas, mientras conformaban el surco vertical dividían la parte inferior de la cavidad, y los dos primeros rombos de la base piramidal se formaron a la derecha e izquierda; a continuación, siguiendo las crestas oblicuas de las celdas posteriores, formaron un tercer rombo situado en la parte superior de la cavidad, y lo inclinaron de manera similar al de la cavidad Nº 1.

Este rombo (onrm, fig. 21) no estaba opuesto a ninguna celda descrita en la cara posterior; aún estaba apoyado en material crudo, comprendido entre los lados superiores (rm mn) de dos celdas de la segunda fila; por lo que este espacio iba a ser después una parte de la cara posterior de una celda de la tercera fila.

El resultado del trabajo de las abejas, dentro de la cavidad hexagonal, era otra base piramidal; no difería en nada de las bases de la misma fila en la cara posterior, en las que se apoyaba, excepto en la posición de los rombos.

De esto es fácil concebir la manera de construcción de las celdas adicionales; siempre están situadas entre los lados superiores y oblicuos de las celdas vecinas; por encima de sus puntos las abejas construirán crestas verticales que serán los bordes derecho e izquierdo de la nueva cavidad; a continuación, el contorno se hará mediante la construcción de otras dos crestas horizontales, en el borde superior del estriado, que producirá un contorno hexagonal.

La parte inferior de estas cavidades se corresponde siempre con las paredes de las celdas opuestas; es por eso que todas las celdas de ese lado serán divididas por dos rombos en la parte inferior y un rombo en la parte superior. (Por supuesto es el reverso en los panales construidos hacia abajo, de modo que debemos invertir las figuras con el fin de seguir el orden natural, ya que el trabajo debe ser el mismo y el resultado similar: la construcción de bases piramidales).

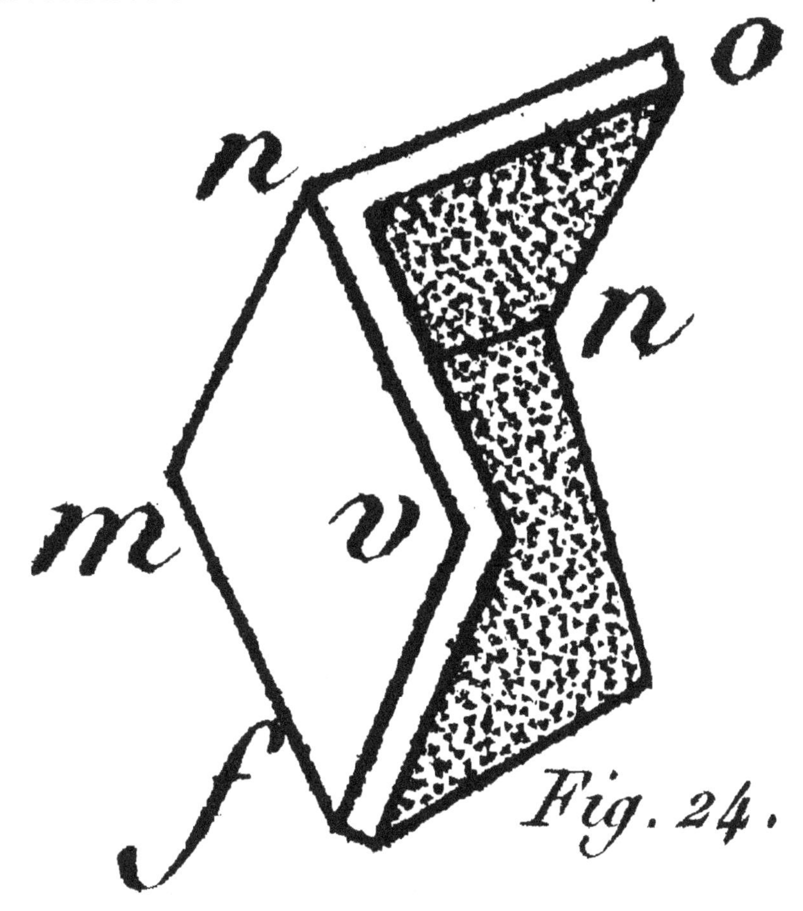

Volumen 2 Lámina VIII Fig. 24-El surco en la base es oblicuo.

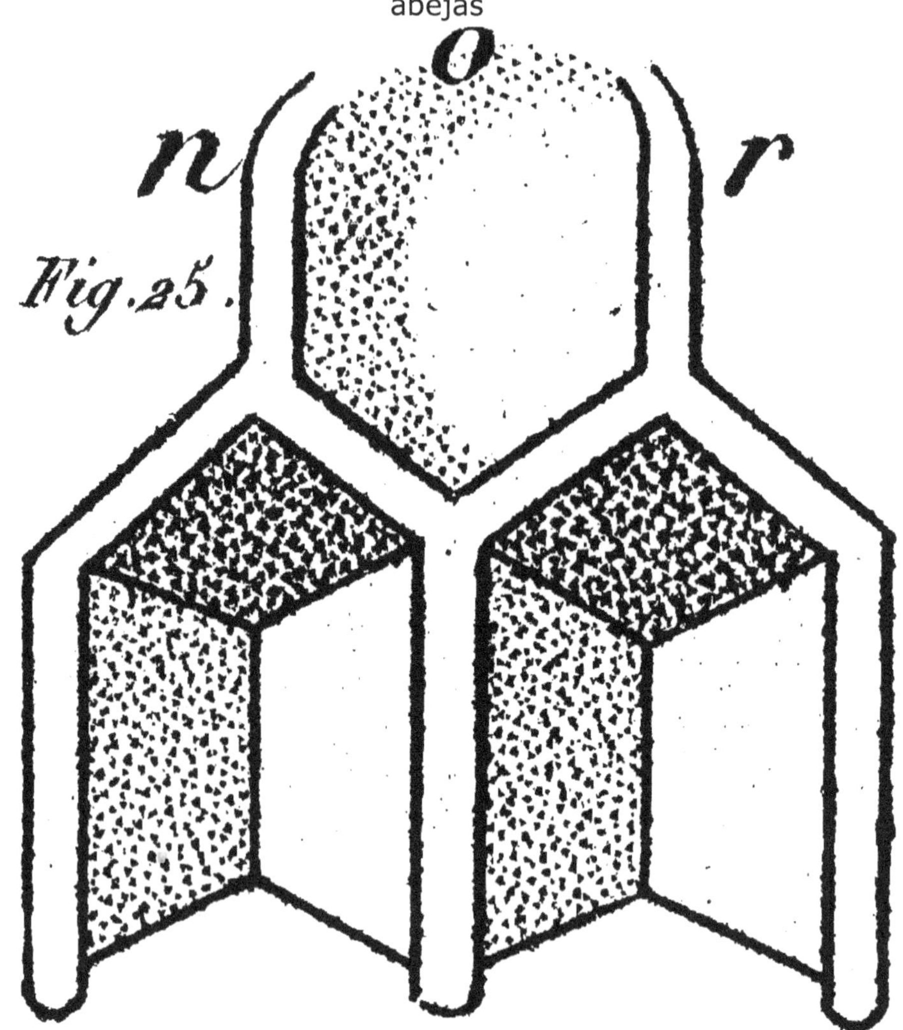

Volumen 2 Lámina VIII Fig. 25-Dividir la celda.

Las celdas posteriores están todas formadas sobre el modelo de las que hemos descrito; un rombo en la parte inferior y dos rombos en la parte superior. Las celdas hexagonales anteriores están situadas un poco más alto que las posteriores, ya que su parte inferior corresponde con los rombos superiores de las celdas opuestas.

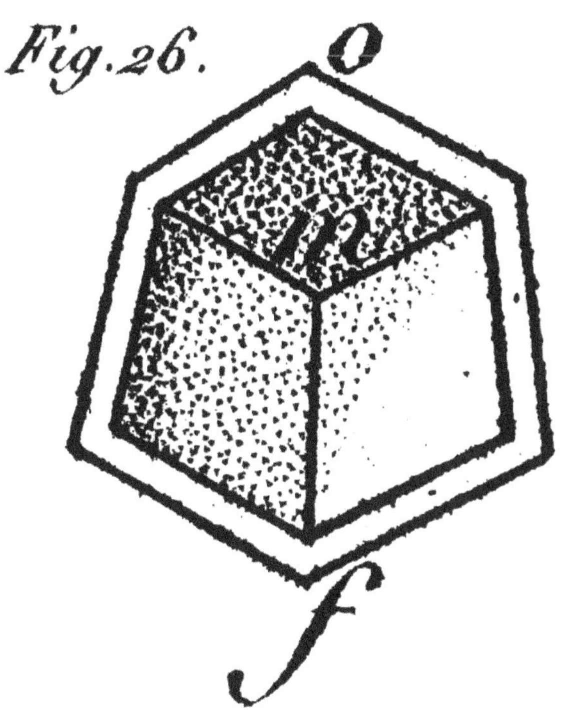

Volumen 2 Lámina VIII Fig. 26-Primer plano de la 1ª celda de la 2ª fila.

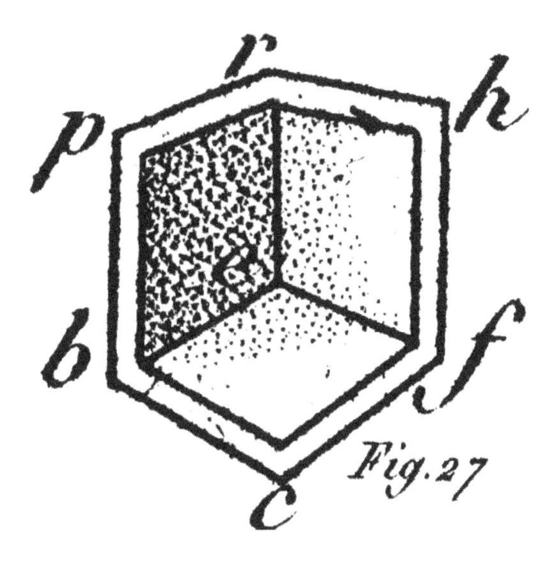

Volumen 2 Lámina VIII Fig. 27-Primer plano de la 1ª celda de la 2ª fila (anverso de la Fig. 26).

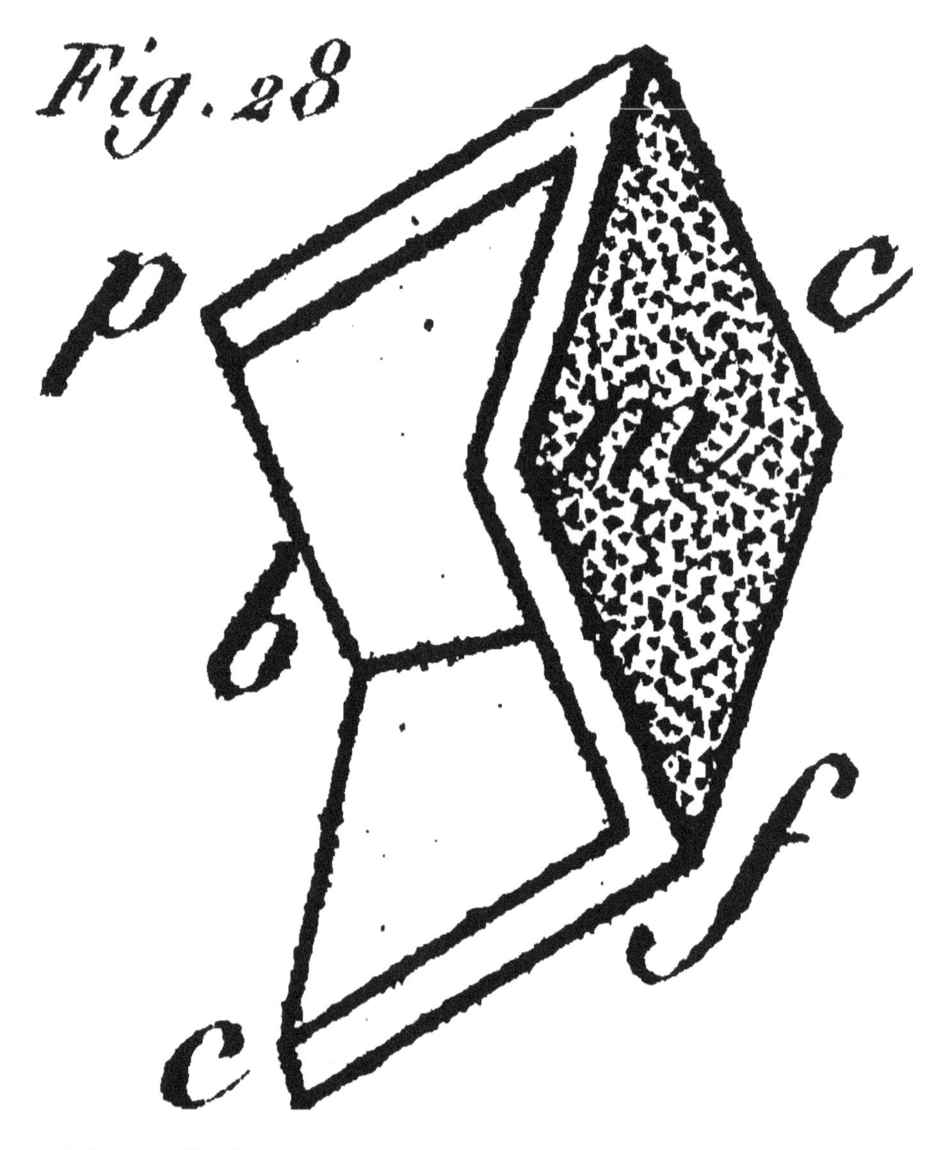

Volumen 2 Lámina VIII Fig. 28-Mostrando la Fig. 27 girada para mostrar 3 dimensiones.

Todavía tenemos que hacer algunas observaciones sobre la diferencia entre las bases piramidales y las bases de la primera fila: estas últimas se componen, como hemos demostrado, de dos trapecios y un rombo, o sólo dos trapecios, que ascienden perpendicularmente desde el listón, por lo que la posición difiere de la de las piezas de bases piramidales; como las tres piezas de una base piramidal comienzan desde la parte superior de la pirámide hacia el borde que delinea el contorno de su base, están las tres inclinadas hacia delante en la misma proporción. Hemos dado por sentado, en nuestras anteriores explicaciones, que el surco en la base de una celda era vertical. Fue simplemente para mostrar que pareció ascender verticalmente, cuando se ve desde su cara. Pero cuando cortamos el bloque verticalmente, vemos que el surco es oblicuo, ya que se inicia desde la base de la cavidad para llegar a su borde; las fig. 24, 28 representan una base piramidal posterior y anterior; ninguno de sus bordes o surcos son verticales. No ocurre lo mismo con los trapecios de la base de la primera fila; en realidad son verticales, no importa desde qué lado los veamos.

El resultado es que la unión de este último con el rombo oblicuo de las celdas de la cara anterior debe estar en un ángulo ligeramente diferente al de una base piramidal.

Cada una de las seis crestas que forman los bordes de una base piramidal debe servir como base para uno de los seis lados de una celda. Los cuatro lados de los de la primera fila (fig. 32) también se fijan de la misma manera alrededor de sus bases. Los prismas que son el resultado de la unión de los lados se fijan a los bordes de las cavidades hechas en el bloque.

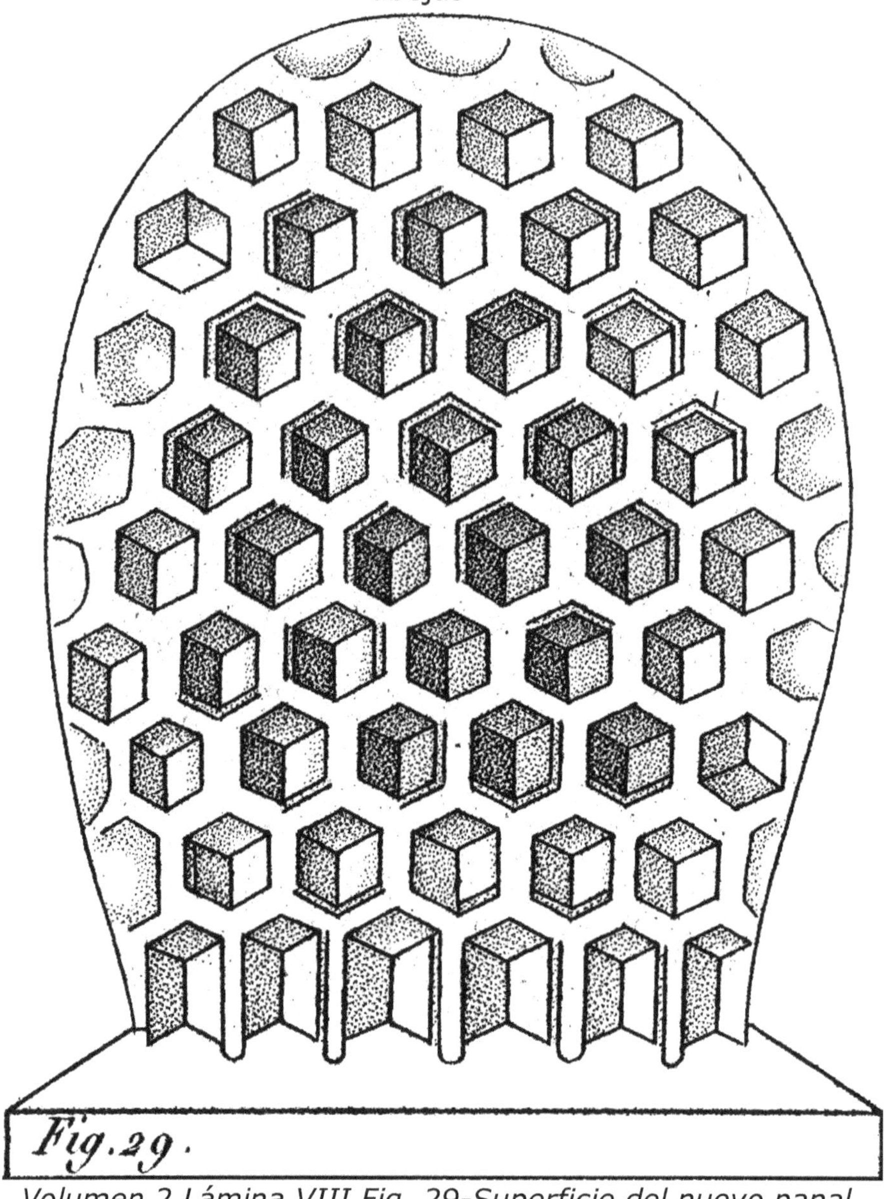

Volumen 2 Lámina VIII Fig. 29-Superficie del nuevo panal.

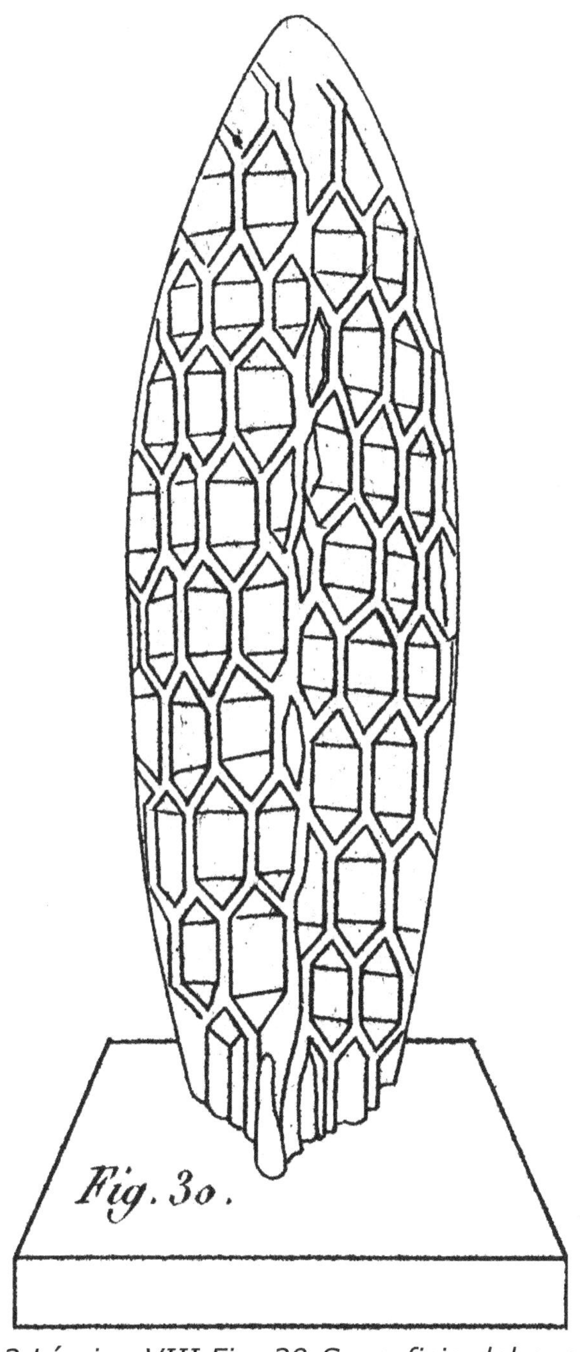

Volumen 2 Lámina VIII Fig. 30-Superficie del nuevo panal, vista lateral.

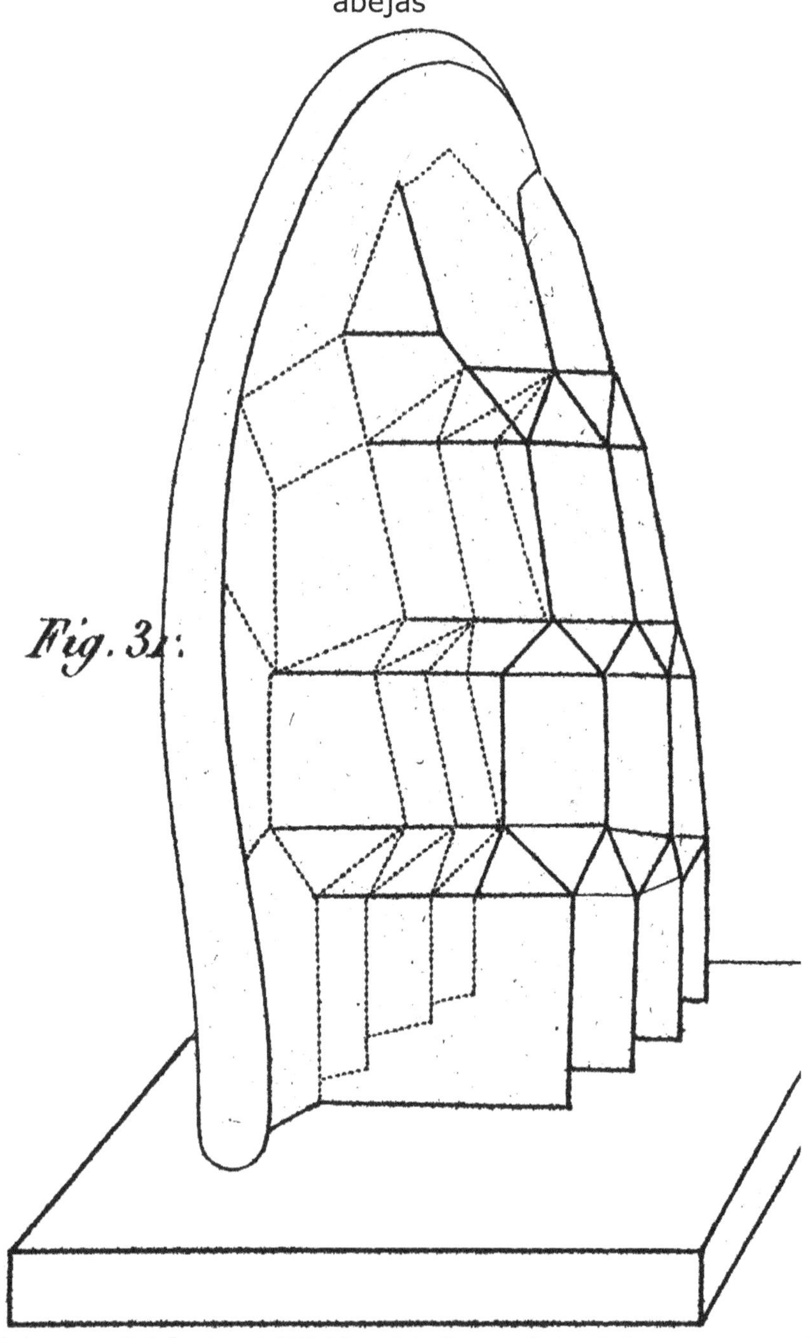

Volumen 2 Lámina VIII Fig. 31-Superficie del nuevo panal, vista a través.

A primera vista parecería que no hay nada más claro que la adición de cera sobre los bordes del contorno de una base de la celda, pero debido a la irregularidad de este borde, de lo que nos hemos dado cuenta, y el cual produce tres proyecciones y tres huecos para las bases piramidales, una proyección para cada una de las bases de las celdas anteriores de la primera fila, y el rebaje para las posteriores; a causa de esta desigualdad las abejas deben comenzar completando lo que falta, añadiendo más cera en los bordes superficiales de la que ponen en los que se proyectan; de esta manera todos los bordes de las celdas ofrecen una superficie uniforme desde el principio y antes de que las celdas hayan adquirido sus dimensiones apropiadas. Pero la superficie de un nuevo panal no es totalmente plana, pues hay una disminución progresiva en el trabajo de las abejas. Las paredes de las celdas se prolongan en un orden que corresponde con la realización de las bases a las que pertenecen las celdas (fig. 30), y la longitud de los tubos se regula de modo que no haya ningún hueco o irregularidad visible entre ellos. Por lo tanto la superficie de un nuevo panal es lenticular (Fig. 29, 30, 31); el espesor de la misma disminuye hacia los bordes, debido a que las últimas celdas delineadas son más cortas que las de mayor edad. Esta progresión continúa en el panal mientras que se incrementa en tamaño; pero tan pronto como las abejas carecen de espacio para su prolongación, se pierde esta forma lenticular y se convierte en paralelo. Las abejas forman todas las celdas de la misma profundidad llevando a las más nuevas a la profundidad de la primera construida; el panal entonces ha alcanzado la forma que debe preservar; pero aún no está totalmente terminado; mostraremos más adelante la terminación del trabajo.

¿Cómo podemos explicar la combinación de sus operaciones?; ¿por qué el instinto les lleva a dar una forma diferente y dimensiones diferentes a la parte inferior de las primeras filas de cada lado, que tienen tan gran influencia en el resto del panal? ¿Cómo pueden las abejas que trabajan en la cara de un panal determinar el espacio a excavar para la relación mutua invariable de las bases? Debemos aclarar esta cuestión, ya que el resto del problema depende de ello.

No vemos las abejas visitando las dos superficies, alternativamente, para comparar las respectivas posiciones de las cavidades que se perfilan; la naturaleza no las instruyó para tomar medidas que a nosotros nos parecerían indispensables para la construcción de trabajo simétrico: aquí los insectos se contentan con sentir la parte que se va ahuecado con sus antenas, y parecen con este medio lo suficientemente informadas, como para ejecutar tan complicado trabajo, en el que todo parece estar combinado con gran exactitud.

No se elimina ninguna parcela de cera antes de que sus antenas hayan sentido (palpado) la superficie a esculpir. Las abejas no confían en sus ojos para ninguna de sus operaciones; pero con la ayuda de sus antenas, pueden construir, en la oscuridad, los panales que se consideran dignamente como la producción más admirable de los insectos. Este órgano es un instrumento tan flexible que se presta al examen de las partes más delicadas de las piezas más distorsionadas; puede ser utilizado por ellos como compases en la medición de los objetos más pequeños, tales como el borde de una celda.

Las abejas, por lo tanto, parecen estar reguladas en su trabajo por alguna circunstancia local; nos damos cuenta al dibujar los fondos de las primeras celdas, antes de que hubiera ninguna arista en el reverso, que a veces hacen que una cresta aparezca en la superficie opuesta, por la simple presión de sus piernas sobre la cera todavía suave y flexible, o por los esfuerzos realizados con sus dientes para excavar el interior del bloque. A veces ocasionaba una brecha de la partición, que pronto era reparada, pero una ligera protuberancia siempre permanecía en la superficie opuesta, lo que puede servir de guía para las abejas que trabajan en ese lado. Se colocan a la derecha e izquierda de esta cresta para comenzar una nueva excavación, y guían una parte de los materiales entre las dos estrías resultantes de su trabajo.

Esta cresta, convertida en un nervio rectilíneo real, se convierte en una guía para que las abejas reconozcan la dirección a seguir en la toma del surco vertical de la celda anterior.

A menudo hemos concebido, al ver estos insectos siguiendo tan exactamente el reverso de las crestas para excavar los surcos correspondientes, que perciben la mayor o menor espesor de la partición, a partir de su flexibilidad, elasticidad, o por alguna otra propiedad física de la cera de abejas: cualquiera que sea el caso, es seguro que dan a las bases de las celdas un espesor uniforme, sin tener ningún medio mecánico para medirlas; por la misma razón, pueden percibir muy claramente si existe una cresta detrás de la partición, y excavar en ella hasta que llegan al punto que no debe superarse.

No quiero presentar estas explicaciones con más positividad que como una simple hipótesis. Yo deseaba mostrar la vinculación de las operaciones de las abejas, pero no he emprendido las investigaciones para descubrir las causas secretas de sus acciones.

Sin embargo, creo que se pueden explicar sin recurrir a causas extraordinarias. La longitud de las cavidades, sus respectivas posiciones y el espesor del bloque, una vez determinado, la inclinación de los lados oblicuos de los trapecios de la primera fila, a la que las pastillas de la segunda están subordinadas, se establece por sí misma, sin necesidad de instrumentos para la medición de ángulos y sin cálculo por parte de las abejas.

Lo que tenemos que entender es la forma en que establecen la relación entre las celdas desiguales de la primera fila. Una de las causas que contribuyen a asegurar estas dimensiones, sobre la cual dependen tantas condiciones importantes, es la manera en la que se amplía el bloque.

Su altura original determina sobre el diámetro vertical de las cavidades posteriores, que es igual a dos tercios de la de una celda común. Pero no pueden completar la parte inferior de la celda anterior hasta que se amplía el bloque, el cual en ese sentido se extiende más de lo necesario para acabar la celda, pero sólo lo justo para dar suficiente espacio a toda la base de una celda posterior de la segunda fila; ya que el rombo integrado está comprendido en el intervalo de las celdas formadas de trapecios. Las abejas que añaden al bloque dos tercios del diámetro de una celda, están habilitados para construir, en la cara anterior, las partes inferiores de las celdas de la segunda fila, una parte de las cuales ya está interceptada entre los bordes superiores de las primeras celdas; pero no habrá espacio todavía para la construcción de una tercera fila, hasta que el bloque se amplíe de nuevo.

Las abejas no pueden desviarse de la norma prescrita, salvo que las circunstancias particulares alteren las bases de su trabajo, puesto que el bloque siempre se alarga en una cantidad uniforme; y lo que es admirable, esto se hace por las productoras de cera, las depositarias de sus primeros elementos, que no tienen la facultad de esculpir las celdas.

Así, en la división de las funciones entre las productoras de cera y las pequeñas abejas, el autor de la naturaleza parece haber desconfiado de las luces exclusivas del instinto.

¡Qué sencillez y profundidad en los medios, qué vinculación de causas y efectos! Es una imagen diminuta de esta armonía que nos llama la atención en las grandes obras de la creación.

Estos procesos no se podían prever. Uno no divina las formas de la naturaleza, establece métodos que confunden nuestra ciencia, y es sólo a través del estudio meticuloso como podemos tener éxito en desvelar algunos de sus misterios.

De los hechos que acabamos de describir, ¿no deberíamos llegar a la conclusión de que la geometría que brilla en el trabajo de las abejas es más bien el resultado de sus operaciones que el principio que las causa?

Nuestros lectores, sin duda, compartirán el placer que experimentamos cuando recibimos la siguiente comunicación en la que se percibe una conexión singular entre la solución geométrica suministrada por un hábil matemático y el trabajo de las abejas, como el que hemos exhibido de nuestras observaciones.

Las bases de las celdas de la primera fila, que determinan la inclinación de los rombos de todo el panal, representan dos caras de un prisma cortado de manera que forman tres ángulos iguales con el plan romboidal con el que interceptan. Uno podría creer que las abejas tienen éxito en la construcción de sus celdas por el único conocimiento que tienen de la sección requerida del prisma, y la solución suministrada por el Sr. Le Sage muestra que es más sencillo de lo que uno hubiera pensado.

Encontramos una gran satisfacción al recordar aquí los trabajos que son muy poco conocidos, de un sabio que es amado por sus compatriotas, y estamos autorizados a afirmar que el proyecto de la publicación de sus obras principales no ha sido pasado por alto por el profesor Prevost, de Ginebra, quien lo mencionó en el prefacio de su "Aviso sobre la vida y los escritos de Le Sage," 1 vol. en-18 en J. J. Paschoud, París y Ginebra

Artículo Comunicado por el Sr. P. Préfvose, Profesor en Ginebra.

En 1781, el Sr. Lhuillier envió al Sr. de Castillon un libro de memorias sobre el "mínimo de cera de las abejas", que fue leído en la Academia de Berlín y e insertado en sus Memorias durante el mismo año. Este sabio matemático da en ella, en pocas palabras, la historia de las investigaciones realizadas sobre este tema, por Maraldi, Réaumur, Koenig, etc., y trata el tema por un método más sencillo de lo que aún no se había hecho en anteriores trabajos, ya que reduce el problema a unas pocas proposiciones elementales.

En esta memoria se da mención de honor al Sr. Le Sage. Él lo menciona también en un trabajo posterior y da más detalles sobre el proceso matemático a través del cual este filósofo resolvió el problema relacionado con la forma de la base de las celdas construidas por las abejas. Él nos informa, que le Sage era, a su entender, el primero en tratar este asunto de manera elemental; una medida fácil de aplicar a todos los problemas que no superan el segundo grado; un método que había sido amablemente comunicado al Sr. Lhuillier en los últimos diez años a la época en que él publicó el suyo propio.

La memoria del Sr. Lhuillier contiene no sólo la solución del problema relativo a la construcción de las bases romboidales, con el fin de obtener, para una celda dada, el menor gasto de cera, sino también la del problema con respecto al *"mínimum minimorum"* o a la forma de la celda de igual capacidad que le costaría el mínimo, así como otras observaciones con respecto a este tema. Termina con un memorando del Sr. de Castillon, en relación con la dimensión real de las celdas de las abejas.

Esta memoria y la obra en latín siguiente a la que he mencionado, han sido publicadas durante un largo tiempo y estando en consecuencia al alcance de quienes se ocupan de estas cuestiones, es suficiente con referirse a ellas. Pero les puede dar placer encontrar aquí un esbozo de la primera obra elemental que se ha comprometido a resolver el problema de las bases romboidales de las celdas. En un documento, escrito de puño y letra del señor Le Sage y de fecha muy antigua, presenta esta obra en una forma muy simple. Se extrajo de uno de sus portfolios en los que había reunido el material para un boletín que es mencionado en el relato de su vida. Vamos a transcribir aquí sin cambios, hasta la segunda nota que vamos a sustituir por una explicación

Observación de G. Le Sage en la base de las celdas:

"Teniendo en cuenta la inclinación mutua de los dos planos, por ejemplo 120 grados; los cortamos con un tercer plano, de tal manera que los tres ángulos resultantes sean iguales.

"Este es un problema que incluso un llano artesano podría resolver con instrumentos muy simples: puesto que lo único que se necesita es encontrar el centro de una línea recta propuesta; que incluso los insectos pueden hacer con sus piernas (a). Esto resuelve el famoso problema del minimum, *del cual estamos asombrados por encontrar la solución en la base de la celda de la abeja, y que consiste en el uso de la menor cantidad posible de cera, sin disminuir el tamaño de la celda; y para el que han utilizado innecesariamente todo el aparato del cálculo del infinito (b)".*

Para explicaciones geométricas

"Problema. Dada (Lámina XI, fig. 2) la anchura de AB de la cara de un prisma hexagonal regular; añade a uno de sus bordes o retirar de él, la longitud

AX, igual $\sqrt{\frac{AB^2}{8}}$

"Solución. Corte AB en dos partes iguales en C. Dibuje AD igual a AC. Dibuje CD; corte la línea en partes iguales en E. Dibuje AE desde A a X, sobre AD o su prolongación.

Demostración: $(AE)^2 = \frac{1}{2}(AC)^2 = \frac{1}{2}(AB/_2)^2 = \frac{1}{2} \times \frac{(AB)^2}{4} = \frac{(AB)^2}{8}$

(B) "por las explicaciones geométricas"

Este es el título de la segunda nota que hemos suprimido. Se pretende demostrar algebraicamente que el problema relativo a las bases de las celdas asciende al problema geométrico resuelto en la primera nota. Varias razones nos han inducido a sustituir por esta nota algebraica algunas explicaciones detalladas. Uno puede encontrar, en las obras antes mencionadas de Lhuillier (especialmente en el Berlin Memoirs de 1781, la nota marginal en la página 284), el método de Le Sage y su discípulo instruido, para determinar, con la ayuda de álgebra, el gasto mínimo en la construcción de las bases.

Suponiendo que la celda hexagonal fuera un prisma recto, la cuestión es cortar la cresta convenientemente en el punto deseado. Para este propósito, la base romboidal debe ser un mínimo. Un simple ecuación de segundo grado, conduce a la siguiente fórmula: La distancia desde el punto de intersección a la base hexagonal es igual a la mitad de su base, dividido por la raíz de dos, o de manera similar al lado dividido por la raíz de ocho.

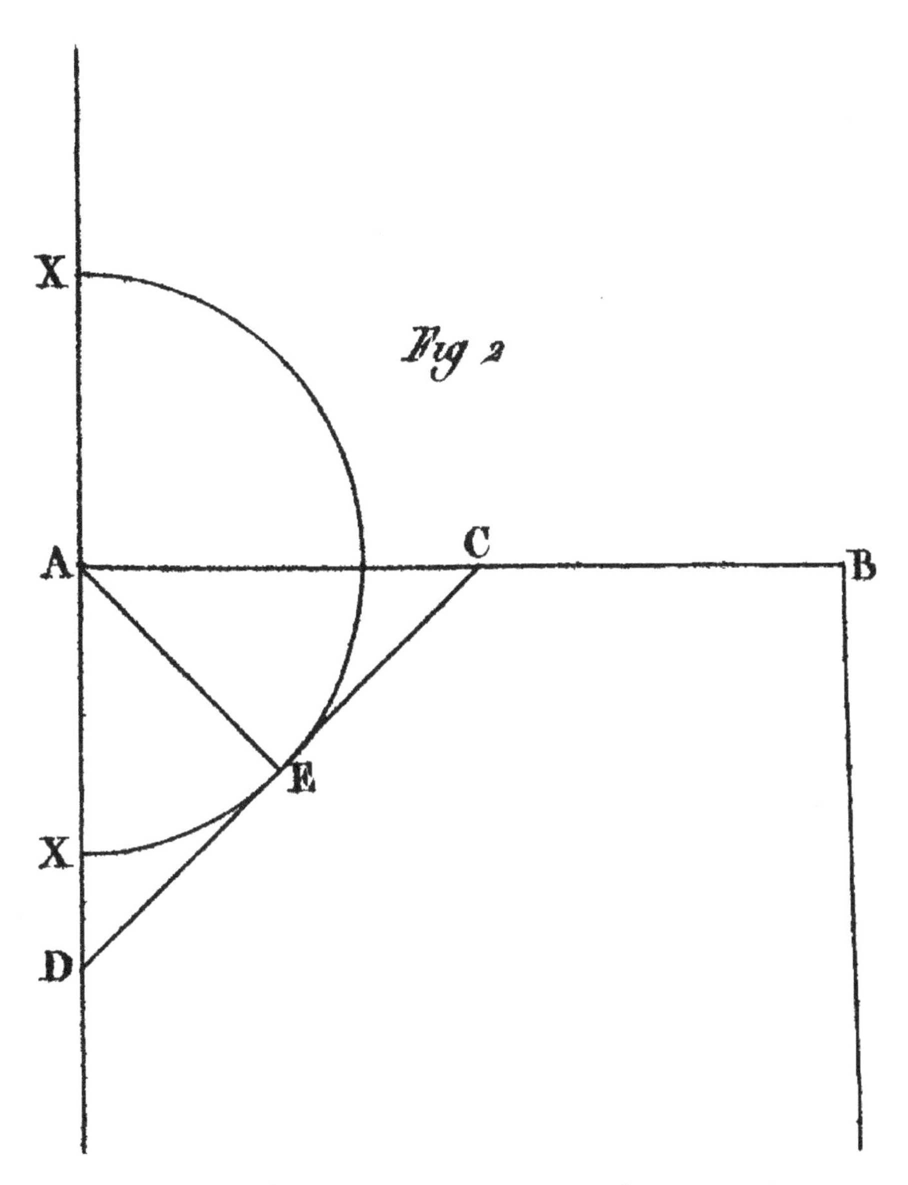

Volumen 2 Lámina XI Fig. 2-Geometría de la celda.

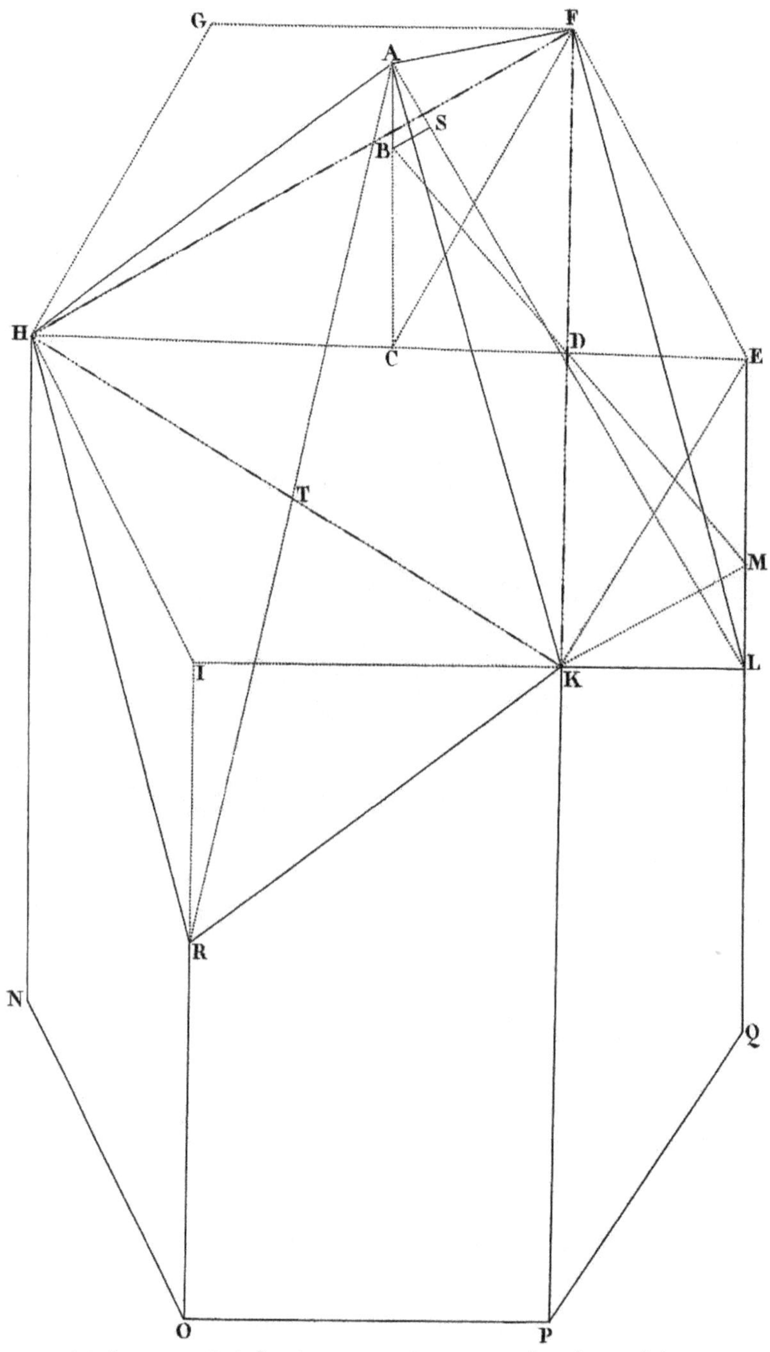

Volumen 2 Lámina XII-Geometría de celdas.

Capítulo V: Modificaciones en la arquitectura de las abejas

Las investigaciones relativas a la organización y el desarrollo de las producciones animales, no puede ser, a pesar de su importancia, lo más interesante a los ojos del filósofo naturalista. Los que abrazan los grados, los recursos y los límites de esta facultad que sirve como criterio para tan numerosas clases de seres, ofrecen un campo aún más amplio y fértil para sus meditaciones.

La vulgar y común creencia de que las sensaciones y necesidades físicas ejercen un imperio absoluto sobre animales: sin duda, tienen influencia sobre ellos en muchas circunstancias; pero sería tan difícil de explicar la conducta de los seres sometidos al instinto por el único atractivo del placer o el miedo al dolor, como injusto atribuir las virtudes de sentimientos y seres racionales a únicamente opiniones personales, aunque a menudo se ha afirmado que el interés era el único motivo de nuestras acciones.

Si hay una conexión directa entre la organización y los hábitos de los seres vivos, esta conexión es tan enigmática en sus personajes que no podemos analizarla. Podemos notar, en fisiología, algunos puntos destacados, como los picos largos o pies palmeados de algunas aves, por el que discernimos el cómputo de este a la astucia de los animales lo más recóndito de su instinto; incluso si debemos razonar a partir de su comportamiento habitual, podríamos estar inspirándonos en el error, ya que muchos de ellos tienen recursos ingeniosos en circunstancias difíciles: salen de su rutina habitual y parecen actuar de acuerdo a la situación en la que se encuentran; que es de hecho uno de los fenómenos más curiosos de la historia natural.

Las leyes invariables, en relación con las acciones de los animales, nos parecen un tema de admiración, puesto que la mente se acostumbra fácilmente a las ideas de orden, y fácilmente acepta un plan uniforme; pero en los diseños del autor de la naturaleza, hay una flexibilidad, una libertad que lleva el sello del poder supremo; las condiciones más opuestas se unen sin temor o confusión: ¿podemos concebir que estando sujeto a una ley común y dotado de una inteligencia, debería ser capaz de desviarse del camino y actuar en consecuencia? ¿Que deberían sean capaces de cambiar sus procesos y modificar las reglas prescritas cuando sea necesario? ¿Cómo podemos imaginar que puede haber excepciones a las grandes leyes de la naturaleza, y que los animales son capaces de actuar, en algunas circunstancias, como si ellos entendieran las intenciones del legislador? Esos son fenómenos que ninguna teoría puede explicar; pero no hay que obtener vistas falsas sobre la naturaleza de los animales; ¿no nos ciegan nuestros prejuicios en cuanto a la distancia entre sus facultades y las nuestras? Esto requeriría profundas investigaciones y es en esa dirección hacia donde los trabajos finales de los zoólogos deberían tender. Para exculparnos a nosotros mismos en parte de nuestra propia deuda en este sentido, vamos a describir algunas anomalías que hemos observado en el comportamiento de las abejas.

Algunas anomalías en el comportamiento de las abejas.

Aún no desarrollaré las consecuencias que parecen ser el resultado de éstas; será sólo después de dar a conocer la mayor parte de sus operaciones cuando me tomaré la libertad de hacer algunas observaciones sobre el verdadero lugar que ocupan estos insectos en el orden de la vida.

Todo lo relacionado con la fabricación y el uso de panales había sido combinado con habilidad; las celdas vueltas boca abajo como las de las avispas no serían adaptables a las abejas, ya que tienen que almacenar el fluido: cada panal presenta innumerables pequeños botes de miel en posición horizontal; instalados a ambos lados; tal vez su forma, y la afinidad entre la cera y la miel, evitan que esta última se escape; los panales están en planos paralelos y están separados unos de otros por carriles de sólo unas pocas líneas de ancho. Después de la medición de estas distancias más o menos regulares y el espesor medio de los panales concebí la invención de las colmenas de libro, que siempre he utilizado con éxito.

El paralelismo de los panales

El paralelismo de los panales no es uno de los temas menos difíciles de explicación ni sería explicable, concebimos que su estampada fue puesta simultáneamente por un número de obreras. La experiencia nos enseña, por el contrario, que no se puede ver a las abejas empezando diferentes bloques de cera aquí y allá al mismo tiempo. Una sola obrera deposita los materiales en una dirección aparentemente adecuada; ella se aparta; otra la reemplaza; el bloque sube; las abejas esculpen sus caras opuestas alternativamente; pero apenas hay algunas filas de celdas construidas cuando percibimos otros dos bloques similares al primero, establecido paralelo al primer, que amplían y alargan cada lado. Estos bloques rápidamente se convierten en panales, las abejas trabajan con una velocidad asombrosa: poco después, nos damos cuenta de que otros dos siguen en paralelo y construidos en progresión relativa de acuerdo con la fecha de su origen; el primero, siendo más antiguo, supera los paralelos a sus dos caras por algunas filas de celdas, y el último es superior a los siguientes por una cantidad similar; por tanto, las dos caras de un panal están en gran parte ocultas por aquellas que les siguen.

No voy a tratar de explicar cómo las abejas toman tales exactas medidas y conocen la dirección paralela a la del primer panal. Pero se percibe claramente que si se les permitió colocar diferentes bloques en el techo de su colmena al mismo tiempo, estos esquemas no estarían ni suficientemente separados ni construidos paralelamente entre sí.

Las abejas no tienen disciplina y no conocen la subordinación.

Vemos un ejemplo del mismo método en la manera de delinear las celdas; es invariablemente una sola abeja la que selecciona y determina el lugar de la primera cavidad; ésta, siendo establecida, sirve para dirigir los trabajos ulteriores. Si cada una de las varias obreras hubiera esbozado una celda al mismo tiempo, la simetría de las celdas resultante de esta operación se dejaría al azar; ya que estos insectos no tienen disciplina y no conocen la subordinación.

Este impulso para la creación de panales es sucesivo.

Un gran número de abejas trabajan sobre el mismo panal, de hecho, pero no son guiadas por un impulso simultáneo, como podría ser concebido si no se observan sus operaciones desde el principio. Este impulso es sucesivo; una sola abeja comienza cada operación parcial, y varias otras unen sucesivamente sus esfuerzos con los de ella con el mismo fin; cada una parece actuar de forma individual en una dirección determinada, dirigida por las abejas que la precedieron o por el estado en que se encuentra el trabajo que se ha de continuar; y la abeja que inicia una nueva operación es atraída a ella por el efecto de una armonía que rige el avance del trabajo. Pero si algo en la conducta de las abejas pudiera dar la idea de consentimiento casi unánime (que presentamos como una cosa dudosa) sería la inacción del resto de la colonia mientras que una sola abeja determina la posición del panal. Inmediatamente, otras la asisten y añaden altura al bloque; luego otra vez dejar de actuar y un solo individuo de una profesión diferente, si se puede utilizar la palabra al hablar de insectos, traza el primer esbozo de la base de una celda que, por su forma peculiar prepara un tipo diferente de trabajo; es una base o un plan fundamental para establecer el edificio completo. Un sutil sentido del sentimiento muestra a las abejas, a través de la partición, la situación de los márgenes de la cavidad, y es desde aquí desde donde dirigen sus esfuerzos para la división de la base de las nuevas celdas: pero no es sólo por medio de las crestas por lo que descubren la dirección a seguir; hemos comprobado que se benefician de diversas circunstancias para guiarse en esas excavaciones. La abeja que forma la primera celda es una excepción notable; trabaja en una masa rugosa, y por lo tanto no tiene nada que le señale el camino, siendo el instinto su único conductor.

Las obreras que delinean las cavidades de la segunda fila, por el contrario, pueden tomar ventaja de los bordes y ángulos previamente realizados en la misma cara, y utilizarlos como base o punto de partida para posteriores operaciones. Pronto daré un singular ejemplo de la técnica con la que sacan provecho de éstas cuando no tienen otro recurso, pero hablaré primero de la mano de obra común de las obreras: las había visto esculpir sólo hacia arriba; expliqué todas sus maniobras cuando están trabajando en esa dirección, pero la explicación de su comportamiento y los resultados que se alcanzan luego podrían pertenecer a un caso especial.

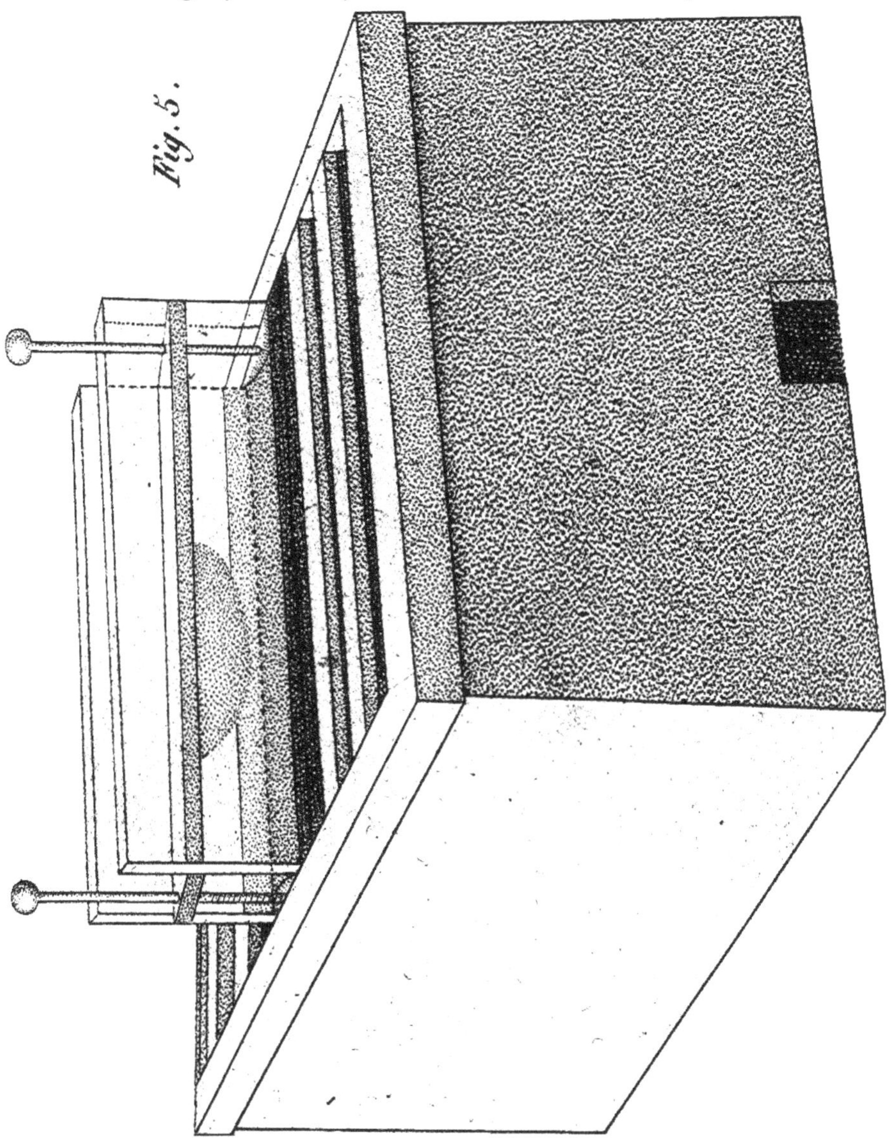

Volumen 2 Lámina I Fig. 5b-Colmena para observar la construcción de panales.

Así que fue necesario aprender si siempre actúan de la misma manera y pasan por el mismo proceso: esculpen hacia arriba con mucha menos velocidad que hacia abajo; pero esta circunstancia fue favorable para la observación de los diversos trabajos que requiere la formación de las celdas; de lo contrario hubiera sido imposible seguir el detalle de sus actuaciones; sin embargo, la tardanza de las abejas en esta ocurrencia tuvo sus inconvenientes; su trabajo se interrumpía a veces durante varias horas; faltaba cera cuando era necesaria o no se esculpía tras ser depositada, o varios bloques eran depositados en el mismo listón. Su trabajo era, evidentemente, relajado o interrumpido, y sólo a través del número de panales pequeños que edificaron fuimos capaces de pasar por alto las irregularidades de sus operaciones y formar una opinión exacta de su arquitectura; por lo que era importante saber si el proceso que les habíamos visto seguir era el mismo en circunstancias normales; para despejar esta duda construí una colmena de una nueva forma (Volumen 2 Lámina I, fig. 5b y 5c).

Experimento para observar a las abejas construyendo el panal hacia abajo.

Con el fin de cubrir mis necesidades, la parte superior de esta colmena debe estar compuesta de varias piezas, desmontables sin molestar a las abejas; también fue necesario que cada parte fuera separable y extraíble cada vez que queríamos comprobar el progreso de su trabajo. Se utilizó para este propósito un techo, compuesto por tiras de vidrio y de madera colocadas alternativamente en un plano horizontal. Un tornillo en cada extremo de las tiras nos permitió elevar los panales por encima de la parte superior de la colmena, para que pudiéramos examinarlos y devolverlos convenientemente y sin perturbar las abejas; de esta manera pudimos quitar algunas como quisimos para preservar y obligar a las abejas a construir otros.

Cuando se establecieron en su nuevo hogar, construyeron panales a lo largo de los listones de madera siguiendo la dirección de la línea de intersección entre las tiras y los listones.

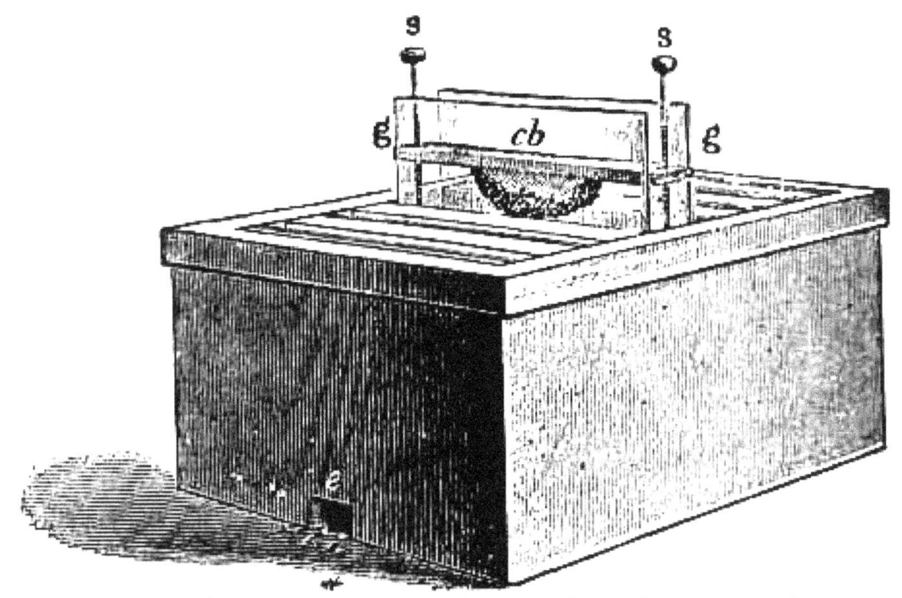

Volumen 2 Lámina I Fig. 5c-Colmena de Huber para observar la construcción del panal (Cheshire).

El primer bloque establecido no les dio nada nuevo; lo sacamos y las abejas construyeron otro; se establecieron de nuevo en el borde del listón; les dimos tiempo para tallar sus primeras celdas: a continuación, girando los tornillos sobre los cuales descansaba el trabajo, extrajimos el último y nos permitió observar la formación de los nuevos contornos; mostraron estrías similares a las observadas en los panales construidos hacia arriba; bajamos de nuevo el panal y las abejas continuaron su trabajo. Unos minutos más tarde, observamos el panal de nuevo, los contornos habían avanzado, las caras de las celdas de ambos lados eran diferentes entre sí; mostraban trapecios verticales; pero sólo las celdas anteriores tenían un rombo en su extremidad inferior; entonces vimos a las abejas proseguir con las celdas de la segunda fila y nos convencimos de que la marcha de sus operaciones era en cada punto similar a lo que habíamos visto en la construcción hacia arriba.

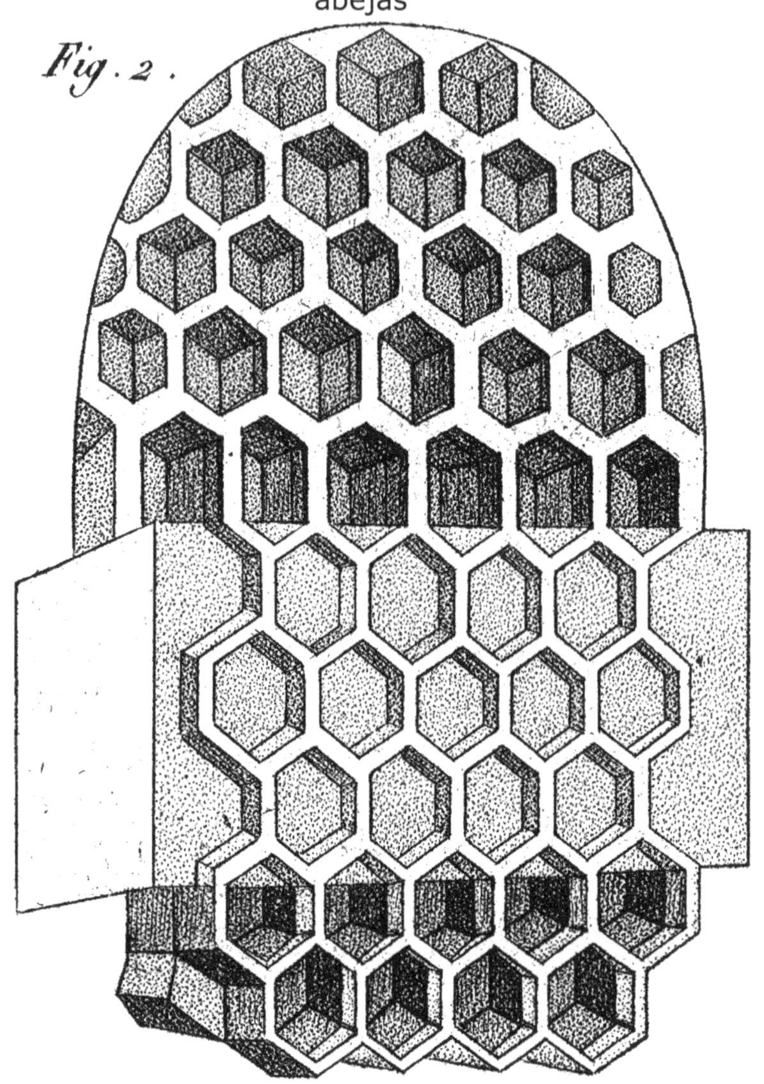

Volumen 2 Lámina IX Fig. 2.-Listón con panales arriba y abajo y marcas sobre el listón a medida que construyen hacia arriba.

Obligamos a las abejas a comenzar un gran número de pequeños panales, cuyos contornos más o menos avanzados, nos mostraron que fueron construidos con los mismos principios y matices con que habían construido hacia arriba.

Es evidente, en mi opinión, por tanto, que la configuración particular de las primeras celdas, en ambos lados, determina invariablemente la forma de las bases piramidales de todas las celdas posteriores.

No se podía haber previsto que las abejas, en el inicio de su trabajo, pudieran haber tomado otras medidas y un método diferente del que siguen en el resto del panal. Esto ya demuestra que estos insectos no actúan completamente de manera mecánica; sin embargo, ya que podría darse por sentado que hay una necesidad en este orden de trabajo, voy a citar un ejemplo frecuente de una acción completamente diferente.

Cuando forcé a las abejas a que trabajaran hacia arriba, pusieron bloques y construyeron panales sobre la parte horizontal de los listones; pero no siempre fueron tan dóciles. Las he visto a menudo usar cera de debajo de sus anillos para estirar y extender algunos panales viejos en el espacio en el que yo deseaba que construyeran otros nuevos (Lámina IX, fig. 2 muestra el listón con panales arriba y abajo).

La manera en que lo hacen merecía atención. Para extender un panal colocado bajo un listón y llevarlo hasta el espacio por encima de él, comienzan alargando hacia adelante los bordes superiores de las celdas de la primera fila, perpendicularmente al panal, y de modo que sus extremos sobresalgan un poco más allá del listón; después de que lo han estacado al suelo, y fijado los puntos desde los que van a trabajar, acumulan cera en el borde vertical del listón y con esta cera dan forma a las curvas de las dos crestas paralelas de una celda y las transforman en las paredes de una celda. Así logran esbozar hexágonos regulares en el lado vertical del listón, cada uno con seis aristas que servirán como bases a las celdas que van a erigir en ese lugar; estas celdas tienen la base plana, ya que se construyen en el borde del listón (Lámina IX, fig. 2.), pero su diámetro es igual al de las celdas que se construyen sobre un bloque de cera; si el listón es más grueso que el requerido para una sola fila de celdas, las abejas continúan con crestas adicionales por encima de las previamente trazadas, hasta que alcanzan el borde superior del listón; cuando construyen sobre su superficie un bloque que esculpen de acuerdo con los hexágonos esbozados en la madera; a continuación, dan a la primera fila de celdas la forma normal de las celdas de la primera fila, y tres rombos a todas las celdas construidas posteriormente.

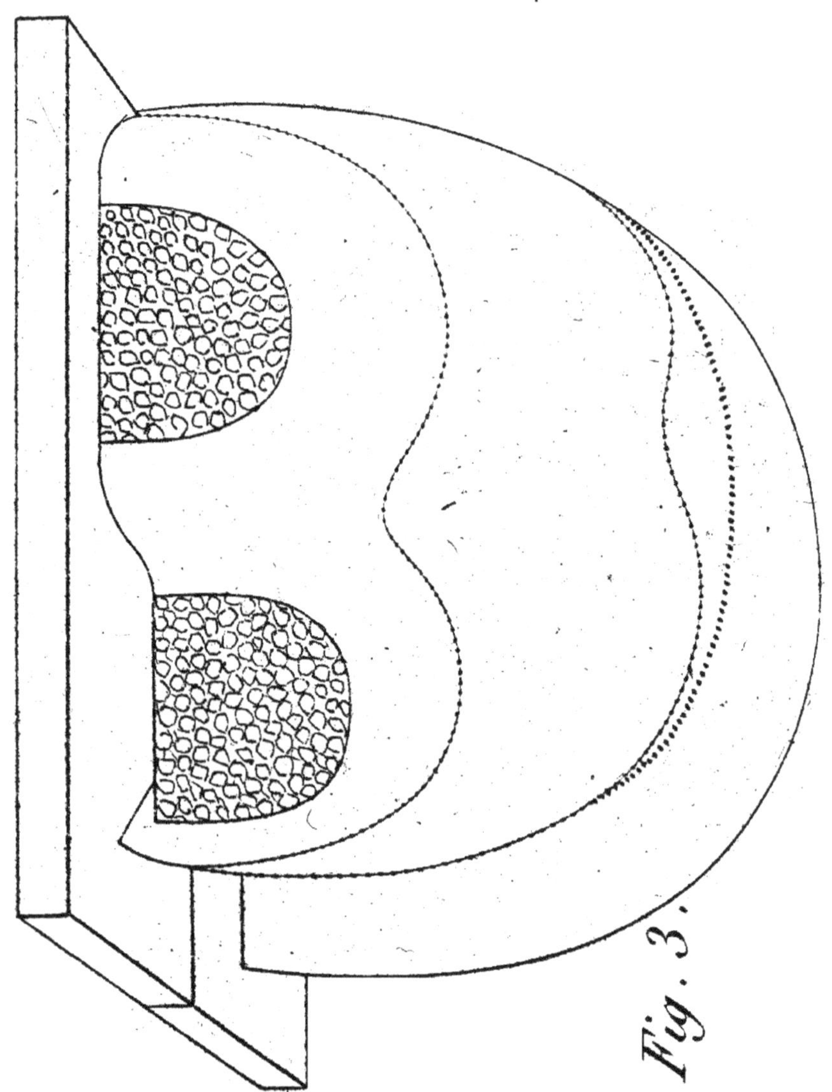

Volumen 2 Lámina IX Fig. 3.-Listón con panales que muestra el progreso de varios panales que se fusionan.

Así percibimos que las abejas pueden dar forma a las celdas sobre la madera y darles contornos hexagonales sin bases piramidales; por lo que se desvían de su rutina habitual, pero no en la medición de las celdas y la forma de sus paredes, que esbozan en la madera con una simetría que las guía en su trabajo ulterior. Pero ellas hacen esto mediante el aprovechamiento de las celdas previamente construidas para formar sus crestas y darle a las curvas una base adecuada. Estas celdas de fondo plano son menos regulares que las celdas normales; vemos en ellas algunas celdas cuyos contornos no son angulares, o cuyas dimensiones no son exactas; pero en todas ellas observamos los hexágonos más o menos marcados.

Después de ver a las abejas construyendo hacia arriba y hacia abajo, era natural investigar si se podría obligarlas a construir sus panales en otra dirección. Hemos tratado de confundirlas, colocándolas en una colmena con los lados superior e inferior completamente acristalados, por lo que no tenían lugar de apoyo, excepto en las paredes laterales de la vivienda.

Se agruparon en uno de los ángulos de la colmena, en una masa impenetrable; nos vimos obligados a molestarlas con el fin de ver su trabajo y encontramos que habían construido panales perpendiculares a una de las paredes: eran tan regulares como los que generalmente construyen bajo un techo horizontal. Este fue un resultado notable, ya que las abejas, habitualmente esculpiendo hacia abajo, se vieron obligadas a colocar sus cimientos en un plano que es inusual para ellas. Pero las celdas de la primera fila eran similares a las que construyen normalmente, con la única diferencia de que las crestas se construyeron en una dirección diferente: las otras celdas eran, no obstante, aptas para usos comunes y estaban distribuidas en ambas caras, con los fondos correspondiendo alternativamente con la misma simetría.

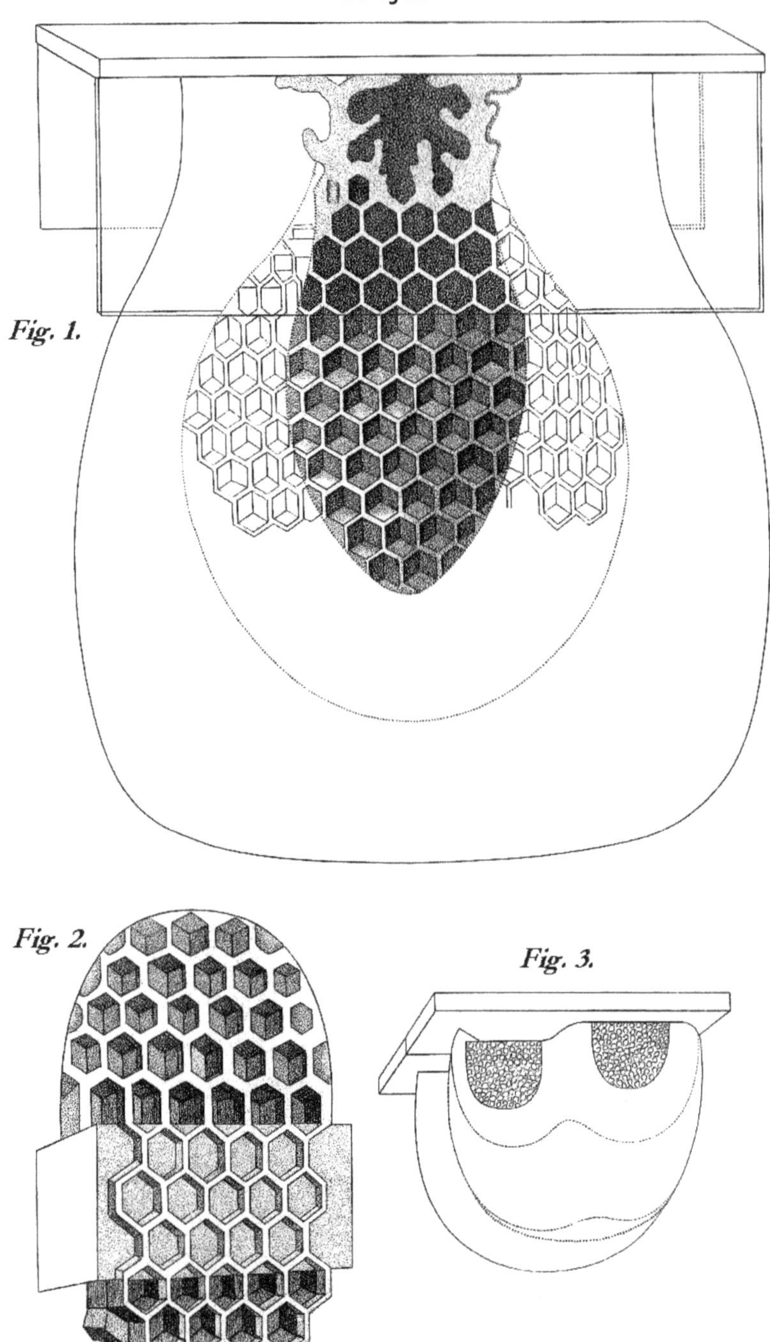

Volumen 2 Lámina IX-Algunas anomalías del panal.

Pongo estas abejas bajo aún mayor juicio: habiendo observado que tratan de construir sus panales, de la manera más corta posible, hacia el lado opuesto de la colmena, cubrí la última con un panel de vidrio, con el fin de saber si estarían contentas con una superficie en la que por lo general no confían, a menos que su grupo pueda colgarse en las inmediaciones de una sustancia menos resbaladiza que el vidrio. Yo sé que prefieren sujetar sus panales a la madera, y que aceptan cristal sólo cuando se les ha privado de cualquier otra sustancia para fortalecer sus construcciones. No tenía ninguna duda sin embargo de que iban a fijar el panal a este panel, teniendo posibilidades de luego reforzarlo asegurando añadidos más estables, pero estaba lejos de sospechar lo que harían.

Tan pronto como la placa se cubrió con esta suave superficie resbaladiza, se desviaron de la línea recta que habían seguido hasta entonces, y continuaron su trabajo doblando su panal en ángulo recto de manera que el borde delantero pudiera llegar a una de las paredes que quedaba al descubierto.

Variando este experimento de varias maneras, vi a las abejas cambiar constantemente la dirección de sus panales cada vez que se aproximaba una superficie demasiado lisa como para admitir a su agrupación en el techo o en las paredes de la colmena; siempre han seleccionado la dirección que les traería a los lados de madera; por lo tanto les obligué a curvar sus panales en extrañas formas mediante la colocación de un panel a una cierta distancia delante de sus bordes.

Estos resultados indican un instinto admirable; denotan aún más que el instinto; ya que el vidrio no es una sustancia contra la que las abejas pueden estar advertidas por la naturaleza; no hay nada tan pulido como el vidrio o que se asemeje al vidrio en sus moradas naturales, el interior de los árboles. La parte más singular de su trabajo fue que ellas no esperaban a llegar a la superficie del vidrio para cambiar la dirección de los panales, seleccionaban el lugar adecuado de antemano; ¿anticipaban la inconveniencia que pudieran derivarse de cualquier otro modo de construcción? La manera en que hacían un ángulo en el panal era no menos interesante; tenían necesariamente que alterar la manera normal de su trabajo y las dimensiones de las celdas; por lo tanto, aquellas del lado convexo se ampliaron dos o tres veces el diámetro de las otras en la cara opuesta. ¿Podemos entender cómo tantos insectos ocupados a la vez en ambos lados estarían de acuerdo en darles la misma curvatura, de un extremo al otro?; ¿cómo podrían decidir construir celdas pequeñas en una cara, mientras que en la otra cara construirían celdas de dimensiones tan exageradas?; y ¿no es todavía más maravilloso que debieran tener el arte de hacer esas celdas de tal gran discrepancia se correspondieran entre ellas? La parte inferior de las celdas siendo común a ambos lados, los tubos solo asumen una forma cónica. Quizás ningún otro insecto haya suministrado alguna vez una prueba más decisiva de los recursos del instinto, cuando se ven obligados a desviarse de los cursos ordinarios.

Pero observemos a estas abejas en circunstancias naturales, pues ni siquiera es necesario poner a prueba su instinto para poder verlas modificar el orden de su arquitectura: mediante la comparación de lo que la naturaleza ha requerido de ellas con los medios empleados por ellas en casos imprevistos, vamos a juzgar mejor el alcance de sus facultades.

Dado que las celdas de abejas son para servir como cunas a individuos de diferentes tamaños, el calibre de los tubos debe ser proporcional a la intención de su uso. Así, las obreras que iban a construir las celdas de zánganos, debían seguir un patrón más grande que cuando construían celdas de obreras ordinarias; pero les dieron la misma forma, sus bases también se componen de tres rombos, sus prismas de seis muros, y sus ángulos son iguales a los de esas otras celdas pequeñas. El diámetro de las celdas de las obreras es 2-2/5 líneas (0.200 pulg. o 5.08 mm), el de las celdas de zánganos es 3-1/3 líneas (7.06 mm 0.277 pulg.); esas dimensiones son tan constantes que algunos autores creen que podrían ser utilizadas como patrones invariables de medición.

Las celdas de zánganos raramente ocupan la parte más alta de los panales; por lo general están en el medio o en las partes laterales que se encuentran, y no están aislados; se construyen juntos y se corresponden entre sí en las dos caras del panal.

Celdas de transición.

No se han hecho observaciones de la técnica con la que se las arreglan para construir alternativamente celdas grandes y pequeñas sin desigualdades demasiado flagrantes en su trabajo. La manera en que las celdas de zánganos están rodeadas solo puede explicar cómo se efectúa la transición: cuando van a esculpir las celdas de zánganos por debajo de las celdas de obreras, construyen varias filas de celdas intermedias, cuyo diámetro aumenta progresivamente hasta obtener el necesario para las celdas de zánganos; por la misma razón cuando las abejas desean volver al tamaño de obrera, cambian por gradación progresiva hasta el tamaño de las celdas de esa clase.

Normalmente vemos tres o cuatro hileras de celdas intermedias; las primeras celdas de zánganos todavía participan en la irregularidad de las crestas contiguas, algunas bases corresponden a cuatro celdas en lugar de a tres. Sus surcos están siempre en la línea de las crestas, pero uno de los lados de la base, en vez de estar inmediatamente opuesto al centro de la celda en el reverso, lo divide desigualmente, lo que altera la forma de la parte inferior, de modo que ya no presenta tres rombos uniformes, sino que consiste en piezas más o menos irregular (Véase el apéndice que sigue).

Cuanto más retiradas están de las celdas de transición, más regulares se encuentran las celdas masculinas, por lo que a menudo vemos varias filas consecutivas sin defectos; la irregularidad se reanuda en sus confines opuestos y no desaparece hasta más allá de varias filas de celdas de obreras malamente hechas.

Cuando construyen las celdas de zánganos, las abejas establecen un bloque pesado de cera más grueso que el que hacen para las celdas de las obreras: también le dan más altura; la irregularidad se reanuda en los confines opuestos y no conserva el mismo orden y simetría mientras trabajan sobre una escala mayor.

A menudo hemos observado irregularidades en las celdas de las abejas. Réaumur, Bonnet y varios otros naturalistas citan ejemplos de esto como defectos. Cuál habría sido su sorpresa si hubieran observado que algunas de estas anomalías estaban calculadas, que hay, por así decirlo, una armonía móvil en la estructura de los panales: si, a través de alguna imperfección de sus órganos o de sus instrumentos, las abejas hicieran algunas celdas irregulares o deformes, seguirían mostrando talento en repararlas, en compensarlos con otras irregularidades; es mucho más asombroso que sepan lo suficiente como para salirse de la ruta ordinaria cuando las circunstancias exigen que construyan las celdas zánganos, y que sean capaces de variar las dimensiones y la forma de cada pieza para volver a un orden regular; que después de haber construido treinta o cuarenta filas de celdas de zánganos, abandonen el orden regular de nuevo para volver al punto de partida a través de sucesivas reducciones.

¿Cómo pueden estos insectos conseguir a través de este tipo de requisitos difíciles, de tales estructuras complicadas, cambiar de pequeño a grande, de grande a pequeño; de un plan regular a formas fantásticas y de éstas de nuevo a una figura simétrica? Ningún sistema conocido puede explicarlo.

Instinto susceptible de modificación.

Puesto que las abejas son todos los años obligadas a construir celdas de diferentes tamaños, podemos atribuir este rasgo al instinto, pero es un instinto susceptible de modificación. ¿Qué circunstancia es lo que las lleva a cambiar el plan de las celdas? ¿Es la alteración en sus sentidos, un cambio en la temperatura, alimento más abundante o más conveniente que lo que encuentran durante el resto de la temporada? De ninguna manera; parece ser la puesta de la primera reina lo que determina el tipo de celdas que se construirá: mientras ella pone solo huevos de obreras, no se ve a las abejas construir celdas de zánganos; pero si ella no encuentra ninguna habitación disponible para este último tipo de huevos, las obreras parecen estar informadas de ello y las vemos cambiar inmediatamente gradualmente la forma de las celdas, y finalmente produciendo celdas para las cunas masculinas.

Las celdas de almacenamiento de miel durante un flujo son mayores.

Hay otra circunstancia bajo la cual abejas agrandan las dimensiones de las celdas; es cuando se presenta un cultivo considerable de la miel; no sólo dan a las celdas un diámetro mucho mayor que a las comunes, sino que prolongan sus tubos tanto como el espacio admite. En tiempos de gran cosecha, vemos panales irregulares, cuyas celdas tienen una pulgada por una pulgada y media de profundidad (de 2,5 a 4 cm).

Hay momentos en que las abejas reducirán una celda.

Por otro lado, las abejas son a veces inducidas a reducir sus celdas. Cuando se desea alargar un viejo panal, cuyas celdas han recibido todas sus dimensiones, reducen gradualmente el grosor de sus bordes, al roer las paredes de las celdas, hasta que han restaurado la forma lenticular original; a continuación, añaden cera a los bordes de las bases piramidales, como las hemos visto haciendo el trabajo rutinario: es un hecho cierto que nunca alargan las celdas de un panal en cualquier dirección sin haber primero reducido su borde, que se disminuye en un espacio suficiente como para eliminar cualquier proyección angular.

El borde se elimina al cambiar la profundidad.

Esta ley que obliga a las abejas a demoler parte de las celdas de los bordes antes de darles la longitud adicional, merecía más profunda investigación de lo que somos capaces de darle; incluso si podemos concebir el instinto que les lleva a una industria en particular, ¿cómo podemos dar cuenta de qué es lo que les induce a deshacer una parte de lo que han ejecutado con el máximo cuidado? Debemos reconocer que este tipo de fenómenos a la larga serán un obstáculo para todas las hipótesis que tratan de explicar el instinto.

Cuando construyen un nuevo panal hay una gradación regular en todas las piezas junto al borde, al cual parecen estar acostumbradas y que puede ser necesario en la formación de nuevas celdas. Pero esas celdas de borde se prolongan más adelante como las celdas del resto de la superficie, de modo que ya no conservan la gradación descendente observada en panales nuevos. Por lo tanto, es evidente que con el propósito de restaurar el panal a su forma primitiva reducen la profundidad de las celdas proporcionalmente a su distancia desde el borde. Nota: Este borde reforzado al que Huber se refiere es obvio en su ausencia cuando se está extrayendo y cortando el borde exterior más grueso de las celdas es muy frágil. Las abejas refuerzan rápidamente el borde de nuevo.-Transcriptor.

Las anomalías parecen ser parte de un plan.

Todas las anomalías que se exhiben en el trabajo de las abejas, son bastante apropiadas para el objeto propuesto, parecen ser una parte del plan bajo el cual actúan, coincidiendo con el orden general.

La grandeza de los puntos de vista y formas de la sabiduría ordenadora es tal que no alcanza su objetivo a través de la exactitud minuciosa, va de una irregularidad a otra que se compensan entre sí: las mediciones son idealistas, los aparentes errores son gestionados por una geometría sublime, y el orden resulta de la diversidad. Este no es el único ejemplo que la ciencia nos ha divulgado de irregularidades predestinadas que asombran nuestra ignorancia y aseguran la admiración de nuestras mentes más ilustradas; ya que cuanto más estudiamos las leyes generales, así como las leyes especiales, mejor vemos la perfección de este vasto sistema.

Apéndice sobre la arquitectura de las abejas

Por P. Huber, Hijo de F. Huber

Después de haber sido llamado a revisar los hechos que he descrito, he adquirido un poco de información que no había sido transmitida a mi padre por su fiel secretario; entre estos hechos se encuentran un par de peculiaridades que presentaré ahora en el método de la ampliación panal, sobre el principio y la causa de su irregularidad y sobre la forma de las celdas de transición a panales de zánganos.

No fue posible dar una idea completa de la ampliación de los panales, en la descripción del trabajo de las abejas, celda tras celda. Cuando consideramos el asunto en su conjunto, descubrimos algunas modificaciones que no fueron perceptibles en pequeñas partes del panal y sobre las que no habíamos detenido nuestra atención, a fin de no complicar nuestra declaración.

Hemos dicho que el trabajo de las abejas normalmente se realizaba hacia abajo: uno podría creer que siempre es así, pero este hecho, que es aplicable a una parte de las celdas, no se extiende a toda la superficie del panal, siendo su forma la que evita que esto ocurra. Las circunstancias a veces nos permiten ver a las abejas mientras construyen panales, sin alterar el orden natural de su trabajo; esas circunstancias son raras y no nos dan todas las ventajas encontradas al invertir el orden de su trabajo, pero nos dan una idea más correcta de la totalidad.

Para ello, es necesario que las abejas, colgando en agrupación a un lado de la colmena, deban trabajar en el borde, o en cierto modo, fuera de este grupo; después de haber construido un panal establecen un segundo, un tercero, más y más cerca del observador que sigue su trabajo a través de la pared transparente de la colmena.

La base original, sobre la que comienzan las abejas, se compone de tres o cuatro celdas, a veces más; después de haber sido continuadas de esa anchura de dos o tres centímetros, comienza a ampliarse alrededor de tres cuartas partes de esta longitud.

Si las abejas sólo trabajaran hacia abajo, formarían una estrecha franja de un diámetro uniforme, sólo unas pocas abejas podrían trabajar sobre ella al mismo tiempo; pero es necesario que el trabajo proceda con rapidez, y que sean capaces de esculpir al mismo tiempo en todas las direcciones; el alargamiento preliminar de esta pequeña tira y su ensanchamiento en su extremo inferior permiten a un gran número de abejas trabajar sobre el borde, y toda la órbita del panal se extiende en todas las direcciones bajo el trabajo de sus cizallas.

Las abejas en el borde inferior del panal alargan hacia abajo, aquellas en los lados ensanchan a derecha e izquierda; aquellas por encima de la parte abultada se extienden hacia arriba; cuanto más amplio se extiende por debajo, mayor necesidad hay de su aumento directamente para llegar a la bóveda de la colmena.

De ahí resulta un hecho que todavía no habíamos mencionado; que las celdas de la primera fila no son la primera construida a lo largo de la colmena; por lo que las celdas primitivas son sólo aquellas que se construyen en la parte superior antes de que se amplíe el panal. Esta pequeña base es suficiente para trazar las bases piramidales de todo el panal; pero aunque las celdas posteriormente construidas de la línea superior se construyan ya sea hacia arriba o en oblicuo tienen más o menos la misma forma que las celdas primarias; se componen de placas verticales, con o sin rombo, según el lado desde el que se miren. Encajan con las celdas piramidales, así como con el techo de la colmena; hay más irregularidad y confusión en ellas que en las celdas primitivas ordinarias, pero no pierden ni la fuerza ni el orden general.

Lo mismo ocurre cuando los bordes laterales de sus panales alcanzan la pared vertical; las abejas construyen las bases de las últimas celdas perpendicularmente a esta superficie, de modo que sean similares a las de la primera fila, con la única diferencia de que están situadas horizontalmente en lugar de verticalmente; y cuando la pared es de vidrio, uno ve la base de todas las celdas con forma de zigzag en el centro, como con las primeras celdas construidas.

Las abejas trabajan en todas las direcciones simultáneamente.

Así las abejas trabajan en todas las direcciones; sus procesos son uniformes en todos los casos. Pero debemos ser capaces de reconocer el pequeño bloque de cera original, no nos dimos cuenta de que ahora parece una cinta plana que se extiende alrededor del borde de todo el panal. Es en este borde donde las abejas esculpen nuevas celdas y escalas de depósito de cera; su anchura es de dos o tres líneas y aparentemente tiene una construcción más compacta que el resto del panal. Las abejas trabajan al mismo tiempo sobre todas las partes de esta cinta cuando tienen abundancia de cera.

Debemos observar, sin embargo, que aun cuando su trabajo progresa en todas partes, no avanza en la misma proporción; trabajan más rápidamente hacia abajo de horizontalmente, y más lentamente hacia arriba que en cualquier otra dirección; allí se produce la elipse o forma de lente que el panal asume mientras está siendo ampliado; de ahí también que tenga una mayor longitud que anchura, siendo más puntiaguda en su extremo inferior y más estrecha en la parte superior que en el medio. La forma de los panales, por lo tanto, es bastante regular; su esquema general no ofrece ninguna aspereza; y hay una armonía singular en la prolongación de todas las celdas. Hemos dicho anteriormente que la longitud de sus prismas está en proporción a su edad; pero investigando con más atención, nos dimos cuenta de que, en un panal nuevo, su longitud es proporcional a su distancia desde el borde. Así, las primeras filas no son aquellas en las que las celdas son las más profundas, las celdas ahí son menos profundas que en el medio del panal; pero cuando el panal adquiere un cierto peso las abejas se apresuran para prolongar esas celdas tan esenciales para la solidez del conjunto; a veces incluso las hacen más profundas que las que siguen.

Las celdas están inclinadas.

Los prismas no son perfectamente horizontales, su orificio siendo casi siempre un poco más alto que la base, nos permite reconocer la posición original de un panal, aunque no esté unido. Por lo tanto el eje de una celda no es perpendicular a la pared que separa las dos caras de un panal; esta regla, hasta ahora pasada por alto, es una barra de insuperable para cálculos geométricos con respecto a la forma de las celdas, ya que estos prismas están más o menos inclinados sobre sus bases, a veces desviándose de la horizontal por encima de 20°, normalmente 4° o 5°.

Sin embargo, cualquiera que sean sus irregularidades son menos prominentes que las de las bases, y con frecuencia cuando éstas son irregulares, las celdas conservan la forma hexagonal, como demostraremos.

La simetría está en la totalidad en lugar de en los detalles.

Las abejas en general observan una tendencia a la simetría, quizás no tanto en los pequeños detalles, como en la totalidad de sus operaciones; a veces ocurre, sin embargo, que los panales asumen una forma singular; pero si seguimos los detalles del trabajo de estos insectos, casi siempre podríamos asignar razones de estas anomalías aparentes; las abejas se ven obligadas a adaptarse a las localidades, una irregularidad produce otra, y por lo general se originan en las disposiciones que les hacemos adoptar. La inconstancia de la temperatura, provocando frecuentes interrupciones en sus operaciones, afecta a la simetría de los panales; ya que siempre hemos señalado que el trabajo interrumpido es menos perfecto que el trabajo continuo.

Nosotros a veces accidentalmente hemos dejado muy poco espacio entre los soportes que deben albergar los panales, y por lo tanto causado que las abejas siguieran una dirección determinada. Al principio no parecían darse cuenta de la incorrección de las dimensiones y construían sus panales en listones colocados demasiado juntos; pero muy pronto parecieron sospechar el error, y cambiando poco a poco la línea de su trabajo, regresaron a las distancias habituales; estas operaciones dan su panal de una forma más o menos curvada. Los panales nuevos, construidos paralelos al primero, necesariamente tenían deformidades similares, que se impartieron a los siguientes panales sucesivamente. Sin embargo, las abejas buscan tanto como sea posible traer de vuelta la forma regular; a menudo un panal es convexo sólo en la parte superior; más abajo el defecto es rectificado y las superficies de la parte inferior son llevadas a una figura recta.

Hemos visto su amor por la simetría en otras circunstancias mucho más llamativas. De una serie de irregularidades anteriores, las abejas de una de nuestras colmenas, en lugar de establecer un bloque sobre el listón, como de costumbre, construyeron dos, uno frente a la parte más avanzada del panal incorporado, y el otro frente a la parte menos avanzada; los dos panales construidos sobre el mismo listón siendo de forma irregular, debido a la irregularidad de la cresta anterior, ninguno había podido encajar en sus extremos ni extenderse sin estar en el camino del otro; las abejas adoptaron un plan muy eficaz. Curvaron los bordes de estos dos panales e unieron sus bordes de manera tan perfecta que pudieron continuar conjuntamente. La parte superior de este cruce era irregular, pero como los panales se prolongaban hacia abajo, su superficie se niveló más y más, hasta que quedó perfectamente uniforme.

Vimos otra obra sumamente regular en su conjunto, aunque con una forma muy peculiar. Las abejas habían comenzado su panal en el borde inferior de una tira vertical de vidrio; que se alargó varias pulgadas sobre una base de sólo cuatro o cinco celdas, sin ningún otro soporte salvo la cera fijada al borde del vidrio; pero como su peso aumentó, las abejas construyeron varias filas de celdas hacia arriba sobre uno de los bordes verticales de este vidrio, y estas celdas, que fueron fijadas a las del panal, aumentaron su solidez: uno podría haberlas considerado una continuación del mismo panal, ya que sus bordes eran regulares; pero sus paredes estaban fijadas al cristal, el cual les sirvió de base;

las abejas parecían estar satisfechas con cinco filas de esas celdas sobre el cristal; entonces queriendo darles aún más fuerza, intentaron sujetarlas a un listón de madera situado en el extremo superior de la tira de cristal; para ese propósito fue necesario que continuaran el trabajo en esa dirección, pero construyeron sólo dos ramas ascendentes, hacia la derecha y hacia la izquierda de las celdas de base plana (Lámina IX, fig. 1), y éstas, cuando alcanzaron su destino, fueron divididas en dos ramas, en forma de Y, a lo largo del punto de intersección de la madera con el vidrio.

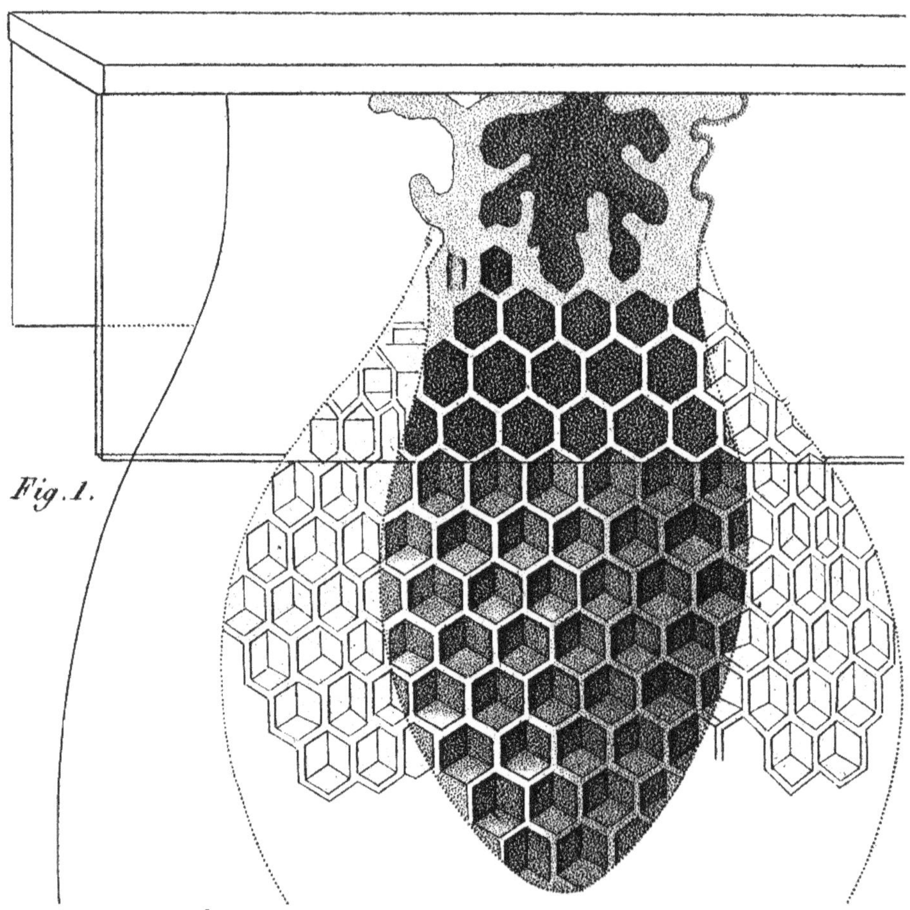

Volumen 2 Lámina IX Fig. 1.-Dos ramas ascendentes, hacia la derecha y hacia la izquierda de las celdas de base plana sobre el vidrio.

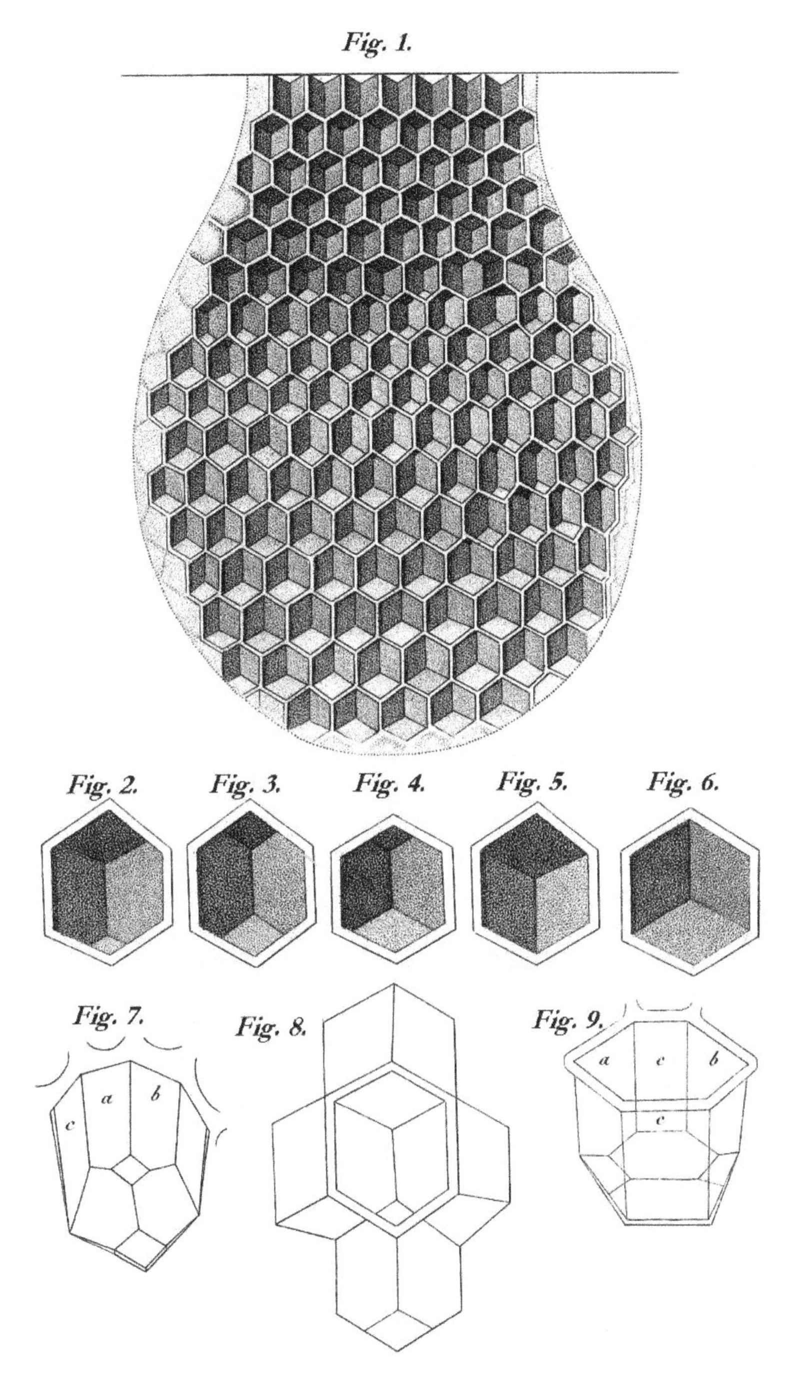

Volumen 2 Lámina X-Transición de celdas.

Vimos otra obra sumamente regular en su conjunto, aunque con una forma muy peculiar. Las abejas habían comenzado su panal en el borde inferior de una tira vertical de vidrio; que se alargó varias pulgadas sobre una base de sólo cuatro o cinco celdas, sin ningún otro soporte salvo la cera fijada al borde del vidrio; pero como su peso aumentó, las abejas construyeron varias filas de celdas hacia arriba sobre uno de los bordes verticales de este vidrio, y estas celdas, que fueron fijadas a las del panal, aumentaron su solidez: uno podría haberlas considerado una continuación del mismo panal, ya que sus bordes eran regulares; pero sus paredes estaban fijadas al cristal, el cual les sirvió de base; las abejas parecían estar satisfechas con cinco filas de esas celdas sobre el cristal; entonces queriendo darles aún más fuerza, intentaron sujetarlas a un listón de madera situado en el extremo superior de la tira de cristal; para ese propósito fue necesario que continuaran el trabajo en esa dirección, pero construyeron sólo dos ramas ascendentes, hacia la derecha y hacia la izquierda de las celdas de base plana (Lámina IX, fig. 1), y éstas, cuando alcanzaron su destino, fueron divididas en dos ramas, en forma de Y, a lo largo del punto de intersección de la madera con el vidrio.

Después de que el panal hubiera adquirido una cierta longitud en su parte inferior, las abejas lo prolongaron hacia la parte superior del listón; para este fin cambiaron la dirección de sus bordes con el fin de establecerlo detrás de la tira de cristal que deseaban evitar; edificaron lo suficientemente lejos de ella como para dar a sus celdas la profundidad adecuada, y después de tener éxito en esto hicieron su construcción en paralelo con el vidrio. El panal se construyó hasta el techo de la colmena y llenó todo el espacio que era posible ocupar, con la excepción del intervalo entre las celdas de base plana y las ramas ascendentes; pero aunque este panal no tenía la forma ordinaria, su simetría era perfecta; los soportes construidos para fortalecerla eran exactamente iguales y estaban a la misma distancia del centro; no había una celda adicional a cada lado y la proyección de sus caras laterales era uniforme en cada parte.

Irregularidades encontradas en la construcción de los panales de zánganos.

Podemos juzgar fácilmente, mediante estos diversos trabajos, del espíritu de unión que regulan a las abejas; ahora vamos a detallar las irregularidades que se encuentran en la construcción de panales con zánganos.

En el capítulo anterior dijimos que las celdas de zánganos están rodeadas por varias hileras de celdas de tamaño medio. Un panal rara vez se comienza con las celdas de zánganos, las primeras filas están formadas por celdas pequeñas muy regulares; pero las aberturas pronto dejan de corresponderse exactamente las unas con las otras, y las bases son menos simétrica; sería imposible que las abejas construyeran celdas irregulares de formas regulares; es por eso por lo que vemos a menudo entre esas celdas algunas masas de cera ocupando los intervalos. Espesando los lados y dando a los contornos una forma más cercana al círculo, las abejas a veces tienen éxito al unir las celdas de diferente diámetro, ya que tienen más de un método para compensar las irregularidades de las celdas.

Las bases ofrecen irregularidades más pronunciadas.

Pero aunque las superficies de las celdas muestran siempre esbozos de hexágonos con sólo ligeras modificaciones, las bases ofrecen irregularidades mucho más pronunciadas, que anuncian un plan determinado y explican su crecimiento progresivo.

Examinando un panal a través de una línea vertical en su parte media se observa que las celdas próximas a esta línea se agrandan sin mucha alteración de la forma; pero las bases de las celdas adyacentes ya no se componen de tres rombos iguales; cada una en lugar de corresponderse con otros tres, se corresponde con cuatro celdas en la cara opuesta, mientras que sus orificios no son menos hexagonal; pero su base se compone de cuatro piezas, dos de las cuales son hexagonales y dos romboidales (Lámina X, Fig. 1). El tamaño y la forma de estas piezas varía; estas celdas, que son algo más grandes que la tercera parte de tres celdas opuestas, comprenden una porción de la parte inferior de la cuarta celda en su circunferencia. Bajo los últimos fondos piramidales se encuentran los que tienen una base en cuatro partes, tres grandes y uno pequeño, este último un rombo.

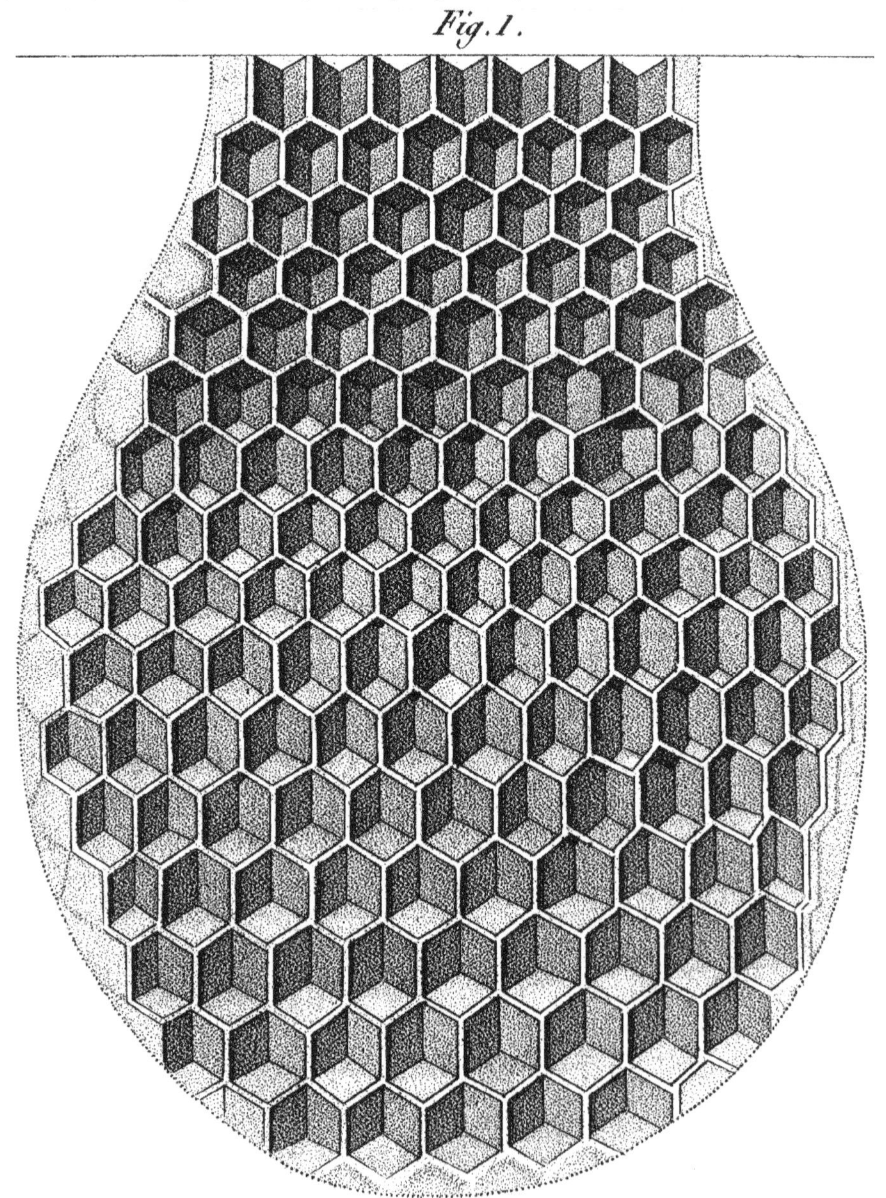

Volumen 2 Lámina X Fig. 1-Panal de transición.

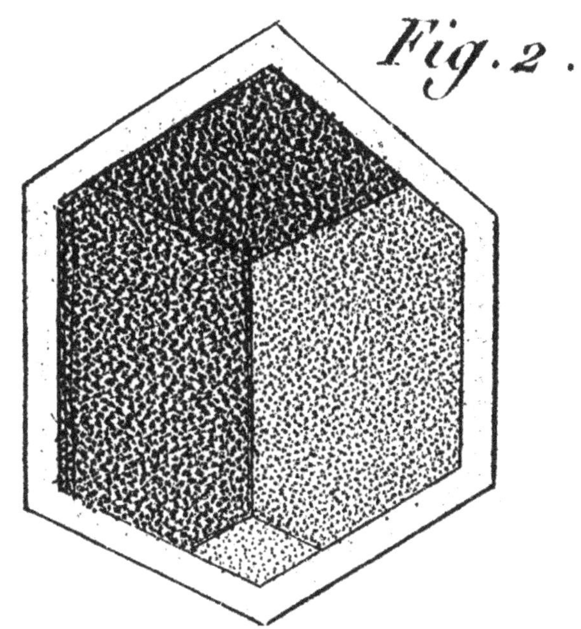

Volumen 2 Lámina X Fig. 2-Celda con dos rombos.

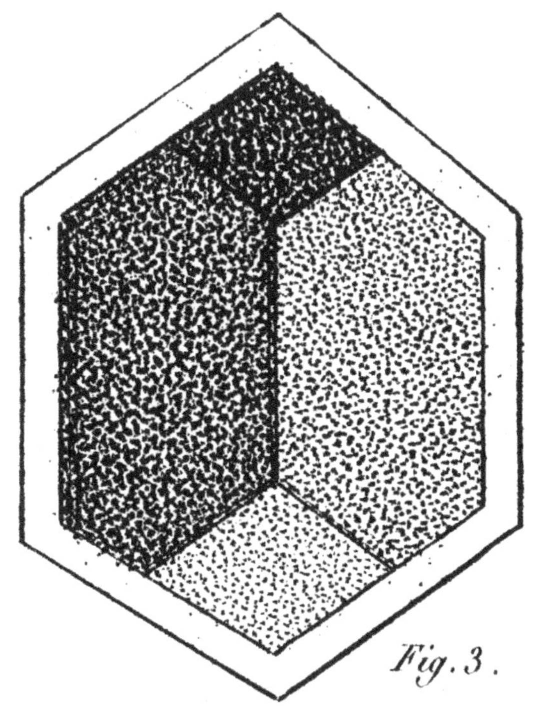

Volumen 2 Lámina X Fig. 3-Celda con dos rombos.

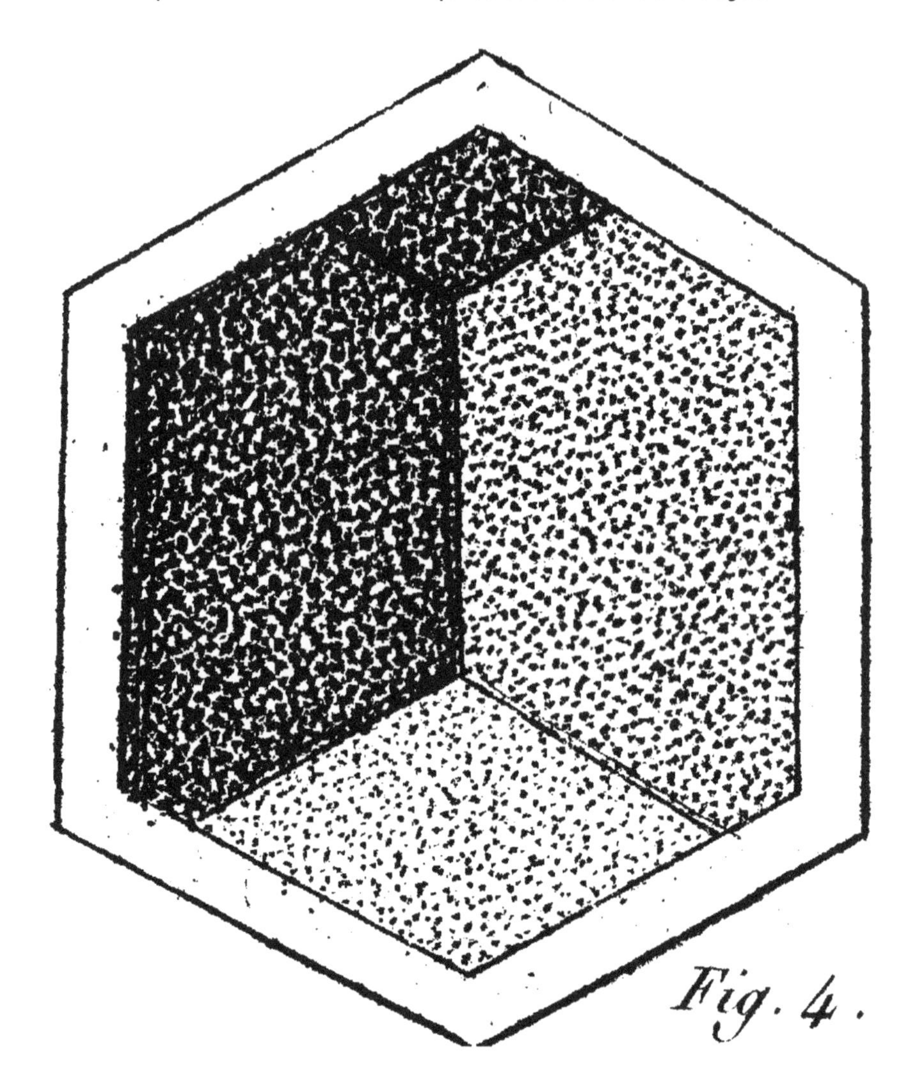

Volumen 2 Lámina X Fig. 4-Celda con dos rombos anverso de la fig. 2.

Por lo tanto, es por el ligero avance sobre las celdas de la cara opuesta que las abejas tienen éxito en dar a sus celdas las dimensiones más grandes; la graduación de las celdas de transición siendo recíproca en ambas caras del panal, se deduce que la circunferencia hexagonal en cada celda abarca cuatro celdas.

Después de que las abejas han alcanzado un grado cualquiera en esta progresión, pueden dejar allí y preservarla en varias líneas consecutivas; parecen continuar un poco más en el centro, cuando nos encontramos con un gran número de celdas con el fondo hecho regularmente con cuatro piezas; se podría construir todo el panal sobre este plan, si su objetivo no fuera el de reanudar la forma piramidal que habían abandonado. Cuando disminuyen el diámetro de sus celdas, vuelven por gradaciones similares, en orden inverso.

A fin de obtener una idea de las modificaciones que son posibles en las celdas, debemos llevar un contorno hexagonal sobre otros contornos de forma similar, pero un poco más pequeños y dispuestos como los de las abejas.

Podríamos asegurar la misma regularidad con contornos tetraédricos perfectamente iguales; pero para que las abejas puedan ser capaces de volver a las celdas piramidales de una dimensión diferente, se hace necesario que el diámetro de las celdas intermediarias correspondiente sea un poco más grande en cada cara del panal alternativamente.

En cuanto a la manera en que las abejas los construyen, es fácil entender que construyen las crestas verticales de sus celdas lo suficientemente largas como para ir más allá del centro de las celdas opuestas, después delineando el hexágono, etc. Las crestas oblicuas inferiores, cruzan las crestas de la cara opuesta y forman un rombo supernumerario. Las abejas alisan los espacios entre las crestas de las dos caras, y la base de la celda entonces tiene cuatro piezas en lugar de tres. La forma de las piezas varía en función de la mayor o menor analogía de las crestas opuestas con las de las celdas comunes. Sería muy difícil medir la inclinación de las bases tetraédricas; pero me parece que son un poco menos profundas que las bases piramidales. Tiene que ser así, ya que los dos rombos siendo más pequeños, la línea intermedia que forma la parte inferior de la celda y que comienza en sus extremidades, estará menos hundida y así la celda será más superficial.

En general, parece que la forma de los prismas de las celdas es más esencial que la de sus bases, porque hemos visto celdas con bases tetraédricas más o menos regulares, cuyas paredes eran hexagonales, y también celdas construidas ya sea sobre vidrio o madera sin base de cera, pero con seis lados. Estas observaciones concurren con las anteriores para mostrar que la forma de las piezas que forman la parte inferior de las celdas depende de la manera en que ésta es cortada por los contornos de las celdas de ambas caras; o en otras palabras de la dirección de las crestas sobre las cuales se erigieron las paredes.

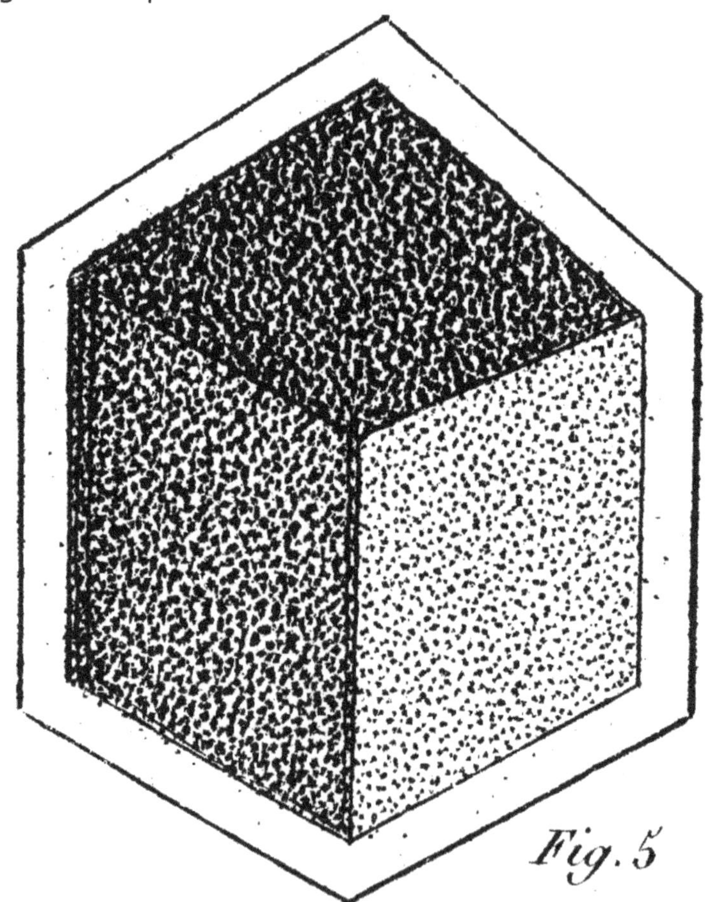

Volumen 2 Lámina X Fig. 5-Bases piramidales separadas unas de otras por celdas de base técnica.

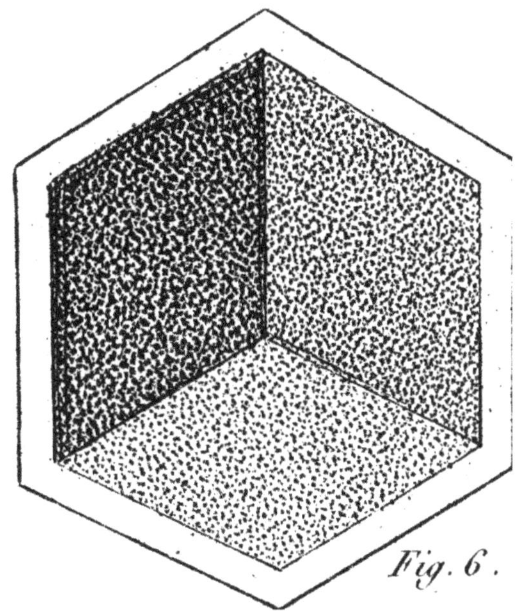

Volumen 2 Lámina X Fig. 6-Bases piramidales que están separadas una de otra por celdas de base técnica.

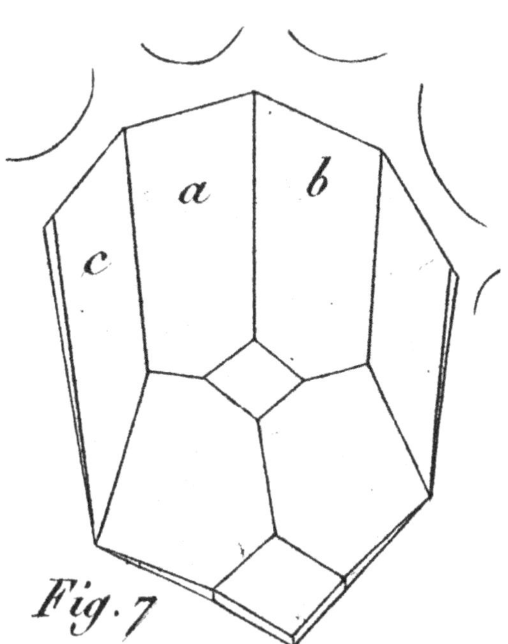

Volumen 2 Lámina X Fig. 7-Bases con forma biselada para encajar una sobre la otra.

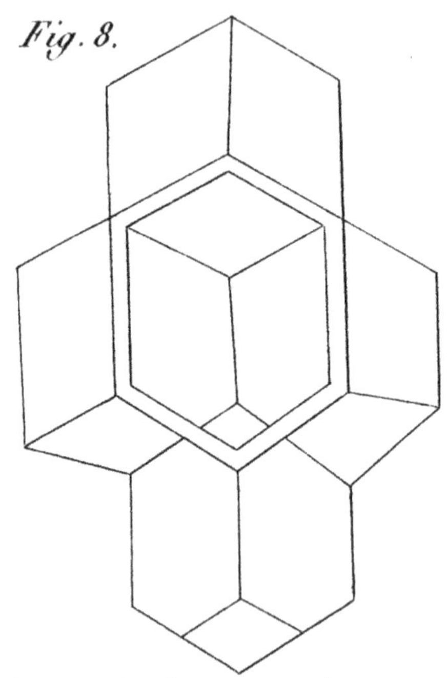

Volumen 2 Lámina X Fig. 8-Muestra la transición y otro lado.

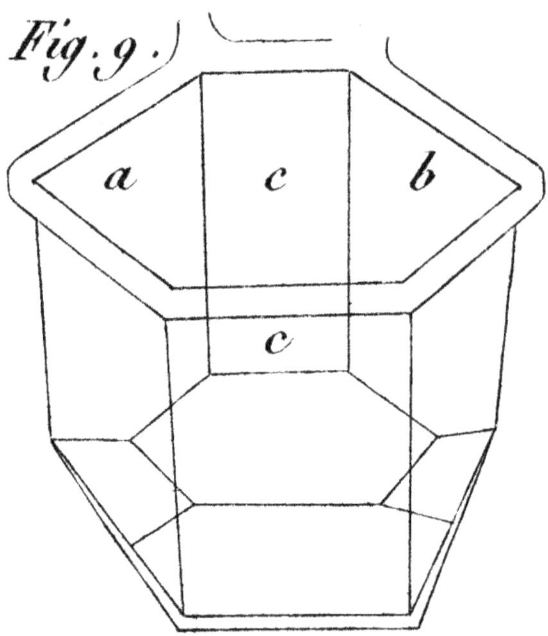

Volumen 2 Lámina X Fig. 9-Perspectiva de vista a través de una celda de transición.

La forma de las paredes de las celdas tetraédricas difiere de acuerdo a las bases a las que pertenecen: aquellas que se corresponden con una de las caras del rombo y una parte de la cara hexagonal tienen forma biselada, de modo que se ajusten la una sobre la otra (Lámina X, ab fig. 7 y 9), mientras que las dos paredes que se corresponden con el gran lado del hexágono son paralelogramos rectangulares (c fig. 9).

Observe Bien: **Las bases piramidales que están separadas unas de otras por las celdas de base técnica, no tienen sus pastillas situadas de forma similar; es una consecuencia de lo que hemos dicho (Fig. 5 y 6).**

Estas observaciones nos muestran cuán flexible es el instinto de las abejas, lo bien que se adapta a las condiciones locales, a las circunstancias y necesidades de la familia. La necesidad, en el trabajo de estos insectos, como en todo lo que concierne a las costumbres de los animales, debe limitarse a un número pequeño de puntos esenciales, todos los demás están subordinados a las circunstancias.

La conducta de las abejas depende de su juicio.

Los límites de su industria son ciertamente menos estrechos de lo que supuse al principio; y el lector admitirá, con nosotros, que la conducta de las abejas depende también en cierta medida de lo que podría llamarse el juicio del insecto; este juicio, sin duda, es más bien una cuestión de tacto más que de razonamiento formal; pero su sutileza se asemeja a la elección, en lugar del hábito o mecanismo habitual independiente de la voluntad del insecto.

Capítulo VI: Finalización de las celdas

Ciertos hechos ya no nos producen la impresión de novedad; los vemos sin tratar de descubrir sus causas y sus objetivos; pero ¿podemos prever lo que va a incitar nuestra curiosidad? ¿Hay algo indiferente para el naturalista? Si evita la despreocupación que es el efecto del hábito, así como la creencia de que todo lo que merece atención ya ha sido observado, pronto encuentra interés en temas que no parecían exigir ni el mínimo.

En el curso de nuestras investigaciones, a menudo nos hemos visto al final de nuestro trabajo; percibimos que no había más preguntas que resolver, no más dudas que despejar; pero la venda sobre nuestros ojos se cayó por sí misma al final. Un simple hecho, visto todos los días sin atención, se estrellaría contra nosotros finalmente, y nos preguntamos por qué debería ser menos interesante que otras particularidades sobre las que habíamos pasado mucho tiempo. Era un nuevo país abierto a nosotros, y fuimos imperceptiblemente conducidos a una nueva carretera, cuya existencia ni siquiera habíamos sospechado.

Después de que varios instrumentos nos hubieran dado la oportunidad de estudiar la formación de los panales y las modificaciones de la arquitectura de las abejas, pensamos que serían inútiles nuevas investigaciones sobre este tema; estábamos en un error: los panales de abejas no están completos cuando se construyen las bases y los lados de las celdas.

Los panales no están completos cuando se finaliza la forma.

En el origen del material de las celdas es del color blanco opaco, semitransparente, suave, terso y sin brillo;

pero pierde la mayoría de estas cualidades en unos pocos días o más bien que adquiere otras nuevas; un tinte amarillo más o menos claro se extiende sobre el interior de las celdas, sus bordes se vuelven mucho más gruesos de lo que eran al principio y parecen menos regulares, y estas formas que no parecían capaces de resistir la más mínima presión adquieren una consistencia de lo cual no parecían susceptibles.

Nos dimos cuenta de que los panales acabados tenían un peso mayor, en igual cantidad que los que estaban sin terminar; este último se rompió bajo el menor contacto; pero los panales perfeccionados se doblaban en lugar de romperse; sus orificios parecían pegajosos; las celdas blancas pueden ser fundidas en agua a una temperatura inferior que las de colores. Todas estas observaciones indican una diferencia notable en la composición de los panales y era evidente que las que no eran nuevas contenían un material que difería de la cera de abejas.

Los panales están recubiertos de propóleo, lo que les da la capacidad de recuperación.

Al examinar los orificios de las celdas amarillas, percibimos que su circunferencia estaba recubierta con un barniz untuoso, odorífero, rojizo, y reconocimos, como pensamos, la resina llamada *propóleos.* Posteriormente pareció no estar limitado a los orificios, esos hilos de color rojizo se encuentran a veces en sus paredes internas, sobre los rombos o trapecios; esta soldadura, colocada en los puntos de contacto de las diferentes piezas, y en la cumbre de sus ángulos, parecía ayudar en el fortalecimiento de las celdas; a veces uno se daba cuenta de una o dos zonas rojizas alrededor del eje de las celdas más largas: cuando las abejas están cortas de cera, a veces se ven obligadas a interrumpir su trabajo; cuando un suministro más amplio les permite elaborar el material, reanudan los trabajos; es probablemente durante esta interrupción cuando barnizan los bordes de la celda, y cuando las últimas se han alargado, conservan trazas del material con el que habían sido recubiertas.

Estas peculiaridades, evidentemente, no habían golpeado a ninguno de los naturalistas que escribieron sobre las abejas; ellos sabían que el propóleos se utiliza para recubrir el interior de la colmena; pero no eran conscientes de que esta resina se utiliza en la construcción de las celdas; valía la pena verificarlo. Me aseguré de ello por medio de experimentos comparativos, utilizando los reactivos ordinarios.

El propóleo cogido de las paredes de la colmena y de los bordes de las celdas de color rojo, sometido a la acción de éter, alcohol o aceite de trementina, impartió un color dorado a estos líquidos. El material marrón de las celdas se disolvió, incluso estando frío. Los orificios de las celdas, ya sea en alcohol o trementina, conservan la forma de la celda y su tinte amarillo después de perder el barniz que las recubría. Las puestas en éter también perdieron el barniz rojo, llegando a ser blanqueados poco después y desaparecieron cuando se disolvió la cera.

La materia colorante de los orificios de las celdas, expuesta a un calor moderado, se hizo suave y se pudo extraer en hilos; los propóleos de las paredes hicieron lo mismo. El ácido nitroso, a fuego lento, vertido en ambos blanqueó la cera amarilla en unos pocos minutos, pero el barniz de los orificios y las masas de propóleos no sufrió alteraciones.

Otros orificios, puestos en agua hirviendo, mostraron una curiosa peculiaridad; después de que se fundiera la cera en ellos el barniz se mantuvo encima de ella, en la tarta que formó, sin perder su contorno hexagonal, mientras que su diámetro parecía un poco ampliado.

El cáustico fijo álcali que cambia la cera en una especie de jabón, no tiene efecto sobre el propóleos; probamos su acción sobre celdas muy viejas que ya habían servido de cuna a un número de larvas, los capullos con los que se alineaban ocultando el barniz y la cera con los que habían sido moldeados. El efecto primario del lavado alcalino fue disolver la cera mediante la combinación con él, separándolo de los capullos de seda; después blanqueó los capullos, que son naturalmente de color de marrón y les dio la apariencia de gasa: mantuvieron la forma de las celdas; los hilos rojizos luego aparecieron, ya que no se disolvieron, y se mantuvieron sobre los bordes exteriores de los capullos, justo de la manera en que habían sido colocados por las abejas en los surcos formados por la unión de las diferentes piezas que componen las celdas. Estos hilos de propóleos finalmente se separaron de los capullos, pero no se alteraron al permanecer durante varios meses en la solución.

El recubrimiento amarillo no es propóleos ni cera.

De estos experimentos es evidente que la sustancia que da un color rojo oscuro a los bordes de las celdas y a las líneas de intersección de sus paredes, tiene la mayor analogía con propóleos; también está claro que el color amarillo de las celdas no tiene relación con el barniz que cubre las articulaciones de sus diferentes piezas.

A pesar de mi confianza en tales conclusiones, sentí que serían indiscutibles sólo después de que hubiera encontrado a las abejas en el acto. Fue entonces necesario seguirlas durante su cosecha de propóleos y asegurarse del uso que hacían de él; pero estas investigaciones eran difíciles.

El propóleo tiene propiedades similares a las de la goma-resina y durante mucho tiempo ha sido considerado sospechoso de pertenecer al reino vegetal. Pero durante muchos años me esforcé inútilmente por encontrar a las abejas en los árboles produciendo una sustancia análoga; pero ninguna de mis investigaciones me dirigió sobre aquellas en las que las abejas reunieron esta cosecha: aunque vimos multitudes que regresaban cargadas de ella.

Experimentos que demuestran el origen del propóleo.

Fatigado con la inutilidad de mis intentos, ideé un recurso muy sencillo, desde el cual pude obtener algo de luz. La cuestión era asegurar dichas plantas de la manera en que tuvieran posibilidades de suministrar propóleos, y colocarlos a su alcance; este plan tuvo éxito; las primeras plantas que coloqué cerca de mis colmenas me mostraron rápidamente eso que nunca hubiera encontrado, sin este esquema.

Las abejas recogen la resina de los brotes de álamo.

A principios de julio, me trajeron algunas ramas del álamo salvaje, que había sido cortado desde la primavera, antes del crecimiento de sus hojas con grandes cogollos, recubrían tanto por fuera y por dentro con una savia viscosa, de color rojizo y odorífera; yo las planté en vasijas delante de mis colmenas, en el camino que las abejas utilizaban cuando salían al campo, por lo que estaba seguro de que las verían. En menos de un cuarto de hora, una abeja aprovechó de esta oportunidad; se posó sobre una de las ramas, en uno de los brotes más grandes, separó su envoltura con sus dientes, presionando hacia fuera sus piezas, sacó hilos de la materia viscosa; luego cogiendo con una de las piernas del segundo par lo que ella tenía en sus mandíbulas, adelantó una de las patas posteriores y colocó en el cesto de polen de esta pata la pequeña bolita de propóleo que ella sola había reunido; hecho esto, abrió el brote en otro lugar, sacó más hilos del mismo material, se los llevó con las piernas de la segunda pareja y con cuidado los puso en la otra canasta. Luego voló a la colmena; en pocos minutos una segunda abeja se posó en estas mismas ramas y se cargó de propóleo de la misma manera.

Hicimos el mismo experimento sobre extremidades de álamo recién cortadas, cuyos brotes jóvenes estaban llenos de propóleos; no parecían atraer a las abejas; pero su savia no era tan gruesa ni tan roja como la que les habíamos ofrecido primero, cuyos brotes habían sido conservados desde la primavera.

Dado que las abejas cosecharon esta sustancia rojiza y viscosa de los brotes del álamo común, todo lo que se necesitaba era identificar esta sustancia con propóleos; no quedaron dudas de esto después de un experimento que luego hicimos.

El propóleo proviene de los brotes de álamo.

Tomamos propóleo seco de las paredes de una antigua colmena, la rompimos y empapamos en éter; este líquido asumió una coloración amarilla en cada uno de los nueve experimentos consecutivos; pero en el último estaba ligeramente coloreado; lo evaporamos y allí quedaba en la parte inferior del recipiente un residuo de color blanco grisáceo. Este residuo, después de haber sido sumergido en agua destilada, se examinó con un microscopio y mostró claramente restos vegetales, tal como epidermis, porciones de la membrana, algunas opacas, y otras transparentes, pero no tráquea.

El éter tuvo una reacción similar en los brotes de álamo, se coloreó amarillo varias veces, y los residuos, sumergidos en agua destilada, mostraron a través del microscopio escombros similares, pero menos disecados que los encontrados en el propóleo.

Así, la identidad de las dos sustancias ya no estaba en duda era y tuvimos que descubrir la forma en que las abejas lo aplicaban para utilizar; deseábamos sobre todo presenciar el perfeccionamiento de las celdas, pero estaba fuera de la cuestión verlas trabajar sin ningún recurso afortunado. Esperábamos seguirlas más fácilmente en una colmena donde podrían construir sus panales hacia arriba, ya que en este caso algunas de las celdas descansarían contra el cristal y sus cavidades estarían abiertas a los ojos del observador.

Cómo distribuyen las abejas el propóleo.

Así que poblamos una colmena tan preparada para completar nuestra visión. Las abejas, construyendo hacia arriba, pronto alcanzaron el cristal, pero incapaces de renunciar a sus viviendas a causa de las lluvias sobrevenidas, estuvieron tres semanas sin traer a casa propóleos. Sus panales permanecieron perfectamente blancos hasta principios de julio, cuando la atmósfera se hizo más favorable para nuestras observaciones. El clima sereno y las altas temperaturas las envolvieron en forraje; y regresaron de los campos cargadas de esta goma resinosa parecida a la jalea transparente; con el color y el brillo del burdeos se distinguía fácilmente de los gránulos farináceos traídos a casa por otras abejas. Las obreras que llevaban propóleo se unieron a los grupos que cuelgan del techo de la colmena, las vimos viajar a través de la parte exterior de estos grupos; después de alcanzar los soportes de los panales, parecieron descansar, a veces se detuvieron en las paredes, esperando a sus compañeras para liberarlos de su carga. Incluso vimos que dos o tres se acercan a ellas y llevaban los propóleos con sus dientes. La parte superior de la colmena exhibió el más animado espectáculo, allí una gran cantidad de abejas apareció de todos los sectores, siendo entonces la distribución y aplicación de los propóleos su ocupación predominante; algunas transportaron entre sus dientes el material que habían obtenido de las proveedoras y lo depositaron sobre los marcos y soportes de los panales; otras se apresuraron a extenderlo como un barniz antes de que se endureciera, o se formaran cadenas proporcionadas a los intersticios de las paredes de las colmenas para ser enmasilladas. Nada podría ser más diverso que sus operaciones; pero estábamos más interesados en la técnica que utilizan en la aplicación de propóleos en el interior de las celdas. Aquellas que parecían estar cargadas con esta tarea se distinguían fácilmente de la multitud de trabajadoras debido a que sus cabezas se volvían hacia el panel horizontal. Al llegar a él, depositaron los propóleos en el centro del intervalo que separaba los panales. Luego las vimos aplicar esta sustancia en su verdadero lugar de destino; aprovechando los puntos de apoyo que suministraba su viscosidad, parecían estar colgadas de ella con las garras de sus patas posteriores, aparentemente balanceándose a sí mismos bajo la lámina de vidrio; el efecto de este movimiento era llevar su cuerpo hacia atrás y hacia adelante y en cada movimiento vimos el bulto de propóleo aproximarse más a las celdas; las abejas utilizaron sus patas anteriores para barrer lo que se había separado y unir estos fragmentos sobre la superficie del vidrio; este último recuperó su transparencia cuando todo el propóleo fue llevado a la boca de las celdas. Unas pocas abejas entraron en las celdas situadas en el cristal; fue allí donde esperaba verlas ociosas: no trajeron propóleo, pero limpiaron y pulieron la celda, con sus dientes trabajaron las esquinas angulosas, haciéndolas más gruesas, suavizando las asperezas; mientras que las antenas parecían sentir la forma; estos órganos situados en la parte delantera de sus mandíbulas evidentemente les permiten notar que tales moléculas proyectadas deben ser eliminadas.

Después de uno de estas obreras hubo alisado la cera en el ángulo de una celda, salió de la celda hacia atrás y habiendo acercado un montón de propóleo, sacó un hilo de él con los dientes; éste roto por un movimiento rápido de cabeza, fue cogido con las garras de las patas delanteras y la abeja volvió a entrar en la celda que acababa de preparar. No dudó sino que inmediatamente lo puso en el ángulo de las dos partes que acababa de suavizar, pero probablemente lo encontró demasiado largo para el espacio necesario, ya que ella le cortó un pedazo; sus dos patas delanteras estaban acostumbradas a encajarlo y extenderlo entre los dos muros; y sus dientes trabajaron para incrustarlo en el surco angular a revestir. Después de estas diversas operaciones, el hilo de propóleo parecía demasiado grande para su gusto; rastrilló una vez con los mismos instrumentos y cada vez quitó una parcela de la misma: cuando terminó la obra, admiramos la precisión con la que lo había ajustado entre las dos paredes de la celda. La obrera no se detuvo allí, girándose a otro lado de la celda, trabajó con sus mandíbulas los bordes de los otros dos trapecios y comprendimos que estaba preparando un lugar para ser cubierto con otro hilo de propóleos. Sin duda iba a ayudarse a sí misma con el montón del que había cogido con anterioridad; pero al contrario de nuestra expectativa aprovechó el hilo cortado del primer mordisco, lo dispuso en el espacio designado y le dio toda la solidez y el acabado del que era susceptible. Otras abejas terminaron el trabajo empezado por ésta, todas las paredes celulares pronto estuvieron rodeadas con hilos de propóleos, mientras que algunos se pusieron en los orificios; pero no pudimos aprovechar el momento en que fueron barnizados, aunque puede ser fácilmente concebible cómo se ha hecho.

Si bien estas observaciones nos dieron a conocer el arte utilizado por las abejas en el revestimiento de las paredes de sus celdas, no teníamos explicación para la coloración amarilla de su interior. En algunos de los experimentos químicos ya mencionados, el pigmento colorante de las celdas no había actuado de la misma manera como los propóleos que los recubrían; ya que parecían no tener analogía con ello, fue necesario determinar las diferencias con experimentos adicionales.

Experimentos que muestran que el color amarillo de la cera no es propóleos.

1er Experimento: Mostrar que el color amarillo no se disuelve en alcohol, mientras que el propóleo sí.

Escogimos unas pocas celdas de un panal, cuyas paredes eran de color del junquillo; sus bordes estaban recubiertos con propóleos; retiramos con cuidado el último de cada pared y empapamos estas paredes de celda de color amarillo en alcohol; de este modo se mantuvo en un lugar oscuro durante tres semanas. El alcohol no tenía color y las paredes de las celdas conservaban su tinte amarillo. Otras celdas de color de junquillo, de las que no se habían eliminado los propóleos, se trataron de la misma manera y dieron más y más color al alcohol. Este propóleos se disolvió por completo rápidamente, pero al final del experimento el color amarillo de las paredes aparentemente se había vuelto más llamativo.

2º experimento: Mostrar que el color amarillo se desvanece con la luz del sol y el propóleo no.

Encerré algunas de las paredes de celda de color amarillo entre dos tiras de vidrio y las expuse a la luz del sol: unos pocos días fueron suficientes para blanquearlas por completo; coloqué de la misma forma algunas celdas de color recubiertas con propóleos, y las mantuve al sol durante dos meses de verano. La cera rápidamente perdió su color amarillo, pero esta larga prueba de ninguna manera alteró el color de los propóleos.

3er Experimento: Mostrar que el color amarillo se disuelve en ácido nitroso y el propóleo no.

Tomé algunas celdas amarillas, recubiertas con propóleos sobre sus orificios y alrededor de sus bordes; las empapé en ácido nitroso, y herví este disolvente durante unos minutos: cuando el gas nitroso comenzó a formarse, quité el vial y lo dejé enfriar. Entonces vi que el color amarillo había desaparecido, que la cera se había blanqueado, pero los propóleos habían conservado su color; una prueba prolongada de este tipo no dio ningún otro resultado.

4º Experimento: Mostrar que el color amarillo se disolverá en éter al igual que el propóleo.

Empapado celdas de cera amarilla desprovista de propóleos en éter; primero el líquido adquirió un tinte ligeramente amarillo, y luego se hizo más oscuro y la cera quedó totalmente descolorida. Dejé que el éter se evaporara, esperando que la sustancia colorante permaneciera en la parte inferior de la cápsula, pero después de la evaporación del líquido sólo encontré la pequeña cantidad de cera blanca que se había disuelto.

Las celdas de cera blanca, los orificios y las paredes que estaban recubiertos con propóleos se empaparon en el mismo disolvente. El éter adquirió un tinte amarillento que se hizo cada vez más intenso, y el propóleo no permaneció en las diferentes partes de las celdas. Yo descorché el vial, y después de que se evaporara el éter, encontré en la parte inferior un barniz de propóleo rojizo sobre el que se podía observar un poco de la cera blanca que el éter había disuelto.

El color amarillo no tiene analogía con propóleos.

Estos experimentos demuestran que la sustancia que colorea la cera no tiene ninguna analogía con propóleos. Mis observaciones han indicado que este tinte no es una propiedad de la cera; las nuevas celdas se forman de cera blanca; este tinte se altera en un corto período de tiempo; a veces dos o tres días son suficientes para convertir panales blancos en amarillos. Yo no sabía nada de la causa de este cambio, y pensé, al igual que otros naturalistas, que esta alteración podía efectuarse por el calor de las colmenas o por los vapores de la atmósfera, o por las emanaciones de la miel o de la cera, y la presencia de estas sustancias en las colmenas. Sin embargo, estas ideas no pudieron resistir un examen a fondo; muchas veces había visto nuevos panales quedar intactos durante varios meses, aunque fueran utilizados por las abejas de forma ordinaria. Mediante la comparación de los panales de varios enjambres recién construidos, encontramos algunos en los cuales una parte era blanca mientras que la otra cara era de un color junquillo: a veces nos podíamos encontrar, en el mismo lado de un panal, un espacio en el que las celdas eran de un amarillo vivo, mientras que las adyacentes no había perdido nada de su blancura. Incluso podíamos determinar el límite exacto de esta coloración; una sola celda teniendo varias caras amarillas, mientras que las otras eran blancas, a veces incluso una celda estaba parcialmente coloreada en blanco y amarillo. Esta distribución de los colores no se podía explicar por las causas que sospechábamos tenían influencia. La miel y el polen habían teñido uniformemente todas las caras de una celda, hasta la altura del líquido o de la sustancia colorante; los vapores de la colmena igualmente podrían tener sólo una influencia general sobre el color de los panales; pero era necesario determinar de forma más directa que estas cosas no tenían nada que ver con el efecto observado.

Experimento que muestra que las abejas agregan color amarillo a la cera.

Primero fue necesario asegurarse de si las celdas que se mantuvieron sin contacto con las abejas preservarían su blancura; para este fin, usé una colmena con una división en el medio a través de la cual las abejas no podían pasar. En ésta incluí una parte de panal completamente blanco; fue expuesto durante un mes al calor, la humedad y todos sus vapores atmosféricos, sin alteración del color por ninguna de esas causas. Mientras tanto, los panales expuestos al contacto de las abejas se volvieron más y más amarillos, pero esta coloración era parcial y estaba distribuida irregularmente, como en forma de rayas; todo ello indicando que no fue debido a la exposición en el interior de las colmenas durante más o menos tiempo, sino por alguna acción directa por parte de las abejas.

Observaciones de abejas puliendo el panal con líquido de su tronco.

No estamos seguros de la manera en que dan este tinte a los panales. Lo hemos atribuido a dos maniobras diferentes; primero, las abejas que parecen estar descansando sobre los panales, o sobre el vidrio o la madera de la colmena frotan la punta de sus mandíbulas contra el objeto que tiene que barnizarse, moviendo su cabeza de un lado a otro; sus mandíbulas se separan y se unen sucesivamente, después de cada movimiento de cabeza; sus patas delanteras frotan repetidamente con algo de velocidad la superficie sobre la que éstas se levantan; la abeja que está por lo tanto ocupada camina de derecha a izquierda y sigue esta maniobra durante un largo tiempo; la pared de la superficie del panal, sobre la que aplican, parece cambiar de color, aunque no hemos comprobado positivamente que fuese consecuencia de este trabajo. Nos hemos dado cuenta de que siempre hay sustancia amarilla en la cavidad de los dientes de las abejas: pero ¿era esta una sustancia que estaban retirando o que estaban aplicando en la cera? Parecía probable que estuviera siendo depositando, aunque mientras frotaban la madera y vidrio de la misma manera, el vidrio no conseguía ningún color, pero la madera adquiría un tinte muy pronunciado.

El segundo proceso del que fuimos testigos se llevó a cabo con el tronco; este instrumento actuó como un pincel delgado y suave; que barrió a la derecha y a la izquierda la superficie del cristal y pareció dejar sobre ella unas gotas de líquido transparente.

En cada cambio de dirección podríamos ver un líquido brillante y plateado, que fluía desde el centro del tronco y de los dos palpos más largos que lo rodeaban; este líquido se distribuía desde el extremo del tronco sobre las partes de las celdas para las que había sido concebido; también se depositaba sobre el vidrio, pero no tanto como para empañarlo; la opacidad que el vidrio adquiría a veces no era debida a esta causa; esto ocurre sólo cuando las abejas extienden sobre él parcelas de cera que se han depositado sobre su superficie.

No vamos a afirmar que de estas operaciones es la fuente de la amarillez de la cera, pero nos inclinamos a hacer referencia a la primera, porque a menudo encontramos el color de ciertas celdas alteradas, después de que las abejas las hayan frotado con sus dientes y patas delanteras.

Observación de que las abejas refuerzan el panal con propóleos mezclado con cera.

Las abejas no se limitan a pintar y barnizar las celdas; sino que también dan una mayor solidez al edificio mismo, por medio de mortero que saben cómo componer para ese propósito.

Los antiguos, que habían estudiado mucho estos insectos, conocían algunas de las propiedades del propóleo; nos informaron de que las abejas lo mezclaban con cera en varias circunstancias; le dieron el nombre de *metis* o *pissoceron* a esta sustancia, indicando así su fusión con cera de abejas.

Una prueba que hice con el propóleos que recubre el interior de las colmenas, me indicó lo bien que habían estudiado el tema, y que, a pesar de que a menudo podemos rechazar sus afirmaciones, sería un error hacerlo sin exámenes previos.

A través de mis experimentos presentados, había aprendido que el éter disuelve propóleos, y que elimina sólo una fracción de la cera sometida a su acción: así que cogí algunos fragmentos de este mortero de las paredes de una vieja colmena y los sumergí en éter. Decantándolo varias veces, llegué a la conclusión de que todos los propóleos se disolvieron, cuando dejó de colorear; el residuo restante en el vial era sólo la cera blanca que había sido mezclado por las abejas con la resina de goma.

Pliny creyó que estos insectos utilizaban una mezcla de cera y propóleos para construir las abrazaderas y las bases de panales. Réaumur, por el contrario, pensó que sólo era cera pura. Tal vez los hechos que estoy a punto de relatar nos pueden permitir reconciliar las opiniones de estos dos grandes naturalistas.

Las abejas derriban los cimientos del nuevo panal y lo refuerzan con una mezcla de propóleos y cera.

Poco después de que las abejas hubieran terminado los nuevos panales, un desorden se manifestó y una evidente agitación prevaleció en la colmena. Las abejas parecían dirigidas por una especie de furia en contra de sus propios panales; las celdas de la primera fila, cuya estructura tanto admirábamos, apenas quedó reconocible; las paredes gruesas y enormes, y los pilares pesadas y sin forma se sustituyeron por las pequeñas particiones que las abejas habían construido previamente con tal regularidad; su sustancia había cambiado junto con la forma, estando aparentemente compuesta por cera y propóleos. Por la perseverancia de las obreras de estas devastaciones, sospechábamos que tenían intención de hacer alguna útil alteración en su arquitectura.

Nuestra atención se centró en las celdas menos dañadas; algunas estaban todavía intactas, pero las abejas pronto corrieron precipitadamente sobre ellos, destruyeron las paredes verticales de las celdas, rompieron la cera y echaron a un lado los fragmentos. Pero nos dimos cuenta de que los trapecios de las bases de la primera fila estaban intactos; no derribaron a la vez las celdas correspondientes en ambas caras del panal; trabajaban alternativamente en cada una de sus caras, dejando una parte de sus soportes naturales, de lo contrario los panales se habrían caído, que no era su objeto; querían, por el contrario, proporcionar una base más sólida, y evitar su caída, haciendo estas articulaciones con una sustancia cuya tenacidad sobrepasa infinitamente la de la cera de abejas.

Los propóleos que utilizaron en esta ocasión habían sido depositados en una masa en una hendidura de la colmena, y se habían endurecido en el secado, lo que tal vez les hizo más adecuados para los fines previstos que lo que hubieran sido los propóleo frescos.

Las abejas agregan secreciones de propóleos.

Estos insectos tenían cierta dificultad en eliminarlo de la pared, a causa de su dureza; pensamos que lo estaban impregnando con la misma materia espumosa de la lengua, que utilizaban para hacer la cera más dúctil, y que este proceso servía para ablandarlo y separarlo. El Sr. de Réaumur había observado algo similar en una ocasión parecida.

Observando a las abejas mezclar cera con propóleo.

Nosotros observamos claramente a estas abejas mezclando fragmentos de cera vieja con los propóleos, amasando las dos sustancias juntas para amalgamarlas. La utilizaron en la reconstrucción de las celdas que habían sido destruidas; pero no siguieron las reglas ordinarias de su arquitectura; la economía estaba totalmente a un lado; estaban ocupadas solo con la solidez de su edificio; que la noche interviniera evitó que siguiéramos sus maniobras, pero al día siguiente pudimos juzgar el resultado que confirmó lo que acabamos de mencionar.

Estas observaciones nos enseñan que hay una época en el trabajo de las abejas, cuando los soportes superiores de sus panales se construyen simplemente de cera, como Réaumur creía, y que después de haber alcanzado todas las condiciones requeridas; la base se convertía en una mezcla de cera y propóleos, según lo publicado por Pliny, muchos siglos antes de nosotros. (El cambio realizado en la estructura de las celdas de la primera fila no tiene lugar en un momento en particular. Depende tal vez de las varias circunstancias que no siempre ocurren a la vez. Vemos a veces a las abejas satisfechas bordeando los bordes de las celdas superiores con propóleos sin alterar su forma y sin añadir a su espesor.)

Las abejas refuerzan los panales después de ser construidos.

Este rasgo en la conducta de las abejas explica la aparente contradicción, en los escritos de estos dos naturalistas.

La primera fila de celdas, construida para servir como una base para las celdas posteriores, se estableció temporalmente, para llevar el edificio siempre y cuando los almacenes no estuvieran bastante llenos: pero esas placas de cera ligeras habrían sido insuficientes para sostener un peso de varias libras. Las abejas parecen anticipar el eventual inconveniente: por lo que pronto destruyen las paredes demasiado frágiles de la primera fila, dejando sin tocar los trapecios de sus bases, y sustituyen, en el lugar de estas paredes ligeras, fuertes pilares, gruesos muros de una sustancia viscosa y compacta.

Pero este no es el máximo grado de su previsión. Cuando tienen suficiente cera, hacen sus panales con la amplitud necesaria como para llegar con sus bordes a las paredes verticales de la colmena. Ellas saben cómo soldar contra la madera o el vidrio por las estructuras que se aproximan más o menos a la forma de las celdas, según las circunstancias lo admitan. Pero si el suministro de la cera cae antes de que hayan sido capaces de dar un diámetro suficiente a los panales cuyos bordes están aún redondeados, estos panales, sólo se fijan en la parte superior, dejando grandes huecos entre sus bordes oblicuos y las paredes de la colmena; podrían romperse por el peso de la miel, si las abejas no hicieran algo para luchar contra ello, mediante la construcción de grandes obras de cera, mezclada con propóleos, entre sus bordes y las paredes de la colmena; estas piezas son de forma irregular, extrañamente ahuecadas y sus cavidades no son simétricos. El siguiente suceso, en el que todavía se visualiza mejor el instinto de las abejas, es un desarrollo de su arte particular en la consolidación de sus almacenes.

El instinto de las abejas en la solidificación de sus almacenes.

Durante el invierno, un panal de mi colmena con estructura de cristal, habiendo sido suficientemente fijado en el edificio, cayó entre los otros panales, que siguieron manteniendo su posición paralela con el resto: las abejas no pudieron llenar la vacuidad entre su borde superior y el techo, porque no construyen panales de cera vieja y no se podía obtener cera nueva. Nota: Huber se equivocó al afirmar que las abejas no construyen panales de cera vieja; por lo general no lo hacen, pero cuando las circunstancias de calor son favorables, pueden construir una gran cantidad de panal de cera vieja. En este caso es probable que las condiciones fueran desfavorables. Lo que se obtiene de esto muestra que las abejas construyen panales de cera vieja.-Traductor. En una temporada más favorable no habrían dudado en injertar un nuevo panal sobre el anterior; pero como su provisión de miel no podía administrarse para suministrar la elaboración de esta sustancia, proporcionaron la estabilidad del panal por otro proceso.

Cogieron la cera de la parte inferior de otros panales, e incluso de sus caras al roer los orificios de las celdas más largas; a continuación, se reunieron en gran número en los bordes del panal caído entre él y los panales adyacentes; construyeron allí un número de apoyos irregulares, pilares, contrafuertes, viguetas, dispuestos con arte y adaptados a las localidades.

No se limitaron a la reparación de este accidente en su obra, que al parecer pensaron en las que podrían suceder y sacar beneficio por la advertencia que la caída de un panal les había dado, mediante el fortalecimiento de los demás con el fin de prevenir un segundo evento similar.

Los panales restantes no habían sido desplazados, parecían sólidos sobre sus bases, así que nos sorprendió mucho ver a las abejas fortaleciendo sus principales fijaciones con cera vieja, haciéndolos mucho más gruesos que antes, y fabricaron una serie de nuevos aparatos para unirlos más cerca y con más fuerza a las paredes de su casa. Todo esto pasó a mediados de enero, en momentos en que las abejas comunes se mantienen en la parte superior de su colmena, cuando dicho trabajo ya no pertenece a esa estación.

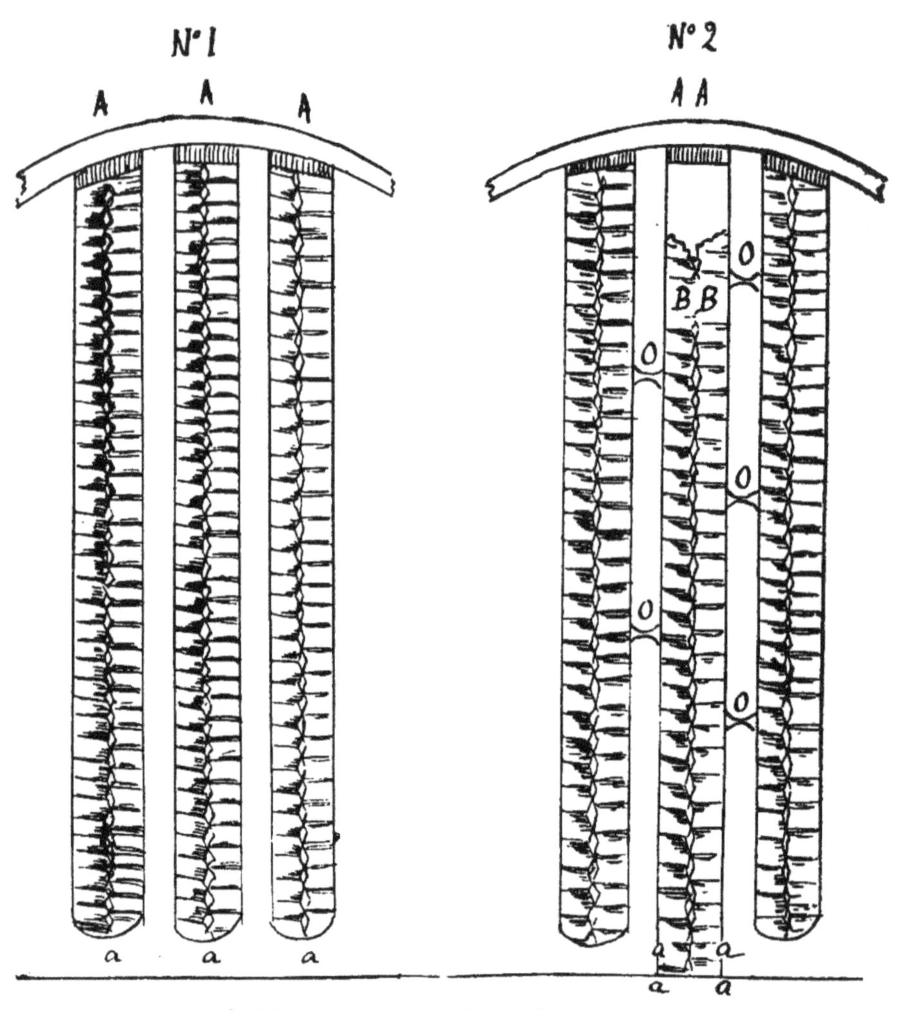

Panal que cayó (de una carta de Huber para Revue Internationale d'Apicultura, mayo 1830)

Puedo contenerme de reflexiones y comentarios, pero reconozco que no pude reprimir un sentimiento de admiración por una acción en la que se mostró una visión tan brillante.

Capítulo VII: Sobre un nuevo enemigo de las abejas

Entre los trabajos de los insectos, los que se refieren a la defensa de sus habitaciones tal vez no son los menos dignos de atención por el hombre que está tan a menudo llamado a hacer frente a las empresas de sus enemigos. Si comparamos las medidas de seguridad adoptadas por estos pequeños animales contra agresiones, con nuestras propias tácticas, si establecemos un paralelismo entre su política y la nuestra, podemos apreciar mejor la altura relativa de su horizonte. Ninguna otra rama de su industria podría utilizarse con más éxito para indicar esta gradación de protección natural; un impulso que es común a todas las especies. En tales circunstancias, la naturaleza despliega los recursos más inesperados; en este deja la mayor libertad a los seres que lo gobierna; ya que las posibilidades de la guerra son el objeto de una de esas leyes generales concurrentes para el mantenimiento del orden universal; sin esas alternativas de éxito y fracaso, ¿cómo se podría mantener el equilibrio entre las especies? Uno de ellos sería aniquilar a todos aquellos que son inferiores a él en fuerza; sin embargo, los más tímidos han subsistido desde el origen de las cosas: sus tácticas, su industria, su fecundidad, u otras circunstancias propias de cada especie, les permiten escapar de la extinción que parece amenazarles.

Entre las abejas, al igual que con el mayor número de los himenópteros, los medios ordinarios de resistencia son esos dardos envenenados con los que hieren a sus enemigos; el destino de la guerra estaría a su favor, a causa de la grandeza de sus números, a menos que varios de sus antagonistas estuviesen todavía mejor armados que ellos mismos; si los demás no tenían el arte de eludir su vigilancia rodeándose por un tejido que los protegiera de sus picaduras, y si no hubiera otros que ganaran por el beneficio de la debilidad de alguna colmena mal poblada para ganar una entrada subrepticia a la misma.

Enemigos tradicionales de las abejas.

Las avispas, avispones, polillas y ratones se han conocido desde siempre por sus estragos en las colmenas; y como no tengo nada que añadir a lo que todo el mundo sabe sobre este tema, me limitaré a señalar un nuevo enemigo de las abejas, cuyos estragos ya he descrito en un libro de memorias especial (Encic. Brit. Nº 213 y 214).

Un nuevo enemigo.

Hacia el final del verano, después de que las abejas han guardado una parte de su cosecha, a veces oímos un ruido sorprendente cerca de sus moradas; una multitud de obreras sale durante la noche y escapan en el aire; el tumulto continúa con frecuencia durante varias horas, y cuando examinamos el efecto de tan gran agitación, en la mañana, vemos una gran cantidad de abejas muertas frente a la colmena: en su mayor parte no contiene más miel y algunas veces está completamente desierta.

En 1804, muchos de mis vecinos granjeros vinieron a consultarme sobre un acontecimiento de este tipo; pero yo entonces no pude darles ninguna explicación; a pesar de mi larga práctica en relación con las abejas, nunca había visto algo similar.

Al visitar la escena, me encontré con el fenómeno aún subsistiendo y que había sido representado con gran precisión; pero los campesinos lo atribuyeron a la introducción de los murciélagos en las colmenas, y yo no estuve de acuerdo en la acreditación de esta suposición. Estos mamíferos voladores se satisfacen con incautar insectos nocturnos en sus vuelos, los cuales nunca buscan en verano. Los murciélagos no comen miel; por lo tanto, ¿por qué deberían atacar a las abejas en su colmena con el propósito de saquear sus almacenes?

Acherontia.

Si no fueron los murciélagos los que atacaron a las abejas, podría haber sido algún otro animal. Por lo tanto, habiendo puesto mi pueblo en una emboscada, pronto me trajeron, no murciélagos, sino atropos esfinge, polillas grandes, más conocidas bajo el nombre de *Acherontias*. Estas esfinges volaban en grandes números sobre las colmenas y una fue capturada cuando estaba a punto de entrar en una de las colmenas menos pobladas; su intención, evidentemente, era penetrar dentro de su casa y viven a expensas de las abejas. De todas partes me llegaron estragos similares cometidos por los murciélagos, como se suponía. Los cultivadores que esperaban una cosecha abundante, encontraron sus colmenas tan vacías como en los primeros días de la primavera, a pesar de que recientemente se habían dado cuenta de que estaban bien abastecidas; finalmente la polilla gigante, que había causado la deserción de las abejas, fue sorprendida en varias colmenas.

Se exigieron repetidas pruebas para convencerme de que un lepidóptero, un insecto sin aguijón, sin ningún escudo, y privado de todos los otros medios de defensa, podría luchar victoriosamente contra miles de abejas; pero estas polillas eran tan comunes durante ese año que fue fácil convencerse de ello.

Un reductor de entrada les impidió la entrada.

A medida que las empresas de la esfinge fueron constantemente más desastrosas para las abejas, decidimos contraer sus entradas para impedir el acceso del enemigo. Fabricamos una especie de rejilla, de estaño, cuyas aberturas sólo eran lo suficientemente grandes como para admitir a las abejas y las colocamos en la entrada de la colmena; este proceso fue un éxito completo, en poco tiempo se restauró el orden y el daño cesó.

Las abejas con el tiempo utilizan la misma solución.

No se habían tomado las mismas precauciones de manera universal; pero nos dimos cuenta de que las abejas, abandonadas a sí mismas, se proporcionaron su propia seguridad; sin ayuda. Ellas se atrincheraron, con una pared gruesa de cera y propóleos, montada detrás de la entrada de la colmena, y algunas veces en la entrada; la obstruía completamente, pero era perforada por pasajes para uno o dos trabajadores cada vez.

Aquí las operaciones del hombre y de las abejas completamente concuerdan; las obras que habían establecido en la entrada de sus viviendas eran de formas variadas; aquí, como acabo de mencionar, había una sola pared, cuyas aberturas estaban en galerías dispuestas en la parte superior de la mampostería; había varios baluartes unos detrás de otros que recordaban a los bastiones de nuestras ciudadelas; pasajes, enmascarados por las paredes delante, abiertos sobre las caras de la segunda fila y que no correspondían con las aberturas de la primera; a veces una serie de arcadas daban salidas a las abejas, sin permitir la entrada de sus enemigos; como estas fortificaciones eran masivas, su sustancia era firme y sólida.

Pero sólo como una respuesta al ataque.

Las abejas no construyen esas puertas acasamatadas, y sin necesidad urgente, por lo que no es una manifestación de prudencia general preparada con antelación para evitar inconvenientes que el insecto no puede ni saber ni anticipar; cuando el peligro está ahí, presionando e inmediato, la abeja, obligada a buscar una conservación segura, emplea este último recurso; es curioso ver a un insecto tan bien armado, con el apoyo de la ventaja del número, consciente de su impotencia, protegerse mediante una combinación admirable contra la insuficiencia de sus brazos y coraje. Así que el arte de la guerra entre las abejas no se limita a atacar a sus enemigos, saben también cómo construir murallas en busca de refugio en contra de sus empresas; desde el papel de simples soldados, pasan al de ingenieros; pero no es sólo contra de esfinge de quien se deben proteger; las colmenas débiles son a veces atacadas por extrañas abejas atraídas por el olor de la miel y la esperanza de un pillaje fácil.

La misma solución contra abejas saqueadoras.

Las abejas asediadas siendo incapaces de defenderse contra tal invasión, recurren a veces a una medida similar a la empleada contra los atropos esfinge; también plantean paredes y dejan aberturas estrechas a través de las cuales una sola abeja puede pasar a la vez; estando de este modo fácilmente vigiladas.

Las abejas agrandarán los pasajes de nuevo durante un flujo de néctar.

Pero llega el momento en que estos pasajes estrechos ya no son adecuados; cuando la cosecha es muy abundante, la colmena está excesivamente poblada, y llega el momento de formar nuevas colonias, demuelen estas puertas que habían levantado en el momento del peligro, y que ahora restringen su impetuosidad; estas medidas de seguridad se han convertido en un inconveniente, y deséchelas desechan hasta que nuevas alarmas exigen su reconstrucción.

Las esfinges vienen sólo en ciertos años.

Las entradas construidas en 1804 fueron destruidas en la primavera de 1805; las esfinges no aparecieron ese año, ni fueron vistas en el año siguiente, pero en el otoño de 1807 se les vio en gran número. Inmediatamente las abejas se atrincheraron e impidieron los amenazantes desastres. En mayo de 1808, antes de la salida de los enjambres, demolieron estas fortificaciones, cuyos pasajes estrechos no dejaban un paso lo suficientemente libre para su multitud.

Hay que remarcar que, cuando la entrada de la colmena está naturalmente limitada, o cuando se ha tenido cuidado para contraerla a tiempo para evitar la devastación de sus enemigos, las abejas prescinden de amurallarla.

El instinto de las abejas se ajusta de acuerdo a las circunstancias

Esta oportunidad en su conducta sólo puede explicarse admitiendo el desarrollo de su instinto de acuerdo a las exigencias de las circunstancias.

Pero ¿cómo puede una esfinge alarmar a tales colonias bélicas? ¿Puede esta polilla, el temor de la gente supersticiosa, también ejercer una influencia secreta sobre las abejas y tiene el poder de paralizar su coraje? ¿Es que quizá emiten alguna perniciosa emanación a estos insectos?

¿Es el sonido de la esfinge terrible para las abejas?

Otras esfinges subsisten solo con el néctar de las flores; tienen un tronco largo y delgado, flexible, en espiral enrollada, y buscan su comida poco después de la puesta del sol, pero el átropos se despierta tarde, no vuela sobre la colmena hasta que la noche está más avanzada; está armado con un probóscide muy corto y muy grande, dotado de mucha fuerza; cuando se apodera de algún órgano desconocido emite un sonido agudo, estridente. ¿No podría ser este sonido, al cual los vulgares adjuntan ideas siniestras, también terrible para las abejas? ¿No podría su parecido con el chillido de las reinas en cautiverio, el cual tiene la facultad de suspender la vigilancia de las obreras, explicar el trastorno observado en su colmena cuando se aproxima la esfinge? Esto es sólo una conjetura, basada en la analogía de sonidos, a la cual no atribuyo ninguna importancia. Sin embargo, si la esfinge elevara este grito desgarrador durante sus asaltos, y si las abejas entonces cedieran a ella sin resistencia, esta conjetura adquiriría un poco de peso.

El Sr. de Réaumur atribuyó el sonido producido por la acherontia por la fricción del tronco contra sus vainas, pero hemos comprobado que esto tiene lugar sin el uso del tronco. Aunque muchos naturalistas han buscado su fuente, no se sabe aún nada satisfactorio sobre el tema. Parece ser cierto que la esfinge emite este sonido a voluntad, y sobre todo cuando se ve afectada por la aprehensión de algún peligro.

La introducción de un lepidóptero tan grande y tan tangible como el átropos esfinge en una colmena bien poblada, y las consecuencias extraordinarias allí resultantes, son los fenómenos más difíciles de explicar, que la organización de este insecto no ofrece ninguna indicación de estar protegido de las picaduras de las abejas.

Deberíamos haber deseado observar este concurso singular en nuestras colmenas de cristal, pero no se ha presentado hasta ahora la oportunidad. Sin embargo, para resolver algunas de mis dudas, hice algunos experimentos sobre la manera en que se recibe a la esfinge en el nido de abejorros (muscorum).

Experimento introduciendo una polilla esfinge en una colmena.

La primera que les traje no pareció estar afectada por el olor de la miel, de la cual sus celdas estaban llenas; primero se mantuvo tranquila en una esquina de la caja; pero a medida que se acercaba al nido y sus habitantes, pronto se convirtió en el objeto, no de miedo, sino de la ira de las obreras, que la asaltaron sucesivamente con furia, y le dieron muchos aguijonazos; trató de escapar y corrió con velocidad; finalmente, con un movimiento violento, se apartó del cristal que cubría el aparato y logró escapar. Parecía sufrir pequeñas heridas, se mantuvo tranquila toda la noche, y todavía estuvo maravillosamente bien varios días después.

Yo no estaba dispuesto a repetir este experimento cruel; la cautividad o alguna otra circunstancia, evidentemente reducían a este insecto a una excesiva desventaja frente a los abejorros. Sin embargo, después de este intento, se hizo aún más difícil para mí imaginar cómo podría introducirse en las colmenas de las abejas comunes, cuyas picaduras son mucho más peligrosas, así como su incomparablemente mayor número. ¿Era la luz de la antorcha en un obstáculo para el desarrollo de los medios de ataque de la esfinge? Posiblemente el éxito de sus empresas resulta de la facultad de ver durante la noche, al igual que otras polillas del mismo género.

Experimento ofreciendo miel a las esfinges.

Otro experimento infructuoso fue el de ofrecer miel a estos insectos: dejé dos esfinges al lado de un panal durante una semana entera, sin que lo tocaran: desdoblamos en vano su probóscide, lo mojamos en miel; este experimento que tuvo éxito a la perfección con las mariposas de día, no tuvo éxito con los átropos esfinge.

Podría haber tenido dudas sobre su debilidad por este alimento, si no hubiera habido pruebas de su avidez por él estando en estado natural. Una observación reciente llegó para apoyar los hechos ya relacionados. Al diseccionar una gran esfinge atrapada en el aire abierto, encontramos su abdomen completamente lleno de la miel; la cavidad anterior que ocupa tres cuartas partes de su abdomen estaba llena como un barril; podría haber llenado una cucharada grande; esta miel, de pureza perfecta, tenía la misma consistencia y el mismo sabor que la de las abejas. Lo que parecía muy singular es que esta sustancia no estuviera encerrada en un intestino particular, sino que ocupara el espacio normalmente reservado para el aire en el cuerpo de estos insectos. Se sabe que su abdomen se divide en un cierto número de habitáculos, cuyas paredes son extremadamente delgadas, tienen membranas verticales; todas estas membranas habían desaparecido; no podía afirmar si se habían roto por la cantidad de miel con la que la esfinge se había saciado, o por nuestra apertura de sus anillos superiores; una cosa es cierta, que en la apertura de otras esfinges de la misma manera, siempre encontramos estos habitáculos bien conservados, aunque completamente vacíos.

Estos hechos pertenecen a la historia natural de la esfinge, no a la de las abejas. Volvamos a los medios de preservar a estas últimas de uno de sus enemigos más peligrosos.

Diseño reductor de entrada de Huber.

Ya he propuesto utilizar, para este fin, tres entradas diferentes de acuerdo a la temporada. Una tira horizontal perforada en su longitud con tres tamaños de aberturas y colocada como una diapositiva entre dos estacas, puede cumplir este propósito. Estas entradas deben ser proporcionales a las necesidades de las abejas y cumplir las gradaciones que se establezcan, cuando tratan de protegerse de sus enemigos por medios similares.

Como destruyen sus fortificaciones, en primavera, antes de la salida de los enjambres, debemos imitarlas dejando la entrada de la colmena libre: tienen pocos enemigos que temer en ese momento, su colmena está bien poblada y puede defenderse. Después de la salida de los enjambres se debe reducir la entrada, ya que la colmena se debilita y las abejas extrañas y las polillas pueden entrar. Este procedimiento es señalado por las propias abejas cuando se ven amenazadas con el pillaje. Cada una de las aberturas, dejadas por ellas en el muro de cera que debe protegerlas contra los peligros del exterior, puede permitir el paso de sólo una abeja a la vez. Están hechos a proporción con el tamaño de los insectos que las abejas temen.

A mediados de julio, estas entradas se agrandan por las abejas de tal manera que permiten que dos o tres obreras pasen a través de ellos, y permitan la salida libre de los machos que son de un tamaño mayor que las obreras. En su época, por lo tanto, tenemos que cambiar la lámina de delante de la entrada con el fin de permitir el uso de las aberturas más grandes, que deben ser cortados en la parte superior, con su convexidad hacia abajo.

Por último, la cosecha está en pleno apogeo, en los meses de agosto y septiembre, las abejas no deben estar demasiado impedidas; aquellas cuyo ejemplo seguimos abrieron un tercer paso en la parte inferior de la pared de cera; tenía la forma de una bóveda muy baja; debemos imitar esta construcción en la tercera fila de agujeros; de esta manera la esfinge no será capaz de entrar en la colmena y las abejas saldrán libremente. Si la tapa estuviera hecha de estaño en lugar de con madera, excluiría a los ratones, uno de los más peligrosos enemigos de las abejas.

Cuando el hombre toma posesión de los animales, destruye en cierta medida el equilibrio que las circunstancias naturales establecen entre las especies rivales, y más o menos disminuye su energía o vigilancia; sólo mediante el estudio de las peculiaridades de su instinto puede reconocer ciertas características cuya subordinación ha disminuido, que su nueva posición ha hecho menos común, y a su vez se debe compensar en parte las ventajas de las que han sido privadas: él debe hacer aún más, si quisiera aumentar sus productos, ya que tiene que lidiar con la naturaleza que asigna límites a la multiplicación de los individuos; pero este arte exige un conocimiento muy profundo de los recursos que la providencia ha puesto a su alcance; ya que es sólo de ellas de donde vamos a aprender el arte de gobernarlas.

Capítulo VIII: Sobre la respiración de las abejas

(La traducción de este capítulo ha sido confiada a Graham-Burtt---Traductor)

Parte I: Introducción.

Nota del traductor: Puede agregar interés para el siguiente capítulo recordar el hecho de que Huber vivió durante el período en que se están sentando las bases del conocimiento científico moderno. Lavoisier en Francia, Priestley en Inglaterra, y en Scheele Suecia hicieron, a lo largo de su vida, sus descubrimientos sobre la naturaleza de la atmósfera, las leyes que gobiernan la combustión y su aplicación a los seres vivos. Así, aunque su trabajo sobre este tema puede parecer elemental para nosotros en realidad él fue uno de los científicos más avanzados de su época y fue aplicando las leyes recién descubiertas a su propia afición particular.

¿Las abejas necesitan aire?

El aire, aunque con el tiempo destruye todo, sin embargo tiene una influencia saludable sobre los organismos vivos. Incluso las plantas lo absorben a su manera, y al igual que los animales, le deben la fuerza vital de su existencia. Para todo lo que tiene vida, es un elemento indispensable; ¿es la abeja una excepción a esta ley universal?

Es bien sabido que todos los animales desde los cuadrúpedos a la molusco descomponen aire, combinando su parte respirable con el carbono que es tan abundante en la naturaleza, y expirándolo en la nueva forma que ha recibido en los pulmones o branquias: y que el calor necesario para la vida es generado por este proceso de combustión.

Estas leyes están tan generalizadas que no parecen admitir excepción alguna. Sin embargo, una serie de circunstancias, aún no consideradas, parecen irreconciliables con ellas.

Si una colonia de insectos pudiera seguir viviendo con éxito y sin mayores inconvenientes para su bienestar, en un espacio cerrado, donde el aire pudiera sólo circular con gran dificultad, el científico se enfrentaría a un nuevo problema.

Ahora bien, esta es precisamente la extraña condición presentada por las abejas. Su colmena, cuyas dimensiones no exceden de uno o dos pies cúbicos, contienen una multitud de individuos todos vivientes, activos y trabajadores.

El aire no circula de forma natural con una única abertura pequeña.

La entrada, siempre muy pequeña, y a menudo obstaculizada por la multitud de abejas que van y vienen durante los días laboriosos de verano, es la única abertura por la que el aire se puede introducir, sin embargo, es suficiente para sus necesidades. Además la colmena, recubierta en su interior con cera y propóleos por ellas mismas, y en el exterior enlucida con cal por el cuidado del propietario de las abejas, no proporciona ninguna de las condiciones necesarias para el establecimiento de una corriente natural de aire. Las salas públicas ofrecen, en proporción, mucha menos obstrucción en la ventilación que una colmena de abejas, ya que el aire no puede circular en un lugar que posee una sola abertura, y que, además, no está favorablemente situada para el propósito. El siguiente experimento se muestran que incluso fuera de la abertura mucho más grande, el aire no sería penetrar desde el exterior, excepto por medios artificiales.

Experimento que muestra que incluso una entrada más grande no proporciona el aire suficiente.

Coja una caja con estructura de vidrio del tamaño de una colmena y colóquela con la apertura en la parte inferior, en una tabla en la que haya cortado una ranura más ancha que la entrada de una colmena. Introduzca bajo el cristal una vela encendida. En unos pocos minutos la llama parpadeará, se volverá azul y morirá. El aire no entra en el recipiente lo suficientemente rápido como para mantener la combustión, ya que no hay forma de establecer una corriente que la atraviese. El efecto sobre seres vivientes encerrados en grandes cantidades en un cristal sería análogo al de la vela encendida.

¿Por qué entonces no se muestra es el mismo resultado en una colmena habitada por abejas? ¿Por qué no perecen, cuando la llama de una vela no puede seguir ardiendo? ¿Son tan diferentes a todo lo demás en la naturaleza? ¿Respiran de manera diferente a otros animales, o no respiran en absoluto?

No podía admitir una deducción tan opuesta a las leyes generales. Por lo tanto, yo quería saber si estas preguntas tenían el mismo interés para personas más ilustradas que yo.

Primero planteé el problema al señor Charles Bonnet, quien impresionado por su singularidad, con gusto me animó a investigarlo. Pero su muerte lamentablemente me privó de la satisfacción de enviarle mis resultados. Me acerqué a un eminente científico cuya aprobación fue suficiente para incitarme a nuevos esfuerzos. El Sr. de Saussure escuchó con interés los detalles de mis experimentos y su conversación me dio más confianza y entusiasmo para continuar la obra que había emprendido.

Huber recibe asistencia del Sr. Senebier.

Pero, falto de experiencia como yo estaba en el análisis de los gases, debería haber tenido dificultades en la consecución de mi fin si no me hubiera ayudado, como ya he dicho en otra parte, el Sr. Senebier, que amablemente tomó parte activa en mis experimentos, y destinó una parte de su tiempo a las pruebas científicas reales que mis investigaciones necesitaban. El Sr. Senebier como colega de Spallanzani, que estaba investigando en la respiración de los insectos, tenía la ventaja de que yo no poseía de conocer la similitud que se mostró entre sus registros y los míos. Nota: "Memorándum sobre la respiración" por Spallanzani, 4 volúmenes, 8 vo, que puede obtenerse a partir de JJ Paschoud, editor, Ginebra y París.

Parte II: Experimentos sobre la respiración de las abejas.

Procediendo sistemáticamente en nuestras investigaciones, comenzamos observando el efecto de diferentes gases en las abejas adultas. Repetimos las mismas pruebas en las larvas y ninfas y llegamos a la conclusión de que era necesario examinar con mayor atención que nunca los órganos externos de la respiración.

Los primeros experimentos tentativos fueron diseñados para descubrir si las abejas se forman de manera diferente con respecto a otros animales. Si no tienen la necesidad de la respiración, deberían ser capaces de soportar el vacío. Deberían ser capaces de vivir tanto en frascos herméticamente cerrados, como en el aire ordinario: en definitiva su relación con el ambiente debe establecer poca o ninguna diferencia en su existencia.

1er Experimento: Mostrando que el aire es indispensable para las abejas.

Introducimos algunas abejas en un receptáculo conectado con una bomba de vacío. Los primeros golpes de la bomba no parecieron hacer ninguna diferencia apreciable para ellos. Caminaron y volaron durante algún tiempo, pero cuando el mercurio en el manómetro había caído hasta un cuarto de pulgada de nivel se postraron sobre sus lados y se mantuvieron inmóviles. Ellas sin embargo, sólo se mostraban aturdidas, y cuando el aire se readmitió pronto se recuperaron completamente. Los experimentos siguientes también mostraron sin duda que una cierta cantidad de aire es indispensable para estos insectos.

2º experimento: Mostrando que las abejas consumen oxígeno.

Quería comprobar el efecto sobre las abejas de mantenerlas en un espacio cerrado, y tomar nota al mismo tiempo de si las alteraciones se producían en el aire con el que habían estado en contacto. Cogimos tres frascos de dieciséis onzas que contenían aire ordinario e introdujimos 250 abejas obreras en el primero, el mismo número en el segundo, y 150 zánganos en el tercero. El primero y el tercero se sellaron cuidadosamente. El segundo, destinado a servir como base para la comparación, sólo se cerró de forma que evitara el escape de las abejas.

El experimento se inició al mediodía. Al principio no parecía haber ninguna diferencia entre las abejas en los frascos sellados y en el que estaba sin sellar. Algunas parecían mostrar signos de impaciencia por su cautiverio, pero sin dar ninguna señal de incomodidad. A las doce y cuarto las del frasco sellado comenzaron a mostrar signos de sufrimiento. Sus anillos se contraían y dilataban con mayor rapidez, respiraban en mayor medida, y parecían experimentar un gran cambio ya que lamían la humedad de las paredes del tarro.

A las doce y media la agrupación, hasta entonces colgando alrededor de un palito untado con miel, de pronto se hundieron, y las abejas que lo componían cayeron al fondo del frasco y no fueron capaces de subir de nuevo. A la una menos cuarto todas estaban asfixiadas. A continuación, las saqué de su prisión al aire fresco, y unos minutos después recuperaron el uso de sus poderes. Los zánganos sufrieron los resultados más trágicos del confinamiento al que les había condenado, ya que ninguno de ellos volvió a la vida. Las abejas encerradas en el segundo frasco con acceso gratuito a aire no habían sufrido en absoluto.

Seguidamente, examinamos el estado del aire en los frascos sellados y lo encontramos muy alterado. Otras abejas que fueron introducidas allí se sofocaron rápidamente. Una vela encendida no ardería en él y una muestra agitada con agua mostró una disminución en el volumen del 14%. Se precipitó tiza de agua de cal, las semillas de lechuga no germinarían en ella, y, por último, las pruebas con óxido nitroso mostraron la ausencia total de oxígeno.

Nota: Pruebas endiométricas:

1 parte de oxígeno ordinario, 1 parte de óxido nitroso, residuos 0.99.

1 parte de aire consumido por las obreras, 1 parte de óxido nitroso, residuos 1.93.

1 parte de aire consumido por zánganos, 1 parte de óxido nitroso, residuos 1.85.

3er Experimento: Ampliación de la demostración sobre la necesidad de oxígeno.

Con el fin de saber si la ausencia del último gas, llamado oxígeno, fue la causa del colapso de las abejas, y si debo atribuir su regreso a la vida cuando son devueltas a la libertad a su presencia, hice el siguiente experimento. Cogimos un frasco de diez onzas y vertimos en él nueve onzas de agua; la décima parte fue reservada para las abejas, y una capa de corcho las separaba del líquido: las abejas estaban, por tanto, en el aire ordinario, y sólo tuvimos que sellar la abertura.

En este experimento como en el anterior el aire se consumió por las abejas que se sofocaron rápidamente. Luego abrimos la parte inferior de la jarra bajo el agua e introducimos una onza de oxígeno.

Nota: El método empleado para medir el consumo de oxígeno fue el utilizado por Priestley de absorber el oxígeno que queda con óxido vítreo y midiendo la pérdida de volumen.

El resultado fue muy satisfactorio. Apenas el oxígeno llegó a la parte de la jarra ocupada por las abejas cuando observamos leves movimientos en su probóscide y antenas: junto a los anillos del abdomen reanudó sus funciones normales, y una dosis adicional del flujo vivificante restauró completamente a estos insectos para el pleno uso de sus poderes.

4º Experimento: Mostrando que el oxígeno alargó sus vidas.

Cuando otras abejas se colocaron en una atmósfera de oxígeno puro vivieron ocho veces más que en el aire ordinario, un resultado muy llamativo. Sin embargo, al final, también murieron de asfixia, todo el oxígeno que ha sido convertida en gas carbónico (CO_2).

Nota: Pruebas endiométricas:
1 parte de aire ordinario, 1 parte de óxido nitroso, residuos 0.99.
1 parte de oxígeno, 3 partes de óxido nitroso, residuos 1.98.
1 parte de oxígeno consumido por las abejas, 1 parte de óxido nitroso, residuos 1.58.

5º Experimento: El CO_2 no las mantiene.

En el ácido carbónico (CO_2) preparado con tiza, inmediatamente perdieron el uso de sus poderes, pero los recuperaron de una vez en el aire.

6º Experimento: El nitrógeno por sí solo no las mantiene.

En nitrógeno preparado a partir de una mezcla de azufre y humedecido con limaduras, las abejas murieron al instante y no se recuperaron.

7º Experimento: El hidrógeno solo no las mantiene.

El mismo resultado siguió su introducción en hidrógeno preparado a partir de zinc.

8º y 9º Experimentos: hidrógeno y oxígeno a 3:1, las mantuvieron durante un tiempo, nitrógeno y oxígeno 3: 1, no las mantiene.

Introdujimos a las abejas en una atmósfera artificial compuesta de tres partes de hidrógeno y una de aire vital, dos gases juntos con un volumen igual a seis onzas de agua. Durante los primeros quince minutos no hubo ningún cambio en el estado de las abejas, pero después sus poderes comenzaron a fallar y, al cabo de una hora estaban sin movimiento o vida. Por último en una mezcla de tres partes de nitrógeno con una parte de oxígeno a las abejas perecieron inmediatamente.

Quizás era superfluo buscar más pruebas de que las abejas respiran: pero antes de abandonar el tema queríamos asegurarnos de los efectos que los mismos gases tendrían sobre ellos en un estado de letargo.

10º Experimento: las abejas aletargadas no respiran.

Encerramos a algunas abejas en un recipiente de cristal rodeado de hielo picado. Un termómetro colocado en el mismo recipiente cayó de 140° R (la temperatura del aire circundante) a 6° R (alrededor de 45° F o 7,5° C), cuando las abejas se adormecieron. Luego se sacaron de los recipientes para ser encerradas en tubos llenos con los gases que habían tenido efectos tan desastrosos en los experimentos anteriores. Las dejamos durante tres horas y cuando las sacamos, salieron disfrutando del pleno uso de sus facultades.

Este experimento fue muy concluyente. No era el contacto de los gases tóxicos lo que causaba la muerte de las abejas en los experimentos anteriores, ya que en este caso no habían sufrido ningún daño, sino la introducción de los gases en los tubos respiratorios. Esto fue demostrado al preservarse su vida en medio de estos gases cuando estuvieron sujetas al frío que había frenado sus funciones vitales.

11er Experimento: Mostrando el consumo de oxígeno y la formación de CO_2 de los huevos, las larvas y las ninfas.

Repetimos con los huevos, las larvas y las ninfas de las abejas las mismas pruebas que se aplican a los adultos. Los resultados fueron totalmente análogos; mostrando el consumo de oxígeno y la formación de gas de ácido carbónico. Las larvas consumen más que los huevos y las ninfas más de las larvas y las ninfas fueron las únicas que sucumbieron.

12° Experimento: Las larvas respiran.

Dos larvas colocadas en nitrógeno y gas carbónico (CO_2) vivieron varios segundos más de lo que las abejas adultas habían hecho.

13er Experimento: Las ninfas respiran.

Las ninfas sometidas a las mismas pruebas no sobrevivieron más de unos pocos segundos.

Nota: pruebas endiométricas:
1 parte de aire ordinario, 1 parte de óxido nitroso, residuos 1.08.
1 parte de aire encerrado con huevos, residuos 1.08.
1 parte de aire encerrado con larvas, residuo.
1 parte de aire encerrado con ninfas. residuos 1.31.
1 parte de aire encerrado con celdas vacías. residuos 1.04.
1 parte de aire encerrado con jalea real. residuos 1.09.

14º Experimento: La respiración de las abejas en todas sus etapas está sujeta a las mismas leyes.

Los huevos colocados en el aire que habían sido alterados por la respiración de las abejas no se desarrollaron, pero las larvas y ninfas entumecidas por el frío no se vieron afectadas cuando se mantuvieron durante algunas horas en estos gases nocivos.

Estos experimentos demostraron que la respiración de las abejas en todas sus etapas está sujeta a las mismas leyes. Debe tenerse en cuenta que Swammerdam había descubierto tres pares de orificios de respiración en el tórax, y siete en el abdomen de las ninfas.

Por lo tanto, me parecía de cierta importancia para determinar si los mismos órganos debían también encontrarse en los insectos adultos, y mis experimentos en este sentido dieron los resultados que estoy a punto de dar. Empleé el método bien conocido de inmersión en agua, pero para evitar la complicación que podía surgir por el entumecimiento, usé agua ligeramente templada.

15º Experimento: La cabeza de la abeja no participa en la respiración.

Daré aquí sólo los principales resultados de mis experimentos. Cuando sólo la cabeza de una abeja se sumergió en agua o mercurio durante un período de media hora ella no pareció verse afectada.

16º Experimento: El tórax de la abeja está involucrado en la respiración.

Si por el contrario la cabeza sólo se quedara fuera del líquido del insecto desenrollaría su lengua y quedaría rápidamente sofocado.

17º Experimento: El abdomen no es suficiente para respirar.

Si la cabeza y el tórax se sumergieran dejando el abdomen en el aire, la abeja lucharía varios segundos, pero muy pronto dejaría de dar señales de vida.

18º Experimento: El aparato de respiración se encuentra en el tórax.

A medida que la cabeza y el abdomen parecen insuficientes para abastecer a las abejas el aire que necesitan el equipo de respiración debería encontrarse en el tórax. Esto se demostró mediante la inmersión de la cabeza y el abdomen, al mismo tiempo, y dejando sólo el tórax fuera del agua. La abeja mantuvo esta incómoda postura con bastante paciencia, y cuando fue liberada se dio a la fuga.

19º Experimento: Las abejas sumergidas asfixian rápidamente

Cuando es sumergida totalmente en el agua, la abeja sofoca rápidamente, pero es entonces cuando el funcionamiento de los orificios o estigmas es más visible. Aparecen cuatro burbujas de aire, dos entre el cuello y la base de las alas, la tercera en el cuello en la base de la trompa y la cuarta en el extremo opuesto del tórax justo por encima de su unión con el abdomen. Estas burbujas no suben inmediatamente a la superficie del agua ya que la abeja parece querer retenerlas, ya que son parcialmente atraídas de nuevo varias veces. Sólo escapan al fin cuando han crecido lo suficiente como para vencer la resistencia causada por el órgano respiratorio, o alternativamente mediante la adherencia del aire a las paredes del orificio. Las dos últimas burbujas nombradas muestran la existencia de estigmas, los cuales que habían escapado a la atención de Swammerdam.

20º Experimento: Uno de los muchos orificios es suficiente para mantener la respiración

En otros experimentos sumergimos cada uno de los orificios a su vez, dejando los demás fuera del agua. Descubrimos que sólo uno de los orificios es suficiente para mantener la respiración, y nos dimos cuenta de que en cada caso los otros orificios no liberaron burbujas, lo que en mi opinión demuestra la existencia de intercomunicación.

21er Experimento: Las abejas producen CO_2

La misma prueba se repitió con agua de cal y demostró que la formación de gas carbónico (CO_2) en los experimentos anteriores, era en gran parte debida a la respiración de las abejas, puesto que las burbujas que se escapan de los cuerpos hicieron que el líquido lechoso se precipitara por la tiza.

Parte III: Experimentos sobre la ventilación de la urticaria

Habíamos pensado explicar la existencia de las abejas en su colmena suponiendo que ellas estaban equipadas de tal manera que no tuvieran necesidad de respiración. Como sin embargo ahora estamos convencidos de la falsedad de esta hipótesis, la dificultad sigue estando, porque es imposible creer que el aire pueda mantenerse lo suficientemente puro como para mantener la vida en un espacio tan confinado. Además, el número de abejas puede elevarse incluso a 25.000-30.000 o más.

Sin embargo, ya que sólo se pudo determinar mediante experimentos si el aire había sido o no alterado, juzgamos que era necesario analizarlo, y para este propósito hicimos los siguientes preparativos.

1er Experimento: El aire es casi tan puro como el de la atmósfera

Preparamos un receptáculo cilíndrico grande para servir como colmena. En ella colocamos un enjambre y le dimos tiempo para establecerse y construir varios panales para que las condiciones pudieran ser las de una colonia normal. A continuación, conectamos un matraz con un grifo dispuesto de tal forma que permitía la entrada de aire desde el cilindro. Este aire, desplazado por la caída del agua o el mercurio contenido en el matraz, se montó encima cuando se abrieron los grifos comunicadores, y se cerraron de nuevo con todas las precauciones necesarias. El mercurio o agua utilizada en este experimento fue recibido en un embudo llevado hasta un tazón situado en la parte inferior de la colmena para que las abejas no sufrieran ningún inconveniente.

El aire de la colmena, recogido en diferentes momentos del día, fue analizado por el Sr. Senebier por medio de óxido nitroso. Los resultados fueron muy diferentes de los que esperábamos, porque encontró el aire tan puro como el de la atmósfera. Por la noche se encontró con una ligera alteración, pero esto no era apreciable y podría explicarse de otra manera.

Nota: Pruebas endiométricas:
1 parte ordinaria de aire, 1 parte de óxido nitroso, residuos 1.05.
Aire tomado de la colmena a las 9 a.m., residuo 1.10.
A las 10 a.m. 1.12, a las 2 p.m. 1.13, 6 p.m. 1.16.
A las 11 a.m. 1,13, a las 3 p.m. 1,13; a las 7 p.m. 1,15.
A mediodía 1.13, a las 4 p.m. 1.13, a las 8 p.m. 1.16.
A la 1 p.m. 1.13, a las 5 p.m. 1.13.

En otro experimento se conectó un matraz con la colmena durante un período de seis horas y cuando se analizó el aire se encontró tan puro como el de la atmósfera.

Nota:Pruebas endiométricas:
1 parte ordinaria de aire, 1 parte de óxido nitroso, residuo 1.02.
Aire de la colmena, 1,05
Aire de la colmena, 1,06.

¿Tienen las abejas, ya sea en sí mismas o en su colmena, algún medio de suministro de oxígeno? Uno de nuestros experimentos mostró que ni la cera, ni el polen lo producen.

Cerramos celdas vacías de 82 granos en peso, también la misma cantidad llenas de polen durante 12 horas en un matraz de seis onzas a la temperatura de la colmena y no hicieron que el aire fuera más rico en oxígeno. Incluso parecía un poco pobre.

Aún no satisfecho de que no hubiera encontrado ninguna solución a mi problema, decidí hacer un experimento que parecía más prometedor. Pensé que si las abejas tenían en su colmena cualquier fuente de oxígeno capaz de abastecer sus necesidades, debería ser indiferente si la puerta de la colmena estuviera abierta o cerrada, lo que podríamos intentar sellando su colmena y haciendo pruebas en el aire del interior. Esta prueba permitiría superar todas las objeciones que se pudieran plantear a los experimentos anteriores, ya que al separar a las abejas de sus compañeras, su larva y su colmena, podíamos haber ejercido alguna influencia, indirectamente, sobre ellas.

2º Experimento: Las abejas no tienen en su colmena ningún medio para suministrar oxígeno

Solo fue necesario encerrar a las abejas en una colmena con paredes transparentes que permitieran la observación de lo que pasaba en el interior. Para este experimento hice uso del enjambre que tenia viviendo en el cilindro.

Reinaba una actividad inmensa en su ocupado mundo. Acercándonos diez pasos oímos un fuerte zumbido. Para la realización del experimento se optó por un día lluvioso, de forma que todas las abejas pudieran estar en la colmena. El experimento se inició a las 3 pm. Cerramos la entrada cuidadosamente y, no sin recelo, observamos los efectos. En un cuarto de hora, las abejas comenzaron a mostrar signos de malestar. Hasta entonces parecían haber ignorado su encarcelamiento, pero ahora se ha suspendido todo el trabajo y la colmena había cambiado totalmente su aspecto. Pronto oímos un ruido extraordinario. Todas las abejas, tanto las que cubren las superficies de los panales como las que se agrupaban abajo, dejaron de trabajar y golpearon el aire vigorosamente con sus alas, haciéndolo de forma menos continua y menos rápida. A las tres y treinta y siete habían perdido todo su poder and ya no podían sujetarse con sus piernas. Este estado fue seguido rápidamente por el colapso.

El número de abejas en el suelo de la colmena se incrementó rápidamente hasta que hubo miles de obreras y zánganos. No quedó ni una sola en los panales. Tres minutos más tarde, toda la colonia estaba aparentemente asfixiada. La colmena de repente se enfrió, y desde 28° R (alrededor de 95° C o 35° C) la temperatura descendió a la del aire exterior.

Teníamos la esperanza de restaurar la vida y calor a las abejas asfixiadas dándoles aire puro de nuevo. Abrimos la puerta de la colmena y también el grifo fijado al matraz. El efecto de la corriente de aire establecida fue sorprendente. En pocos minutos las abejas reanudaron la respiración. Los anillos del abdomen reanudaron su juego normal, las abejas al mismo tiempo comenzaron a batir sus alas, una circunstancia muy notable, que habíamos notado como hemos dicho, cuando la falta de aire comienza a hacerse sentir en la colmena.

Pronto las abejas subieron a sus panales, la temperatura se elevó a la normalidad, y hacia las 4 pm el orden se restableció.

Este experimento demuestra sin lugar a dudas que las abejas no tienen en su colmena ningún medio de suministro de oxígeno, el cual, por lo tanto llega a ellas desde el exterior.

Parte IV: Investigaciones sobre el método de renovación del aire en las colmenas.

La renovación del aire dentro de la colmena es absolutamente necesaria para la existencia de las abejas y ciertamente tiene lugar. El aire fresco debe venir de fuera ya que las abejas mueren tan pronto como la entrada se cierra herméticamente. ¿Cómo sucede esto?

Hemos pensado en un principio que el calor natural de las abejas podría tener suficiente influencia como para establecer una corriente entre el aire interior y el exterior alterando el equilibrio entre ellos. Sin embargo, pronto abandonamos esta idea cuando trajimos a la mente el experimento en el que habíamos puesto una vela encendida bajo una estructura de cristal. La campana de vidrio tenía una abertura mayor que la de una colmena pero la vela se apagó por falta de aire aunque la temperatura de la jarra aumentó hasta 50° R (144° F o 63° C).

Quedaba sólo una hipótesis para explicar la pureza del aire contenido en la colmena, es decir, admitir que las abejas poseen la extraordinaria facultad de ser capaces de sacar el aire fresco en la colmena y, al mismo tiempo expulsar el que han utilizado durante su respiración.

Por lo tanto, tuvimos que averiguar si sus actividades ofrecen cualquier circunstancia especial que explicara este fenómeno. Al no encontrar ninguna explicación satisfactoria, nuestra atención se dirigió de nuevo a la posible conexión entre la circulación del aire y el batido de las alas que se pronuncian lo suficiente como para producir un zumbido continuo desde el interior de la colmena. Se supuso que el movimiento de las alas siendo lo suficientemente pronunciado como para producir un sonido definido, también puede ser suficiente para reemplazar el aire utilizado en la respiración.

Pero ¿podría una cosa aparentemente tan pequeña deshacerse del aire resultante de la respiración de las abejas? A primera vista parece difícil de creer, pero considerando cuán continuo y enérgico es el batido de las abejas parece ofrecer una explicación simple y satisfactoria del problema. Cualquier persona que pone su mano cerca de una abeja cuando se encuentra batiendo las alas se dará cuenta de que crea una corriente apreciable, sus alas se mueven tan rápidamente que apenas se pueden distinguirlos. Unidas en sus bordes por pequeños ganchos las dos alas en cada lado hacen un ventilador muy eficaz, mucho más cuando con ligeramente cóncavas. El movimiento de las alas tiene través de un ángulo de 90°, lo que puede verificarse fácilmente ya que se mueven tan rápidamente que se pueden ver en todas las posiciones prácticamente de manera simultánea.

Las abejas se agarran de manera firme contra el piso de la colmena: el primer par de patas se estira hacia el frente, el segundo se extiende a la derecha y a la izquierda del cuerpo, mientras que el tercero, muy cerca uno del otro, e inmediatamente debajo del abdomen, permite que el insecto suba y baje.

Durante el verano se puede ver un cierto número de abejas batiendo sus alas de esta manera delante de la puerta de la colmena, y se pueden observar otras dentro, más comúnmente estacionadas en el suelo de la colmena. Todas las que están así ocupadas, ya sea dentro o fuera mirando hacia el interior de la colmena.

Es evidente que las abejas se colocan en orden para producir ventilaciones con mayor efecto: forman en filas, a menudo convergen hacia la puerta. Sin embargo, esto no es necesariamente el caso, debido, probablemente, a la necesidad de las abejas encargadas de la ventilación dando lugar a que las abejas recolectoras cuyas idas y venidas las golpeen cada vez que no estén alineadas en hileras.

A veces hay hasta 20 abejas o más haciendo de ventilador dentro de la colmena. En otras ocasiones su número es más limitado. Cada abeja emite aire durante más o menos tiempo. Hemos observado individuos trabajando hasta 25 minutos en los cuales no se detuvo en ningún momento aunque a veces parecían recuperar un poco el aliente cesando la vibración de sus alas durante una fracción de segundo. Tan pronto como alguna deje de ventilar, otras las reemplazan, por lo que nunca hay ninguna interrupción en el zumbido de una colmena bien poblada.

Si en invierno se ven obligadas a ventilar cerca del centro de la agrupación, sin duda, realizan esta importante función entre los panales irregulares cuyas superficies dejan entre ellas espacio suficiente para permitir el movimiento de las alas porque debe haber un espacio de por lo menos media pulgadas para permitir la libre circulación.

Otra cuestión es si la ventilación es necesaria para las abejas en su estado salvaje como para aquellas en las colmenas. Viviendo como lo hacen en árboles huecos y agujeros en las rocas, sus diferentes circunstancias podrían dar lugar a variaciones en su método de renovar el aire de la colmena. En consecuencia hemos tratado de imitar las condiciones naturales mediante la colocación de abejas en una colmena de cinco metros de altura. Se acristaló toda la altura de modo que fuera fácil ver todos los lados de la agrupación en forma de cono que colgaba de los panales en la parte superior de la colmena. La puerta se colocó en la parte inferior como en las colmenas ordinarias.

Vimos que había sólo unas pocas abejas abanicando cerca de la entrada, la mayoría están siempre en el lado de la colmena y esté siendo el más cercano a la agrupación. Estaban espaciados a poca distancia unos de otros en el mismo camino que el de las recolectoras que regresaban del campo.

Esta ventilación por las abejas o el zumbido que es la indicación de la misma, se manifiesta no sólo ante el calor del verano, sino durante todo el año. Parece incluso a veces estar más marcadas en el medio de invierno que cuando la temperatura es más moderada. Una acción que ocupa de manera continua un cierto número de abejas debe tener un efecto muy marcado en la atmósfera. Habiendo descompuesto el equilibrio, se debe establecer una corriente y así se renovará el aire.

Experimento que demuestra la existencia de una corriente de aire en la puerta de la colmena.

Pero un resultado tan notable no puede venir sin ningún signo externo, y nada es más fácil que mostrar esto. Para ello fijamos un pequeño indicador (lit: anemómetro) delante de la entrada de la colmena. Debe de ser muy ligero-de papel, plumas o lana de algodón, y esto nos debe mostrar si hay alguna corriente apreciable de aire que pase dentro o fuera de la puerta de la colmena y de ser así ¿cuál es su fuerza?

Para este experimento hemos elegido un día tranquilo y un momento en que las abejas estaban todas en su colmena, tomando la precaución de fijar una pantalla a cierta distancia de la entrada para que no se confundiera con cualquier oportuna corriente del exterior.

Los indicadores apenas estaban en el lugar cuando comenzaron a moverse. A veces parecían precipitarse hacia la puerta, y parar por un momento, a veces eran repelidas con la misma rapidez y se mantienen en el aire tanto como a una o dos pulgadas de la perpendicular. La cantidad de movimiento parecía ser proporcional al número de abejas abanicando. A veces había menos movimiento, pero nunca se detenía por completo.

Por tanto, este experimento demuestra la existencia de una corriente de aire en la puerta de la colmena: muestra que el aire corrompido por las abejas es reemplazado por aire externo, lo que explica la pureza que habíamos observado anteriormente.

Se puede, posiblemente, objetar que algunos apicultores tienen la costumbre de cerrar las puertas de sus colmenas durante el invierno, al parecer sin daño. Seguramente si, por este método, la entrada de aire se impidiera totalmente sería obvio que las abejas podrían prescindir de él. Pero esta práctica sólo es seguida por los fanáticos de las cestas de paja y estas cestas son muy difíciles de cerrar por completo ya que el aire puede penetrar a través de sus juntas.

Para el resto no se puede afirmar nada sobre el invierno, ya que sólo hicimos un único experimento, aunque ciertamente parecía suficiente para poner nuestras mentes en reposo en este punto. Fue de nuevo a Burnens a quien confiamos el cuidado del experimento. Para ese momento ya nos había dejado y nos envió la siguiente carta sobre el tema.

Señor,

Sólo he llevado a cabo, a petición del Sr. Senebier, el experimento que hicimos en verano.

Elegí para ello una cesta que estaba bien poblado y en el que las abejas parecían estar llenas de vida y actividad. Después de haber fijado el borde de la cesta al suelo, puse a través de la parte superior un alambre grueso terminando en gancho del que suspendí un lazo hecho en el extremo de un cabello. Esto llevaba un pequeño cuadrado de papel delgado que pude encontrar, que se colocó al nivel de la puerta de la colmena a una distancia de unos dos centímetros de ella.

Tan pronto como el aparato estuvo en posición, me di cuenta de que mi indicador comenzaba a moverse. Para medir el movimiento coloqué en la unión del cabello y el papel de una pequeña línea horizontal graduada en líneas (La duodécima parte de una pulgada o aproximadamente 2 mm) de pies de París. El papel se movió hacia atrás y hacia delante varias veces, y los movimientos más grandes eran de una pulgada frente a la perpendicular.

Intenté poner el papel a una gran distancia de la apertura, pero las oscilaciones ya no ocurrieron, y el aparato quedó inmóvil.

Siguiendo su sugerencia hice una abertura en la parte superior de la cesta y eché un poco de miel. Muy poco después, las abejas comenzaron a zumbar. Entonces el zumbido se hizo más fuerte, y varias abejas emergieron. Observé el aparato cuidadosamente, y vi que el movimiento del papel era más frecuente que antes de la introducción de la miel, y que tuvo una mayor intensidad: ya que cuando fijé el pelo a quince líneas (1 pulgada y ¼ o 32 mm) de la entrada, el papel se movió definitivamente hacia delante y hacia detrás varias veces. Traté de ver si el movimiento se llevaría a cabo a una distancia mayor, pero el papel permaneció inmóvil.

Todo lo que queda es para que me informe sobre la temperatura. Tenía un termómetro de alcohol que registró una temperatura de color de 5 ¼° R (poco más de 43 ¾° F o 6,6° C). Había un sol brillante, y el experimento se realizó a las 3 p.m.

Si desea realizar cualquier otro trabajo tan bueno como para hablarme de él voy a cumplir sus mandatos con el mayor placer.

Tengo el honor de ser Sir,

Su más humilde y obediente servidor,

F. BURNENS

Parte V: Pruebas recogidas de los resultados de un ventilador mecánico.

Los experimentos anteriores no me dejaron ninguna duda en cuanto al objeto de la ventilación. Uno ya no podía sostener la teoría de que el aire se producía por cambios químicos en la colmena. Yo había demostrado que el aire utilizado no podía por su propio cambio en peso establecer la ventilación, que es tan esencial para las abejas. Sin embargo, no atreviéndome a confiar completamente en mi propio juicio me hubiera gustado volver a consultar al Sr. Saussure antes de establecer una hipótesis que en muchos aspectos es de interés para los científicos. Este sabio hombre estaba interesado en los resultados de mis experimentos y siendo golpeado por la originalidad de los medios empleados por la Naturaleza para preservar a las abejas de una muerte segura, me sugirió una prueba de que acabaría con todas las dudas al respecto.

Vio sólo una manera de decidir si la renovación del aire en las colmenas podría atribuirse a la ventilación natural, y esto era imitar los movimientos de las abejas por una acción mecánica en condiciones similares a las de una colmena ordinaria, todas las demás fuentes posibles de ventilación estando cortados. Sugirió que debería utilizar un ventilador mecánico, cuyas alas vibraran a una velocidad lo suficientemente rápida como para reproducir el movimiento de aletear las abejas. Uno de mis amigos (Sr. Schwepp, inventor del proceso de creación de agua gasificada.) un mecánico experto y científico inteligente, me ayudó a hacer de este instrumento, y me asistió también en los diversos experimentos para el que fue destinado.

En lugar de una serie de pequeños ventiladores se construyó un molino de viento de estaño con dieciocho alas. Lo adaptamos para que encajara con una gran vasija cilíndrica de que la capacidad se incrementó en un piso superior (bandeja) en el que se fijó sólidamente. Una abertura en el piso superior de tamaño adecuado, que podía cerrarse completamente, sirvió para introducir una vela en la estructura de vidrio. El ventilador se colocó encima de la bandeja y se fijó en su lugar. A un lado de este cuadro habíamos dispuesto otra apertura.

Esta parte del aparato se comunicaba con el recipiente superior, pero estaba dispuesto para prevenir las corrientes de aire, de modo que el ventilador no debiera apagar la vela. Suspendimos sustancias ligeras frente a la apertura de la caja, y empezamos con el siguiente experimento en el que el molino no se puso en acción.

1er Experimento: Entrada libre, sin ventilación, una vela.

Introdujimos una vela en la estructura, el agujero correspondiendo a la puerta de la colmena que se había dejado abierta. La llama no mantuvo durante mucho tiempo su primer brillo. Pronto disminuyó, y tras 8 minutos se apagó. Se apagó, aunque la capacidad del recipiente era de unos 3.228 cúbicos in. (12 galones o 53 litros). La parte superior de la estructura era cálida, y los indicadores no dieron ninguna señal de ninguna corriente de aire.

2º Experimento: Repetición del 1er experimento.

Después de haber renovado el aire que había sido consumido, se repitió el experimento. La vela se apagó después del mismo período de tiempo, mostrando que una única abertura no es suficiente circulación de aire, a menos que se ponga en marcha por algún agente externo.

3er Experimento: Entrada abierta, ventilación simple, una vela.

Después de haber renovado de nuevo el aire de la vasija, reemplazamos la vela, y colgamos varios indicadores cerca de la puerta. Cuando se hicieron estas preparaciones iniciamos el ventilador. Se establecieron a la vez dos corrientes de aire: los indicadores lo mostraban claramente pivotando hacia y desde la puerta, y el brillo de la luz no disminuyó en absoluto durante el transcurso del experimento, el cual podría prolongarse indefinidamente. Un termómetro colocado en la parte inferior del aparato registró 40° R (122° F o 50° C) y la temperatura en la parte superior era evidentemente más alta.

4º Experimento: Igual que el 3º, pero con dos velas.

Quise ver si mi ventilador proporcionaría suficiente aire para dos velas encendidas. Ardieron durante 15 minutos y luego se apagaron a la vez. En otra prueba, donde el molino estaba apagado ardiendo sólo durante 3 minutos.

5º Experimento: Aumento de aberturas, disminución de la ventilación.

Probamos a aumentar el número de aberturas en el lado de la caja, pero no tuvieron éxito. Una de las dos velas se apagó tras 8 minutos. La otra se mantuvo encendida mientras el ventilador estaba en movimiento. Por lo tanto, tuve *no* obtuve una corriente más fuerte por multiplicar las aberturas.

Estos experimentos muestran que en un lugar con una abertura en un solo lado, el aire puede renovarse cuando hay alguna causa mecánica que tiende a desplazarlo, y esto parece confirmar nuestras conjeturas sobre el efecto que el de aleteo de las abejas tiene en la colmena.

Parte VI: Causas inmediatas de ventilación.

Malinterpretaríamos a la naturaleza si suponemos que los objetos reales de cualquier acción dada son siempre los que aparecen en la superficie. Esta línea de pensamiento, que es capaz de un gran desarrollo, es una de las que mejor muestra el poder invisible que gobierna el universo. Las abejas batiendo el aire con sus alas apenas se dan cuenta del objeto que consiguen. Tal vez algún simple deseo o necesidad les hace sentir, y el instinto las lleva a batir sus alas, las cuales parecen haberles sido dadas solo para volar. Esta es sin duda una reacción natural ante el estímulo de alguna sensación particular, ya que no se pueden acreditar con el conocimiento que nos llevaría a nosotros a actuar si estuviéramos en una posición análoga. Sin embargo, es interesante observar las características con las que la naturaleza les dota; aunque sean órdenes inferiores, ya que logran el fin que se propusieron alcanzar.

El exceso de calor es una de las causas.

La primera idea que se nos ocurre es que las abejas no aletean excepto para adquirir una sensación de frescura, y un experimento nos convencerá fácilmente de que este motivo puede ser una de las causas reales del aleteo. Abrimos la persiana de una colmena acristalada: los rayos del sol golpeaban en los panales cubiertos de abejas. Pronto las que primero sintieron la influencia del calor empezaron a aletear, mientras que las que seguían en la sombra permanecieron tranquilas. Una observación que se puede hacer cualquier día confirma los resultados de este experimento: el enjambre de abejas que uno ve frente a la colmena durante el verano, sintiendo el calor del sol, aletea con la mayor energía, pero si un cuerpo interviene creando sombra sobre una parte de la agrupación, el aleteo cesa en la parte sombreada, mientras que continúa en la que está al sol.

El mismo hecho puede ser observado con insectos similares a las abejas. Los abejorros recubiertos de terciopelo cuyo nido mantuvimos en el alféizar de la ventana, generalmente se volvían muy activos cuando el sol calentaba la caja que lo sostenía, y todos batían sus alas, haciendo un fuerte zumbido.

A veces se oye el mismo ruido en los nidos de avispas o avispones. Así, parece una ley constante que el calor haga que las abejas y otros insectos aleteen.

El calor no es la única causa.

Pero el punto destacable de las abejas es que aletean en la profundidad del invierno, y que este ruido es a menudo el signo por el cual se dice que están vivos durante esa temporada. Por lo tanto, el calor es sólo una causa secundaria que en verano aumenta este hábito de las abejas. Hay que buscar otras causas. Intentamos rodar a las abejas con varios gases nocivos y encontramos que varias fueron estimuladas a aletear. Separamos un número de abejas de la colmena, dejándoles un poco de miel, y luego colocamos un poco de algodón empapado en alcohol de quemar cerca de ellas mientras comían. La lana tuvo que ser colocada muy cerca de sus cabezas para que la notaran, pero el efecto fue sorprendente. Las abejas se alejaron de golpe, volviendo de nuevo en breve a la miel. Tan pronto como hubieron vuelto recomenzamos el experimento. Se alejaron una vez más, pero esta vez sin enrollar sus lenguas, contentándose con batir sus alas mientras se alimentaban. Varias veces, sin embargo los insectos estaban demasiado cerca de los desagradables olores y se alejaron inmediatamente dándose a la fuga. A veces, una abeja le daba la espalda a la miel, abanicando hasta que disminuía el olor, y luego volvía a tomar parte de nuevo del ágape que habíamos previsto.

Estos experimentos tuvieron mejor éxito en la puerta de la colmena, ya que las abejas, atraídas por el doble atractivo de la miel y su casa, estaban menos dispuestas a escapar volando del olor con el que las estábamos probando. Las abejas humildes, de las que ya hemos hablado, actúan de la misma manera cuando se enfrentan a los olores nocivos, pero un punto que es muy notable y enfatiza en cierta medida la importancia de batir las alas, es que los zánganos y las reinas, aunque muy sensible a los olores fuertes, no saben cómo preservarse a sí mismos como lo hacen las obreras.

Por lo tanto, la ventilación es una de las labores de la colmena realizadas únicamente por las obreras. El Todopoderoso, al asignar a estos insectos una morada en la que el aire sólo pudiera penetrar con dificultad, también les dio un medio para superar los efectos desastrosos que podrían resultar de la alteración de su ambiente.

De todo el mundo animal las abejas son quizás las únicas criaturas que gozan de la dicha de una función tan importante, y por cierto esto indica la perfección de su organización. Una consecuencia indirecta de esta ventilación es la alta temperatura que las abejas mantienen sin esfuerzo en sus colmenas. Es el resultado de su respiración como es el caso de todos los demás seres vivos. Este calor, que un escritor ha atribuido a la fermentación de la miel, deriva sin duda de la reunión de un número de abejas en el mismo lugar. Es tan absolutamente esencial para ellas y sus crías que debe ser independiente de la temperatura del aire exterior.

La existencia de las abejas depende de la continuidad de su aleteo.

Por tanto, la existencia misma de las abejas está en dependencia directa con la continuidad de su aleteo. Aunque son llamadas a muchos trabajos diferentes, cada uno de estos insectos debe ocuparse constantemente de mantener el aire en el grado necesario de pureza. Esta función ejercida por un número de individuos cada uno en su turno, no exime a ninguno de ellos del otro trabajo de la colmena que se ha de realizar.

Así, la organización social de estos insectos les permite a su vez cumplir con las diferentes funciones impuestas a toda la población.

Capítulo IX: Sobre los Sentidos de las Abejas y en Especial el del Olor

La infinita variedad de hábitos exhibidos por las diferentes razas de insectos y animales, da lugar a la idea naturalista de que los objetos físicos no procuran sensaciones similares a las de los hombres; sus facultades no siendo las mismas, y su naturaleza, no admitiendo la luz de la razón, deben estar dirigidas por otros agentes. Tal vez la idea que nos formamos de sus sentidos, fundada sobre los que nos fueron dados a nosotros mismos es incorrecta; sentidos de un tipo más sutil o modificado de alguna manera, pueden presentar objetos bajo un aspecto desconocido para nosotros, y causar impresiones que son ajenas a nosotros; si estuvieran mejor desarrollados que los nuestros, abrirían un nuevo campo a nuestras observaciones. Así, lo que el hombre descubre con la ayuda de gafas ampliadas sigue perteneciendo a la vista, aunque los antiguos no tuvieran ni idea de los objetos que podemos percibir desde que el progreso se produjo en el arte de la óptica.

¿No podemos admitir que la inteligencia que dispensa a cada animal la organización adecuada a sus gustos y hábitos tiene el poder de modificar sus sentidos más allá de cualquier conocimiento que el arte nos da?

¿No puede el mismo regulador que creó para nosotros esas cinco grandes vías, a través de las cuales nuestra mente gana sus nociones del mundo físico, abrirse a los seres menos favorecidos con canales de juicio más seguros, más directos, o más numerosos, cuyas ramas se extiendan a todo el dominio asignado a ellos?

¿Ha creado la naturaleza otros sentidos para los seres que difieren de nosotros?

El arte nos permite determinar con respecto a los objetos que no son tan inmediatos dentro de la esfera de los sentidos, dónde se requiere más particularmente el juicio; como la física y la química han probado en unos mil ejemplos; los termómetros, disolventes y reactivos por medio de los cuales detectamos la naturaleza más íntima de los objetos que escapan a nuestros sentidos, como tantos nuevos órganos. Así, puede haber otro medio de observar los objetos, aquellos que hemos inventado solo hablan con la mente; pero cuando la Naturaleza establece comunicaciones entre lo físico y lo espiritual, lo hace a través de sentimientos o sensaciones, y no es repugnante admitir la posibilidad de que haya creado otras sensaciones para los seres que difieren de nosotros en muchos otros aspectos.

Los insectos que viven en una república, entre los cuales las abejas sin duda ocupan el rango más alto, a menudo presentan rasgos inexplicables, aun suponiendo que estos pequeños seres estén dotados de los mismos sentidos que nosotros mismos, lo que hace que sea tan difícil de penetrar en el impulso secreto que los acciona. Sin embargo poseen sensaciones de naturaleza menos sutil, y ya que es aconsejable obtener el máximo conocimiento de sus poderes como sea posible, sería un error descuidar el estudio de las manifestaciones externas que están a nuestro alcance, por las que podèmos juzgar, al menos, sus apetitos y sus aversiones.

Los sentidos de las abejas.

La vista, el sentimiento, el olfato y el gusto son los sentidos más generalmente atribuidos a las abejas; hasta ahora no tenemos ninguna prueba de que disfruten del sentido del oído, si bien una costumbre muy frecuente entre la gente del campo parece apoyar la opinión contraria; me refiero a la práctica de golpear con un instrumento sonoro, en el momento de la salida de un enjambre, para evitar que saliera volando; pero en compensación, ¡cuán grande es la perfección de su órgano de la vista! ¿Con qué facilidad una abeja reconoce su morada en medio de un apiario con numerosas cajas todas análogas a la suya? Ella regresa a él directamente y con velocidad extrema, lo que indica que la distingue de las demás de lejos por marcas que escapan de nuestro aviso. La abeja se aparta y se va directamente al campo más florido; habiendo comprobado su curso, se la ve volar transversalmente por un camino tan directo como el vuelo de una bala que escapa del cañón de un mosquete: habiendo hecho su cosecha, ella se levanta en alto para reconocer su colmena y vuelve con la rapidez de un rayo. Nota: Desde que Huber escribió lo anterior, se ha comprobado que la llamada línea recta es más o menos ondulado, probablemente debido a las corrientes de aire y la brisa.-Traductor.

El trabajo en la colmena se hace en la oscuridad.

Su sentido del tacto es quizás aún más admirable, es sustituido, y completamente suministra la falta de vista dentro de la colmena: la abeja construye sus panales en la oscuridad, derrama su miel en los almacenes, alimenta a las jóvenes, juzga su edad y necesidades, reconoce a su reina, todo por medio de las antenas, cuya forma está mucho menos adaptada para el *conocimiento* de nuestras manos; ¿debemos, por tanto, no conceder a este sentido modificaciones y perfecciones desconocidas en el toque del hombre? Si tuviéramos solo dos dedos para medir y comparar tantas cosas diversas, ¿qué sutileza requerirían para realizar el mismo servicio? Nota: Los tres ocelos en la cabeza de la abeja se cree generalmente ahora que sirven en la oscuridad de la colmena, a muy corto alcance-Traductor.

Gusto.

El sentido del gusto es quizás el menos perfecto de todos los sentidos de la abeja; ya que este sentido en general admite selección en su objeto, pero contrariamente a la opinión recibida la abeja sin duda muestra poca elección en la miel que recoge. Las plantas cuyo olor y sabor nos parecen desagradables no las rechazan. No se excluyen las flores venenosas de su elección, y se dice que la miel cosechada en determinadas provincias de América es casi un veneno violento; aparte de esto, las abejas no desprecian las secreciones de pulgones bajo la forma de melaza, a pesar de la impureza de su origen; las vemos incluso bastante tolerantes respecto a la calidad del agua que beben; la de los estanques y de las zanjas más viles es aparentemente preferida a la corriente más límpida y al rocío en sí.

Por lo tanto, nada es más desigual que la calidad de la miel: la de un distrito no tiene un sabor similar a la de otro; la de primavera es diferente a la de otoño; la miel de una colmena no siempre se parece a la de la colmena contigua.

Por lo tanto, es cierto que la abeja no selecciona su comida; pero si no es particular en cuanto a la calidad de la miel, tampoco es indiferente en cuanto a la cantidad contenida en las flores. Constantemente recurren donde se encuentra la mayoría; salen desde su colmena sin tener mucho en cuenta la temperatura de acuerdo a su expectativa de una cosecha más abundante o escasa. Cuando el tilo (Tilia) o alforfón están en flor, desafían a la lluvia, salen antes de la salida del sol, y vuelven más tarde que de costumbre; pero esta efervescencia se relaja tan pronto como las flores se marchitan, y cuando la guadaña ha cortado las que adornaban los prados, las abejas permanecen en la colmena, por muy brillante que sea la luz del sol. ¿A qué vamos a atribuir el conocimiento de la mayor o menor abundancia de miel en las flores del país que las abejas parecen poseer, sin salir de su casa? ¿Tiene un sentido, más sutil que los otros, ese olor, les advierte de ello?

Hay olores repugnantes para las abejas; otros las atraen; el humo del tabaco y cualquier otro tipo de humo les desagradan. La industria humana convierte para su beneficio su aversión, así como su gusto; pero se satisface con alcanzar el objetivo deseado y no invadir el dominio de la investigación filosófica.

Liderados por otros motivos, haremos todo lo posible por encontrar cómo los diferentes olores afectan a las abejas, en qué medida se sienten atraídos por unos y rechazan otros; esto está dentro de nuestro alcance; quizá algún día el crecimiento de progreso nos permitirá ir más allá.

De todas las sustancias olorosas, la miel es la que atrae más poderosamente a las abejas; otros olores tienen la misma facultad tal vez sólo en la medida que les sugieren la presencia de un líquido que parece muy valioso para ellas.

Experimentos que muestran que las abejas encuentran la miel por el olor.

Para determinar si era el olor de la miel y no la vista de las flores sólo lo que informa a las abejas de su presencia, debemos ocultar esta sustancia donde sus ojos no lo puedan ver; para este propósito, primero colocamos la miel cerca del apiario, en una ventana, donde las persianas casi cerradas todavía permitían su paso si así lo deseaban; en menos de un cuarto de hora, cuatro abejas, una mariposa y algunas moscas domésticas se insinuaban entre la persiana y la ventana, y nos parecieron alimentarse de ella. Aunque esta observación fue lo suficientemente concluyente, me hubiera gustado confirmarlo mejor: llevamos cajas de diferentes tamaños, colores y formas, ajustamos a ellas pequeñas válvulas de tarjetas correspondientes con aberturas en sus cubiertas; pusimos miel en ellas, se colocaron a doscientos pasos de mi apiario.

En media hora se observaron abejas llegar, examinaron cuidadosamente las cajas, y pronto descubrieron las aberturas por las cuales podían entrar y las vimos empujando las válvulas y llegar a la miel.

Uno podría allí juzgar la extrema delicadeza del olfato de estos insectos; no sólo estaba la miel bastante oculta a la vista, sino que sus emanaciones no podían ser mucho más difusas, ya que estaba cubierta y disfrazada en el experimento.

Las flores con frecuencia exhiben una organización semejante a nuestras válvulas; el nectario de varias clases se encuentra en la parte inferior de un tubo, cerrado u oculto por los pétalos; sin embargo, las abejas lo encuentran; pero su instinto, menos refinado que el del abejorro (Bremus), proporciona menos recursos; esta último, cuando es incapaz de penetrar en las flores por su cavidad natural, sabe cómo hacer una abertura en la base de la corola, o incluso del cáliz, para insertar su probóscide en el lugar donde la naturaleza ha localizado el depósito de miel; por medio de esta estratagema y la longitud de su lengua, el abejorro puede obtener la miel, donde la abeja doméstica alcanzaría con gran dificultad. A partir de la diferencia de la miel producida por estos dos insectos, uno podría conjeturar que no cosechan las mismas flores.

La abeja de miel, sin embargo, está tan atraída por la miel del abejorro como por la suya propia. En una época de escasez, las hemos visto realizando pillaje, un nido de abejorros que había sido colocado en una caja abierta cerca de un apiario; habían tomado posesión de casi toda ella: unos abejorros, que quedaban a pesar del desastre del nido, aún se repararon en los campos y devolvieron el excedente de sus necesidades a su antiguo asilo; pero las abejas saqueadoras, las entrenaron, las acompañaron a casa y nunca las abandonaron hasta haber obtenido los frutos de su cosecha; les lamieron, tendieron sus troncos, los rodearon y no los soltaron hasta que hubieron obtenido el líquido sacarino del cual eran los depositarios: ellos no tratan de matar al insecto que les proporcionó su refrigerio; no desenvainaron nunca el aguijón, y el propio abejorro estaba acostumbrado a estas exacciones, cedió su miel y reanudó su vuelo: esta nueva economía doméstica duró más de tres semanas; las avispas, atraídas por la misma causa, no se familiarizados con los propietarios originales del nido; por la noche los abejorros se quedaron solos; finalmente desaparecieron y los parásitos no regresaron.

Nos hemos asegurado de que la misma escena sucede entre las abejas rastreadoras y las de colmenas débiles, lo que es menos sorprendente.

Las abejas tienen una gran memoria.

Las abejas no sólo tienen un sentido muy agudo del olfato, sino que también a esta ventaja se le añade el recuerdo de las sensaciones; he aquí un ejemplo. Se había colocado miel en una ventana en otoño, las abejas llegaron a ella en multitudes; quitamos la miel y cerramos las persianas durante el invierno; pero cuando se abrieron de nuevo, en el retorno de la primavera, las abejas regresaron, aunque no había miel allí; sin duda, recordaron que algunas habían estado allí antes; por lo tanto un intervalo de varios meses no borró la impresión recibida.

Vamos a buscar el sitio o el órgano de este sentido, cuya existencia ha sido demostrada.

Las fosas nasales aún no han sido reconocidas en los insectos, ni sabemos en qué parte del cuerpo se sitúan éstos, o cualquier órgano que les corresponda, en esta clase de seres. Probablemente los olores alcanzar el sensorio por un mecanismo similar al que nos ha sido dado a nosotros; es decir, el aire se introduce en alguna apertura en la terminación de los nervios olfativos; por lo tanto, debemos determinar si los estigmas no realizan esta función, si el órgano que buscamos se encuentra en la cabeza o en alguna otra parte del cuerpo.

1er Experimento: El sentido del olfato no está en el abdomen, el tórax, la cabeza o los estigmas del tórax.

Un lápiz mojado en aguarrás, una de las sustancias más formidables para los insectos, se presentó con éxito a todas las partes del cuerpo de una abeja, pero habiéndose presentado en el abdomen, el tórax, la cabeza o los estigmas del tórax, la abeja que estaba ocupada comiendo no parecía estar mínimamente afectada.

2º Experimento: El órgano del olfato, en estos insectos, reside en la boca o en partes que dependen de ella.

De la inutilidad de la primera prueba se concluyó que era necesario pasar el lápiz sucesivamente por todas las partes de la cabeza: así que cogí un lápiz muy fino, para evitar tocar más de un punto cada vez. La abeja, ocupada con su comida, sostuvo su tronco sobresaliendo hacia delante; pusimos el lápiz cerca de los ojos, las antenas, el tronco en vano; sin embargo reaccionó de otra manera cuando lo colocamos cerca de la cavidad de la boca, por encima de la inserción de la probóscide.

En ese instante la abeja retrocedió, dejó la miel, y batió sus alas mientras caminaba con mucha agitación; habría levantado el vuelo si no se hubiera retirado el lápiz; volvió a su comida y volvimos a presentarle la trementina, colocándola cerca de su boca; la abeja entonces se apartó de la miel, se aferró a la mesa y aleteó durante algunos minutos. Una prueba similar, con aceite de mejorana produce el mismo efecto, pero de una manera más rápida y constante.

Este experimento parece indicar, por tanto, que el órgano del olfato, en estos insectos, reside en la boca o en partes que dependen de ella.

Las abejas que estaban no ocupadas alimentándose parecieron más sensibles de este olor, lo percibieron a una distancia mayor, y rápidamente levantaron el vuelo, mientras que, cuando su tronco fue sumergido en miel, varias partes del cuerpo pudieron ser tocadas sin molestarlas en su ocupación.

¿Fueron absorbidos por su amor por la miel y distraídas por su olor, o eran sus órganos menos expuestos? Esto podría determinarse de dos maneras, ya sea cubriendo todas las partes del cuerpo con el barniz, dejando sólo la barra del órgano sensible, o por cementación hasta la parte en la que se suponía que la sede de este sentido que se encontraba, dejando las otras partes completamente libres.

El último método pareció el más positivo y factible, cogimos varias abejas y les obligamos a revelar sus troncos, llenamos su boca con pasta de harina; cuando este revestimiento estuvo lo suficientemente seco como para evitar que se despojasen de él, las liberamos; este proceso no pareció incomodarlas, respiraron y se movieron con tanta facilidad como sus compañeras.

Les ofrecimos miel, pero no parecieron estar atraídas por ella, ni tampoco parecían afectadas por olores más ofensivos para ellas. Sumergimos lápices en aceite de trementina, y en clavo, en éter, en álcalis fijos y volátiles, y en ácido nitroso, y acercamos los puntos a sus bocas; pero estos olores, que habrían causado una repentina aversión a ellos en su condición ordinaria, no tuvieron efectos sensibles sobre ninguno de ellas. Por el contrario, varias se montaron en los lápices envenenadas, y viajaron por ellos como si no estuvieran impregnados con alguna de estas sustancias.

Estas abejas habían perdido, por lo tanto temporalmente el sentido del olfato, y nos pareció suficientemente demostrado que tenía su sede en la cavidad de la boca.

También hemos querido investigar de qué manera las abejas se verían afectadas por diferentes olores.

Los ácidos minerales y álcalis volátiles, presentados en un lápiz en la apertura de la boca, causaron sobre estos insectos la misma impresión que el espíritu de trementina, pero con mayor energía; otras sustancias no tenían un efecto tan pronunciado. Cuando presentamos almizcle a las abejas que se alimentaban en la entrada de la colmena, pararon y se dispersaron un poco, pero sin precipitarse o batir las alas; dispersamos almizcle pulverizado sobre una gota de miel; empujaron la lengua hacia ella, pero como por sigilo se quedaron tan lejos de la miel como fue posible; esta gota de miel, que habría desaparecido en pocos minutos, si no hubiera sido cubierta con almizcle, no sufrió ninguna disminución sensible en un cuarto de hora, aunque las abejas abalanzaron sus troncos varias veces sobre ella.

Sr. Senebier habiendo llamado mi atención sobre ciertos olores que podrían afectar a las abejas, ya que vician el aire, y no por ninguna acción directa sobre sus nervios, pensé en hacer experimentos similares con sustancias que no lo viciaban perceptiblemente, como el alcanfor, el asafétida, etc.

3er Experimento: Las abejas no repelen el asafétida.

Mezclamos asafétida pulverizado (Una resina vegetal usada en la cocina con un desagradable olor a acre cuando todavía está en crudo-transcriptor) con miel, y lo pusimos a la entrada de una colmena; pero esta sustancia cuyo olor es insoportable para nosotros, no pareció molestar a las abejas; cogieron con avidez toda la miel que estaba en contacto con las moléculas extrañas; no intentaron retirarlo, no hicieron vibrar sus alas, y de la mezcla dejaron sólo las partículas de asafétida.

4º Experimento: Aunque el alcanfor desagrada a las abejas, su atracción por la miel destruye esta repugnancia

Puse un poco de alcanfor en la entrada de la colmena, y me di cuenta de que las abejas, tanto las que volvían a casa como las que iban al campo, se desviaron en el aire para evitar pasar directamente a través de este material. Atraje a algunas con miel en una tarjeta; mientras sus troncos estaban sumergidos en la miel, llevé el alcanfor a su boca y todas dieron a la fuga. Volaron durante un tiempo en mi gabinete, y al final se posaron junto a la miel; mientras extraían con sus troncos, tiré fragmentos de alcanfor en ella; retrocedieron un poco, manteniendo el extremo del tronco en la miel, y observamos que primero cogieron lo que no estaba cubierto con alcanfor. Una de ellos hizo vibrar sus alas mientras se alimentaba; otras se agitaron poco y otras nada en absoluto. Deseando ver lo que una mayor cantidad de alcanfor podría causar, cubrí la miel del todo, y las abejas emprendieron vuelo al instante. Me llevé la tarjeta a mis colmenas, para determinar si otras abejas estarían menos atraídas por el olor de la miel que repugnadas por el olor del alcanfor; y también puse miel pura a su alcance en otra tarjeta; esta última pronto se descubrió y la miel se consumió en unos minutos. Transcurrió una hora antes de que una sola obrera se acercara a la tarjeta alcanforada; después una o dos abejas se posaron sobre ella y pusieron los troncos en el borde de la gota de miel. Su número aumentó gradualmente, y dos horas después estaba totalmente cubierto por ellas, se llevaron toda la miel y sólo el alcanfor permaneció en la tarjeta.

Estos experimentos demuestran que aunque el alcanfor desagrada a las abejas, su atracción por la miel destruye el efecto de esta repugnancia, y que hay olores que lo repelen sin viciar el aire.

Un gran número de experimentos me convenció también de que la influencia de los olores en el sistema nervioso de las abejas es incomparablemente más activo en un recipiente cerrado que al aire libre.

Yo ya sabía que el olor del alcohol del vino era desagradable para ellas, y que batían sus alas para deshacerse de él; pero aún no había hecho esta prueba en un recipiente cerrado.

5º Experimento: El alcohol fue repugnante y mortal.

Puse alcohol de vino en un vaso pequeño con un receptor, lo dejé descubierto para que este líquido pudiera evaporarse; pero dispuesto de forma que las abejas no pudieran caer en él, en cuyo caso caerían sobre el vidrio; Entonces di miel a una abeja y cuando tuvo suficiente la coloqué bajo el receptor; viajó en todas direcciones, tratando de escapar; durante una hora no hacía más que batir sus alas y buscar una salida; entonces percibí un temblor continuo de sus piernas, el tronco y las alas; pronto perdió la capacidad de estar pie sobre sus patas, yacía en posición supina, y la vimos moverse de manera singular; avanzar en la mesa en esta posición, con las cuatro alas como remos o pies, y toda la miel que había ingerido, antes de la exposición al vapor del alcohol de vino, la vomitó en diferentes momentos. Como el agua, mediante la combinación con el espíritu de vino podría destruir su efecto y lograr la recuperación de esta abeja, la sumergí dos veces en agua fría; el baño la benefició sin darle ninguna fuerza; vinagre pareció reanimarla, pero su efecto no se mantuvo y pronto pereció.

Las moscas y los insectos de madera también perdieron su vida cuando se expusieron a efluvios similares; pero una gran araña pasó la prueba sin parecer afectada.

6º Experimento: El olor del veneno de abeja agita a las abejas.

Ya que el veneno de la abeja exhala un olor penetrante, tenía curiosidad por conocer sus efectos sobre las propias abejas; este experimento dio un resultado animado.

Cogimos con pinzas el aguijón de una abeja con sus apéndices saturados con veneno; presentamos este objeto a las abejas obreras que estaban descansando en un estado de tranquilidad antes de su entrada; la emoción se extendió al instante entre la pequeña multitud; ninguna huyó, pero dos o tres se lanzaron contra el aguijón y otra con ira nos atacó. No era el aparato amenazador de este experimento lo que las irritaba; ya que el veneno se había coagulado en el punto de la picadura, y en sus apéndices, podíamos ofrecérselo a ellas con impunidad; no parecían notarlo. El siguiente experimento demuestra aún mejor que el olor del veneno por sí solo es suficiente para enfadarlas.

Colocamos unas cuantas abejas en un tubo de vidrio cerrado sólo por un extremo; las dejamos medio aletargadas para que no pudieran escapar por el extremo abierto. Se restablecieron gradualmente con el calor del sol. Después las irritamos un poco tocándolas con las púas de una espiga de trigo; todas sacaron su aguijón, sobre los cuales aparecieron gotas de veneno.

Sus primeras señales de vida fueron, por tanto, manifestaciones de la ira, y no dudo de que ellas se hubieran perforado entre sí o se hubieran apresurado contra el observador, de haber estado en libertad; pero no podían moverse ni escapar del tubo en contra de mis deseos.

Las saqué una por una con pinzas, y las confiné en un receptor, de manera que mi experimento no se viera perjudicado. Habían dejado en el tubo de un olor desagradable; el del veneno que habían lanzado contra las paredes interiores. Presenté su extremidad abierta a grupos de abejas frente a su colmena. Se mostraron agitadas en cuanto olieron el olor del veneno, pero esta emoción no era la del miedo; dieron testimonio de su ira de la misma manera que en el ensayo anterior.

Por lo tanto, ciertos olores no sólo actúan físicamente, sino que tienen una influencia moral sobre ellas.

Aquí comienza, sin duda, una serie de sensaciones de una clase en particular, eludiendo a nuestros investigadores, y de las cuales solo podemos formar una idea confusa; los animales poseen una especie de superioridad sobre nosotros en este sentido. ¡Qué variedad de impresiones se producen por el olor en el perro de caza! Un sentido desarrollado a tan alto grado que despierta en su imaginación la idea del miedo, la ira o el amor, da instrucciones al animal sobre cualquier cosa que pueda afectar a su seguridad, sus inclinaciones y de su industria.

Haciendo una contabilización de la conducta de los insectos en algunas circunstancias, debemos apreciar la influencia de diferentes sensaciones, que sin llamarlas fuera de su ámbito natural, combinan con sus hábitos y los modifican momentáneamente.

Ciertos olores o una temperatura demasiado alta, impulsan a las abejas a volar; pero si alguna otra causa, como la atracción de la miel, actúa en sentido contrario y les induce a permanecer, saben cómo preservar su disfrute presente, y protegerse de sensaciones desagradables, agitando el aire sobre ellas. Retenidas en su colmena por todas las atracciones que la naturaleza ha combinado allí para ellas, e incapaces de deshacerse del gas pestilente sin abandonar a sus crías y sus almacenes acumulados, las abejas pueden recurrir a ingeniosos medios de ventilación, para la renovación del aire.

Pero ¿por qué no todas las abejas que se ven afectadas de la misma manera, aletean sus alas al mismo tiempo? ¿A qué podemos atribuir la tranquilidad general del enjambre, cuando unos pocos individuos están ocupados en procurar un ambiente saludable? ¿Hay sensaciones de naturaleza suficientemente sutil como para advertirles de que ha llegado su turno de batir sus alas?

No podemos suponer que sólo una parte de ellas esté afectada por una causa que no tiene ninguna operación sobre un mayor número; pero tal vez esto dependa de una disposición temporal más o menos favorable.

Hemos visto a todas las abejas de una colmena batir sus alas a la vez, cuando el aire de su colmena, con demasiada fuerza encerrada, no se renovaba a su voluntad; pero un caso tan urgente no se produce en estado natural, y por lo general vemos solo un pequeño número de abejas ocupado con la ventilación.

Los insectos de la misma especie, aunque excitados por las mismas causas, generalmente no se ven afectados de una manera tan uniforme, como para que no podamos percibir las diferencias en el resultado de los experimentos a los que están sometidos.

Algunos están influenciados más rápidamente que otros, según las circunstancias u ocupaciones las hagan más o menos sensibles, y sólo cuando el caso es llevado a un grado extremo, vemos su acción con toda su fuerza.

Por lo tanto, puede ser que tan pronto como un cierto número de abejas de ventilación haya logrado llevar el aire a una pureza suficiente; las otras, no experimentando la sensación de impureza en igual medida, se abstengan de batir sus alas y cedan a ocupaciones más urgentes. Si el número de abejas de ventilación disminuye momentáneamente, las primeras obreras que experimenten la alteración del aire comenzarían a aletear, y su número aumentaría hasta que sus esfuerzos unidos restauraran en este elemento el grado de pureza esencial para la respiración de tantos miles de los individuos.

Tal es el modo en el que concebimos la creación de esta cadena perpetua de abejas de ventilación; ya que no se observa comunicación entre ellas. Esta hipótesis supone una organización de las abejas muy delicada; es evidente que la continuación de su vida, dependiendo del cuidado con que renuevan el aire, deben estar provistas de sentidos lo suficientemente sutiles como para detectar la más pequeña alteración en el fluido que respiran.

El aire puede perder muchos grados de su pureza, antes de que seamos conscientes de ello, aunque se ha demostrado que es muy nocivo para nuestra salud; pero la naturaleza no nos ha colocado en circunstancias similares a las de las abejas, y nunca debería ser necesario prever los inconvenientes de aire confinado, si no nos apartamos de las condiciones adaptadas a nuestra constitución física.

... en algunas operaciones complicadas de las abejas

Hemos examinado la relación general de los sentidos de las abejas, con objetos de utilidad inmediata; pero es muy probable que la esfera de su actividad no se limite a los olores distintivos y las sustancias que tienen que recoger; el acto de la recolección y el uso de esos materiales es sólo una rama de la historia de las abejas; su conducta como una gran sociedad cuya prosperidad depende de elementos más o menos variables, debe ofrecer conexiones civiles por así decirlo, entre todos los miembros del enjambre.

Sus sentidos, sin duda, deben tener una gran participación en las operaciones derivadas de este estado de cosas. Es esencial determinar mediante experimentos qué grado de influencia debe atribuírseles en los desarrollos donde el instinto parece adaptado a las circunstancias más complicadas.

Uno de los hechos que resultan ser los más merecedores de meditación e investigación, es la formación de una reina en una colmena que ha perdido la suya propia por accidente. Si nos tomamos el tiempo necesario para considerar qué operación es ésta, para los insectos, la de promocionar a una de sus crías a un destino diferente de lo que se pretendía, estamos asombrados por la audacia de la empresa; si la obrera es consciente o no del resultado que será fijado en el cambio de la comida y la forma de la celda destinada a una cría real, su conducta sin duda muestra un refinamiento de los instintos, el cual no podíamos creer que un insecto fuera capaz de conseguir.

En determinadas circunstancias, aunque muy raramente, la colonia corre el peligro de destrucción rápida, por la pérdida de su reina; la naturaleza instruye a las abejas para evitar un desastre tan grave, al prodigar sobre alguna larva obrera las atenciones que normalmente están reservadas para las larvas reales. Estas atenciones producen el efecto deseado; pero ¿cómo son las abejas inducidos a hacerlo?; ¿cómo puede la ausencia de una reina guiarlas a un procedimiento tan complejo, de manera tan notable, como es la elección de la larva de la edad adecuada para cumplir el propósito para asegurar la procreación?

Las abejas en un primer momento no parecen echar de menos a la reina.

Si la ausencia de la reina solo produjera estos efectos, deberíamos observarlas construir nuevas celdas inmediatamente después de su desaparición; pero por el contrario, cuando eliminamos una reina de su colmena nativa, las abejas al principio no parecen echarla de menos; la labor de todas las clases avanza, el orden y la tranquilidad son ininterrumpidos; sólo una hora después de la salida de la reina la inquietud comienza a manifestarse entre las obreras; el cuidado de los jóvenes ya no parece ocuparlas; van y vienen con la actividad; sin embargo, estos primeros síntomas de agitación no se sienten en todo el hervidero de una vez. Se originan en una sola porción de un panal; las abejas perturbadas pronto abandonan su pequeño círculo, y cuando se encuentran con sus compañeras, las antenas se cruzan recíprocamente y les golpean ligeramente. Las abejas que recibieron el golpe de las antenas se agitan y causan problemas y confusión en otros lugares; el desorden aumenta en una rápida progresión, llega al lado opuesto del panal, y al final toda la colonia; vemos a las obreras entonces correr por los panales, apresurándose las unas contra las otras, se apresuran a la entrada y impetuosamente salen de la colmena; se dispersan, entran y salen varias veces; el zumbido es tan grande dentro de la colmena, que aumenta con la agitación de las abejas; dura dos o tres horas, rara vez cuatro o cinco, pero nunca más.

¿Qué impresión puede causar y detener esta efervescencia?; ¿por qué las abejas recuperan gradualmente su estado natural y reanudan el interés en todo lo que parecía haberse vuelto indiferente a ellas? ¿Por qué una acción espontánea les recuerda a las jóvenes que habían abandonado durante algunas horas? ¿Y de dónde viene el incentivo de después de visitar a las larvas de diferentes edades y seleccionar de entre ellas a algunas para ser criadas con la dignidad de las reinas?

En 24 horas, las abejas iniciarán la sustitución de una reina perdida.

Si examinamos esta colmena veinticuatro horas después de la salida de la madre común, vemos que las abejas han estado trabajando para reparar su pérdida; vamos a distinguir fácilmente las crías que tienen la intención de criar como reinas, aunque su forma no haya sido alterada, pero esas celdas, que son siempre de menor diámetro, ya se distinguen por la cantidad de la papilla en ellas, que supera infinitamente la porción en las celdas de las larvas de las obreras. De ello se deduce que, de esta profusión de alimentos, las larvas seleccionadas destinadas a sustituir a su reina, en lugar de ser hospedadas en la parte inferior de las celdas en las que nacieron, ahora son llevadas muy cerca del orificio.

Las larvas destinadas a convertirse en reinas son introducidas en la boca de la celda con papilla.

Es probable que para ese propósito las abejas acumulen la papilla detrás de ellas; y las coloquen en esta cama alta; esto se evidencia por el hecho de que esta gran cama de papilla no es necesaria para su alimentación, ya que todavía lo encontramos en la celda después de que el cría ha descendido a la prolongación piramidal por la que las obreras terminan su morada.

Por tanto, podemos saber qué las larvas están destinadas, por el aspecto de las celdas ocupadas por ellas, incluso antes a su ampliación y su cambio a forma piramidal. A partir de esta observación fue fácil determinar, al final veinticuatro horas si las abejas habían resuelto reemplazar a su reina. Entre el gran número de misterios que rodean este gran rasgo de su instinto, hay uno que esperaba descubrir y el cual parecería conducir a la eliminación de otros puntos igualmente oscuros.

¿Cómo se cercioran las abejas de la ausencia de su reina?

Siempre había parecido difícil explicar cómo las abejas se cercioran de la ausencia de su reina, cuando se ha eliminado, ya que aquellas que se colocan en las esquinas lejanas o incluso en el otro lado del panal sobre el que ella estaba no deben tomar nota de su desaparición; aunque fuera evidente por las observaciones anteriores, que dentro de una hora todas fueron informadas de ello; que esta condición causó tristeza entre ellas, que manifestaron una gran agitación y parecían buscar el objeto de su solicitud.

¿Cómo, entonces, se aseguran de la pérdida de su reina? ¿Fue por medio del olfato o por el sentimiento?; ¿debemos atribuirle algún sentido desconocido el descubrimiento de la condición crítica de la colonia, o debemos suponer que estos insectos pueden comunicarse entre sí, a través de algunas señales, información tan importante? Yo no quería hacer conjeturas sobre una pregunta que la experiencia y la observación podrían decidir.

Cuando me llamaron para eliminar una reina, me di cuenta de que esto no se podía hacer sin causar agitación entre las abejas; en una operación de este tipo uno siempre está obligado a abrir la colmena y en consecuencia echar sobre los panales la luz del día y el aire exterior que se diferencia mucho de la temperatura de la de su colmena. No hay resistencia por parte de las abejas cuando ponemos la mano para apoderarnos de la reina, pero las abejas que la rodeaban podrían verse afectadas por esta eliminación: con el fin de disipar todas las dudas y todas las circunstancias emocionantes empleé un proceso que no dejaría incertidumbre.

Experimento sobre abejas que reconocen la ausencia de la reina.

Dividí la colmena en dos partes iguales por medio de un tabique rallado; esto se hizo con tanta celeridad y cuidado que no se observó molestia en el momento de esta operación, y que ni una sola abeja fue herida. Las barras de esta reja estaban demasiado cerca para que pasaran las abejas de un lado al otro pero admitía la libre circulación de aire en todas las partes de la colmena. Yo no sabía qué mitad contenía a la reina, pero el tumulto y el zumbido en la Nº 1 pronto me advirtió de que estaba en la Nº 2, donde la tranquilidad prevalecía. Entonces cerré las entradas de ambas, por lo que las abejas que buscan su reina no deberían encontrarla, pero me aseguré de que el aire exterior debiera seguir circulando en las colmenas.

Al cabo de dos horas, las abejas se calmaron y se restableció el orden.

El día 14 visitamos la colmena Nº 1 y encontramos 3 celdas reales comenzadas. El 15 abrimos las entradas de ambas colmenas; las abejas se fueron al campo y nos dimos cuenta de que no se mezclaban a su regreso y que las de cada mitad se mantenían en sus respectivas colmenas. El día 24 nos encontramos reinas muertas en la entrada de la colmena Nº 1, y examinando los panales encontramos a la joven reina que las había matado. El día 30, salió de la colmena y fue fecundada y desde entonces el éxito del enjambre estuvo asegurado.

Las aberturas que había conservado en la partición permitieron a las abejas de la colmena Nº 1 comunicarse con su anciana reina por medio del olfato, el oído o cualquier sensación desconocida; estaban separadas de ella sólo por un espacio no superior a un tercio o cuarto de pulgada (6 a 8 mm), el cual no podían traspasar, aunque se habían vuelto agitadas habías construido celdas reales y criado reinas jóvenes, por lo tanto, habían se habían comportado sólo como si su reina hubiera sido verdaderamente eliminada y perdida para siempre. Esta observación demuestra que no es por medio de la vista, el oído o el olfato, que las abejas notan la presencia de su reina; otro sentido es necesario; pero como la rejilla utilizada en esta ocasión había quitado sólo el contacto con ella, ¿no es probable que debieran tocarla con sus antenas con el fin de asegurarse de su presencia entre ellas, y que es a través del uso de este órgano que el sentimiento de sus panales, de sus compañeros, de sus crías y de su reina les es comunicado?

Sin embargo, a fin de obtener la satisfacción completa en este punto, fue necesario saber si las abejas podrían agitarse en caso de que las mallas de la rejilla fueran de tal condición que permitieran pasar sus antenas a la parte en la que la reina estaba confinada.

Como no deseamos excitar a las abejas, en lugar de abrir la colmena para eliminar a la reina, esperamos hasta que se colocó en un panal a la vista; entonces abrimos la mampara de cristal y la llevamos entre su escolta sin alarmarlas. Ella fue confinada inmediatamente en la caja de vidrio destinada a recibirla; pero con el fin de que ella no pudiera sufrir una condición tan diferente de la que había estado acostumbrada, algunas abejas de la misma colmena fueron encerradas con ella, de las que recibió el cuidado ordinario.

Remarcamos desde el principio que la angustia que comúnmente seguía a la partida o la pérdida de la reina no se manifestó en esta ocasión; todo permaneció en orden; las abejas no abandonan sus crías ni un solo instante; sus trabajos no fueron interrumpidos; y cuando abrimos la colmena 48 horas más tarde, no encontramos ninguna celda real comenzada; las abejas no habían hecho arreglos para adquirir otra reina. Así, todas las abejas sabían que no tenían ninguna necesidad de reemplazarla, que ella no se había perdido, y cuando se la devolvimos no la trataron como a un extraño, sino que parecieron reconocerla a la vez y la vimos poner huevos en medio de un círculo de obreras.

Los medios de comunicación con la reina que estas abejas emplearon fueron muy notables; un número infinito de antenas empujó a través de la pantalla y giraron en todas las direcciones claramente indicaron que las obreras estaban preocupadas por su madre; ella reconoció su afán de la manera más decidida; casi siempre estaba fija en la reja, cruzando sus antenas con las que tan evidentemente la buscaban; las abejas intentaron tirar de ella; sus piernas pasaron por las mallas e incautaron las de la reina y las retuvieron con firmeza; incluso vimos sus troncos introducirse a través de las mallas para que ella se alimentara de sus súbditos desde dentro de la colmena.

Cómo podemos poner en duda después de esto, que la reina y las obreras conservan una comunicación por el contacto mutuo de las antenas, y que, sabiendo que estaba tan cerca, esta última consideró que no había necesidad de proporcionar otra reina.

Parece imposible ahora afirmar que su olor había indicado su presencia a las abejas; sin embargo, a fin de adquirir pruebas adicionales repetí el mismo experimento encerrando a la reina para que solo pudiera llegarles su olor.

Cogí a la reina de una de mis colmenas de hoja y la introduje en una caja compuesta por una doble pantalla de mallas de las cuales estaban muy distantes para el funcionamiento de las antenas; el resultado fue tal como lo habíamos previsto; después de una hora de tranquilidad las abejas empezaron a inquietarse, abandonaron sus trabajos y sus crías, salieron de la colmena y posteriormente volvieron, y la tranquilidad se restableció después de dos o tres horas. Al día siguiente, examinamos los panales y reconocimos los rudimentos de ocho o diez celdas reales, que se había iniciado la noche anterior; lo que demuestra que las abejas habían creído que su reina se había perdido, aunque ella estaba entre ellas. Las emanaciones de la reina, por tanto, no habían sido suficientes como para desengañarlas; requieren el contacto real con ella para estar seguros de su presencia.

Pero como cada abeja no puede estar en todas las partes de la colmena, debemos admitir también que comunican su inquietud unas a otras y el trabajo en común para reparar su pérdida.

Experimentos sobre la privación de antenas de reinas, obreras y zánganos.

Si aún podíamos estar en duda acerca de la parte que el toque tiene en las labores de la colmena y las intercomunicaciones de estos insectos, sólo sería necesario leer los siguientes experimentos. Aquellos que habíamos intentado sobre las antenas de la reina se recordarán. La amputación de uno solo de estos órganos no trajo ningún cambio en su comportamiento, pero cuando ambas antenas fueron cortadas en su base, estos seres tan privilegiados, esas madres siendo el objeto de consideración en sus hogares perdieron toda su influencia, incluso el instinto de maternidad desapareció; en vez de poner sus huevos en las celdas éstos cayeron aquí y allá, se olvidaron de su odio mutuo, las reinas privadas de antenas pasaban la una al lado de la otra sin reconocerse entre sí, y las propias obreras parecían participar en su indiferencia, como si nada salvo la agitación de la reina les advirtiera del peligro para la colonia.

No fue menos interesante aprender el efecto moral de la amputación de las antenas sobre zánganos y obreras: para este propósito mutilamos doscientas obreras y trescientos zánganos; los últimos siendo liberados de inmediato volvieron a entrar en la colmena, pero nos dimos cuenta de que no subían a los panales y que ya no compartían los deberes comunes de la casa; pertinazmente permanecieron en la parte inferior de la colmena que recibía la luz de la entrada; la luz solo parecía atraerlos; pronto salieron de la colmena y no regresaron más.

Los mismos efectos se produjeron en los machos por la amputación de las antenas; asimismo volvieron a la colmena, pero no pudieron encontrar los pasajes internos; corrieron hacia el obturador abierto por el que entraba la luz y buscaron una salida allí. Vimos a algunos de ellos pidiendo comida de las obreras, pero en vano, que ya no podía dirigir su probóscide, llevándolo torpemente sobre su cabeza o el tórax, obteniendo de este modo ningún alivio; cuando cerramos el obturador, se lanzaron fuera de la colmena, aunque eran las 6 en punto, cuando ningún macho salió desde otras colmenas. Por lo tanto su salida iba a ser atribuida a la pérdida de ese sentido que los guía en la oscuridad.

Hemos dicho que la privación de una sola antena no produjo ningún efecto perceptible sobre el instinto de una reina; ni tuvo ninguna influencia sobre los machos o las obreras. La amputación de una pequeña parte de este órgano no afectó su facultad de reconocer los objetos, porque las vimos permanecer en la colmena y proseguir con sus labores habituales. Por lo tanto la conducta de las abejas privadas de antenas no puede ser atribuida al dolor, debe ser debida a la imposibilidad de guiarse en la oscuridad y comunicarse con los otros miembros de la colonia.

El peso se añade a estas conjeturas por el hecho de que las abejas utilizan sus antenas especialmente en la noche; para determinar esto sólo es necesario ver sus acciones a la luz de la luna, cuando miran a la entrada de la colmena para evitar la entrada de las polillas que vuelan cerca; es curioso observar cómo ingeniosamente la polilla se beneficia de la desventaja de las abejas que requieren mucha luz para ver objetos y las tácticas utilizadas por esta última para reconocer y conducir a tan peligroso enemigo; centinelas vigilantes, las abejas deambulan alrededor de su entrada, sus antenas siempre estiradas hacia adelante, dirigidas alternativamente a la derecha y a la izquierda. ¡Ay de la polilla si no logra escapar de su contacto!: trata de deslizarse entre ellas evitando cuidadosamente el contacto de este órgano flexible, como si fuera consciente de que su seguridad dependiera de esta precaución. No queremos afirmar que estos insectos posean el sentido del oído, sin embargo, reconocemos que a menudo nos hemos visto tentados a creerlo.

Sobre el sentido del oído.

Las abejas que vigilan durante la noche en la entrada de la colmena a menudo producen un crujido corto y agudo; pero si un insecto extraño, o cualquier enemigo toca sus antenas, el guardia se despierta, el sonido adquiere un carácter diferente del producido por las abejas mientras zumban o vuelan, y el enemigo es asaltado por varias obreras que vienen desde el interior.

Si atacáramos la tabla de aterrizaje de una colmena, las abejas a la vez pondrían sus alas en movimiento; pero si respiramos a través de una hendidura de la colmena que habitan, escuchamos a algunos producir con sus alas sonidos afilados e interrumpidos, y a continuación, observamos otras obreras en agitación dirigirse hacia el lado por donde el aire ha entrado.

Estas observaciones parecen corresponder con el efecto de la canción de la reina, llevándonos a admitir un sentido en las abejas análogo al oído. Sin embargo, es preciso señalar que los sonidos que no están en relación con su instinto no producen ningún efecto perceptible sobre ellas.

Los truenos, o la descarga de armas de fuego, no parecen afectarles. Así, el sentido del oído, si es que existe en estos pequeños seres, se modifica de manera diferente desde el mismo sentido entre los seres de un orden superior.

A continuación nos limitaremos a observar que ciertos sonidos producidos por las abejas aparentemente sirven como una señal para sus compañeras, y son seguidos por efectos bastante regulares: estos medios adicionales de comunicación se pueden añadir a los ofrecidos por las antenas.

Este libro de memorias parece dar pruebas suficientes de la existencia de una lengua entre estos insectos; no hay nada repugnante en la idea de un lenguaje entre los seres cuyos instintos están tan desarrollados como es el caso de las abejas, cuya vida es muy activa, cuya conducta está compuesta por mil circunstancias, y que, viviendo juntas en gran número, no pueden compartir sus respectivas labores, o ayudarse entre sí correctamente y sin los medios de comunicación mutua.

Esta observación se aplica a todos los insectos que viven en asociación, así como los animales de gran tamaño, cuya existencia se somete a condiciones similares.

Confirmación del descubrimiento de Shcirach.

Tal vez pueda parecer extraordinario recurrir a los hechos con los que ya entretuvimos a nuestros lectores en el primer volumen, y por lo visto corroborados por nuestras propias observaciones. Pero los mencionados en la cuarta carta son de gran importancia para la historia de las abejas y la fisiología de los animales, que el lector no se mostrará reticente a dejarnos hablar de ellos aquí con más detenimiento que en un primer momento; y, además del interés de la verdad, tenemos que tomar la defensa de un observador fiel, con quien la ciencia de las abejas está en deuda por su gran progreso, y cuya reputación ha sido recientemente tan escandalosamente atacada por un escritor italiano.

Sobre el sexo de las obreras.

Durante mucho tiempo se afirmó, como un hecho fuera de toda duda, que las obreras no tenían sexo. Las observaciones de Swammerdam las redujeron a la condición de los neutras. Réaumur y Maraldi coincidieron en esta opinión; la mayor parte de los escritores las habían clasificado en un orden distinto; pero los descubrimientos de Schirach comenzaron a minar los fundamentos de esta opinión.

Mediante repetidos experimentos demostró que las abejas en todo momento pueden adquirir una reina, cuando la suya propia se retira, si tienen panal de celdas comunes que contengan larvas de tres días. Por lo tanto, concluyó que las abejas obreras eran del sexo femenino, y que nada salvo ciertas condiciones físicas, como un alimento especial y un alojamiento más espacioso, era necesario para que se conviertan en reinas reales.

Los puntos de vistas tan adversos a los que generalmente se contemplaban fueron recibidos con entusiasmo por una parte, y desconfianza por otra; no se negó que las abejas pudieran adquirir una reina cuando tenían cría de todas las edades, ya que Schirach había conseguido este resultado en numerosos experimentos, hechos con cuidado, en presencia de personas dignas e inteligentes; pero se le negó la conversión de una cría obrera a larva real. Afirmaron que debe haber algunos huevos reales en las celdas de las obreras y que era este tipo de huevos el que las abejas confinadas por el Sr. Schirach habían promocionado al rango real; en vano hizo repetir sus experimentos, en vano se opuso a la improbabilidad de que tal suposición, la objeción se mantuvo en plena vigencia: aunque ayudado de los mejores microscopios no pudo percibir ninguna diferencia entre las larvas desde las que podía producir a voluntad, ya fuera una reina o una obrera.

El Sr. Schirach, ansiosamente deseando el apoyo de un gran filósofo, escribió varias cartas al Sr. Bonnet, en el que describía su descubrimiento con tales detalles que deberían haber asegurado su asistencia; pero encontró en él un partidario entusiasta de los puntos de vista de Réaumur, y fue sólo después de enviarle numerosas evidencias de la veracidad de sus afirmaciones cuando finalmente logró debilitar su opinión; pero, sin embargo, no logró convencerlo plenamente.

Siendo solicitado por el Sr. Bonnet a repetir los experimentos del observador Lusitano, reconocí la exactitud de sus afirmaciones; añadí nuevos desarrollos y le di muy fuertes pruebas de la conversión en disputa, pero sentí con él que el establecimiento de tales hechos importantes se posaba sobre la manifestación material del sexo de las obreras; tenía todavía la esperanza de algún día resolver esta gran pregunta.

El descubrimiento de las obreras fértiles, por el Sr. Riem, confirmada por mis propias observaciones, me llevó a anticipar que toda la clase de obreras pertenece al sexo femenino. La naturaleza no hace nada por saltos: las obreras fértiles solo ponen huevos masculinos, en esto se asemejan a las reinas cuya fecundación ha sido retrasada; avanzando un paso más, pueden permanecer absolutamente estériles. No podía admitir que las abejas obreras fueran monstruos o seres imperfectos; demasiadas maravillas son el resultado de su instinto y de su organización como para considerarlas las parias de la especie, o como abejas imperfectas en comparación con las reinas; me pareció que una filosofía ilustrada podría conciliar todas estas dificultades.

No hay nada más repugnante a la razón que la hipótesis de una transformación real; todos aquellos que antes admitieron por credulidad han sido reducidos por las observaciones de grandes anatomistas de los siglos 16º y 17º, a simples avances aún más admirable. A primera vista la siguiente pregunta parece indicar la idea de transformación. ¿La cría que va a salir del cascarón de huevo se convertirá en una reina prodigiosamente prolífica no apta para cualquiera de los trabajos observados entre las abejas, o se convertirá en una obrera estéril, capaz de la mayor industria? Estos dos modos de existencia se excluyen mutuamente. La obrera tiene los órganos apropiados para su destino los cuales la reina que le dio a luz no posee; mandíbulas fuertes, paleta y pinzas de forma peculiar, las cuales ya hemos descrito, órganos de cera, una lengua más larga, alas proporcionalmente más largas, etc. Aunque la reina posee los mismos órganos, están modificados de tal manera que es incapaz de cumplir las funciones de las obreras. Mientras mejor nos parezca suponer que con el fin de convertir una larva de obrera en una larva reina debemos admitir un intercambio de estos órganos, lo consideraremos una conversión imposible, y estaremos en los cierto. Si, como supongo, estos dos seres son idénticos originariamente y tienen individualidades similares, podemos creer fácilmente que son más propensos a producir tanto una reina como una abeja obrera. Algunos dirán que la reina estaba en el huevo y que una circunstancia peculiar ha hecho una obrera de ella; otros igualmente pueden afirmar que la obrera era el insecto original del que la reina se ha producido a través de algunas modificaciones, ya que no podemos evitar pensar que las facultades y los órganos propios de la abeja común pre-existen a su desarrollo. Entonces nos vemos obligados a concluir que este ser que todavía no es ni obrera ni reina; que la cría antes de que transcurran tres días, contiene por igual los gérmenes del insecto que deberá demostrarse obrera y de los insectos susceptibles de fecundidad; los gérmenes de los órganos de los dos seres, el instinto de la abeja común y la de la reina no desarrollados, pero capaz de ser así, de acuerdo a la dirección dada por las circunstancias de su crianza. En el primer caso, las facultades productivas serán reprimidas o permanecerán sin desarrollar; en el otro lo mismo sucederá con las facultades industriales.

Tal vez entre estos dos extremos, la naturaleza presentará algunos seres mixtos, participando de la esencia de las reinas y de las cualidades de las obreras; y por lo tanto las abejas comunes fértiles observadas por Needham. Es más fácil concebir cómo ciertas facultades y sus correspondientes órganos pueden ser aniquilados, que cómo se pueden crear de forma espontánea; es en esto en lo que se funda mi explicación.

Sin embargo, me gustaría anticipar una objeción que podría plantearse en contra de esta teoría: ¿cómo podemos explicar los instintos opuestos de las obreras y de la reina en la misma colmena, en relación con otras reinas; ya que las obreras muestran una clase de amor por su madre, y le presentan la atención más asidua, mientras que las reinas se animan unas hacia otras por el odio más implacable?

Pero, ¿sabemos en qué medida cualquier sensación puede ser desarrollada en los insectos por las circunstancias? Citaré sólo un ejemplo, publicado en los Anales de la Sociedad Linnean de Londres (volumen 6º). Se sabe que hay tres clases de individuos tanto entre los abejorros como entre las abejas domésticas. En una de estas repúblicas que hemos observado, algunos hechos muy notables sucedieron; varias de las obreras que, hasta cierta época, habían vivido en la mejor inteligencia con la madre de la colonia, habiéndose vuelto fértiles, exhibieron síntomas de celos muy violentos; algunas cayeron víctimas de la furia de las demás, y vimos perecer a la hembra principal por las picaduras de las obreras que ella había producido; por lo tanto, si esta rivalidad puede surgir entre las obreras después de volverse fértiles; si su afecto por sus compañeras y por su madre puede en un instante cambiar a odio, la objeción que podríamos extraer de las diferentes instintos de las reinas y de las obreras, los más fuertes que pueden presentarse contra su identidad primitiva, se reduce a su correcto valor; tal rasgo nos muestra que el germen de las pasiones sólo está a la espera de su desarrollo hasta que las circunstancias armonizan con ellos; después de esto ¿quién negará la movilidad de instinto?

Mis conjeturas con respecto al sexo de las obreras finalmente recibieron la confirmación más inesperada; un hecho singular, que fue un notable ejemplo de la posible modificación de las abejas, nos condujo a investigaciones cuyos resultados parecen tener muchísima importancia.

Historia de Algunas Abejas Negras.

En 1809, observamos algo peculiar en el trato de ciertas abejas por sus compañeras a la entrada de la colmena. El 20 de junio, un grupo de obreras atrajo nuestra atención; las abejas que lo componían estaban tan irritadas que no osamos separarlas; la proximidad de la noche nos impidió determinar la causa de esta reunión; pero en los días posteriores, con frecuencia observamos a las abejas ocupadas en la defensa de la entrada de la misma colmena contra algunos individuos cuya apariencia externa era absolutamente similar a la de las obreras comunes, algunos de ellos fueron capturados: su diferencia consistía sólo en el color, eran menos vellosos en el tórax y el abdomen, lo que les daba un aspecto más negro; pero en cuanto a los miembros, antenas, mandíbulas, cuerpo y tamaño, toda la forma externa presentaba una semejanza perfecta con las abejas comunes.

Cada día vimos algunas de estas abejas negras en la entrada de la colmena; era evidente que las obreras las expulsaban; tenían combates en los que la obrera ordinaria siempre salió ganando; ella pronto mató a su adversario o lo redujo a un estado de debilidad que no pudo resistir: ella los llevaría fuera entre los dientes a una gran distancia de la colmena. Cogimos un número de abejas negras y las introdujimos en una jarra; pero rápidamente se lanzaron una contra la otra y se mataron recíprocamente; otras fueron confinadas en un arenero de vidrio con obreras de la misma colmena; pero apenas éstas últimas las vieron, fueron atacadas y destruidas.

Cada día observamos un mayor número de estas abejas proscritas; una vez expulsadas de su colmena nativa nunca regresaban; de modo que cuando las picaban, perecían de hambre.

Esta escena singular continuó durante toda la parte restante de la temporada; a veces las abejas negras no parecían ser tan cruelmente tratadas por las obreras; y parecían modificadas un poco de las anteriores; su odio había disminuido y no repetían sus encuentros mutuos; pero el rigor de las abejas comunes pronto se reanudó en su contra, y fueron expulsadas de nuevo.

No pudimos determinar si toda la prole de esta colmena fue atacada por esta enfermedad, o por la condición peculiar que las hacía odiosas para sus compañeras, y vimos su número aumentar sucesivamente durante varias semanas, teníamos motivos para temer que toda la descendencia de la reina se viera afectada. Pero a finales de septiembre, las abejas negras ya no eran observadas; la colonia aparentemente había sufrido el exilio de tantos individuos; que era más débil que antes; aún así estábamos animados por la condición de la colonia cuando quedamos satisfechos al ver que la reina no había perdido la facultad de poner huevos que produjeran obreras perfectos en cada detalle.

Desde el mes de Abril del año siguiente, observamos a esta colonia y no vimos una sola abeja negra aparecer; el aumento de obreras fue tan grande como para que nosotros esperáramos que enjambrara; pero no sucedió ese año (1810); estábamos entonces plenamente convencidos de que esta anomalía, fuera lo que fuera, había afectado sólo a una parte de los huevos de esta reina.

Varias otras preguntas se presentaron aquí; ¿estaba la reina completamente curada de esta disposición para producir individuos monstruosos? ¿Sería este vicio hereditario? ¿Cuáles serían las consecuencias sobre las reinas producidas a partir de ella?

La observación nos enseñó que no se curó sin recaída; ya que en 1811; es decir, dos años después del nacimiento de las abejas negras observadas, otras aparecieron en gran número, en las mismas circunstancias, y bajo el mismo carácter; por último, en el pasado año de 1812, esta colmena echó un excelente enjambre: como la vieja reina siempre sigue al primer enjambre, no tardamos en observar a las abejas defectuosas a la entrada de su morada.

Pero fue más singular aún presenciar el mismo fenómeno en ambas colmenas a la vez; la anterior había enjambrado el 3 de Junio y el 2 de Julio observamos abejas defectuosos en la entrada, lo que, evidentemente, no podría pertenecer a la cría de la reina que había pasado a la nueva colmena y este hecho nos convenció de que el problema era hereditario en su carrera. Nota: Estas abejas podrían ser fácilmente de esa reina. Este año (1813) hemos vuelto a ver algunas abejas negras maltratados en las entradas de estas dos colmenas, pero en pequeño número.

Este tema sólo se esboza aquí, nuestro objetivo es despertar la atención de los observadores, con el fin de obtener una combinación de hechos necesarios para completar la historia de las abejas defectuosas.

El deseo de descubrir la causa de la exterminación de las abejas negras, me llevó a examinar si había algo interno o externo que pudiera indicar un desarrollo de los órganos sexuales en ellas; puesto que concebí que si fueran hembras reales, podrían perturbar a las abejas comunes con respecto a su reina, y que tal vez sería para protegerla contra esos rivales que expulsaron de la colmena.

Señorita Jurine

Sólo había una manera de descubrir si había algún motivo para mis sospechas, era diseccionar estas abejas con especial cuidado. No tenía a nadie cerca de mí ni de mi familia con la suficiente experiencia en el difícil arte de la disección para cumplir con mis puntos de vista; tales investigaciones requieren un amplio conocimiento y gran destreza: pero recordé con gratitud lo que ya le debía a la amistad y la complacencia de una joven que era al igual distinguida por la combinación de cualidades raras, de sorprendente virtud, de talento superior, quien dirigiendo su capacidad de manera correspondiente con los gustos de un amado padre (Louis

Jurine) con quien varias ciencias están en deuda, había dedicado a la historia natural su tiempo libre y todos los regalos que había recibido de la naturaleza; ella era experta en la pintura de la imagen de los insectos y de sus partes más delicadas, como para descubrir los secretos de sus órganos; siendo al mismo tiempo una rival de Lyonnet y de Mérian: tal era aquella a quien íbamos a perder tan pronto, tal era ella cuya pérdida la historia natural lamentaría por muchas razones, y que, poco antes de esa hora fatal mostró su talento a través de los descubrimientos que habían escapado a Swammerdam y Réaumur. Fue a la señorita Jurine (Christine Jurine) a quien confié la importante investigación en la que tantos anatomistas habían fracasado, el hallazgo de los órganos que debían aportar la prueba de una verdad aún desconocida.

El primer punto fue descubrir si las abejas defectuosas exhibían en su estructura alguna diferencia respecto a las obreras comunes; la Señorita Jurine procedió con esta investigación con su peculiar sagacidad.

La apariencia exterior de esas abejas no le indicó nada que no hubiéramos observado ya; exceptuando, como nos ocurrió a nosotros mismos, una menor cantidad de pelusa sobre la faja, no encontró ninguna diferencia entre ellos y las abejas comunes; forma similar de tórax, cabeza y abdomen; las piernas, las mandíbulas, formados de la misma forma, la misma longitud en todas las partes; completamente idénticas externamente.

Pero cuando esta experta naturalista llevó su investigación más lejos y eliminó los tegumentos exteriores de las abejas negras, después separando los músculos y preparando adecuadamente las partes internas del cuerpo de estas abejas, descubrió dos ovarios muy distintos, en los que de hecho no había huevos perceptibles, pero análogos en sustancia y forma a los ovarios de las reinas, aunque más difíciles de distinguir; mostramos su figura, en la lámina XI Fig. 1 (aa) hecha por la misma mano que diseccionó esas abejas; también muestra el aguijón (c), el saco de veneno (d), y parte de la médula espinal (b).

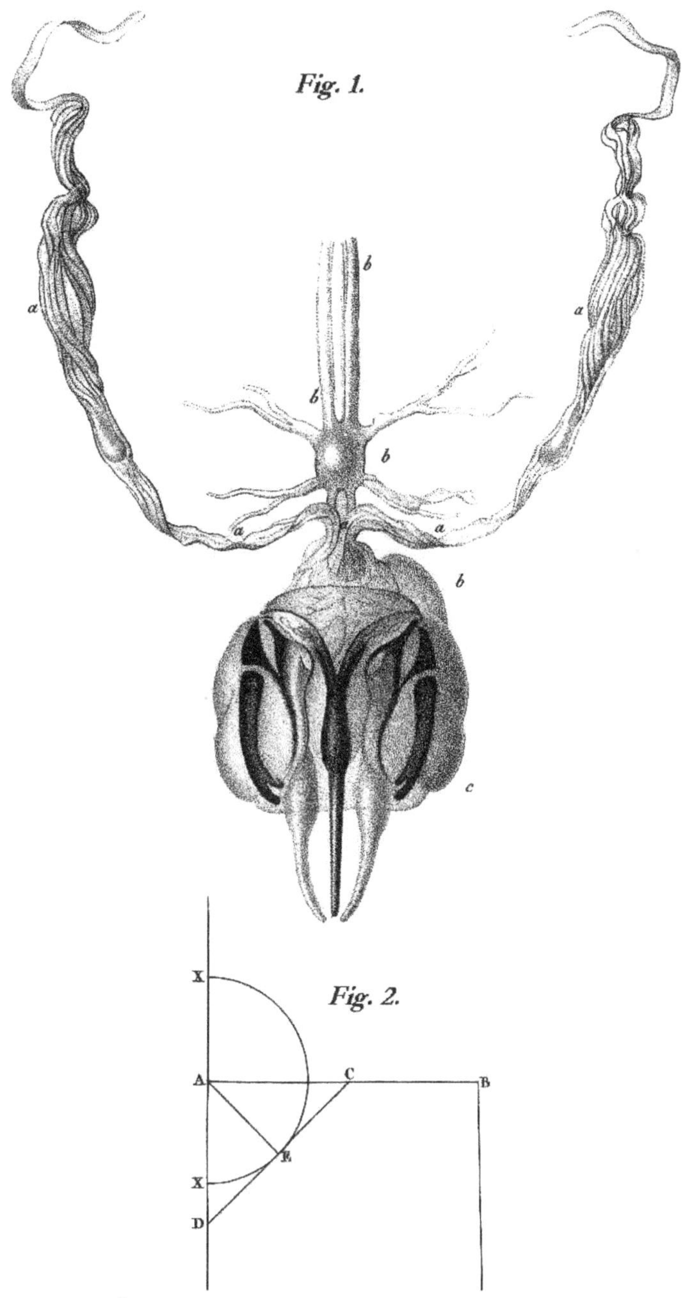

Volumen 2 Lámina XI-Ovarios de Obreras y Geometría de una celda.

Al principio llegamos a la conclusión de que se había obtenido una solución de la cuestión; no anticipamos que esto nos llevaría a un descubrimiento más importante que iba a volcar nuestras conjeturas sobre la causa de la persecución de las abejas negras; pero el cual desvelaría un misterio muy buscado por los naturalistas.

Todas las obreras son hembras

Como la señorita Jurine estaba deseosa de continuar aún más la comparación entre las obreras defectuosas y las abejas comunes, diseccionó algunas de estas últimas con el mismo cuidado y la misma manera, y se cercioró de que todas las obreras tenían ovarios que habían escapado al bisturí y al microscopio de Swammerdam: este descubrimiento se debió principalmente a la precaución que probablemente no había tomado el naturalista holandés, pero que era muy importante, mantener el abdomen abierto de la abeja durante dos días en brandy; la ventaja de este proceso es dar mayor opacidad a estas membranas transparentes que de otro modo se mezclan con los fluidos. La Señorita Jurine diseccionó un gran número de abejas tomadas al azar en la entrada de una colmena y encontró en todas ellas ovarios formados como los de las abejas negras: ella se los mostró a su padre, quien nos aseguró que incluso podían distinguirse al ojo desnudo.

Así, la existencia de esas abejas negras nos llevó a un descubrimiento cuya importancia será apreciada por todos los que han seguido el progreso y las vicisitudes de la historia de las abejas, y por todos los que han leído las objeciones que los antagonistas de Schirach opusieron a su teoría; cuyas objeciones se basaban en la supuesta ausencia de ovarios en las obreras.

Así, la teoría de los neutros entre las abejas se desvanece y la organización de esos insectos que tanto han emocionado nuestra admiración exhibe uno de los fenómenos fisiológicos más notables. Nota: El Sr. Curier dice que el oviducto de las reinas tiene una vesícula y un largo canal; y numerosas guirnaldas a cada lado; "Observé", dijo él, "unas muy pequeñas en las abejas neutras, lo que confirmaría la idea de que son hembras no desarrolladas." - Lecciones de Anatomía Comparada, Vol. V. página 198.

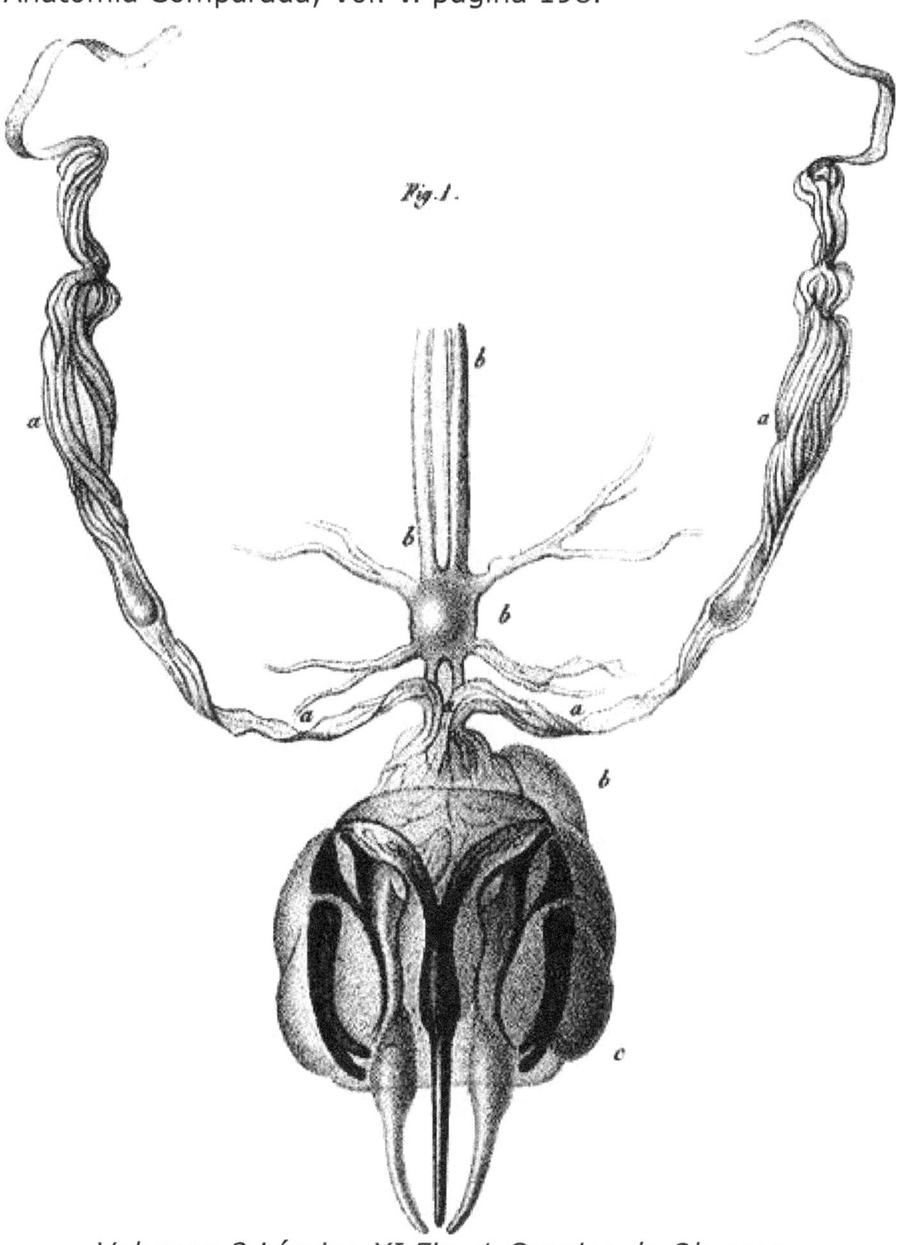

Volumen 2 Lámina XI Fig. 1-Ovarios de Obreras.

El sistema que hemos establecido sobre una base sólida debe extenderse a todos los insectos, entre los que se han observado los neutros; es decir, los abejorros, avispas y hormigas, ya que de acuerdo con la observación de una gran naturalista, cuanto más importante sea el órgano en la economía animal, más general debe ser su existencia.

Ahora vamos a examinar si esta regla permite excepciones en el presente caso, o si volvemos a encontrar aquí la uniformidad observada en otras obras de la creación.

No podíamos decidir sobre el sexo de toda la especie a partir de la fertilidad de unos pocos, hasta que descubrimos los ovarios de las obreras; pero dado que estas dos peculiaridades son co-existentes en las abejas, donde quiera que una se manifieste en las mismas circunstancias, la existencia de la otra se puede presumirse por analogía.

Según las observaciones de Riem, a veces hay obreras fértiles en las colmenas pero esos individuos solo ponen huevos de machos.

Creo que he dado pruebas de este hecho en la primera parte de este trabajo, y he mostrado también la causa a la que debemos atribuir su existencia: un alimento parecido a lo que se da a las reinas produce este notable cambio en su constitución. Sería del mayor interés observar en detalle las acciones de esas abejas medio-fértiles, de aquellas hembras cuyos caracteres externos son los mismos que los de las obreras; pero la pequeñez de su número hace que esto sea casi imposible; quizás si deberíamos criar algunas en una caja similar a la que Schirach utilizó para la producción de reinas, y si quitamos las celdas reales a tiempo, podríamos observar sus hábitos en medio de un número muy reducido de obreras; aún no hemos intentado esto, pero es una de las cosas que nos proponemos ejecutar tan pronto como la temporada se vuelva favorable; al mismo tiempo, podemos examinar si la fecundación de las obreras es atendida por las mismas circunstancias que la de las reinas; todas estas investigaciones son importantes en la historia de las abejas y en la de la generación y el desarrollo de las facultades y los órganos de los insectos. Es necesario demostrar que este fenómeno se repite en toda la clase de insectos que viven en asociación. En el libro de memorias mencionado, hemos explicado la existencia de obreras fértiles en abejorros; describimos los celos despertados en estos individuos por el sentimiento de la maternidad, su rivalidad, su ira y todos los detalles de su puesta. Al comparar estas pequeñas madres con las verdaderas hembras, no se encontraron diferencias salvo en su tamaño; pero después de haber sido incapaces de descubrir si las obreras fértiles tenían una progenie de ambos sexos después mantuvimos investigaciones que ganan en importancia por su relación con las acciones de las obreras fértiles entre las abejas domésticas.

Establecimos un nido de abejorros rojo y negro (hemoroidalis Lin.) en una caja común, en una ventana; pronto percibimos que la madre de la colonia no era la única abeja fértil; el movimiento y la agitación de estas abejas cada tarde, su rivalidad, su colocación, demostraron que; hubiera parecido fácil determinar el resultado de su fecundidad, pero era necesario evitar una cierta posibilidad, que nos llevaría al error.

La abeja madre a menudo ponía huevos en las mismas celdas que las obreras: por lo que no fue posible determinar qué individuos fueron producidos por una o las otras, sin separarlos completamente: se utilizó el proceso siguiente, que tuvo un éxito rotundo.

Los abejorros tienen obreras ponedoras

Un fragmento que no contiene cría se separó del nido y se colocó en una caja abierta en el lugar donde los abejorros estaban acostumbrados para volver a su nido: y la madre, con un número de las abejas fueron transportados con la otra porción a una ventana distante. Calculé sobre las abejas que ahora se alimentan en el campo para poblar la parte que quería habitantes. De hecho lo hicieron y se alojaron en el fragmento aislado que había sido sustituido por panales y cría, aunque parecían notar el cambio. Yo tenía la esperanza de que algunas de estas obreras pudieran resultar fértiles, ni estaba decepcionado de mis expectativas, ya que en la tarde del mismo día en el que hicimos este enjambre artificial, las obreras prepararon una celda para recibir sus huevos y vi a varios de ellas poniendo. El número de huevos se multiplicó diariamente; larvas nacieron rápidamente, se transformaron en ninfas, que al final de un mes se convirtieron en abejorros. Observé a estos individuos con el mayor cuidado y todos eran varones.

Estos varones fueron similares en todos los aspectos a los que se habían originado a partir de la puesta de una hembra; eran igual de grandes y coloreados de la misma manera. Yo había seleccionado los abejorros rojo y negro para este experimento porque sus machos son más fáciles de distinguir que los de otras especies, teniendo bandas de pelos verdes en el tórax y una mancha de color similar en la parte frontal; así que no me confundiría con respecto a este hecho, y puedo afirmar que no se produjeron ni obreras ni hembras en este nido, mientras que el otro tuvo tantas hembras como machos. Aquí, por lo tanto, se ve una gran analogía con las abejas domésticas; debo agregar a esto que la mayoría de las obreras de ese nido eran fértiles, excepto algunas muy pequeñas, por lo menos no las sorprendí en el acto, pero la mayoría de las otras pusieron huevos delante de mis ojos.

He aquí otro ejemplo sorprendente de la generalidad de la ley que demuestra que la naturaleza no produce verdaderos neutros. El Sr. Perrot, que ya nos ha proporcionado algunos datos interesantes, nos permite usar una observación que apoya la nuestra.

Estudiando un nido de avispas colgado con esa atención escrupulosa que denota el genuino naturalista, vio a uno de las obreras poniendo huevos en varias ocasiones; estaba esperando con impaciencia la transformación de esos huevos cuando un accidente en el nido de avispas le impidió seguir su pleno desarrollo, sin embargo se convenció de que todos eran del sexo masculino; no vamos a tomar la libertad de publicar los datos interesantes que le permitieron descubrir el sexo de las obreras y de su progenie masculina; pero confirman las relaciones que existen entre las abejas, abejorros y avispas.

Las hormigas obreras se aparean

Hormigas igualmente ofrecen una sorprendente analogía; nunca hemos visto a las obreras poner, pero hemos sido testigos de su apareamiento. Este hecho podría ser atestiguado por varios miembros de la Sociedad de Historia Natural de Ginebra, a quien se lo expusimos; la muerte de la obrera siempre sigue los acercamientos del macho; por lo tanto, su conformación no permite que se conviertan en madres, pero el instinto del macho demuestra que sean hembras.

Todos estos hechos coinciden en demostrar que no existen los neutros en esta clase de insectos, lo que interrumpiría la continuidad de la naturaleza, ya que yo no sé que existan en cualquier otra clase: en otros seres a veces vemos ambos sexos unidos en un solo individuo, pero neutros parecen monstruoso y adversa a la naturaleza.

¿Quién será capaz de explicar la singular peculiaridad de que las obreras de los insectos en una república solo ponen huevos de machos, cuando son fértiles? ¿Quién puede dar cuenta de un hecho así? Tienen ovarios similares a los de las reinas o las madres que los dieron a luz, sin embargo, poseen sólo semi-fertilidad; no es más fácil de concebir por qué las reinas que han sido impregnadas después de tres semanas después de su nacimiento sólo producen huevos masculinos. Sin duda, hay una conexión entre estos dos hechos. Nota: Huber casi apuntó a la partenogénesis en las palabras anteriores. El estudiante sabe que la partenogénesis fue descubierta por Dzierzon unos años después de la muerte de Huber-Traductor.

Si aceptamos la opinión de un gran fisiólogo, el líquido seminal no es más que un estimulante especial que actúa sobre los gérmenes como un alimento muy importante adecuado para su desarrollo; el Sr. Bonnet, al tratar de explicar la teoría de Schirach, utilizó la siguiente hipótesis, él escribe:

> "He establecido en evidencia aparentemente sólida, que el líquido seminal es un fluido nutritivo y estimulante, he mostrado cómo es capaz de producir los mayores cambios en la parte interior de los embriones; por lo tanto, no parece imposible que un alimento determinado y más abundante debiera causar el desarrollo de las larvas de las abejas, de los órganos que nunca podrían haberse desarrollado sin él; no es importante que este alimento en particular debiera llegar a los órganos a través de los intestinos o por otra vía, es suficiente que tiene la propiedad de extenderlos: es para aquellos órganos una fecundación apropiada sólo tan eficaz como la que da a luz al animal en sí."

¿Es imposible que este tipo de alimentos, tan sustancial y tan diferente de lo que se recibe por las larvas comunes, siendo administrado demasiado tarde o demasiado en pequeñas cantidades sobre las larvas originadas cerca de las celdas reales, pueda tener consecuencias similares a la fecundación retardada de las reinas? ¿No han alcanzado las fibras de los ovarios también una gran rigidez, como para permitir el desarrollo de algunos de los huevos, cuando el semen del macho, o la papilla real no producen suficiente energía para actuar de manera opuesta y destruir el equilibrio? Al mismo tiempo que doy estas conjeturas, no pretendo explicar todo lo que siento de que puedan ser derrocadas así como defendidas, pero he pensado que lo mejor es sugerirlas, ya que pueden abrir un nuevo camino para las meditaciones y los experimentos de los fisiólogos.

Reproches directos sobre el Sr. Schirach por el Sr. Monticelli

El sexo de las abejas obreras habiendo sido demostrado tan claramente como es posible hacerlo, vamos a investigar los reproches dirigidos al Sr. Schirach por el Sr. Monticelli, profesor de Nápoles, autor de una obra titulada: "Del tratamiento de las abejas en Favignana." Este escritor acusa al filósofo holandés de reclamar el descubrimiento de la formación de enjambres artificiales y de haber cogido la idea de ello a partir de las costumbres de una nación pequeña que habita en un acantilado en el Mediterráneo, cerca de la costa de Sicilia. Schirach estaba lejos de darse a sí mismo como el autor de un método practicado mucho antes de su tiempo en el país en el que vivió. En todo momento la práctica había precedido a la teoría; es el éxito que conduce al descubrimiento de las verdades sobre las que se funda, y el conocimiento de esas verdades a su vez asegura el avance vacilante de los cultivadores: seguramente nadie va a reclamar el descubrimiento de la teoría que el observador Lusitano tenía tanto problema en propagar, que pareció contraria a todas las nociones aceptadas, y respecto a la cual el Sr. Bonnet, tan sabio en sus opiniones, había advertido a los miembros de la asociación Lusitana de no apoyar la conversión de las larvas de las obreras en reinas por miedo a desacreditarles completamente a ojos de verdaderos naturalistas.

El método de enjambre artificial de Schirach

Era sólo el amor apasionado por la verdad lo que llevó al Sr. Schirach y sus partidarios a abrazar una causa tan poco auspiciosa; describe su descubrimiento en las siguientes palabras:

> "Me vi obligado a utilizar una gran cantidad de humo, para conducir a las abejas a la cima de su colmena, con el fin de cortar algunas crías, el 12 de Mayo. Estaban molestas por ello más allá de mis deseos; un número escapó de la colmena con la reina sin yo percibirlo; pero mi hija más joven que me ayudó en esta operación me advirtió de ello y su sospecha resultó ser correcta.
>
> "Para escuchar los sonidos lastimeros de las abejas que se habían quedado en la colmena, se podría haber llegado a la conclusión de que los sujetos de esta

república estaban de luto por unanimidad por la pérdida de una reina querida; busqué en el barrio, el jardín, el recinto vegetal, incluso los prados de los alrededores, sin tener la suerte de descubrir a los fugitivos; pensando que este enjambre estaba perdido sin esperanza, resolví criar uno nuevo mediante la introducción en la colmena un panal que contuviera los tres tipos de celdas, similar a la cual yo les había privado.

"En la mañana del día 13, me dispuse a limpiar las colmenas que había podado el día anterior, y que nunca dejaron de sacar fuera la basura durante la noche. Observé un enjambre de abejas del tamaño de una manzana en el soporte de la colmena cuya reina había huido. Maravillado con la vista, me comprometí a separarlos para buscar a la reina perdida; la encontré, la coloqué en la entrada de la colmena e inmediatamente fue rodeada por las abejas: su extraordinaria concurrencia, su actividad, el zumbido agradable que lograron sus sonidos lúgubres indicaron que ella era de hecho su reina; para asegurarme un poco más, la presenté en la colmena, que se construyó para tal propósito. ¡Cuál fue mi sorpresa cuando queriendo introducirla su entre los panales, vi que las abejas restante ya había esbozado y casi terminado tres celdas reales! Impresionado con la actividad y la sagacidad de estos insectos para salvarse de la destrucción inminente, me llené de admiración y adoré la infinita bondad de Dios en el cuidado que digna a tomar para perpetuar su obra. Deseando también ver si las abejas continuarían sus operaciones, quité dos de las celdas y deje solo la tercera. A la mañana siguiente me vi con la mayor sorpresa de que habían eliminado toda la comida de la tercera cría a fin de evitar que formaran una reina; un hecho extraño; ¿hay algo más sorprendente, más alejado del mecanismo simple? etc."

El descubrimiento de este tipo de transformación pronto se tradujo en la práctica de enjambres artificiales más fáciles y menos costosos. Antiguamente pensaban que era necesario dar a las abejas grandes panales que contuvieran los tres tipos de cría; el Sr. Schirach demostró que su éxito dependía de una única celda ocupada por una cría de tres días, y propuso una serie de mejoras en el proceso de formación de enjambre; pero nunca pensó en reclamar la invención de este método. Para convencernos de ello, sólo es necesario leer un pasaje de una carta de su hermano político, el Sr. Willelmi, que es probable que no le apoyara en ningún momento. Escribe a Bonnet:

"Desde hace mucho tiempo en estos distritos hacen enjambres artificiales, en Mayo, tan pronto como descubren la cría en la colmena; este método se ha mejorado mucho por las investigaciones del Sr. Schirach, como lo demuestran los registros de nuestra sociedad para los años 1766 y 1767"

Las cartas de las que he tomado estas citas se encuentran en el libro del Sr. Schirach titulado "Historia Natural de la abeja reina", traducido por Blassiére. ¿Es probable que él debiera haber dejado, en un libro traducido a su nombre, evidencias auténticas de la antigüedad del proceso de enjambres artificiales, si hubiera deseado apropiarse de ese descubrimiento?

El autor italiano deseando ganar crédito para su país por el descubrimiento del método de enjambre artificial, y olvidando que la gran comunidad de la ciencia está menos interesada en las disputas acerca de invenciones que en su utilidad y el perfeccionamiento de las mismas, carga abiertamente contra el Sr. Schirach por tomar prestado el plan de enjambres artificiales de Favignana, una isla lejana donde los viajeros aterrizan en raras ocasiones. Una conexión entre el nombre dado por Columella a la cría de abejas (pullus) y la utilizada por los habitantes de esta isla (pullo) indúcele inducen a creer que los romanos y quizás los griegos conocían el método Favignana; otra conexión entre la distancia a la que tanto Schirach como los habitantes de esta isla llevan las antiguas colmenas en el funcionamiento del enjambre artificial, le parece demostración suficiente de plagio del secretario de la Sociedad Lusitana: pero debemos leer lo que dice sobre este asunto:

> "Impulsado por el deseo de ser útil para mis semejantes y especialmente a los italianos, he llegado a la conclusión de describir en estas memorias el método por el cual los nativos de Favignana manejan la industria de las abejas; un método muy diferente en varios aspectos del que se practica en el Reino de Nápoles, y en el resto de Italia, y que, por esta razón, merece ser dado a conocer, especialmente en lo que une a la utilidad de la transmigración de las abejas con el arte de producir enjambres artificiales, conocidos en Europa como la producción e invención del Sr. Schirach, aunque los Favignanese lo practican normalmente de la manera antigua de la que han conservado los nombres en latín en su proceso; por lo tanto vamos a tener una oportunidad adicional para vindicar el honor de Italia, menospreciado en ese punto como en tantos otros, por extraños listos que, durante un viaje a nuestro país, visitando nuestras bibliotecas, la lectura de nuestros autores, cogen de nuestros libros los mejores inventos para adornarse a sí mismos.
>
> "Ciertamente, cualquiera que lea estas memorias y compare el método de enjambre artificial de Favignana, con la del señor Schirach, no dejará de reconocer el origen de este último en el primero, como vamos a demostrar a su debido tiempo; sin embargo, debo reconocer que los griegos y los turcos de las islas del mar

Jónico hacen enjambres artificiales; los cuales el Sr. Schirach puede haber aprendido; pero como el método de Favignana es perfecto, y de éxito asegurado, simplemente es justo conceder a sus habitantes el honor de haber conservado una práctica tan útil, que requiere tanta perspicacia y pensamiento en nuestros antepasados como muestra corrección de la observación de la abeja en lo fue transmitido a nosotros.

"El Sr. Schirach pasa entre la gente más allá de los Alpes como el inventor del método de enjambres artificiales, que todavía hace tanto ruido cerca de Alemania y en el Norte; los Favignanese sabían esto antes que el Mr. Schirach y antes de la invasión de los bárbaros; todavía habían conservado dos métodos, uno de los cuales, más grande, más generalmente utilizado y más perfecto es desconocido para el Sr. Schirach quien imita el segundo método de los Favignanese, etc."

No vamos a repetir todas las afirmaciones de este tipo de las que este trabajo está lleno y que indican que el autor no leyó a Schirach; ni siquiera tomaremos nota de los dardos dirigidos personalmente a nosotros por el Sr. Monticelli; es evidente que, cegado por sentimientos nacionales no nos podría perdonar por hacer justicia al sabio a quien trató de condenar como un plagiario.

Habiendo el amor de la verdad inducido a este escritor para verificar por sí mismo los hechos que él niega, habiendo él encontrado errores en Burnens a través de sus propias observaciones, le podríamos culpar sólo de la ligereza con la que se expresa. Pero su incredulidad se basa en la autoridad de un cierto Padre Tannoya, quien puede ser un hombre muy respetable, pero con el que no estamos de acuerdo como lo hace el profesor de Nápoles cuando afirma que hay en cada colmena tres tipos de abejas, independientes entre sí, a saber: zánganos macho y hembra, reinas y obreras de ambos sexos, cada tipo construyendo sus propias celdas en particular, la reina construyendo el suyo, los zánganos los suyos, etc.; independientemente de Réaumur, de Gers, Geoffroi, Linné, Buffon, Swammerdam, Latreille, etc. Si no eran conscientes de las hipótesis del Padre Tannoya, Sr. Monticelli desafía su fiabilidad: no vamos a quejarnos de tener que compartir el destino de estos observadores; debemos, por el contrario, agradecer al profesor napolitano por ser lo suficientemente amable como para admitirnos en tan honorable proscripción.

No podemos dejar de lamentar que estas faltas se encuentran en la labor del Sr. Monticelli, ya que contiene una práctica bastante buena en el arte del cuidado de las abejas y de la producción de enjambres artificiales; está escrito con interés y pureza y contiene una confirmación feliz de los principios del Sr. Schirach y estamos asombrados de que un autor cuyas ideas de la historia natural parezcan estar tomadas de las mejores fuentes hubieran admitido en sus notas el absurdo sistema.

Los industriosos Favignanese construyeron sus colmenas de madera: son cajas cuadradas oblongas, cuyos extremos son móviles; la propia caja está abierta en la parte inferior y se apoya en su base; es con estas colmenas con las que practican el enjambre artificial de la siguiente manera: Como la primavera es sentida mucho antes por ellas que por nosotros comienzan ya en el mes de marzo a multiplicar las colmenas; tan pronto como las abejas traen de vuelta gránulos de polen consideran que el tiempo es favorable para esta operación; la colmena se transporta a cierta distancia del apiario; lo abren desde el extremo más lejano y las abejas son conducidas por el humo hacia la parte delantera, cuando algunos de los panales que comúnmente contienen miel se cortan; después conducen a las abejas a la parte posterior, cogen una serie de panales de la parte anterior, algunos de los cuales están vacíos, y otros llenos de cría de todas las edades (cría de obrera la cual llaman panales latinos); éstas se colocan en la nueva colmena que tienen en una posición invertida, y que es así abierta desde arriba; los establecen en el mismo orden que los encontraron en la colmena madre y los fijan con estacas clavadas en desde el exterior; hecho esto, llevan la nueva colmena hasta el lugar ocupado por la antigua, y eliminan los últimos cincuenta pasos desde el apiario; las abejas que estaban en el campo, volviendo a casa, encontraron una colmena parecida a aquella de la que habían salido, se alojan allí, crían a la cría y prosperan.

El éxito de esta operación, que se parece mucho a la de Schirach simplemente confirma su teoría.

Esto nos da ocasión de mencionar un método ligeramente diferente y muy ingenioso, inventado por el Sr. Lombard, un gran cultivador de abejas y el autor de un excelente tratado sobre su economía práctica.

El proceso Lombard es el inverso del de Favignana: en vez de hacer un enjambre artificial, forma, por así decirlo, sólo un enjambre natural temprano.

Él lleva la colmena destinada a tal efecto a un lugar oscuro, donde ya ha llevado la destinada a recibir el enjambre; la forma cilíndrica de su colmena de paja facilita el trabajo que consiste en conducir una parte de las abejas con la reina de la colmena vieja a la nueva; la vieja colmena se devuelve a su posición de modo que pueda ser repoblada por todas las que regresen del campo, y el nuevo es establecido a una distancia adecuada de la misma en el apiario; este enjambre tiene una reina y puede prosperar sin ayuda, y goza de la ventaja de la floración de los árboles frutales, que no suele ser disfrutado por enjambres naturales. Por los detalles me refiero al trabajo de Lombard en sí, que es de utilidad esencial para todo cultivador de abejas.

Este método está fundado, como se muestra, en la producción de una reina en una colmena que contiene sólo cría, lo que confirma aún más la doctrina de Schirach, puesto que su larga práctica siempre ha sido atendida con éxito.

Así el experimento coincide con la teoría a la hora de demostrar que la larva de una abeja puede llegar a ser una reina o una obrera, ya que en cualquiera de estos modos, es una hembra poseyendo ya sea las cualidades físicas de la maternidad en la fecundidad de reinas, o las propiedades conservadoras, como el amor, la atención y solicitud por los jóvenes que se muestra en las obreras. Esta división de la industria, y la valentía por un lado, con la prodigiosa fecundidad por el otro, esta división que se se origina en el misterio de la educación de las larvas, es uno de los mejores temas de mediación que ofrece la historia natural; debemos a la perseverancia y perspicacia del Sr. Schirach uno de los descubrimientos más curiosos que han traído honor sobre la ciencia; este hecho, del que hemos dado pruebas materiales, arroja una gran luz sobre el fenómeno del desarrollo de los órganos en los seres vivos, y pertenece a las más grandes investigaciones de los fisiólogos.

Fotos de una reproducción de la Colmena de Hoja de Huber

Las siguientes 7 fotos fueron tomadas por Don Semple de una reproducción de la colmena de hoja de Huber construida por él para este libro. Se incluyen 3 originales para comparación.

Fotos de una reproducción de la colmena de hoja de Huber

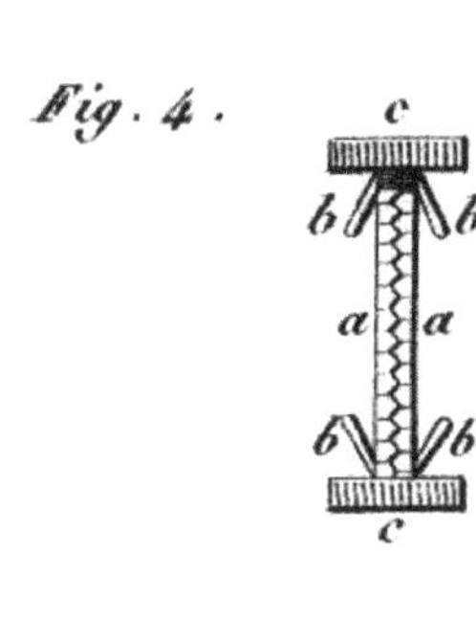
Fig. 4.
c
b b
a a
b b
c

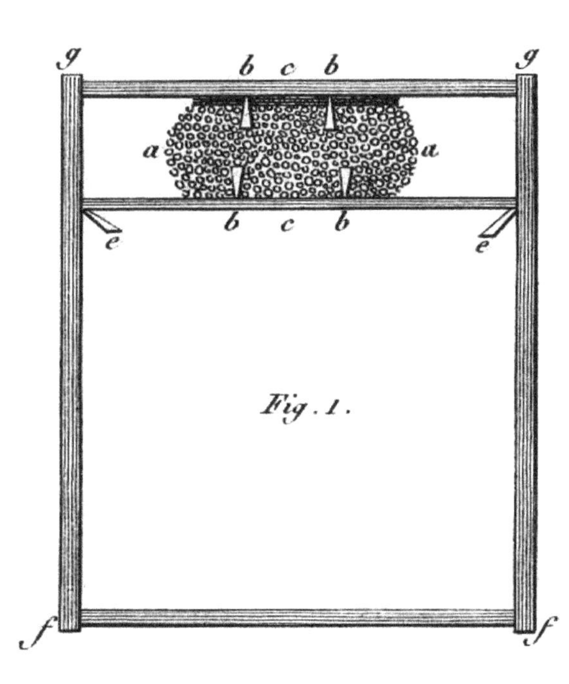
g
b c b
g
a
a
b c b
e
e
Fig. 1.
f
f

Fotos de una reproducción de la colmena de hoja de Huber

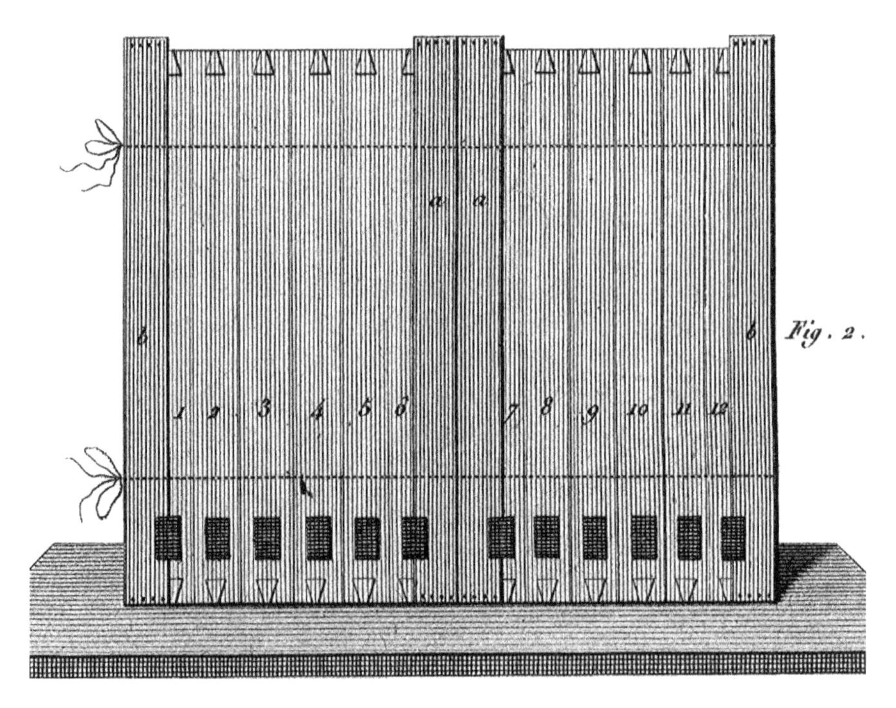

12
11
10
8
6
5
4
3
2
1

Fotos de láminas originales de la edición de1814 de *Nouvelles Observations Sur Les Abeilles*

Nota del transcriptor: Empecé a trabajar sólo reimprimiendo la versión de C.P. Dadant del Volumen I y II del libro de Huber, pero me encontré con problemas con las láminas. El libro original de C.P. Dadant tenía medios tonos de láminas obviamente amarillentas que dieron lugar a reproducciones muy grises y borrosas. Eran difíciles de leer y cualquier intento de mejora fracasaba. Así que localicé y compré la versión original en francés de 1814 del libro con todas las láminas. Afortunadamente las páginas no estaban amarillentas y las láminas estaban en buenas condiciones. Para adaptarlas al propósito para el cual las hizo Huber-comunicar sus observaciones, he tratado de hacer las láminas en el texto lo más legibles posible. Puse las cifras en una lámina en orden por números y puse una nueva fuente para las figuras de los números para que fueran más legibles en esas láminas ya que los pequeños números grabados no eran legibles. Separé las figuras, limpié el entorno y las agrandé a una página completa o al tamaño máximo útil, y dejé los números de figura grabados originales, ya que eran lo suficientemente grandes como para ser fácilmente legibles, y los puse en el texto donde iban sus respectivas descripciones. Incluso si se ha producido un espacio en blanco extra, me he centrado más en la claridad que en la apariencia. Todo esto, creo que se añadió a la legibilidad y claridad del texto. Sin embargo, para fines históricos y artísticos creo que las láminas originales sin retoques son algo que un estudiante de Huber querría ver. Yo las enderecé por la línea horizontal en el lado (algunas parecen sesgadas a pesar de ello, porque no son del todo cuadradas). También para dar una idea de la mejora en estas láminas, he incluido una lámina original de la versión de C.P. Dadant. Así que aquí que están, defectuosas, manchadas de tinta y todo.

Vol. II Lámina 4 de la versión de C. P. Dadant seguida por las 14 láminas originales de la versión francesa de 1814:

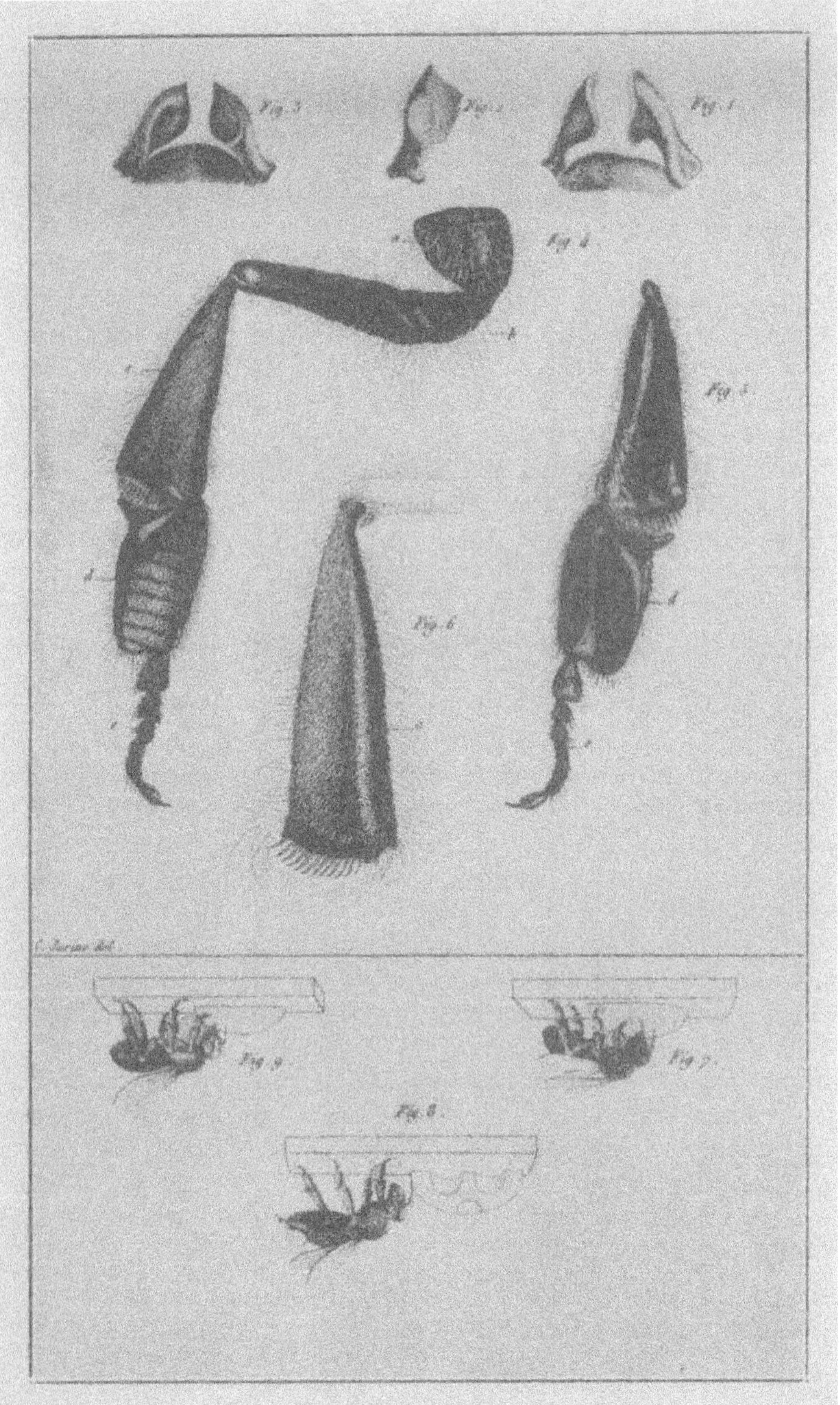

VOLUME 2—PLATE 4.

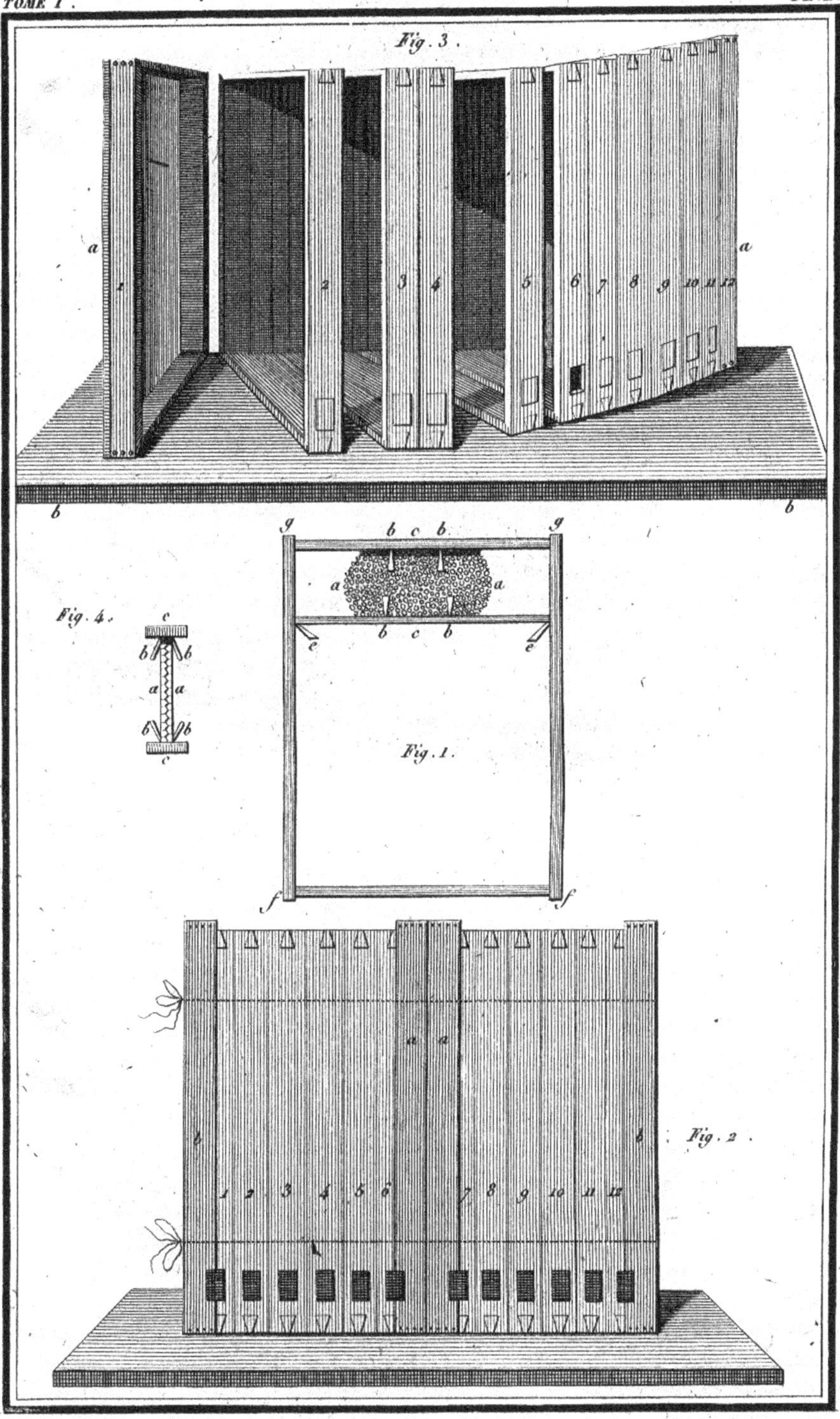
Fig. 3 .
a
a
1
2
3
4
5
6
7
8
9
10
11
12
b
b
Fig. 4 .
c
b
b
a
a
b
b
c
g
g
b c b
a
a
b c b
e
e
Fig. 1 .
f
f
a a
b
b
Fig. 2 .
1
2
3
4
5
6
7
8
9
10
11
12

Adam Sculp .

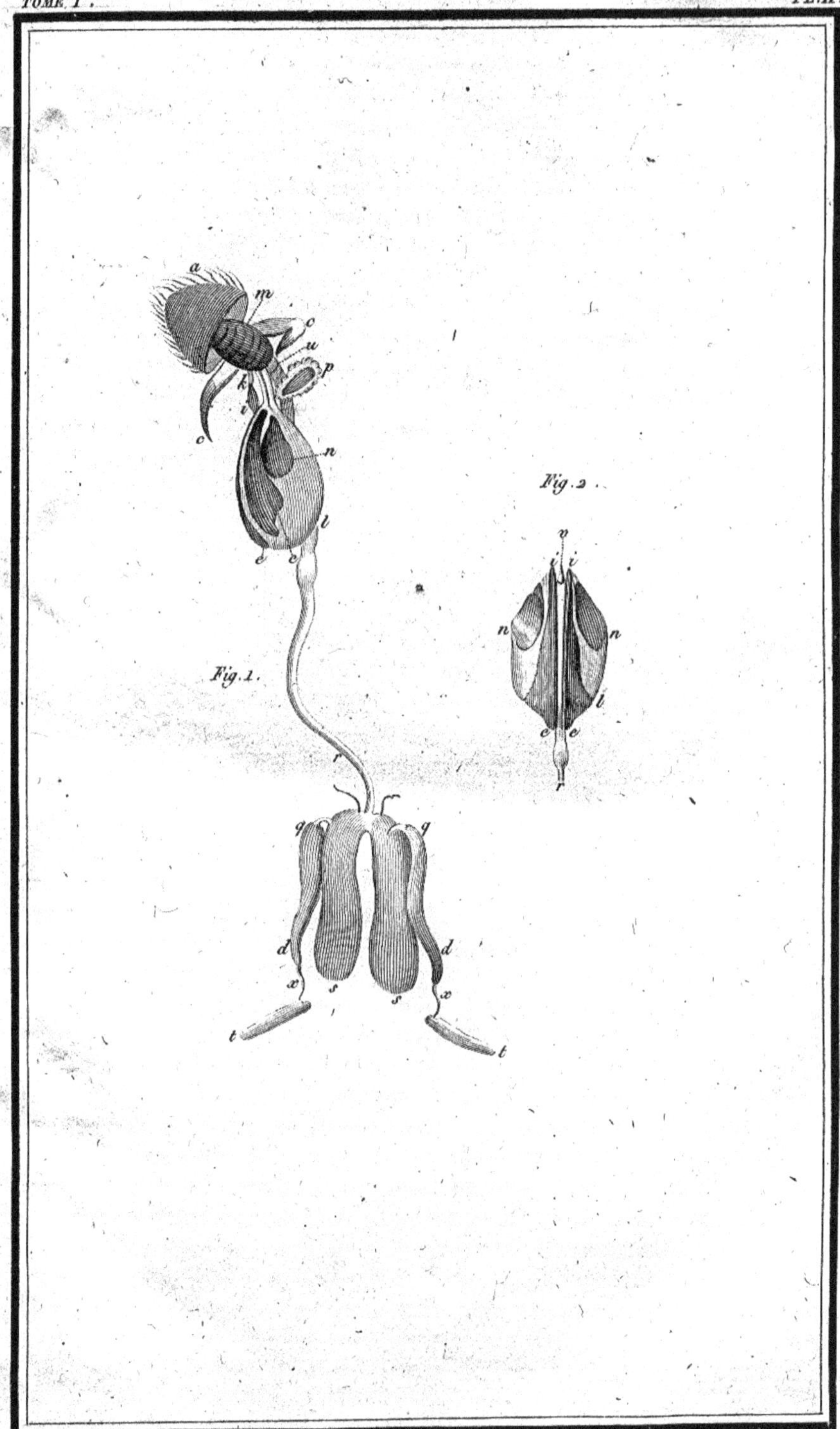

Adam Sculp. Figure tirée de Swammerdam.

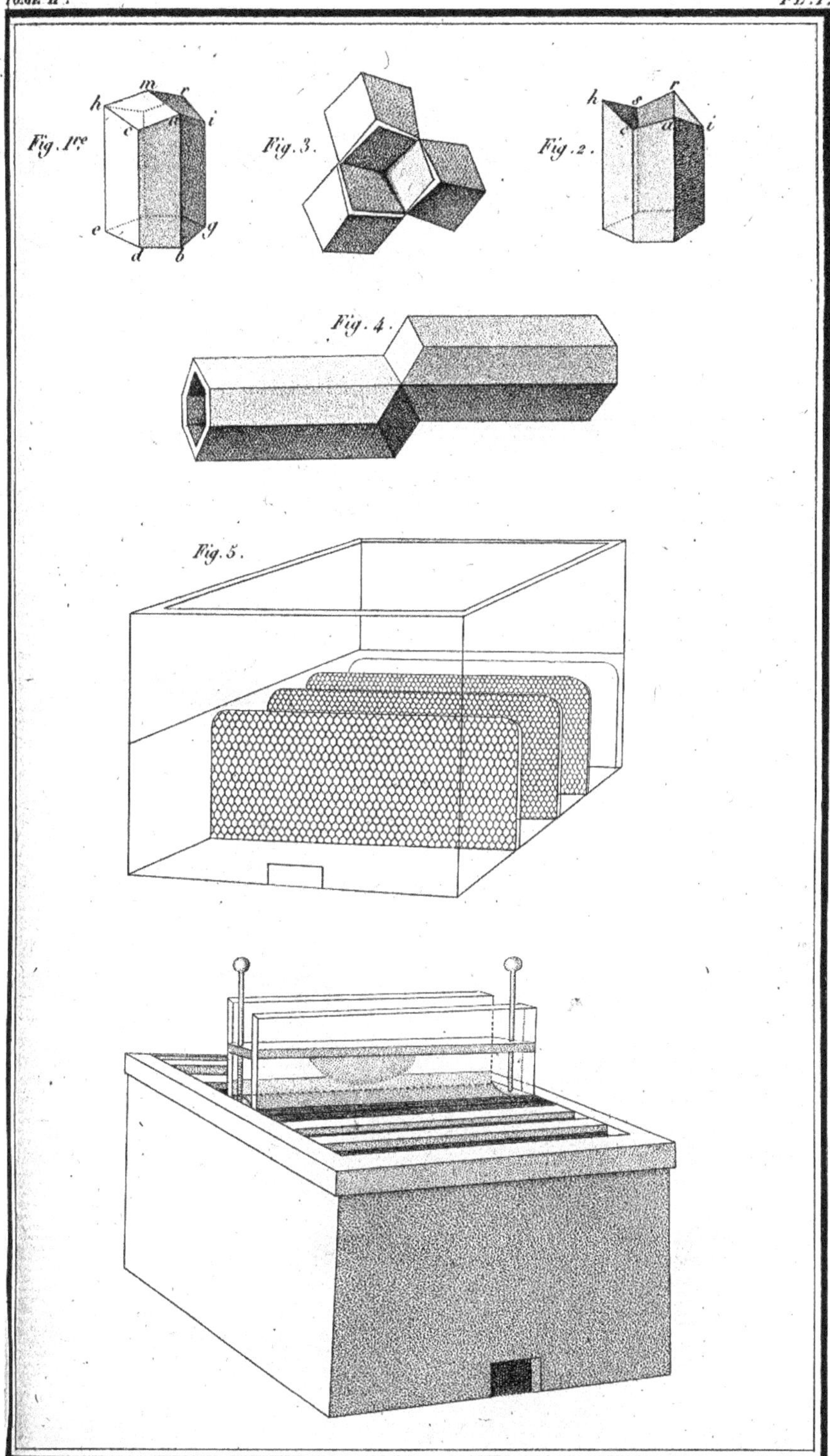

P. Huber del. Adam Sculp.

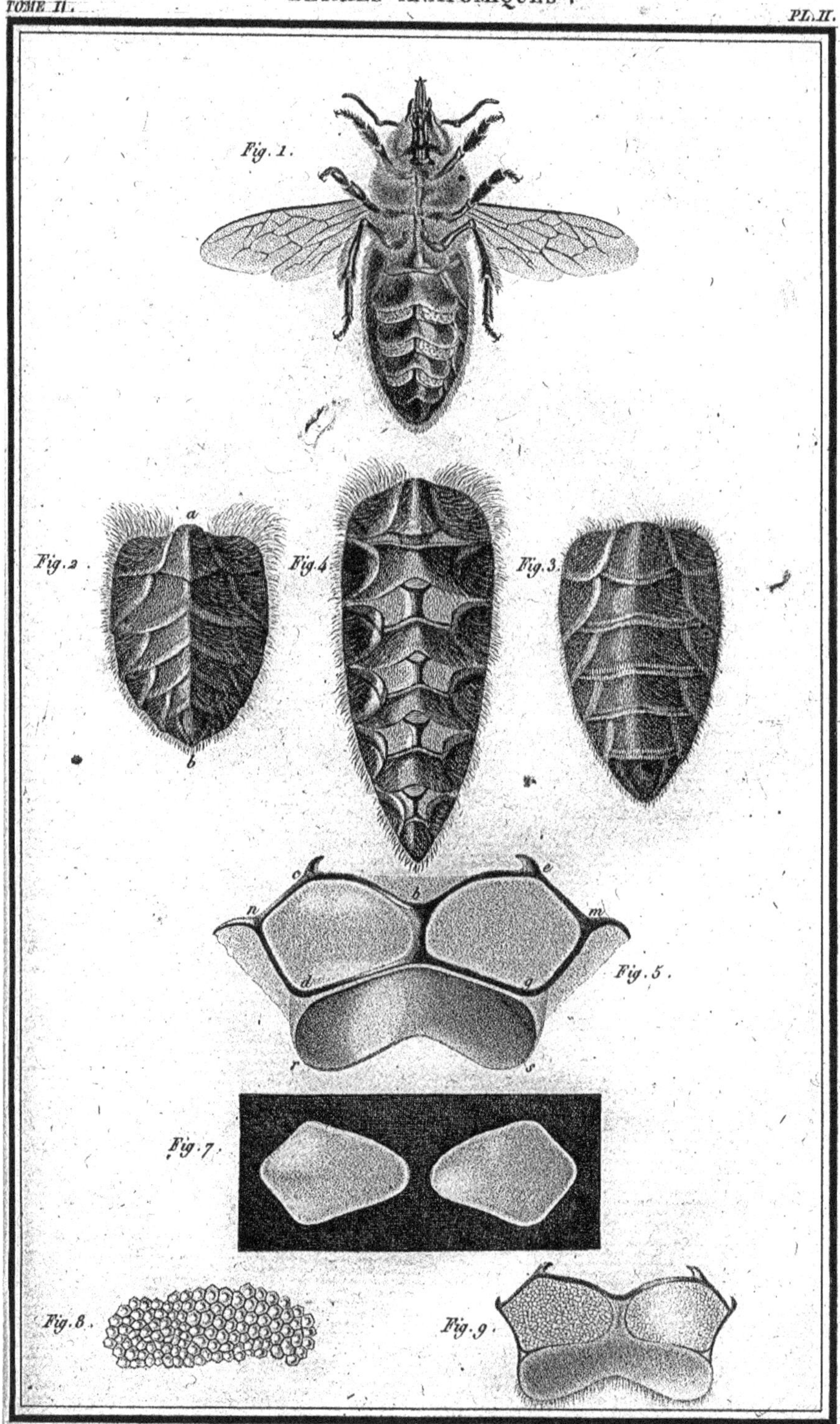

C. Jurine del. Adam Sculp.

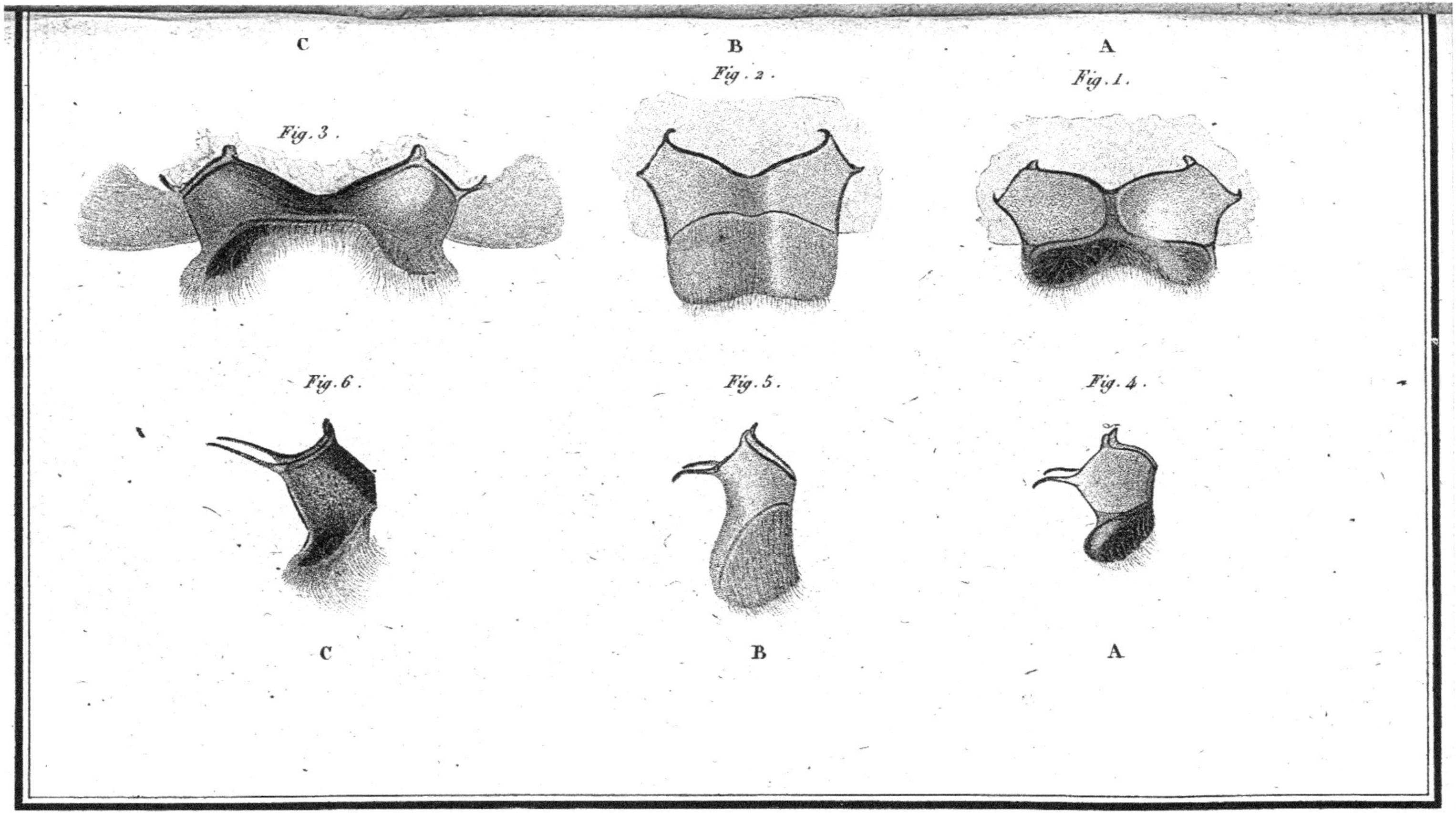

C B A

Fig. 3. Fig. 2. Fig. 1.

Fig. 6. Fig. 5. Fig. 4.

C B A

C. Jurine del. Adam Sculp.

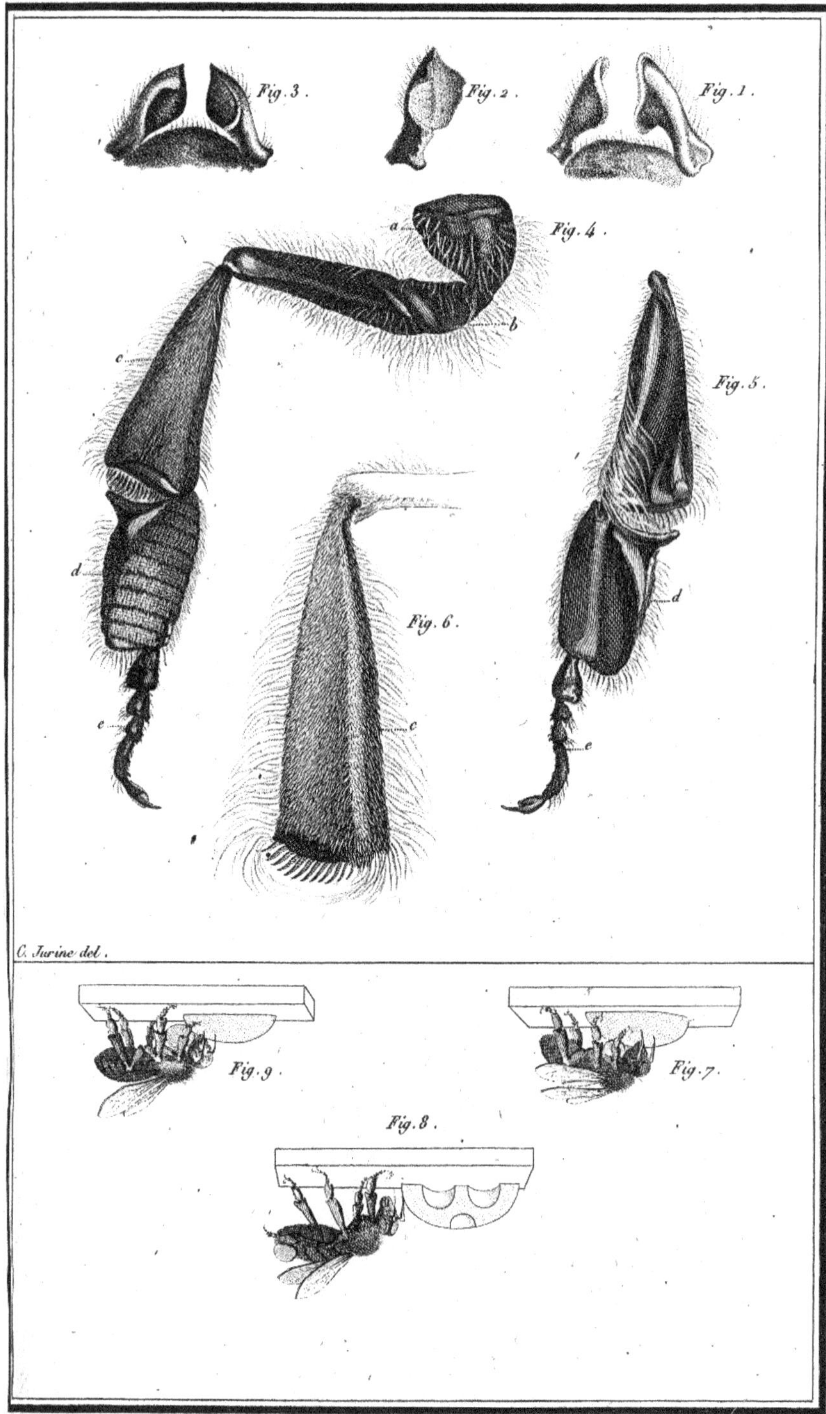

J. Huber del . Adam Sculp .

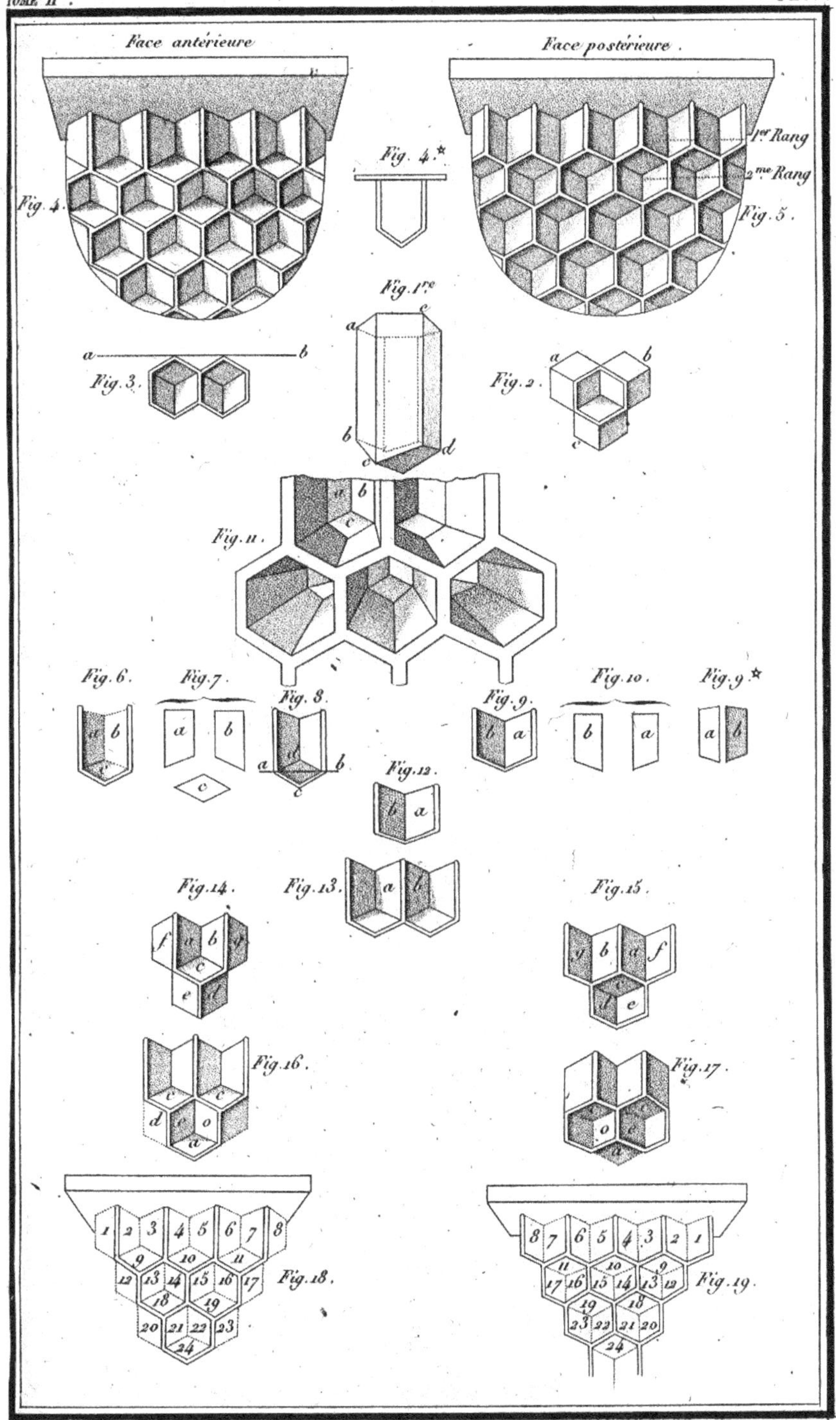

P. Huber del. Adam Sculp.

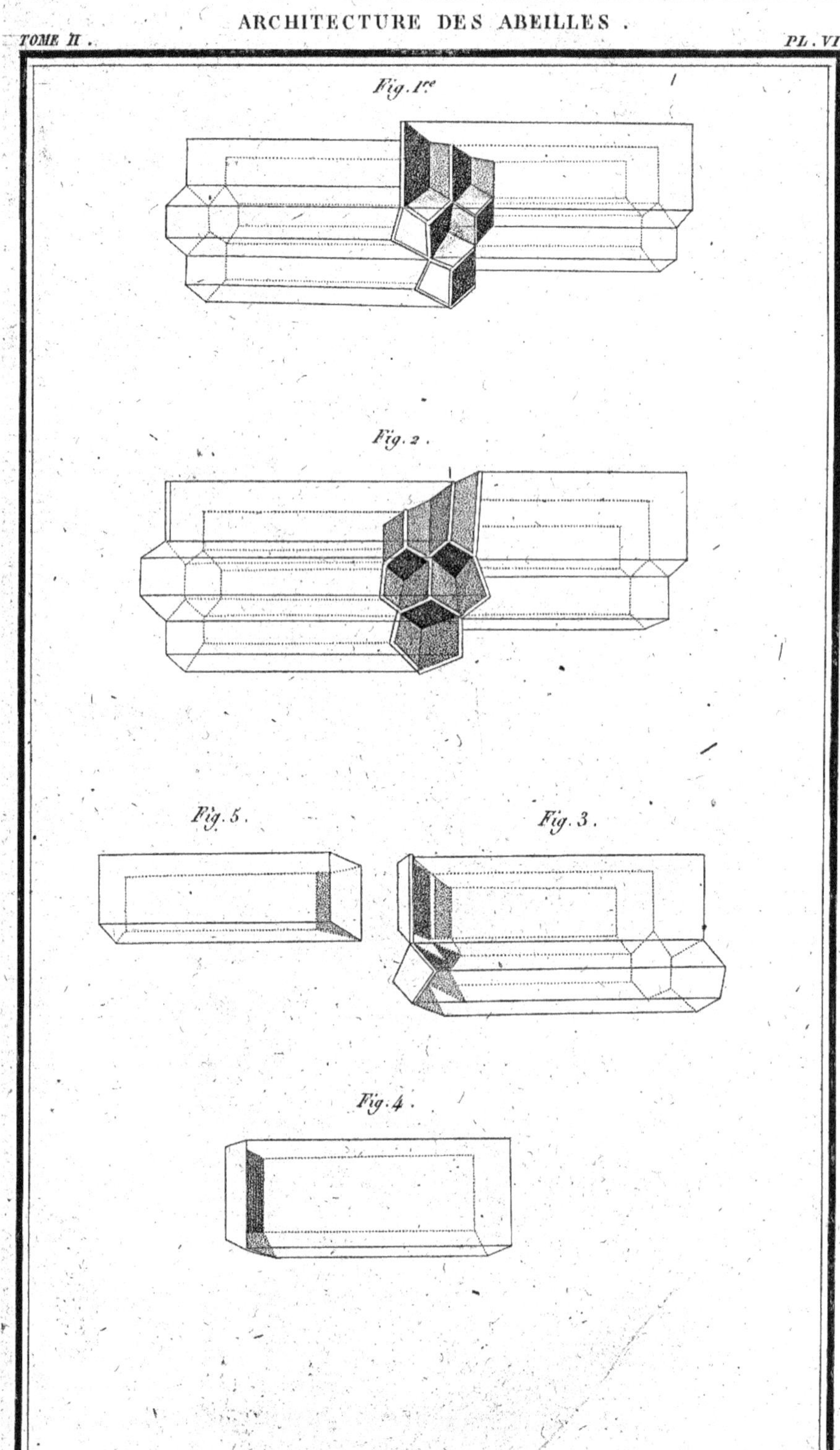

P. Huber del. Adam Sculp.

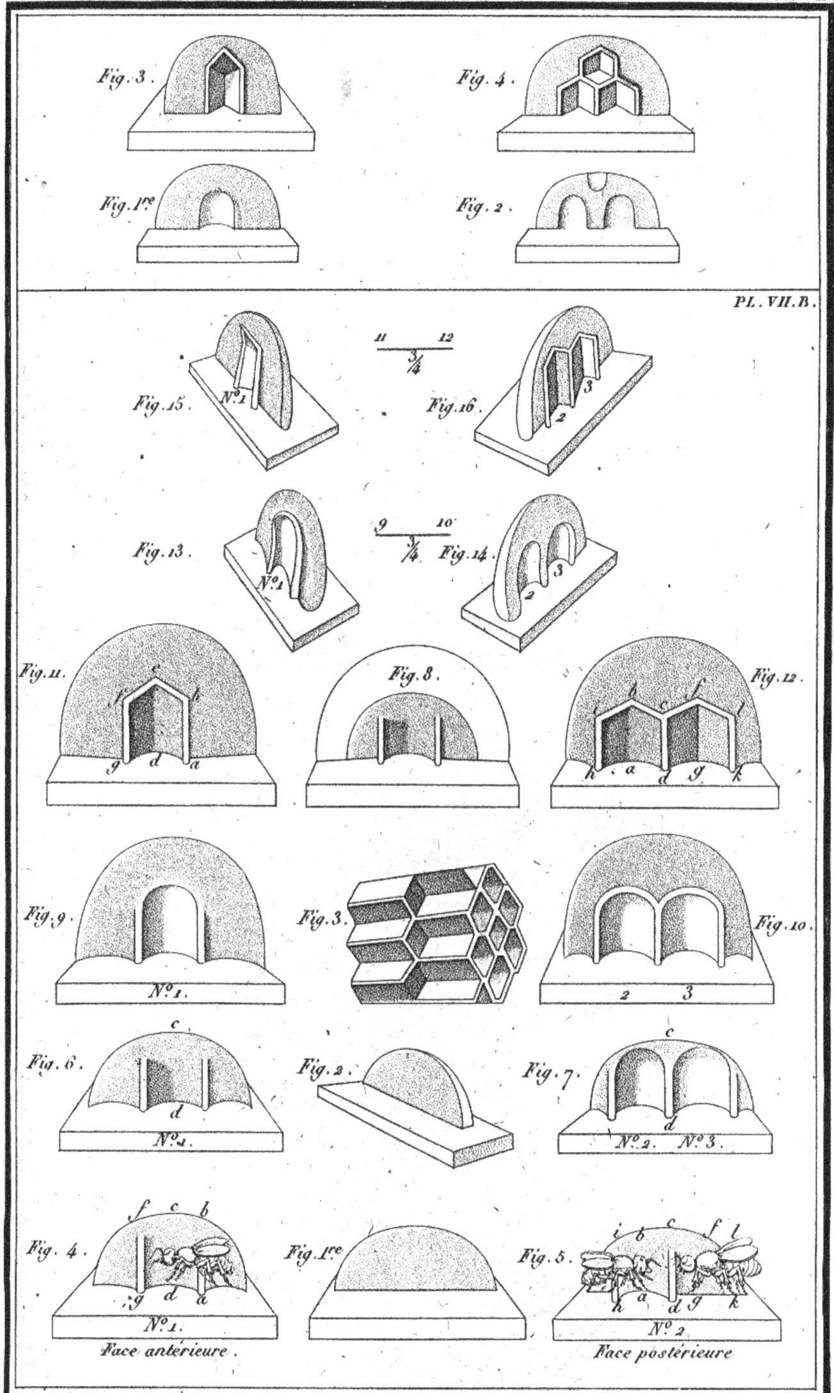

P. Huber del. Adam Sculp.

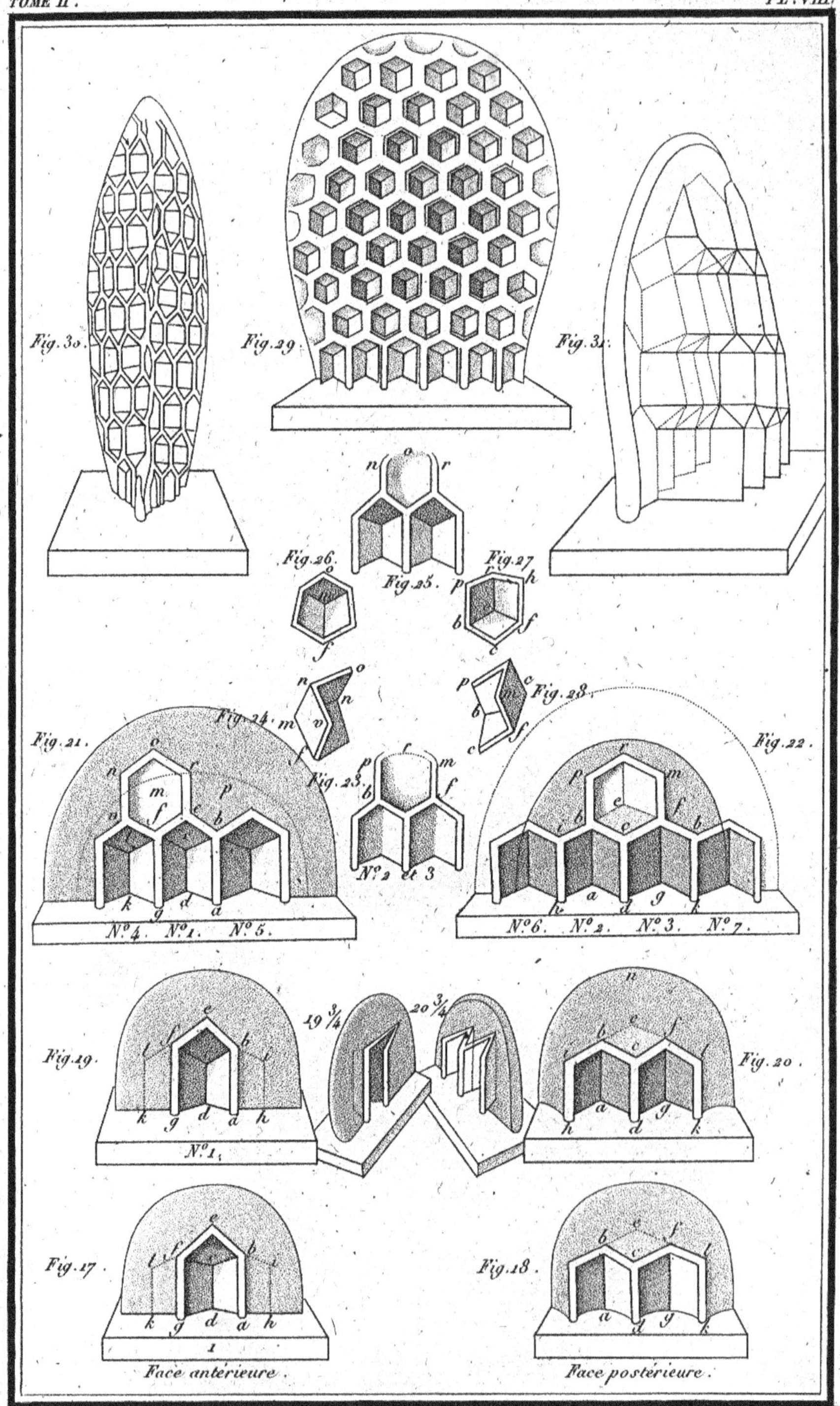

P. Huber del. Adam Sculp.

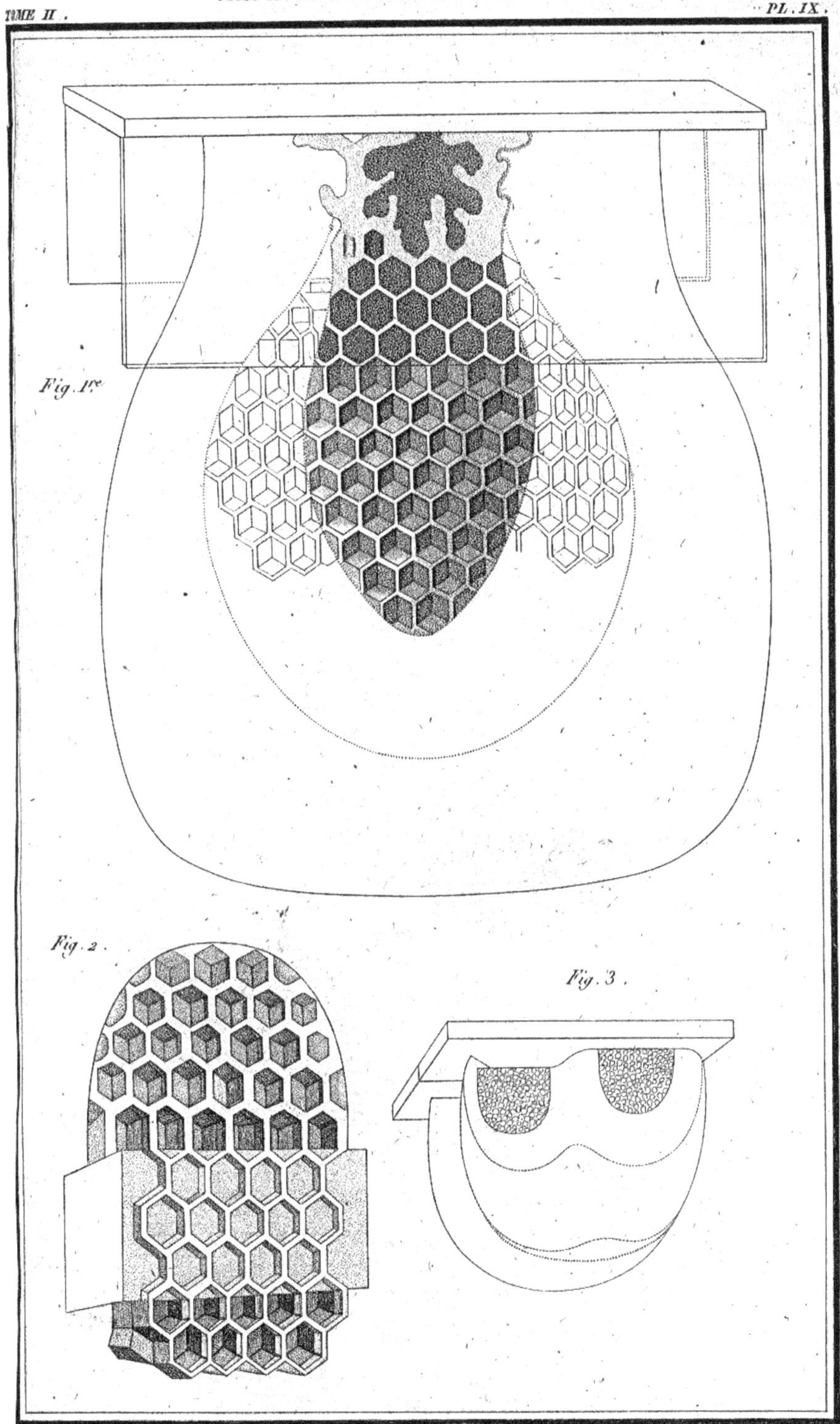

P. Huber del: Adam Sculp.

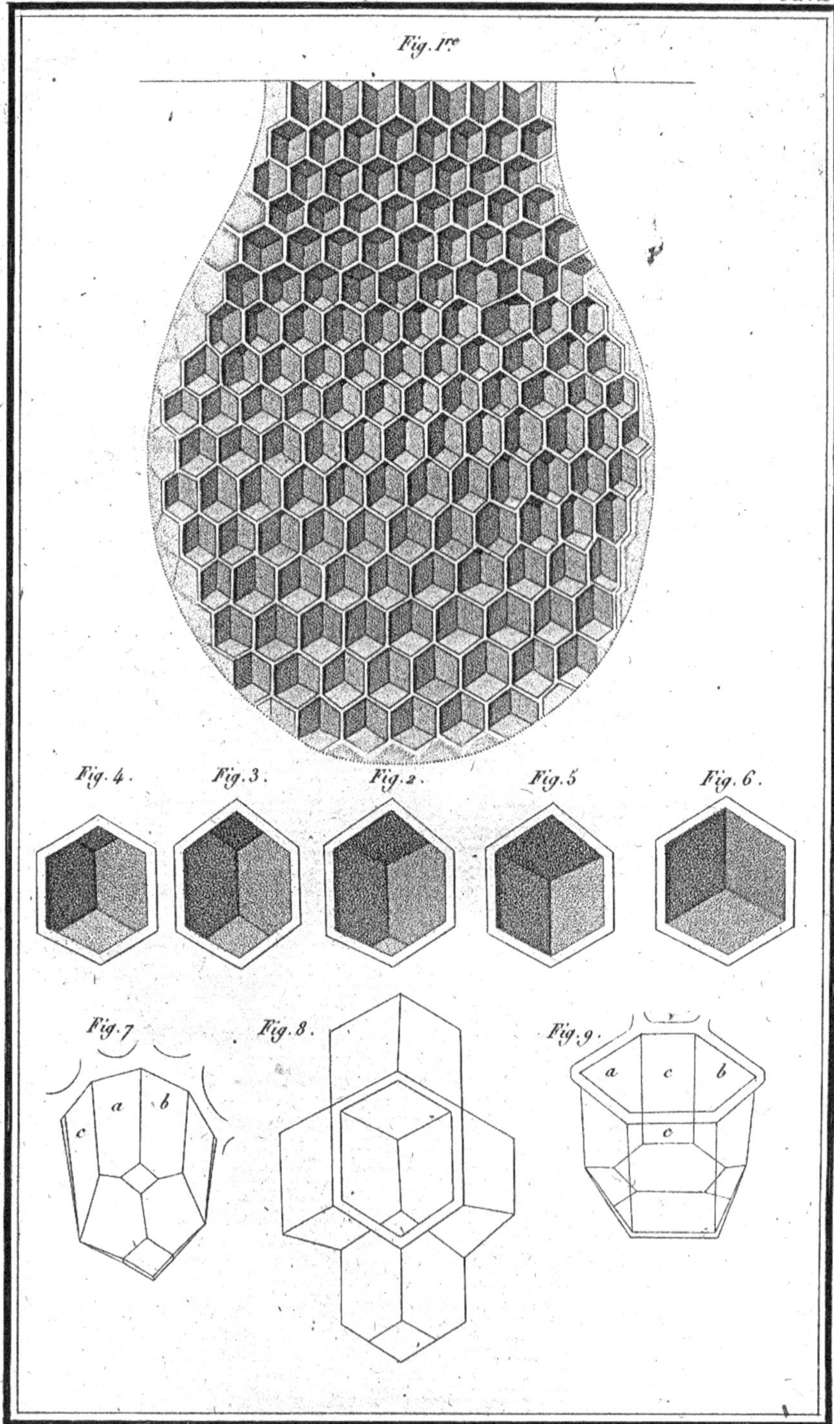

P. Huber del. Adam Sculp.

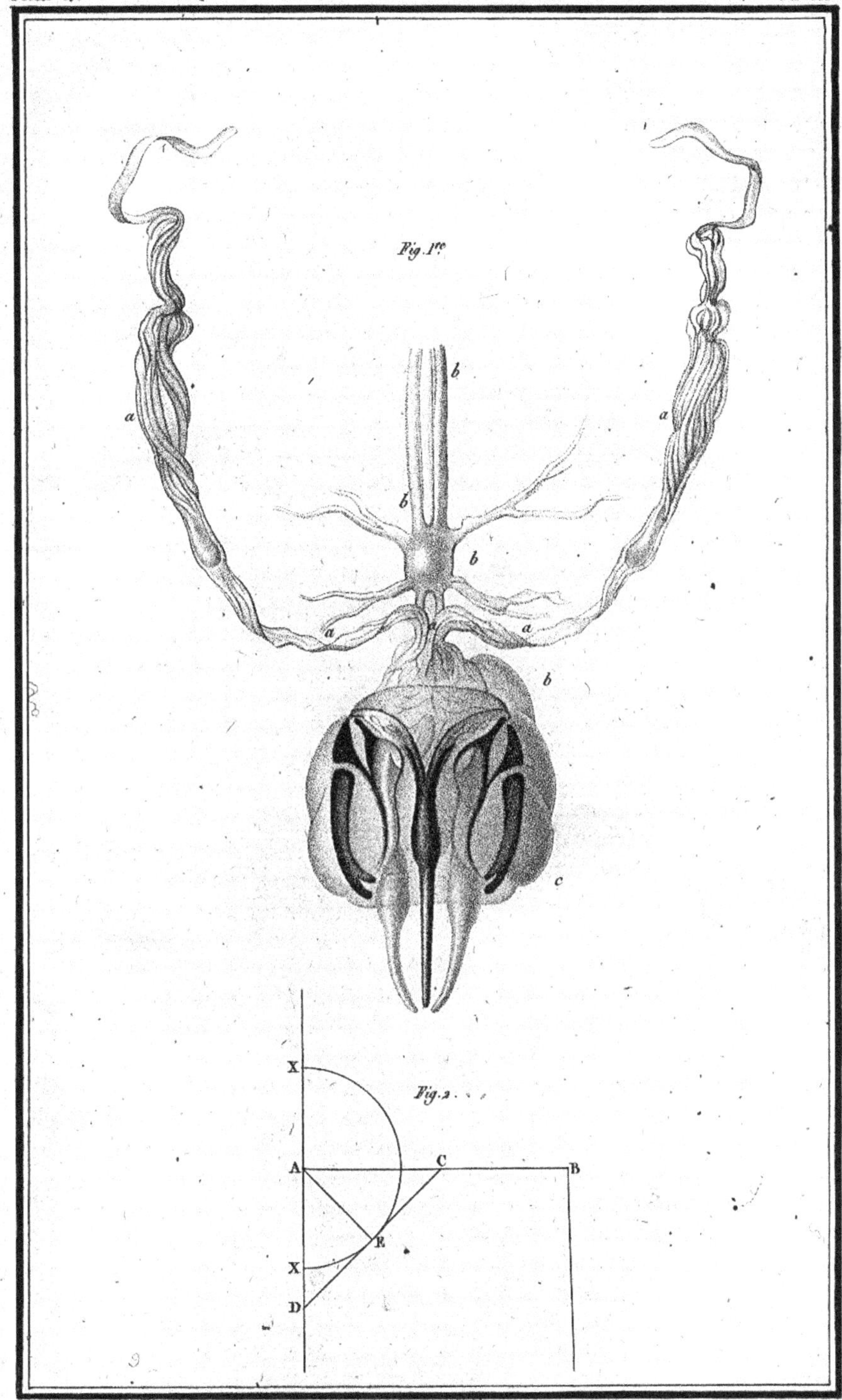

C. Jurine del. Adam Sculp.

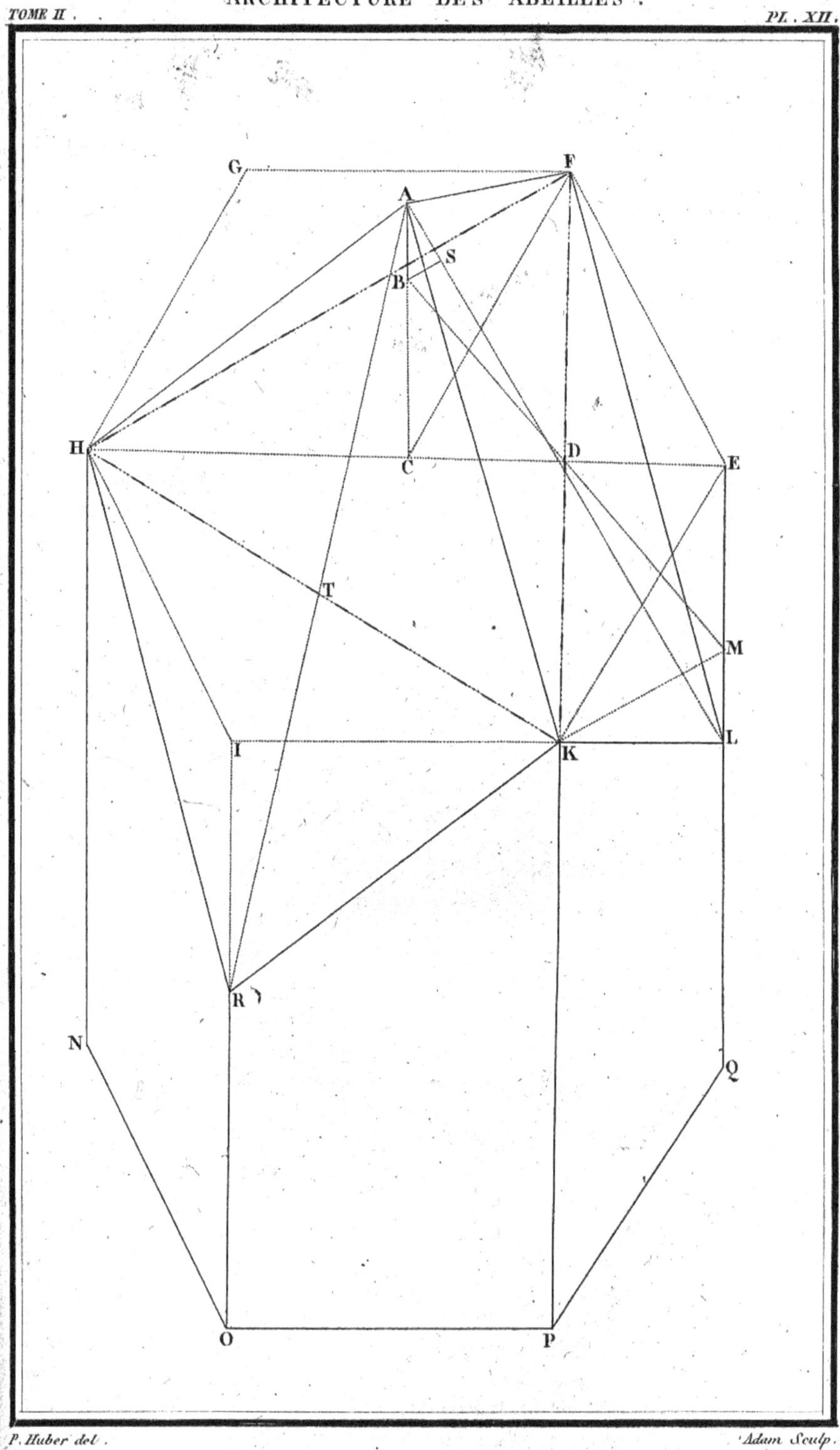

P. Huber del. Adam Sculp.

Memoria de Huber por el Profesor De Candolle

Francis Huber 1750-1831

Francis Huber nació el 2 de julio de 1750, en una familia honorable, en la que la vivacidad de la mente y la imaginación parecía hereditaria. Su padre, John Huber, tenía la reputación de ser uno de los hombres más ingeniosos de su época; un rasgo que fue observado con frecuencia por Voltaire, quien le valoraba por la originalidad de su conversación. Él era un músico agradable, e hizo versos que fueron cacareados incluso en el salón en Ferney. Fue distinguido por su réplica animada y picante; pintaba con mucha facilidad y talento; destacó tanto en el corte de los paisajes, que parece haber sido un creador de este arte. Su escultura era mejor que la de aquellos que son simplemente aficionados son capaces de ejecutar; y a esta diversidad de talento, se unió el gusto y el arte de la observación de las costumbres de la creación animal.

John Huber transmitió casi todos sus gustos a su hijo. Este último asistió desde su infancia a las conferencias públicas en la universidad, y bajo la guía de buenos maestros, adquirió una predilección por la literatura, que la conversación con su padre sirvió para desarrollar. Debía a la misma inspiración paterna su gusto por la historia natural, y derivó su afición por la ciencia de las lecciones de De Saussure, y de manipulaciones en el laboratorio de uno de sus parientes, que se arruinó a sí mismo en la búsqueda de la piedra filosofal. Su precocidad de talento se manifestó en su atención por la naturaleza, a una edad en que otros son apenas conscientes de su existencia, y en la evidencia de un sentimiento profundo, a una edad en que otros casi no revelan emociones. Parecía que, destinado a una sumisión de la más cruel de las privaciones, hizo, como por instinto, una disposición de los recuerdos y sentimientos por el resto de sus días. A la edad de quince años, su estado general de salud y su vista comenzaron a verse afectados. El ardor con que prosiguió sus trabajos y sus placeres, la seriedad que dedicó a sus días para estudiar, y sus noches para la lectura de romances por la débil luz de una lámpara, y para cuando se le privaba de su uso, a veces la sustituía por la luz de la luna, fueron, según se dice, las causas que amenazaron a la vez su pérdida de salud y e la vista. Su padre lo llevó a París, para consultar a Tronchin, a causa de su salud, y a Venzel sobre la condición de sus ojos.

Con miras a su salud en general, Ronchin lo envió a un pueblo (Stain) en el barrio de París, a fin de que él fuera libre de todas las inquietantes ocupaciones. Ahí practicó la vida de un campesino sencillo, siguiendo el arado, y desviándose con todas las preocupaciones rurales. Este régimen fue un éxito completo, y Huber mantuvo, de esta residencia en el campo, no sólo la salud confirmada, sino también un tierno recuerdo y gusto decidido por una vida rural.

El ocultista Venzel consideró la situación de sus ojos como incurable, y no lo creyó justificable para los riesgos que implicaba una operación de cataratas, entonces menos desarrollada que actualmente, y anunció al joven Huber la probabilidad de una próxima y completa ceguera. Sus ojos, sin embargo, a pesar de su debilidad, se habían, antes de su partida, y después de su regreso, reunido con los de María Aimée Lullin, una Hija de uno de los síndicos de la República de Suiza. Habían sido compañeros en las lecciones del maestro de baile, y tuvo lugar el amor mutuo que la edad de diecisiete años puede producir. El constante aumento de la probabilidad, sin embargo, de la ceguera de Huber, decidió al Sr. Lullin a rechazar su consentimiento a la unión; pero como la desgracia de su amiga y compañera elegida se hicieron más ciertas, más se consideró María a sí misma como comprometida a nunca abandonarlo. Ella había apegado a él al principio a través del amor, entonces a través de la generosidad y la especie de heroísmo; y resolvió esperar hasta que hubiera alcanzado la edad legal para decidir por sí misma (la edad de veinticinco años), y luego unirse con Huber. Este último percibiendo el riesgo que su enfermedad probablemente ocasionaría a sus esperanzas, se esforzó en disimular. Mientras que pudo discernir algo de luz, actuó y habló como si pudiera ver, y con frecuencia engañaba a su propia desgracia mediante conferencias. Los siete años que gastó de esta manera causaron tal impresión en él, que durante el resto de su vida, incluso cuando su ceguera había sido superada con tal sorprendente habilidad para presentar una de sus afirmaciones a la celebridad, él todavía quería disimular: presumía de la belleza de un paisaje, el cual sólo conocía de oídas o por un simple recuerdo, -la elegancia de un vestido, -o la tez blanca de una mujer cuya voz le agradaba; y en sus conversaciones, en sus cartas, e incluso en sus libros, él decía: *he visto, he visto con mis propios ojos.* Estas expresiones, que no engañaban a nadie ni a sí mismo, eran como tantos recuerdos de ese fatal período de su vida cuando estuvo diariamente al corriente del engrosamiento del velo que se extendía constantemente entre él y el mundo material, y aumentó su miedo no sólo por quedarse totalmente ciego, sino por ser abandonado por el objeto de su amor. Pero no fue así; la Señorita Lullin resistió todas las persuasiones-todas las persecuciones incluso-por la que su padre trató de distraerla de su resolución; y tan pronto como ella hubo alcanzado la mayoría de edad, se presentó en el altar, llevada por su tío materno, el Sr. Rilliet Fatio, y desposándose, si así podemos llamarlo, a sí misma como esposa cuyos sus días felices y brillantes habían sido su elección, y a cuya entristecida caída ahora estaba decidida a dedicar su vida.

Madame Huber demostró, por su constancia, que era digna de la energía que ella había manifestado. Durante los cuarenta años de su unión, ella nunca dejó de otorgar a su marido ciego la atención más amable: ella era su lectora, su secretaria, su observadora, y se quitó, en la medida de lo posible, todas esas vergüenzas que naturalmente surgen de su enfermedad. Su marido, en alusión a su pequeña estatura, diría de ella, *mens magna en corpora parvo (mente grande en cuerpo pequeño).* Mientras ella vivió, él también decía, *Yo no era consciente de la desgracia de ser ciego.*

Hemos visto ciegos brillar como poetas, y distinguirse como filósofos y calculadores; pero estaba reservado para Huber dar un brillo a su clase en las ciencias de la observación, y en objetos tan diminutos que el observador más perspicaz podría apenas observarlos. La lectura de las obras de Reaumur y Bonnet, y la conversación de este último, dirigió su curiosidad por la historia de las abejas. Su residencia habitual en el campo le inspiró el deseo, primero de verificar algunos datos, luego de llenar algunos espacios en blanco en su historia; pero este tipo de observación requería no sólo el uso de un instrumento como el que el óptico debe aportar, sino también un asistente inteligente que por sí solo pudiera adaptarlo a su uso. Tenía entonces un criado llamado Francis Burnens, notable por su sagacidad y por la devoción que sentía por su amo. Huber le practicó en el arte de la observación, lo dirigió a sus investigaciones por cuestiones hábilmente combinadas, y ayudado por los recuerdos de su juventud, y por los testimonios de su esposa y amigos, rectificó las afirmaciones de su asistente, y fue capaz de formar en su mente una imagen verdadera y perfecta de los hechos más nimios. "Me siento mucho más seguro", dijo un día sonriendo, "de lo que pruebo que lo que usted está, ya que publica sólo lo que sus propios ojos han visto, mientras que yo cojo el promedio entre muchos testigos." Esto es, sin duda, un razonamiento muy plausible, ¡pero difícilmente hace que alguien desconfíe de sus propios ojos!

La publicación de sus observaciones se llevó a cabo en 1792, en forma de cartas a Charles Bonnet, y bajo el título de *"Nouvelles Observations sur les Abeilles"*. Este trabajo causó una fuerte impresión en muchos naturalistas, no sólo por la novedad de los hechos, sino por su exactitud rigurosa, y la singular dificultad contra la que el autor tuvo que luchar con tanta habilidad. La mayoría de las academias de Europa (y en especial de la Academia de Ciencias de París) admitieron a Huber, de vez en cuando, entre sus asociados.

La actividad de sus investigaciones no se relajó ni por estas primeras investigaciones, que podrían haber satisfecho su amor propio, ni por las vergüenzas que sufrió como consecuencia de la Revolución, ni siquiera por la separación de su fiel Burnens. Otro asistente por supuesto se hizo necesario. Su primer suplente fue su esposa, -después su hijo, Pierre Huber, que comenzó a partir de ese momento a adquirir una justa celebridad en la historia de la economía de las hormigas, y otros insectos varios. Ellos forman el segundo volumen de la segunda edición de su obra publicada en 1814, que fue editada en parte por su hijo.

El origen de la cera era en ese momento un punto en la historia de las abejas muy disputado por los naturalistas. Algunos afirmaron, aunque sin pruebas suficientes, que era fabricada por la abeja de la miel. Huber, que ya felizmente había aclarado el origen del *propóleos*, confirmó esta opinión, con respecto a la cera, mediante numerosas observaciones;

y mostró muy particularmente, con la ayuda de Burnens, cómo escapaban de forma laminada de entre los anillos del abdomen. Instituyó laboriosas investigaciones para descubrir cómo las abejas la preparan sus edificios; siguió paso a paso toda la construcción de esas colmenas maravillosas, que parecen, por su perfección, resolver el problema más delicado de la geometría; asignó a cada clase de abejas la parte que se necesita en esta construcción, y trazó sus labores desde los rudimentos de la primera celda a la perfección completa del panal. Dio a conocer los estragos que las *Atropos Esfinge* producen en las colmenas en las que se insinúan; incluso trató de desentrañar la historia de los sentidos de las abejas, y en especial examinar la sede del sentido del olfato, cuya existencia está comprobada por toda la historia de estos insectos, mientras que la situación del órgano nunca se ha determinado con certeza. Finalmente, llevó a cabo una investigación curiosa sobre la respiración de las abejas. Demostró mediante muchos curiosos experimentos que las abejas consumen gas oxígeno al igual que otros animales. Pero, ¿cómo puede el aire renovarse, y preservar su pureza en una colmena pegada con cemento, y cerrada por todos sus lados, excepto en el estrecho orificio que sirve como puerta? Este problema exige toda la sagacidad de nuestro observador, y a la larga determinó que las abejas, por un movimiento en particular de sus alas, agitaban el aire de tal manera como para efectuar su renovación; y habiéndose asegurado mediante la observación directa, demostró su corrección por medio de la ventilación artificial.

Esta perseverancia de toda una vida, en un objeto dado, es uno de los rasgos característicos de Huber y probablemente una de las causas de su éxito. Los naturalistas están divididos en gusto, y posición, en dos series. El amor de abrazar la *tout ensemble* de los seres, para compararlos con otros, para aprovechar las relaciones de su organización, y para deducir de ellas sus leyes de clasificación y generales de la naturaleza. Es esta clase la que tiene necesariamente a su disposición, vastas colecciones; y que en su mayoría viven en grandes ciudades. Los otros toman placer en el estudio profundo de un tema determinado, teniendo en cuenta todos sus aspectos, escudriñando sus más mínimos detalles, y pacientemente siguiendo todas sus peculiaridades. Estos últimos son generalmente observadores sedentarios y aislados, que viven alejados de las colecciones, y lejos de las grandes ciudades.

Huber es, evidentemente, colocado en la escuela de observadores especiales: su situación y una dolencia lo mantienen en ella, y adquirió ahí un rango honorable, por la sagacidad y la precisión de sus investigaciones; pero es claramente perceptible, en la lectura de sus obras, que su brillante imaginación le instó hacia la región de las ideas generales. Desprovisto de términos de comparación, los buscó en la teoría de las causas finales, que es gratificante para toda mente expandida y religiosa, porque parece proporcionar una razón para una multitud de hechos, el empleo que se hace de ellos, sin embargo, como es bien sabido, es propensa a conducir a la mente a error; pero debemos hacerle la justicia de reconocer, que el uso que hace de ellos siempre está confinada dentro de los límites de la duda filosófica y la observación.

Su estilo es, en general, claro y elegante; siempre conservando el requisito de precisión para el estudio, el cual posee la atracción que una imaginación poética puede conferir fácilmente a todos los sujetos; pero una cosa que particularmente lo distingue, y que al menos deberíamos esperar, es, que describe los hechos de una manera tan pintoresca, que en su lectura nos imaginamos que podemos ver los mismos objetos, que el autor, por desgracia, ¡nunca pudo ver! Me atrevo también a añadir, que encontramos en sus descripciones de muchos toques magistrales, como para justificar la conclusión, que si hubiese retenido la vista habría sido como su padre, su hermano y su hijo, un pintor hábil.

Su gusto por las bellas artes, incapaz de obtener placer de las formas, se extendió a los sonidos; amaba la poesía, pero fue sobre todo dotado de una fuerte inclinación por la música. Su gusto por lo que se podía llamar innato, y que le proporcionó una gran fuente de recreación a lo largo de su vida. Tenía una voz agradable, y se inició en su infancia en los encantos de la música italiana.

El deseo de mantener su conexión con los amigos ausentes, sin tener que recurrir a una secretaria, le sugirió la idea de una especie de imprenta para su propio uso; lo tenía en uso para su empleada doméstica, Claude Lechet, cuyos talentos mecánicos había cultivado, como lo había hecho anteriormente con Francis Burnens por la historia natural. En cajas debidamente numeradas, se colocaron pequeños fuentes prominentes que ordenó en su mano. Sobre las líneas así compuestas, colocó una hoja ennegrecida con tinta peculiar, a continuación, una hoja de papel blanco, y con una prensa, movió con sus pies, fue capaz de imprimir una carta que dobló y selló él mismo, feliz en el tipo de independencia que esperaba adquirir por este medio. Pero la dificultad de poner en práctica esta prensa impidió el uso habitual de la misma. Estas letras y algunos caracteres algebraicos formados de barro cocido, que su hijo ingenioso, siempre ansioso de servirle, había hecho para su uso, fueron durante más de quince años, una fuente de relajación y diversión para él. Disfrutaba caminando, e incluso un paseo solitario a través de hilos que había hecho extender a través de todos los paseos rurales cerca de su morada.

Naturalmente dotado de un corazón benevolente, ¿cómo fueron esas felices disposiciones tan frecuentemente destruidas por las colisiones del mundo, conservadas en él? Él recibió de todos los que le rodeaban nada más que amabilidad y respeto. El ocupado mundo, escenario de muchas pequeñas vejaciones, había desaparecido de su vista. Su casa y su fortuna fueron atendidas, sin ningún tipo de vergüenza para él. Un extraño para las funciones públicas, él era en gran parte ignorante de la política, la astucia y el fraude de los hombres. Habiéndolo rara vez tenido en su poder (sin falta por su parte) de ser útil a los demás, nunca experimentó la amargura de la ingratitud. Los celos, incluso a pesar de su éxito, fueron silenciados por su dolencia. Ser feliz y próspero en una situación en la que tantos otros se abandonan a remordimientos continuos, fue contado como una virtud. El sexo femenino, dado que sus voces eran agradables, le parecía como si las hubiera visto a la edad de dieciocho años. Su mente conservaba la frescura y sinceridad que constituyen el encanto y la felicidad de la adolescencia; amaba a los jóvenes, ya que sus sentimientos estaban más en concordancia con los propios que con los de la edad y la experiencia. Se complacía, hasta el final, en la dirección de los estudios de los jóvenes, y poseía, en el más alto grado, el arte de agradarlos e interesarlos. Aunque aficionado a los nuevos conocidos, nunca abandonó a sus viejos amigos. "Hay una cosa que nunca he sido capaz de aprender", dijo él en una edad muy avanzada, "y es, olvidar cómo amar." Así que él tenía el buen sentido justamente para apreciar y disfrutar de la balanza de ventajas que le fueron suministradas, por la misma condición en que fue colocado.

Su conversación era generalmente amable y cortés; era llevado fácilmente hacia el buen humor; no era un extraño para ningún tipo de conocimiento; amaba elevar sus pensamientos a los temas más graves y más importantes, así como descender a la deportividad más familiar. Era instruido, en el sentido ordinario de la palabra; pero, como diestro saltador, iba al final de cada cuestión mediante una especie de tacto y una sagacidad de percepción que suministraba el lugar del conocimiento. Cuando alguien le hablaba sobre temas que interesaban a su cabeza o corazón, su noble figura quedaba sorprendentemente animada, y la vivacidad de su rostro parecía, por una magia misteriosa, animar incluso sus ojos, que tanto tiempo habían sido condenados a la oscuridad.

Pasó los últimos años de su vida en Lausana, bajo el cuidado de su hija, la Sra. de Molin. Él continuó haciendo añadidos a intervalos a sus antiguos trabajos. El descubrimiento de las abejas sin aguijones, hecho en los alrededores de Tampico por el Capitán Hall, excitaron su curiosidad; y fue una gran satisfacción para él cuando su amigo, el Profesor Prevost, le procuró al principio unos pocos individuos, y luego una colmena de estos insectos. Fue el último homenaje que rindió a su viejo amigo a quien había dedicado tantas laboriosas investigaciones, a quien debía su fama, y, lo que es más, su felicidad. Nada de importancia ha sido añadido a su historia desde su tiempo.

Huber conservó sus facultades hasta el final. Él fue cariñoso y amado hasta el fin de sus días. A la edad de ochenta y un años, le escribió a uno de sus amigos, "Hay un momento en que es imposible permanecer negligente; y es, al separarse gradualmente unos de otros, podemos revelar a aquellos que amamos toda esa estima, ternura y gratitud que hemos inspirado hacia ellos... Yo te lo digo a ti solo", añade él, más adelante, "que la resignación y la serenidad son bendiciones que no se han prohibido." Él escribió estas líneas en el 20 de diciembre de 1831, y el 22 ya no estaba; su vida se extinguió, sin dolor ni agonía, en los brazos de su hija.-*Abreviado de "La vida y los escritos de Francis Huber," por el Profesor De Candolle.*

Sobre el autor

François Huber sólo tenía quince años cuando comenzó a sufrir una enfermedad que dio gradualmente lugar a la ceguera total; pero, con la ayuda de su esposa, Marie Aimée Lullin y de su siervo, François Burnens, fue capaz de llevar a cabo investigaciones que sentaron las bases de un conocimiento científico de la historia de la vida de la abeja de la miel. Su *Nouvelles Observations sur les Abeilles* fue publicado en Ginebra en 1792. Otras observaciones fueron publicadas como Volumen II del mismo en 1814. Lo que descubrió sentó las bases para todo el conocimiento práctico que se tiene de las abejas en la actualidad. Sus descubrimientos fueron tan revolucionarios, que la apicultura se puede dividir muy fácilmente en dos épocas: pre-Huber y post-Huber.

CPSIA information can be obtained
at www.ICGtesting.com
Printed in the USA
BVHW031030171019
561372BV00003B/24/P